SERES-TERRA

MARISOL DE LA CADENA

SERES-
-TERRA

Cosmopolíticas em mundos andinos

TRADUÇÃO
CAROLINE NOGUEIRA E FERNANDO SILVA E SILVA

*Para Mariano e Nazario Turpo
e, também, para
Carlos Iván Degregori*

SUMÁRIO

13 Apresentação
19 Prefácio

41 HISTÓRIA 1
CONCORDANDO EM LEMBRAR, TRADUZINDO E CO-LABORANDO COM CUIDADO

97 INTERLÚDIO UM
MARIANO TURPO
Um líder em-*ayllu*

135 HISTÓRIA 2
MARIANO SE ENGAJA NA "LUTA PELA TERRA"
Um líder indígena inimaginável

185 HISTÓRIA 3
A COSMOPOLÍTICA DE MARIANO
Entre advogados e Ausangate

231 HISTÓRIA 4
O ARQUIVO DE MARIANO
O acontecimento do a-histórico

289 INTERLÚDIO DOIS
**NAZARIO TURPO:
"O Altomisayoq *que tocou o céu*"**

329 HISTÓRIA 5
**XAMANISMO ANDINO NO TERCEIRO MILÊNIO
O multiculturalismo encontra os seres-terra**

377 HISTÓRIA 6
**UMA COMÉDIA DE EQUIVOCAÇÕES
A colaboração de Nazario Turpo com o Museu Nacional do Índio Americano**

429 HISTÓRIA 7
**MUNAYNIYUQ
O dono da vontade (e como controlar essa vontade)**

477 Epílogo

499 Agradecimentos

505 Referências

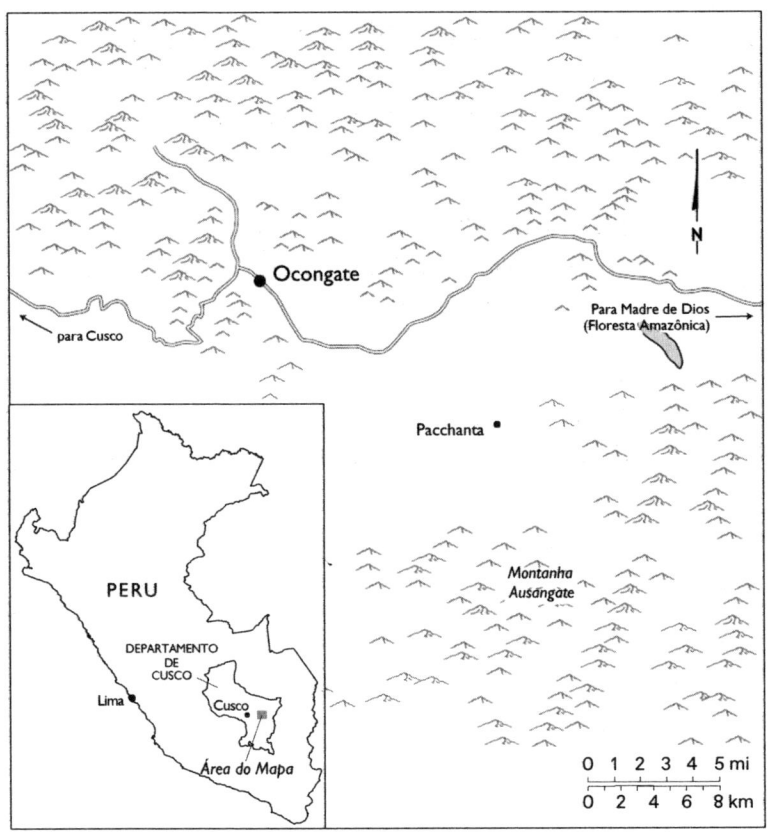

Ausangate e arredores.

APRESENTAÇÃO

MARISOL DE LA CADENA PROFERIU PALESTRAS na série Lewis Henry Morgan em outubro de 2011, marcando o 50º aniversário da série, que foi concebida em 1961 por Bernard Cohn, então chefe do Departamento de Antropologia e Sociologia da Universidade de Rochester. Um dos fundadores da antropologia cultural moderna, Lewis Henry Morgan (1818-1881) foi uma das mais famosas figuras intelectuais de Rochester e um patrono dessa universidade, tendo também doado uma quantia significativa para a fundação de uma faculdade para mulheres.

As três primeiras edições das palestras celebraram as contribuições de Morgan, no século XIX, aos estudos de parentesco,[1] aos estudos dos nativos norte-americanos[2] e aos estudos comparados de civilizações.[3] As palestras ministradas por Marisol de la Cadena – e também as conferências dos dois anos subsequentes, ministradas, respectivamente, por Janet Carsten e Peter van der Veer – abordaram os temas tratados nas três palestras originais, mas segundo a perspectiva da antropologia no século XXI.

[1] M. Fortes, *Social Structure. Studies Presented to A.R. Radcliffe-Brown*, 1963.
[2] F. Eggen, *The American Indian. Perspectives for the Study of Social Change* (*Lewis Henry Morgan lectures*), 1967.
[3] R.M. Adams Jr., *The Evolution of Urban Society: Early Mesopotamia and Prehispanic Mexico*, 2005.

A série agora inclui uma palestra noturna aberta ao público, seguida de uma oficina que ocupa o dia seguinte inteiro, durante o qual um rascunho do texto em elaboração é discutido pelos membros do Departamento de Antropologia e por convidados de outras instituições. Os conferencistas que participaram do workshop dedicado ao manuscrito de Marisol de la Cadena foram María Lugones, da Universidade de Binghamton, Paul Nadasdy, da Cornell University, Sinclair Thomson, da Universidade de Nova York, e Janet Berlo, Thomas Gibson e Daniel Reichman, da Universidade de Rochester.

O trabalho da autora é um importante marco na história da série de palestras Lewis Henry Morgan, e também da prática etnográfica. Seu livro é baseado em um trabalho de campo realizado nos Andes peruanos com dois renomados curandeiros – que eram bem mais que isso –, Mariano Turpo e seu filho, Nazario Turpo. Por meio de seu trabalho etnográfico colaborativo com os Turpo, De la Cadena traça mudanças na política de povos indígenas no Peru, do liberalismo e socialismo dos anos 1950 ao multiculturalismo neoliberal dos anos 2000. Mariano Turpo foi um ator-chave no movimento de reforma agrária peruano, que nos anos 1960 pôs fim a um sistema de peonagem que mantinha as pessoas nativas vinculadas à *hacienda* em que haviam nascido. Décadas depois, Nazario Turpo trabalhou como um xamã andino, guiando grupos internacionais de turistas em Cusco. Ele também foi convidado para trabalhar como consultor na mostra quíchua no Museu Nacional do Índio Americano, em Washington.

O trabalho de Marisol de la Cadena estende e transforma criticamente o legado de Henry Lewis Morgan, cujas contribuições históricas para a antropologia foram possíveis graças à colaboração com intelectuais indígenas americanos, particularmente Ely S.

Parker, um membro do Braço Tonawanda dos Seneca,[4] que Morgan conheceu enquanto visitava uma livraria em Albany em 1844. Parker estava lá para convencer legisladores nova-iorquinos de que, por meio do Tratado de Buffalo Creek, a terra seneca[5] fora ilegalmente vendida para representantes da Ogden Land Company.[6] A partir desse encontro ao acaso, Morgan manteve uma colaboração longeva com Parker, que se tornou sua principal fonte de informação sobre os iroqueses. Morgan dedicou a ele seu primeiro grande trabalho, *A liga dos iroqueses*,[7] em suas palavras, como "fruto de nossas pesquisas conjuntas".

Os Turpo falavam de suas experiências, especialmente de suas interações com seres-terra, de um modo que muitas pessoas, incluindo políticos peruanos, não estavam dispostas a levar a sério. Por meio das histórias dos Turpo – e da ponderação recursiva (em todos os sentidos da palavra) dos termos empregados para contar suas histórias –, De la Cadena reflete sobre questões cruciais para a antropologia atual, desde os sentidos de indigeneidade no contexto do multiculturalismo à agência contestada de não humanos e bens materiais. Ademais, este livro questiona a premissa e a promessa básicas da etnografia – a saber, o traduzir entre mundos da vida (*lifeworlds*), que, apesar de diferentes e distintos, mantêm-se parcial e assimetricamente conectados. Quais são as oportunidades e os imponderáveis, os riscos e as recompensas inerentes ao trabalho da tradução por entre divisas epistêmicas e hegemônicas?

---

4 Anteriormente chamados de Tonawanda Band of Seneca Indians, a Nação Tonawanda Seneca, como atualmente é referenciada, é um povo indígena reconhecido pelo Estado norte-americano. (N.E.)
5 Seneca, neste contexto, é também um gentílico, que se refere aos senecas, indígenas na aldeia Seneca, nos Estados Unidos. (N.E.)
6 Empresa privada que propôs a compra das terras senecas. (N.E.)
7 L.H. Morgan, *A liga dos iroqueses*, 1962.

Uma das reivindicações centrais de Marisol de la Cadena neste trabalho é a de que a existência de modos alternativos de estar no mundo não deveria ser nem menosprezada como superstição, nem celebrada como uma diversidade de crenças culturais. Em vez de pensar na diversidade cultural como uma gama de formas através das quais diferentes grupos humanos entendem um mundo natural compartilhado, deveríamos repensar a diferença em termos ontológicos: como os modos compartilhados de compreensão humana interpretam mundos fundamentalmente diferentes, ainda que eles estejam sempre emaranhados? Essas preocupações intelectuais, centrais para a antropologia e para o humanismo em geral, adquirem uma crescente importância prática no contexto político contemporâneo. Como no tempo de Morgan, a expansão de indústrias extrativistas, como a mineração, ameaça as vidas de povos nativos por todas as Américas. A capacidade de definir e imaginar o mundo sensível em termos outros que os de uma Natureza cindida da Humanidade se tornou, portanto, um instrumento crucial de luta. Ao revelar as dimensões ontológicas da política contemporânea, que vêm moldando tanto exposições de museus nos Estados Unidos quanto protestos públicos no Peru, De la Cadena nos brinda com um exemplo persuasivo de como a antropologia pode promover o reconhecimento de que é possível haver mais de uma luta em curso. Seu colabor com Mariano e Nazario Turpo produz uma visão cosmopolítica que prefigura a possibilidade de um diálogo respeitoso entre mundos divergentes.

ROBERT J. FOSTER E DANIEL R. REICHMAN
Codiretores da série de seminários
Lewis Henry Morgan

A felicidade de Nazario registrada alguns meses antes de sua morte. Abril de 2007. Todas as fotografias são da autora, exceto quando indicado diferentemente.

PREFÁCIO

TERMINAR ESTE LIVRO SEM NAZARIO TURPO

ESTE LIVRO FOI FEITO A PARTIR DE UMA SÉRIE DE conversas que tive com Nazario Turpo e seu pai, Mariano, ambos campesinos andinos e muito mais. Eu os conheci em janeiro de 2002 e, após a morte de Mariano, dois anos depois, Nazario e eu continuamos trabalhando juntos e nos tornamos amigos próximos. Em 9 de julho de 2007, Nazario faleceu em um acidente de trânsito. Ele se deslocava de seu vilarejo, Pacchanta, para a cidade de Cusco, onde trabalhava como "xamã andino" para uma agência de turismo. Ele gostava muito do trabalho, havia me dito; era um assalariado pela primeira vez na vida, recebendo uma média de 400 dólares por mês – talvez um pouco mais, considerando as gorjetas e presentes que recebia de pessoas que começavam uma relação com ele como turistas e acabavam se tornando seus amigos. O emprego tinha mudado sua vida, e não apenas porque o xamanismo andino era uma nova categoria coloquial em Cusco – criada pela convergência entre antropologia local, turismo e práticas de *New Age* – o que também produz uma nova posição de sujeito em potencial para alguns indivíduos indígenas. Dizia também que ficava muito feliz por poder comprar facilmente o remédio para a perna da esposa, que tinha se tornado reumática por conta do frio cortante e constante em

Pacchanta, que fica mais de 4 mil metros acima do nível do mar. Poder comprar e comer arroz, massa e fruta em vez de batatas, o pão diário (e único) naquela altitude; e comprar livros, cadernos e lápis para seu neto, José Hernán – um menino encantador, que tinha doze anos na última vez que o vi, imediatamente após a morte de Nazario –, faziam-no se sentir bem.

De muitas formas, Nazario estava vivendo uma vida excepcional para um homem indígena andino. Seu trabalho era crucial para os benefícios que o turismo gerava na região, e a maior parte dos lucros ia para o dono da agência que o contratou. Ainda assim, os ganhos de Nazario eram melhores que a renda minguada que as pessoas em Pacchanta (e em vilarejos parecidos) recebiam pela venda da lã de alpaca e de ovelha para o mercado internacional a preços locais cada vez mais baixos. Também diferentemente de outros habitantes de vilarejos (de indígenas comuns a moradores urbanos de Cusco), Nazario era um indivíduo bem conhecido. Quando ele faleceu, recebi uma enxurrada de e-mails de pessoas em Cusco e dos muitos amigos e conhecidos seus nos Estados Unidos. Alguns deles escreveram obituários. Ilustrando o poder da globalização em conectar o que se pensa estar desconectado, um obituário comemorando a vida de Nazario apareceu no *The Washington Post* um mês depois do falecimento;[8] naquele mesmo dia, havia uma publicação sobre sua morte no blog *Harper's*.[9] Eu também escrevi algo parecido com um obituário e o enviei a vários amigos para compartilhar minha tristeza. Partes do que eu escrevi apareceram em um jornal em Lima,[10] e um jornal de esquerda

---

8 E. Krebs, "Nazario Turpo, a Towering Spirit", *The Washington Post*, 11 ago. 2007.
9 S. Horton, "The Life of a Paqo", *Harper's Blog*, 11 ago. 2007.
10 F. Huilca, "El Altomisayoq que tocó el cielo", *La Republica*, 26 jul. 2007.

chamado *Lucha Indígena* publicou as duas páginas inteiras.[11] Quero abrir este trabalho etnográfico com esse texto, para honrar a memória de Nazario e para conjurar sua presença no livro em que ele co-laborou comigo. Eu pensava que escreveríamos o livro juntos; me entristece que não o tenhamos feito. Segue, então, o que escrevi quando Nazario faleceu; é minha forma de apresentar Nazario e seu pai a vocês.

Nazario e Mariano se despedindo. Nazario havia começado recentemente em sua função como xamã andino. Janeiro de 2003.

11 M. de la Cadena, "Murió Nazario Turpo, indígena y cosmopolita", *Lucha Indígena*, v. 2, n. 14, 2007, p. 11.

NAZARIO TURPO, INDÍGENA E COSMOPOLITA, ESTÁ MORTO

No dia 9 de julho de 2007, houve um acidente de trânsito em Saylla, uma pequena cidade perto de Cusco. Uma colisão com um micro-ônibus; até o momento, dezesseis corpos foram encontrados. Um amigo meu estava entre eles; era bastante conhecido na região e admirado por pessoas de diversos países. Ele era conhecido como um "xamã" na cidade de Cusco e como um *curandero* ou *yachaq* (algo como um curador de males) no interior. O nome do meu amigo era Nazario Turpo. Ele falava quíchua, escrevia um pouco em espanhol, embora mal o falasse, e teria sido considerado uma pessoa extraordinária em qualquer lugar do mundo. Ele era excepcional nos Andes porque, diferentemente de outros campesinos como ele, a vida vinha sendo boa com ele – parecia até mesmo que o futuro de seus netos poderia mudar e ser de alguma forma menos duro do que seu presente. A parte mais excepcional de tudo era que ele era muito conhecido – um feito historicamente notável para um pastor de alpacas e ovelhas andino. O jornal *The Washington Post* havia publicado uma longa matéria sobre ele em agosto de 2003. Por volta da mesma época, *Caretas* (uma revista de Lima com circulação no país todo) publicou uma matéria sobre Nazario, incluindo várias fotos dele em suas páginas luxuosas. À época, ele já havia viajado diversas vezes a Washington, onde era um curador da exibição andina no Museu Nacional do Índio Americano (NMAI, na sigla em inglês) do Smithsonian. Um *yachaq* indígena socializando com especialistas em museus em Washington com certeza foi um evento digno de notícias no Peru.

Nazario tinha um verdadeiro prazer em criar relações com o que, para ele, não era apenas novo, mas também imensamente inesperado. Complexamente indígena e cosmopolita, ele se sentia confortável aprendendo e completamente em casa ao demonstrar seu total desconhecimento de coisas como o interior de aviões, a noção de grandes redes de hotéis (e seus interiores!), metrôs, carrinhos de golfe e até mesmo de banheiros masculinos. Ele fazia perguntas sempre que tinha dúvidas – da mesma forma que eu ou outros visitantes fazíamos perguntas quando estávamos aprendendo a nos achar no vilarejo dele, ele dizia. (Nós não estávamos sempre perguntando como caminhar montanha acima, como encontrar água potável, como segurar uma lhama pelo pescoço e evitar suas cuspidas, como atravessar um córrego torrencial – até como mastigar folhas de coca? Era a mesma coisa, não era?) De volta em casa, suas viagens rendiam histórias que ele contava a Liberata, sua esposa, e a José Hernán, seu neto de doze anos (que, suspeito, era seu favorito). Suas jornadas pelo exterior também o faziam mais desejado pelos turistas, e o que havia começado como um trabalho ocasional feito com um empreendedor de turismo criativo foi se tornando aos poucos um emprego regular. Em relativamente pouco tempo, e através de redes *New Age* de sentido, dinheiro e ação, Nazario viu suas práticas rituais traduzidas naquilo que começou a ser conhecido como xamanismo andino. Durante a alta estação turística, de maio a agosto, seu trabalho se tornava quase de turno integral, já que era preciso se deslocar do interior para a cidade, onde ficava por cinco dias ao menos quatro vezes por mês. Quando morreu, ele estava em um desses deslocamentos, a meia hora de seu destino: a agência de turismo na qual, no dia seguinte, ele encontraria um grupo de turistas e, com eles, viajaria para Machu Picchu, aquela Meca sul-americana para turistas estrangeiros. Aqueles de nós que fazem esse trajeto estão cientes dos perigos que o assombram; ainda assim, ninguém imaginou que esse homem extraordinário sofreria uma morte tão comum nos Andes, onde, como resultado de uma política de Estado que abandonou áreas consideradas remotas e de uma biopolítica da negligência, ônibus e estradas são na melhor das hipóteses precários e frequentemente fatais.

Nazario era o filho mais velho de Mariano Turpo, outro ser humano excepcional, que morrera de velhice três anos antes. Todos eles viviam em Pacchanta – um vilarejo que consta em registros estatais como uma "comunidade de campesinos", em que as pessoas ganham seu sustento vendendo (a quilo e por centavos de dólar) a carne e a lã de alpacas, lhamas e ovelhas que criam. Pacchanta fica na cordilheira de Ausangate, um impressionante conglomerado de picos cobertos de neve que anualmente recebe uma peregrinação até o santuário do Senhor de Coyllur Rit'i. Segundo a opinião pública local, cerca de 60 mil pessoas participam do evento todo ano; eu sei que elas vêm de todo o Peru e de diferentes partes do mundo. A zona também é conhecida localmente como a área em que, em dias sem nuvens, uma montanha pode ser avistada da cidade de Cusco e na qual Ausangate, um ser-terra, exerce seu poder e sua influência. Nos anos 1960, políticos de esquerda visitavam Pacchanta com relativa frequência, atraídos pelo modo habilidoso com que Mariano Turpo confrontava o proprietário de terras dono da maior fazenda produtora de lã em Cusco – chamada de Lauramarca. Mariano era parceiro de luta de unionistas nacionalmente famosos, como Emiliano Huamantica, e de advogados socialistas, como Laura Caller. Naquela época, a viagem normalmente levava dois dias. Começava com um trajeto de carro de Cusco até a cidade mais próxima de Pacchanta (Ocongate), e então exigia uma combinação de caminhada e cavalgada. Mudanças na ordem mundial afetaram até mesmo essa remota ordem das coisas: atualmente, turistas chegam (em Pacchanta) da cidade em apenas cinco horas, prontos para trilhar os caminhos que cortam montanhas imponentes, lagoas de tons de azul e verde nunca antes vistos e um silêncio interrompido apenas pelo som do vento e dos cascos distantes de lindas vicunhas selvagens. Esse cenário idílico não é resultado de políticas conservacionistas, mas, pelo contrário, de uma política de Estado de abandono, que é, às vezes, vergonhosamente explícita. Mas os novos visitantes não buscam a revolução como os anteriores; até a morte de Nazario, eles eram atraídos por sua complexa habilidade, que ele havia aprendido com seu pai, de se relacionar com os seres-terra que compõem o que nós chamamos de paisagem circundante.

Fui atraída a Pacchanta pelo conhecimento de Mariano. Se os turistas ficavam sabendo de Nazario pelas redes de espiritualismo normalmente identificadas como New Age, as minhas redes eram aquelas da política campesina, das ONGs de desenvolvimento e da antropologia. Mariano tinha construído e nutrido teias complexas durante seus anos atuando como líder local, e apesar de os indivíduos terem mudado à medida que as pessoas foram envelhecendo, e de a política e a economia também terem mudado, as redes sobreviveram. Quando cheguei a Pacchanta, não era mais a política que tecia aquelas redes, e sim o turismo. Elas continuaram a conectar o vilarejo a Cusco e Lima – mas dessa vez também havia conexões com Washington, Nova York, Novo México... e, através de mim, Califórnia. Desde o princípio, os antropólogos de Cusco eram proeminentes nessas redes, o que não me surpreendia, dado o interesse hegemônico (e quase exclusivo) deles pela "cultura andina".

Eu admirava Mariano profundamente. Ele era muito forte, extremamente corajoso e incansavelmente analítico; embora não fosse sua intenção, eu constantemente me sentia pequena perto dele. Um ser humano excepcionalmente talentoso; foi, sem sombra de dúvida, uma honra tê-lo conhecido. O acumulado de suas ações – confrontando fisicamente o maior proprietário de terras de Cusco e depois continuando esse confronto, legal e politicamente, através da organização unionista entre falantes de quíchua – foi crucial para a implementação da Lei da Reforma Agrária em 1969, uma das mais importantes transformações capitaneadas pelo Estado pelas quais o Peru passou no último século. Mariano sem dúvida fez história. No entanto, em contradição com as redes de longo alcance que ele construiu, a esfera pública nacional – de esquerda e conservadora – sempre ignorou esse capítulo local da história peruana. Como um falante monolíngue de quíchua, os feitos de Mariano poderiam alcançar apenas o âmbito das histórias locais – quando muito. E com certeza ele tinha histórias para contar; eram essas as que eu tinha ido procurar e que escutei por muitos meses.

Sua comunidade o havia escolhido como seu líder porque, dentre outras coisas, ele conseguia falar bem – *allinta rimay*, em quíchua – e porque ele era um *yachaq*, um conhecedor, também em quíchua. Isso resultava em sua habilidade inigualável de se identificar assertivamente com seu entorno, o que incluía seres poderosos de todo tipo, humanos e outros-que-humanos. Mariano costumava descrever suas atividades como luta por liberdade – ele dizia a palavra em espanhol, *libertad* – contra o proprietário de terras, a quem ele qualificava como *munayniyuq*, alguém cuja vontade expressa ordens que estão além do questionamento e da razão. Sendo um *yachaq*, Mariano tinha talento para negociar com o poder, que em seu mundo emergia tanto da cidade letrada quanto daquilo que nós conhecemos como natureza; o *hacendado* também extraía poder de ambas, mas também estava firmemente ancorado na primeira. Para negociar com todos os aspectos do poder e tornar possíveis suas próprias negociações com o mundo letrado, Mariano construía alianças; suas redes se ramificavam imprevisivelmente, chegando até a eventualmente incluir alguém como eu, uma conexão intercontinental entre a Universidade da Califórnia em Davis e Pacchanta, e, claro, Lima e Cusco. As redes também atravessavam distâncias sociais locais e incluíam indivíduos que não se identificavam como indígenas nos vilarejos próximos, na *hacienda* e nas cidades ao redor. Ler e escrever eram recursos cruciais que Mariano lutava para incluir, e ele também os encontrava em casa. Mariano Chillihuani – padrinho de Nazario – sabia ler e escrever, e foi talvez o colaborador mais próximo de Mariano Turpo; seu *puriq masi*, "companheiro de caminhada" em quíchua. Os dois Marianos viajaram para Lima e Cusco, conversaram com advogados, *hacendados*, políticos, autoridades estatais e, conforme muitos, tiveram até mesmo uma audiência com o presidente peruano Fernando Belaúnde. "Eles sempre caminhavam juntos", contava Nazario; "meu pai falava, meu *padrino* lia e escrevia." O que significa que, juntos, eles podiam falar, ler e escrever.

O conhecimento de Mariano e de Nazario era inseparável de sua prática; era um saber-fazer que era também simultaneamente político e ético. Não raro essas práticas apareciam como obrigações com humanos e outros-que-humanos: o fracasso em realizar certas ações podia ter consequências para além do controle do praticante. Sua experiência política lhes permitia se comunicar com e participar de instituições modernas; seu saber-fazer ético funcionava localmente, e viajava de uma forma um tanto quanto estranha porque poucos fora do alcance de Ausangate conseguem compreender que humanos podem ter obrigações com aquilo que veem como montanhas. Algumas das obrigações são satisfeitas com o que a antropologia dos Andes chama de "oferendas rituais"; as mais carismáticas e, atualmente, populares entre turistas são os *despachos* (do verbo espanhol *despachar*, "enviar" ou "expedir"). São pequenos pacotes contendo diferentes itens, a depender da circunstância do *despacho* e do que se deseja realizar com ele. Mariano e Nazario eram muito conhecidos pela eficácia de seus *despachos*, pela forma como eles os ofereciam, o que continham, os locais dos quais os enviavam e pelas palavras que utilizavam para fazê-lo. A popularidade dos *despachos* alcançou até mesmo o ex-presidente Alejandro Toledo, que, em um arroubo indigenista, inaugurou seu mandato como presidente com esse ritual em Machu Picchu. Nazario Turpo estava entre os cinco ou seis "autênticos especialistas indígenas" convidados para a cerimônia. O convite havia chegado a Pacchanta através das redes de Mariano, que, assim como no passado, incluíam oficiais do Estado. Isso foi em 2001, no entanto; multiculturalismo era o nome do jogo neoliberal, com o turismo, sua indústria florescente e a "cultura andina" como uma de suas atrações excepcionalmente transformáveis em *commodities*. Mariano estava muito velho para a viagem, então Nazario foi em seu lugar. "*Eu não realizei o despacho*", ele me contou, "*eu curei o joelho do Toledo. Lembra como ele estava mancando? Depois que o curei, ele não mancou mais.*" Ele não explicou como o fez – e eu não perguntei. Imagino que ele tenha feito o que sabia, como quando uma viajante dos Estados Unidos caiu enquanto subia uma pequena colina perto da casa de Nazario. Depois de cuidadosamente a levantar, ele enrolou seu corpo – na verdade, enfaixou – com um cobertor para prevenir que seus ossos se movessem e doessem ainda mais. Uma vez no ônibus, ele cuidou dela o trajeto todo, de Pacchanta até a cidade. Eu encontrei a mulher durante aquela que seria minha última estada com Nazario em seu vilarejo; ela me garantiu que o tratamento de Nazario havia ajudado. Que ela tenha voltado até os confins de Pacchanta era a prova para mim de que ela acreditava no que havia dito.

A morte de Nazario foi coberta pelo La República, um dos mais importantes jornais de circulação nacional. O título da matéria diz "O Altomisayoq que tocou o céu", e ela contribuiu para a proeminência de Nazario como xamã público. A publicação também veiculou um excerto da minha escrita – o obituário que também apresento aqui. As fotografias menores, tiradas na inauguração do Museu Nacional do Índio Americano, em Washington, são minhas.

Nazario estava ciente (de fato!) de que, a depender das circunstâncias, muitos outros saberes, objetos e práticas eram mais eficazes do que aquilo que ele sabia e fazia. Uma vez perguntei por que razão ele não podia curar José Hernán, seu neto, que estava sofrendo de dores de estômago. Ele olhou para mim e, com um sorriso de "você deve estar brincando", disse: "*Porque não tenho antibióticos aqui.*" No entanto, aprender, nesse caso sobre antibióticos, não substituiu as práticas de cura de Nazario; pelo contrário, expandia seu conhecimento: saber sobre antibióticos significava saber mais, não saber melhor. Seguindo-o, aprendi sobre a complexa geometria territorial e subjetiva que suas práticas atravessavam; as fronteiras delas não eram únicas nem simples. Essas práticas podem ser incomensuráveis frente às formas estrangeiras de fazer e pensar com as quais elas têm coabitado e negociado há mais de quinhentos anos. Porém, de modo mais complexo, as práticas de Nazario – e de outros como ele – se relacionam variadamente com essas formas "diferentes" de fazer sem se livrar de suas próprias, ou, como eu disse antes, sem acharem que "agora sabem melhor". Uma história pode fornecer um exemplo concreto. Como parte das cerimônias inaugurais do NMAI em Washington, os curadores indígenas foram convidados para um painel no Banco Mundial, e Nazario Turpo estava, é claro, entre eles. Nazario fez sua apresentação em quíchua e pediu fundos ao Banco Mundial para construir canais de irrigação em seu vilarejo. A água estava secando, explicou, "devido à quantidade crescente de aviões que sobrevoam Ausangate, enfurecendo-o e tornando-o preto". Eu não sei quem disse o que a ele, mas mais tarde no hotel ele me explicou: "*Agora eu sei que essas pessoas chamam isso de 'a terra estar esquentando'; é assim que eu vou explicar a elas da próxima vez.*" Meio brincando, meio a sério, conversamos sobre como, no fim das contas, em espanhol, "esquentar", *calentarse*, também pode significar "ficar enfurecido". No fim, eu estava certa de que a disposição de Nazario de entender o "aquecimento global" era muito maior que a dos oficiais do Banco Mundial, que não conseguiam sequer imaginar levar a fúria de Ausangate a sério. Nazario certamente os ultrapassava em complexidade; ele tinha a habilidade de visitar muitos mundos e, através deles, oferecer também o seu próprio. Hoje, todos esses mundos estão em luto, pois Nazario já não é mais.

Nazario não foi apenas um co-laborador neste trabalho etnográfico. Ele era um amigo muito especial; nós dividimos conversas e caminhadas agradáveis e árduas entre 2002 e 2007. Nós nos comunicávamos por entre barreiras óbvias de língua, cultura, lugar e subjetividade. Aproveitamos nossos momentos juntos – intensamente. Rimos juntos e ficamos assustados juntos; concordávamos e discordávamos um do outro; e também ficávamos impacientes quando nossa comunicação falhava, o que normalmente acontecia quando eu insistia em entender as coisas *nos meus próprios termos*. *"Já te falei o suficiente sobre* suerte *– você não consegue entender o que é, quantas vezes eu tenho que explicar* suerte *para você? Você não entende e eu fico repetindo e repetindo"*, ele me disse no último dezembro em que o vi, em 2006. E eu implorei: "Só mais uma vez, eu vou entender, Nazario, eu prometo." Mas é claro que eu não entendi, e não consigo lembrar se ele repetiu a explicação ou não. Isso é o que Nazario tinha dito: *"Apu Ausangate, Wayna Ausangate, Bernabel Ausangate, Guerra Ganador, Apu Qullqi Cruz, vocês que possuem ouro e prata. Deem-nos força para estes comentários, estas coisas sobre as quais estamos falando, para que tenhamos uma boa conversa. Deem-nos ideias, deem-nos pensamentos, deem-nos* suerte *agora, no lugar chamado Cusco, no lugar chamado Peru."* Então, ele olhou para mim e disse: *"Se você quiser, pode mascar coca agora; se não quiser, não masque."* Porém, intuí que seria melhor, eu teria *suerte* se o fizesse, e eu queria explorar aquela intuição. *Suerte* é uma palavra em espanhol cujo equivalente em português é sorte, e eu não estava pedindo por uma tradução linguística – eu não preciso de uma. Em vez disso, eu queria entender as maneiras pelas quais Nazario combinava *suerte* (seria mesmo *sorte*?), pensamento e as entidades às quais ele se referia como Apu, que são também montanhas, e cujos nomes ele tinha invocado antes de começar nossa conversa. Entre os *tirakuna*, ou seres-terra – um substantivo composto de *tierra*, a palavra em espanhol para "terra", e pluralizado com o sufixo quíchua *kuna* –, os Apu (*apukuna* é o plural) podem ser os mais poderosos nos Andes.[12] A recusa de Nazario em explicar novamente foi um de muitos momentos etnográficos significativos, aqueles momentos em nossos diálogos que desaceleravam meus pensamentos enquanto revelavam os limites do meu entendimento na complexa geometria de nossas conversas. Nessa geometria, *tirakuna* são seres outros-que-humanos que participam das vidas daqueles que se chamam de *runakuna*, pessoas (normalmente falantes monolíngues de quíchua) que, como Mariano e Nazario, também tomam parte ativamente de instituições modernas que não podem conhecer, que dirá reconhecer, *tirakuna*.[13]

---

12 Uma tradução linguística literal de *tirakuna* seria *tierras* ou *seres tierra*, "terras" ou "seres-terra" em português. O registro etnográfico andino tem documentado extensivamente "seres-terra", os quais também são chamados de *Apu* ou *Apukuna* (com o sufixo plural do quíchua). Ver: Thomas Abercrombie, *Pathways of Memory and Power: Ethnography and History among an Andean People*, 1998; Catherine Allen, *The Hold Life Has: Coca and Cultural Identity in an Andean Community*, 2002; Carolyn Dean, *A Culture of Stone: Inka Perspectives on Rock*, 2010; Ricard Xavier Lanata, *Ladrones de sombra*, 2007.

13 *Runakuna* (plural) é como pessoas quíchua, como meus amigos, chamam a si mesmos; o singular é *runa*. *Runakuna* são pejorativamente chamados de índios por não *runakuna*.

Despedindo de Nazario na cidade de Ocongate, quando ele se preparava para pegar o ônibus para a cidade de Cusco, onde um grupo de turistas o aguardava. Julho de 2004. Fotografia de Steve Boucher.

A minha relação com a família Turpo começou com um arquivo – uma coleção de documentos escritos que Mariano havia guardado como parte de um evento que durou décadas, que ele descrevia como a luta em que havia se engajado contra um proprietário de terras e pela liberdade. Quando trabalhávamos com os documentos, Mariano sempre começava nossa interação abrindo a sacola de plástico velha em que guardava suas folhas de coca e pegando um punhado.

Depois de me convidar a fazer o mesmo, ele procurava, no seu punhado, pelas três ou quatro melhores folhas de coca. Na sequência, cuidadosamente as esticava, abanava-as como um leque de cartas de baralho e então as segurava em frente à sua boca e as assoprava na direção de Ausangate e seus parentes, das montanhas mais altas e dos seres-terra mais importantes que nos circundavam. Essa apresentação de folhas de coca é conhecida como *k'intu*; *runakuna* as oferecem entre si e a seres-terra em ocasiões sociais, grandes ou pequenas, cotidianas ou extraordinárias. Ao oferecer *k'intu* a seres-terra, Mariano estava fazendo o que Nazario também havia feito quando lhe perguntei sobre *suerte* (e ele se recusou a explicar): eles estavam convidando *tirakuna* a participar de nossas conversas. E eles o faziam na esperança de boas perguntas e boas respostas, por boas recordações e por uma boa relação entre nós e todos os envolvidos na conversa. A recusa de Nazario em me explicar sobre *suerte* me levou de volta a esse momento, porque a prática de Mariano sugeria uma relação entre nós dois, os documentos escritos e os seres-terra. Todos nós – inclusive os documentos e *tirakuna* – tínhamos relações diferentes, até mesmo incomensuráveis, uns com os outros. Ainda assim, através de Mariano, podíamos conversar. A capacidade de Mariano de mediar sublinhava uma interessante característica de nossa relação. Por um lado, ele conseguia se comunicar com Ausangate e com os outros *tirakuna*, que podiam influenciar nossa conversa, e ele também havia aprendido, pelo menos em certa medida, o idioma dos documentos. Por outro lado, eu podia ler os documentos e acessá-los diretamente; mas só podia acessar os *tirakuna* por Mariano e Nazario, e talvez outros *runakuna*. Com minhas ferramentas epistêmicas usuais, eu não poderia *conhecer* Ausangate, nem se eu tivesse sorte.

A recusa de Nazario em "explicar de novo" sublinha o inevitável, espesso e ativo caráter mediador da tradução em nossa relação – e ela afetava ambos os lados, é claro. Tudo que eu podia era traduzir, mover as ideias dele para minha semântica analítica, e o que quer que eu acabasse obtendo não seria, isomorficamente, idêntico ao que ele havia dito, tampouco significaria o que ele quisera dizer. Portanto, ele já havia me dito o suficiente sobre *suerte* para me permitir obter o máximo que eu pudesse. Nossos mundos não eram necessariamente comensuráveis, *mas* isso não significava que não podíamos nos comunicar. De fato, nós podíamos, desde que eu aceitasse que deixaria algo para trás, como em qualquer tradução – ou, melhor ainda, que nosso entendimento mútuo também seria cheio de brechas diferentes para cada um de nós e que constantemente apareceriam, interrompendo, mas não impedindo, nossa comunicação. Para pegar emprestada uma noção de Marilyn Strathern,[14] nossa conversa era "parcialmente conectada". Mais adiante no livro, explicarei como uso esse conceito. Por agora, direi apenas que, ainda que nossas interações formassem um circuito eficaz, nossa comunicação não dependia de compartilhar noções únicas, limpidamente idênticas – as deles, as minhas ou uma terceira, nova. Nós compartilhávamos conversas através de diferentes formações ontoepistêmicas; as explicações de meus amigos expandiam o meu entendimento e as minhas expandiam o deles, mas muita coisa excedia nossa compreensão – mutuamente. Assim, enquanto flexionam nossa conversa, os termos dos Turpo não se tornaram meus, nem os meus se tornaram os deles. Eu os traduzia naquilo que conseguia entender, e esse entendimento era repleto de brechas daquilo que não

---

14 M. Strathern, *Partial connections*, 2004.

pude captar. Funcionava da mesma forma para Mariano e Nazario; eles entendiam meu trabalho com intermitências. E nenhum de nós estava necessariamente ciente de quais eram ou de quando apareciam aquelas intermitências. Elas eram parte de nossa relação, que, no entanto, era de comunicação e aprendizado. Para Nazario e Mariano, conexões parciais como essa não eram uma experiência nova; as vidas deles foram feitas com elas. Não me alongarei nisso agora, pois é sobre essa narrativa histórica de conexões parciais de que trata todo este livro. Para mim, porém, perceber que um circuito de conexões "esburacadas" era o ponto *a partir do qual* (e não somente *sobre o qual*) eu escreveria foi um *insight* importante. Isso me fez pensar na sugestão de Walter Benjamin,[15] de fazer a língua do texto original flexionar a língua da tradução. Contudo, é claro que tive de torcer um pouco essa ideia também, pois, depois da recusa de Nazario em explicar mais, eu não podia acessar o original, ou melhor, não havia original algum fora de nossas conversas: os textos deles e os meus eram coconstituídos na prática e, apesar de serem "apenas" parcialmente conectados, eram também inseparáveis. A conversa era *nossa* e dela não poderia resultar nem um "eles" (ou "ele"), nem um "nós" (ou "eu") purificados. Os limites do que cada um podia aprender com o outro já estavam presentes naquilo que do outro se revelava em cada um de nós.

---

15 W. Benjamin, *Illuminations*, 1968.

Uma cruz marca o local do acidente de trânsito em que Nazario Turpo faleceu. Setembro de 2009.

Em vez de capítulos, dividi este livro em histórias, porque o compus com os relatos que Mariano e Nazario me fizeram. A História 1 apresenta as condições conceituais, analíticas e empíricas de meu co-labor com os Turpo; minha ideia é que ela ocupe o lugar da tradicional introdução. O restante do livro é dividido em duas seções de três histórias cada, ambas precedidas por um interlúdio correspondente. O primeiro deles apresenta Mariano Turpo; suas lutas políticas com humanos e seres-terra são o assunto das três histórias seguintes. O segundo interlúdio apresenta Nazario, cujas atividades como "xamã andino" e pensador local ocupam o resto do livro. Ausangate, o ser-terra que é também uma montanha, desempenha um papel proeminente em nossa jornada conjunta, já que tornou possíveis nossas conversas com seu modo de ser "mais que um e menos que muitos".[16,17]

---

16 D. Haraway, *Simians, Cyborgs, and Women: The Reinvention of Nature*, 1991.
17 M. Strathern, *Partial Connections*, 2004.

A estrada para a casa de Mariano. Janeiro de 2002.

HISTÓRIA 1

CONCORDANDO EM LEMBRAR, TRADUZINDO E CO-LABORANDO COM CUIDADO

Existem coisas a lembrar, estes amigos, estas irmãs vieram aqui, nós estamos nos reunindo, estamos conversando, estamos lembrando. Yuyaykunapaq kanman, huq amigunchiskuna, panachiskuna chayamun, chaywan tupashayku, chaywan parlarisayku, yuyarisayku.

NAZARIO TURPO, JULHO DE 2002

NO MUSEU NACIONAL DO ÍNDIO AMERICANO E, MAIS especificamente, nas paredes que circundam a exibição Comunidade Quíchua, encontram-se fotos da maioria de seus curadores: Nazario Turpo, uma vereadora de Pisac e dois professores de antropologia da Universidade de Cusco, Aurelio Carmona e Jorge Flores Ochoa. A fotografia de Nazario inclui sua família – esposa, filhos e netos – e seu amigo mais querido, Octavio Crispín. A legenda explica que ele é "um *paqu* – um líder espiritual ou xamã". Carmona é descrito como um etnoarqueólogo e professor de antropologia que "é também um xamã que estuda e pratica medicina tradicional". Flores Ochoa diz, a respeito de Carmona e de si mesmo: "Nós somos antropólogos do nosso povo. *Nós sentimos e praticamos aquelas coisas* – não somos um grupo que só observa."[18] Todos esses curadores foram à inauguração do museu, onde eu tirei a foto que ofereço aqui.[19]

A antropologia é parte dessas fotos – daquelas na exibição e da que eu tirei –, e, por trás da antropologia, como todos sabemos, existe tradução.[20] É importante destacar que existem

---

18 Há muito a ser dito sobre a representação dos curadores por parte do museu, e sobre os eventos e raciocínios "dos bastidores" que contribuíram para aquela representação. Escrevo sobre esses eventos e raciocínios na História 6. As palavras de Flores Ochoa são significativas em muitos aspectos, os quais abordarei mais adiante nesta história.
19 Carmona é parente de Flores Ochoa, um dos mais renomados contribuidores regionais daquilo que é conhecido como antropologia andina. Dessa forma, por trás das fotos há uma longa história de amizade, troca de conhecimento e complexas hierarquias entre Nazario, Carmona e Flores Ochoa.
20 T. Asad, "The Concept of Cultural Translation in British Social Anthropology", 1986.
D. Chakrabarty, *Provincializing Europe: Postcolonial Thought and Historical Difference*, 2000.
L. Liu, *Introduction to Tokens of Exchange: The Problem of Translation in Global Circulations*, 1999.

diferenças entre tradução e minha prática de antropologia em Cusco, bem como na prática de Carmona e Flores Ochoa na mesma região. Eu nasci em Lima. Quíchua não é minha língua nativa e minha proficiência é baixa. Ao contrário, Carmona e Flores Ochoa nasceram no sul dos Andes peruano e são falantes nativos de quíchua e de espanhol. Quando interagiam com Nazario – seja como antropólogos, seja como amigos –, eles não precisavam de tradução. Contudo, os Turpo e eu não podíamos evitá-la. Articulada na interseção da prática disciplinar e do pertencimento regional, essa diferença, não apenas minhas perspectivas teóricas, tornava a tradução um elemento muito tangível na minha relação com Mariano e Nazario. Por meio de nossas conversas, trabalhávamos para entender uns aos outros, co-laborando por entre obstáculos linguísticos e conceituais, ajudados por muitos intermediários, particularmente por Elizabeth Mamani.[21] Nosso trabalho conjunto criou as conversas que poderíamos considerar "os originais" deste livro. Portanto, não foi o texto cultural de Nazario ou Mariano que eu traduzi. Em vez disso, os originais – que, repito, consistiram em nossas conversas – foram compostos em tradução por muitos de nós. Inevitavelmente, como Walter Benjamin advertiu, ao criar nossas conversas, nós selecionamos "o que também poderia ser escrito [ou conversado entre nós] na própria língua do tradutor" – neste caso, quíchua, espanhol e suas práticas conceituais.[22] Contrariando o sentimento usual de lamento diante do que se perde na tradução, minha sensação é a de que, ao co-laborar com

V. Rafael, *Contracting Colonialism: Translation and Christian Conversion in Tagalog Society under Early Spanish Rule*, 1993.
E.V. de Castro, "A antropologia perspectivista e o método da equivocação controlada", *Aceno*, v. 5, n. 10, 2018.
21 Outros importantes colaboradores na tradução foram Margarida Huayhua, Gina Maldonado e Eloy Neira.
22 W. Benjamin, *Walter Benjamin*: Selected Writings, 2002, p. 251.

Mariano e Nazario, ganhei uma importante consciência dos limites de nosso entendimento mútuo e, igualmente importante, daquilo que excedia a tradução e até mesmo a interrompia.

Aurelio Carmona, Nazario Turpo e Jorge Flores Ochoa na inauguração do Museu Nacional do Índio Americano. Washington, setembro de 2004.

A primeira história deste livro é sobre como Mariano, Nazario e eu nos conhecemos. Ela reconta as conversas e acordos iniciais que levaram ao livro e os últimos diálogos que Nazario e eu tivemos. As primeiras discussões definiram os termos de nosso trabalho juntos; elas descrevem o pacto que a família Turpo e eu fizemos. Quando Mariano morreu, dois anos depois do início de nossas conversas, eu comecei a trabalhar com Nazario – que, como mencionei no prefácio, tornou-se um amigo muito querido.

Ainda que eu inicie esta narrativa destacando a tradução, foi somente nas nossas últimas visitas que tomei consciência da maneira intrincada como ela havia mediado nossas conversas e criado um espaço compartilhado de sensações, práticas e palavras, cuja valência nenhum de nós conseguia entender totalmente. Depois da morte de Nazario, e conforme eu escrevia e refletia sobre este livro, a sensação daquelas últimas conversas foi o que deu materialidade ao fato de que nenhuma tradução seria suficientemente capaz de me permitir *saber* certas práticas. Eu podia traduzi-las, mas isso não significava que eu as sabia. E, frequentemente, não saber não era uma questão de abandonar o sentido, porque para muitas práticas ou palavras não havia algo como um sentido. As práticas eram o que meus amigos faziam, e as palavras eram o que eles diziam; mas o que aquelas práticas faziam ou o que aquelas palavras diziam escapavam do meu conhecimento. É claro que eu as descrevia em formas que podia entender; mas, quando eu transformava aquelas práticas ou palavras em algo que podia entender, *aquilo* – o que eu estava descrevendo – não era o que aquelas práticas faziam ou o que aquelas palavras diziam. Nossa comunicação (como qualquer conversa) não dependia do compartilhamento de noções únicas, meticulosamente sobrepostas, mas tampouco dependia de tornar equivalentes nossas diferentes noções. Se eu tivesse criado equivalências, elas teriam apagado a diferença entre nós, e ela – a diferença – era palpável demais (e seu desafio conceitual importante demais) para permitir apagamentos inadvertidos. Nossa conversa era "parcialmente conectada", no sentido de Marilyn Strathern.[23] De maneira intrigante, no nosso caso, essa

---

23 M. Strathern, *Partial Connections*, 2004; S. Green, *Notes from the Balkans: Locating Marginality and Ambiguity on the Greek-Albanian Border*, 2005; D. Haraway, *Simians, Cyborgs, and Women: The Reinvention of Nature*, 1991. [Ed. bras.: *A reinvenção da natureza: Símios, ciborgues e*

conexão parcial passava, entre outras coisas, por nossa condição compartilhada *e* dessemelhante de peruanos. Nossas formas de saber, praticar e produzir nossos mundos distintos – nossas mundificações, ou modos de fazer mundos[24] – foram "circuitadas" juntas e, embora compartilhando práticas por séculos, não se tornaram uma. No circuito, algumas práticas foram subordinadas, é claro, mas não se dissolveram naquelas que se tornaram dominantes, nem se fundiram em um híbrido único e simples. Em vez disso, elas se mantiveram distintas, mesmo que conectadas – quase simbioticamente, se eu puder tomar esse termo emprestado da biologia. Ao habitar essa condição histórica que nos tornava capazes de constantemente saber e não saber do que o outro estava falando, as explicações dos meus amigos conversavam com as minhas e as minhas com as deles, e influenciavam o diálogo com nossa heterogeneidade. Eu traduzia o que eles diziam naquilo que eu conseguia entender, e esse entendimento estava repleto das brechas daquilo que eu não captava. Funcionava da mesma forma para Nazario e Mariano, mas sua consciência desse processo não era nova. Eles estavam habituados a manter conexões parciais em suas negociações complexas com os mundos além de Pacchanta, que também emergiam em Pacchanta sem dissolver sua diferença. A respeito de elementos que são parcialmente conectados, John Law[25] escreve: "O argumento é que 'isto' (o que quer que 'isto' possa ser) está incluso 'naquilo',

mulheres, trad. Rodrigo Tadeu Gonçalves, 2023.]; R. Wagner, "The Fractal Person", in Marilyn Strathern e Maurice Godelier (org.), *Big Men and Great Men: Personifications of Power in Melanesia*, 1991, p. 159-73.
24 Mundificação [*worlding*] é uma noção que tomo emprestada de Haraway (2008) e de Tsing (2010); acredito que elas a compuseram em diálogo. Uso o conceito para me referir a práticas que criam ser (ou formas de ser) com (e sem) entidades, bem como as próprias entidades. Mundificação é a prática de criar relações de vida em um lugar e de criar o próprio lugar.
25 J. Law, "After Method: Mess", *Social Science Research*, 2004, p. 64.

mas 'isto' não pode ser reduzido 'àquilo'." Parafraseando: meu mundo estava incluso no mundo que meus amigos habitavam e vice-versa, mas o mundo deles não poderia ser reduzido ao meu, nem o meu ao deles. Conscientes dessa condição de um modo que não precisa ser expresso em palavras, nós sabíamos que nosso estar juntos unia mundos que eram distintos e também o mesmo. E em vez de manter a separação que a diferença causava, nós escolhemos explorar a diferença juntos. Usando as ferramentas de cada um de nossos mundos, trabalhamos para entender o que podíamos sobre o mundo do outro e criamos um espaço compartilhado que era também composto por algo que era incomum para cada um de nós.

Assim como as conversas que tive com meus dois amigos, este livro é composto por tradução e através de conexões parciais. É através de traduções parcialmente conectadas – e também de conexões parcialmente traduzidas – que reflito sobre as complexidades entre mundos que formavam as vidas de Mariano e de Nazario. Esses mundos se estendiam de Ausangate a Washington e emergiam por meio de instituições do Estado-nação chamado Peru (que, por sua vez, identifica meus amigos como campesinos ou índios)[26] e, dentro dele, na região de Cusco, geopoliticamente demarcada como um "departamento". Entre mundos, Mariano fez parcerias com políticos de esquerda que o consideravam um líder político inteligente e um índio (e, por conseguinte, não exatamente um político), e Nazario trabalhava como um "xamã andino" para uma agência de turismo que atendia estrangeiros relativamente ricos interessados em experiências *New Age* ou

---

26 Em determinados momentos, a autora utiliza a denominação *Indian* (mais próxima de "índio") e, em outros, *indigenous* (indígena). Optamos por manter os dois termos na tradução para evidenciar as intenções do argumento. A autora fala mais a respeito dessa dificuldade tradutória na História 6. (N.R.)

simplesmente no exótico. E quer em suas relações com o Estado, quer com a economia turística regional, os *tirakuna* – que, para relembrar o leitor, eu traduzo como "seres-terra" – tinham uma presença que borrava a distinção conhecida entre humanos e natureza, pois eles compartilhavam algumas características de ser com os *runakuna*. De fato, seres-terra (ou o que eu chamaria de uma montanha, um rio, uma lagoa) são também uma importante presença para os não *runakuna*: por exemplo, pessoas da cidade, como os dois antropólogos que acompanharam Nazario ao NMAI, ou pessoas rurais, como o proprietário de terras contra quem Mariano lutou. Emergindo dessas relações está uma região socionatural que participa de mais de um modo de ser. Cusco – o lugar que meus amigos e os antropólogos anteriormente mencionados habitam – é um território socionatural composto por relações entre as pessoas e os seres-terra *e* demarcado por um governo estatal regional moderno. Dentro dele, práticas que podem ser chamadas de indígenas e não indígenas se infiltram e emergem umas nas outras, moldando vidas de formas que – é importante ficar claro – não correspondem à divisão entre não moderno e moderno. Pelo contrário, elas confundem essa divisão e revelam a complexa historicidade que faz da região "nunca moderna".[27,28] O que quero dizer, como ficará gradualmente claro ao longo desta primeira história, é que Cusco nunca foi singular ou plural, nunca um mundo e, portanto, nunca muitos tampouco, mas uma composição (talvez uma constante tradução) na qual as línguas e práticas de seus mundos constantemente se sobrepõem e excedem umas às outras.

---

27 Isso não significa uma região socialmente homogênea; pelo contrário, práticas que remarcam diferença e enfaticamente negam similaridade (mesmo através do ato de compartilhar) também estabelecem a conexão parcial e dão àquela relação uma textura hierárquica que é específica da região.
28 B. Latour, *We Have Never Been Modern*, 1993b.

OS ACORDOS QUE FIZERAM ESTE LIVRO

Eu fui a última em uma longa lista de antropólogos que os Turpo conheceram ao longo da vida. Carmona foi o primeiro. Sob a orientação de Mariano, Carmona se tornou o que o NMAI traduziu como um xamã na legenda que citei no início deste capítulo. Nazario e Mariano se referiam a ele como "alguém que conseguia". A relação deles começou nos anos 1970, durante os primeiros anos da reforma agrária, o processo através do qual o Estado havia expropriado a terra do *hacendado* em 1969. Cientista social que trabalhava para o Estado, Carmona chegou ao que até recentemente era a *hacienda* Lauramarca, na qual o Estado já havia intervindo e transformado em uma cooperativa agrária.[29] Para complementar sua renda, diziam os Turpo, Carmona emprestava dinheiro às pessoas em troca de tecelagens locais – ponchos; xales femininos conhecidos como *llicllas* e *chullos*, ou toucas de lã masculinas. Ele então vendia as tecelagens em Cusco, que naquela época ficava a uns bons dois dias de viagem de Pacchanta. Em sua posição como oficial do Estado, Carmona conheceu Mariano Turpo, então um importante líder político, e eles provavelmente também realizaram trocas comerciais, trocando lã por dinheiro. Mas suas interações foram além da política oficial e dos negócios. De acordo com Nazario, Carmona procurou seu pai porque ele queria saber sobre os seres-terra locais – e Mariano o ensinou tudo que sabia. Eles também aprenderam juntos, trocando informações sobre curas, ervas e os diferentes seres-terra com que cada um deles era familiar. Quando conheci Carmona, ele estava ganhando a vida como docente na Universidade San Antonio Abad del Cusco. Seus

---

29 O despejo do proprietário foi, em parte, resultado do ativismo de Mariano, embora a cooperativa estatal não fosse seu objetivo.

cursos, como aqueles de muitos de seus colegas, eram classificados com o rótulo de "cultura andina". Nazario dizia que Carmona ensina o que Mariano o ensinou:

> Foi assim que o Dr. Carmona aprendeu. Depois, ele aprendeu mais, pouco a pouco e olhando livros [lendo], ele aprendeu mais. Agora, ele ensina antropologia e ensina o que meu pai ensinou a ele. É assim que ele ganha o dinheiro dele; ele não vende mais ponchos.

DA LÃ À "CULTURA ANDINA"

Hoje em dia, os *runakuna* – também referidos como "campesinos" após a reforma agrária – não ganham seu dinheiro somente vendendo lã, o principal produto nos anos 1970; agora, eles também vendem cultura andina, uma *commodity* local única para a qual, como acontecia com a lã, eles dependem principalmente de um mercado internacional. Porém, diferentemente da lã, os mercados globais de turismo renovaram o interesse regional nos seres-terra e naqueles que conseguem se engajar com eles. Conhecidos como *yachaq* (e, com reticência, *paqu*), um grande número de pessoas indígenas (a maioria homens) trabalha para agências de viagem e hotéis, nos quais são chamados de xamãs (ou *chamanes*, em espanhol). Alguns antropólogos locais também se envolvem nessa atividade. Como especialistas, eles autenticam práticas xamânicas indígenas e participam de redes de tradução que incluem o *New Age* andino, um campo emergente de conhecimento e prática na região, que às vezes borra a linha entre antropologia local e misticismo (também local). Foi através dessas redes (nas quais a antropologia tem um papel de "conhecimento especializado") que Carmona, Flores Ochoa e Nazario Turpo se tornaram participantes da exposição quíchua do NMAI em Washington.

Compradora e vendedora de lã na cidade vizinha Ocongate. Agosto de 2006.

Liberata e Nérida, esposa e nora de Nazario, vendem suas tecelagens a turistas em Pacchanta. Abril de 2007.

Depois de Carmona, muitos de fora apareceram. Conversas entre conhecedores indígenas locais (políticos, *chamanes*, dançarinos e tecelões) e viajantes de todo tipo (antropólogos, cineastas, turistas, curandeiros [*healers*] New Age e empresários) são frequentes na área. Assim, quando eu os conheci, Mariano e Nazario eram veteranos em interagir com pessoas como eu, e não apenas em Pacchanta, seu vilarejo. Eles também eram presença conhecida na Universidade San Antonio Abad del Cusco, em que respondiam a questões dos alunos sobre Ausangate e outros seres-terra de igual ou menor escalão. Seu círculo de intelectuais conhecidos não estava limitado àqueles de Cusco, e embora a "cultura andina" fosse o tópico dos debates nos anos 2000, esse não havia sido o caso anteriormente. Bem conhecido como um "líder campesino" local entre os anos 1950 e 1970, Mariano tinha conhecido cientistas sociais, jornalistas e fotógrafos, a quem contava histórias sobre a luta contra a *hacienda*, a reforma agrária, a expansão do mercado em Ocongate e os altos e baixos do mercado de lã. Ele havia conhecido pessoas importantes, boas e más, *runakuna* e *mistikuna*.[30] Tinha visto seu nome publicado em livros de história e jornais. "Eles publicaram meu discurso no jornal", contou ele a Rosalind Gow,[31] relembrando como ele falara em um encontro nacional da esquerda nos anos 1960.[32] Depois de ganhar visibilidade política, Mariano

---

30 *Mistikuna* é o plural de *misti*, uma palavra – que em Cusco funciona quando se fala em espanhol e em quíchua – usada para indicar alguém que sabe ler e escrever e que, portanto, dadas as hierarquias na região, pode agir como superior a um *runa*, mesmo que o *misti* tenha origens *runa*.
31 R. Gow, *Yawar Mayu: Revolution in the Southern Andes, 1860-1980*, 1981, p. 189.
32 Rosalind Gow (1981) lista Mariano Turpo como um de quatro proeminentes políticos no sul dos Andes, juntamente com Pablo Zárate Willka, Rumi Maqui e Emiliano Huamantica. Nos anos 1970, Rosalind e David Gow (à época casados) conduziram um trabalho de pesquisa de campo na comunidade vizinha de

conquistara enorme respeito entre os *runakuna*. Rosalind Gow escreveu: "Em assembleias, ele sempre ocupou o lugar de honra, e as pessoas tinham prazer em obedecer às suas ordens."[33] Os tempos haviam realmente mudado quando cheguei a Pacchanta. *As pessoas passam reto por mim, e não tem bom dia ou boa noite para mim, depois de tudo que fiz por elas,* Mariano reclamava. Ele também explicava que as pessoas mais jovens ao seu redor pareciam considerar sua "liberdade" (palavras de Mariano) um direito adquirido. Quase todo mundo havia esquecido Lauramarca, a enorme *hacienda* (81.746 hectares)[34] que escravizara as pessoas da região desde a virada do século XX e contra a qual Mariano, junto com outros líderes como ele, havia lutado política e legalmente (na Justiça) por quase vinte anos, desde a década de 1950, quando herdaram a luta de seus antecessores. Quando eu cheguei a Pacchanta, Mariano era o único daqueles líderes que restava; os outros estavam mortos, com exceção de um, que tinha deixado a região anos antes e nunca retornara. O esquecimento era perigoso, acreditava Mariano. Ele ouviu muitas vezes que os tempos estavam mudando novamente, que a reforma agrária estava sendo desmantelada em muitos lugares e que os *hacendados* poderiam retornar. Eu não estou certa de que os *runakuna* jamais esqueceriam "a época da *hacienda*", mas a ideia de que eles estavam de fato esquecendo era generalizada, mesmo para além da família Turpo. Esse possível esquecimento tornou nossa conversa possível.

Pinchimuro e conversaram com Mariano Turpo em diversas ocasiões. Enrique Mayer generosamente me deu sua cópia da tese de Rosalind Gow, e David Gow me enviou uma cópia impressa de sua própria (1976). Aprendi muito lendo ambos os trabalhos, pelos quais sou muito grata.
33 R. Gow, op. cit., p. 191.
34 W. Réategui, *Explotación agropecuaria y las movilizaciones campesinas em Lauramarca Cusco*, 1977.

Benito, Mariano e Nazario Turpo – com Ausangate atrás deles. Abril de 2003.

Assim, concordando com a necessidade de lembrar os feitos de Mariano contra a *hacienda* e com o tom de um acordo "mais ou menos" provisório, definimos os termos de nossa relação. Um acordo muito explícito, quase uma condição, era que Mariano seria o ator central no livro. Ele seria escrito "em nome dele". Com respeito aos temas, achamos que todos nós decidiríamos sobre eles, com Nazario e Benito frequentemente ajudando seu pai a se lembrar, dada sua idade avançada. Quando e com que frequência nos encontraríamos para trabalhar no livro era também um ponto a ser negociado. Em razão da idade, Mariano não trabalhava nos campos, tampouco levava alpacas ou ovelhas para pastar; ele estava geralmente em casa e, se suas enfermidades permitissem, ele poderia falar comigo em quase qualquer ocasião que eu quisesse. Dada minha própria rotina de trabalho nos Estados Unidos, eu normalmente chegava durante a alta temporada turística, entre junho e setembro, quando ambos os filhos de Mariano estavam ocupados – Nazario viajando semanalmente para trabalhar com a agência de viagem em Cusco e Benito comprando e vendendo carne de ovelha em mercados regionais. Eu precisava entender que minhas visitas, na maior parte das vezes, eram "uma perda de tempo" para eles, como Nazario, educada, porém claramente, me disse. Lembrar "direito" era outra condição. Embora os jovens estivessem se esquecendo dos acontecimentos, pessoas mais velhas, da idade de Benito ou mais – ele tinha cinco anos no período de pico do confronto; Nazario tinha cerca de dez ou doze –, lembravam, mas eu não podia ir a elas diretamente; os irmãos teriam de perguntar se elas queriam falar comigo ou com os filhos de Mariano, ou se elas sem sequer queriam falar sobre ele. As memórias eram controversas, e alguns poderiam querer contradizer as recordações de Mariano e representá-lo sob uma perspectiva negativa em benefício próprio. Contudo, Nazario e Benito definitivamente pediriam às pessoas que os ajudassem a se lembrar; se tudo corresse bem e surgisse a oportunidade, eles iriam falar com outros e pedir a eles que se lembrassem, mesmo quando eu não estivesse lá. Outro acordo importante foi o de ter testemunhas para nossas conversas; havia rumores de que os Turpo estavam trabalhando comigo, ganhando dinheiro individualmente para me dar informações sobre Pacchanta, um tópico e lugar que diziam respeito a todas as famílias lá.

Nazario apresenta a autora à assembleia comunitária em Pacchanta. Janeiro de 2002.

As pessoas iriam querer parar os negócios dos Turpo ou participar também. Para abafar os rumores, Octavio Crispín estaria presente em tantas de nossas conversas quanto sua programação permitisse. Porém, eu também tive que pedir permissão em uma assembleia comunitária (isso eu esperava, já que é quase rotineiro quando estrangeiros passam tempo em comunidades campesinas, nome que o Estado usa para alguns vilarejos rurais) e explicar claramente a natureza de meu trabalho. Eles queriam que eu dissesse muito explicitamente quem estava me pagando (eu também esperava elucidar isso) e que, por minha vez, eu não estava pagando a Mariano, Benito ou Nazario. Então, assim o fiz: eu fui a uma *asamblea comunal*, expliquei o propósito de minhas visitas a Pacchanta e respondi a perguntas. Então, começamos a trabalhar.

Eu soube de Pacchanta e dos Turpo por parentes – minha irmã e meu cunhado – e por um amigo, Thomas Müller; todos eles trabalhavam em uma ONG de desenvolvimento alternativo na área de Lauramarca, a antiga *hacienda*. Tendo chegado à região no fim dos anos 1980 (quando a reforma agrária estava sendo desmantelada pelos próprios *runakuna*) e estando de certa forma aliados a alguns movimentos de esquerda, todos os três desenvolveram uma relação próxima com Mariano, cuja reputação como político e curandeiro local ainda era importante. Müller morava em Pacchanta e passava longas horas com Mariano, de quem ficou muito próximo. Ele viu pela primeira vez a caixa de documentos que se tornaria a porta de entrada para minhas conversas com os Turpo quando Nazario estava usando alguns dos seus conteúdos de papel para acender uma fogueira – um detalhe sobre o qual nunca conversei com Nazario. De qualquer forma, quando me foi dado acesso à caixa – que chamo de arquivo de Mariano – ela ainda continha mais de seiscentos registros de todo tipo: panfletos, recibos, cadernos, minutas de reuniões do sindicato e, principalmente, cartas oficiais para autoridades estatais, datilografadas e assinadas por *personeros* (líderes indígenas de vilarejos rurais). Discuto meu trabalho com Mariano sobre seu arquivo na História 4. Por ora, basta dizer que, quando eu cheguei a Pacchanta, esses documentos forneceram um chão comum que acendeu as memórias dos Turpo.

CO-LABORANDO NOSSOS OBJETIVOS E ENCONTRANDO O EXCESSO

Eu imaginei nosso trabalho como um co-laborar – e isso, ainda que soe similar, era para ser diferente da pesquisa colaborativa. Eu não queria usar minha expertise para ajudar ninguém (que dirá algum "outro") a compreender nada sobre si mesmo, sobre ela mesma, sobre um grupo. Nem queria eu mediar a tradução de conhecimento local para uma língua universal para alcançar algum fim político. Eu queria trabalhar (ou laborar) com Mariano para aprender sobre sua vida e sobre os documentos que ele havia colecionado até a transferência para Müller. Eu sabia que ele era coautor de vários deles, legais e de outras naturezas, com seu *puriq masi* (quíchua para "companheiro de caminhada") Mariano Chillihuani, que frequentemente escrevia o que Mariano Turpo ditava, ou o que seu *ayllu* – o coletivo de *runakuna* e *tirakuna* – havia decidido (explico *ayllu* em detalhe nas histórias subsequentes). Mariano escrevera textos legais com advogados, também. Minha intenção inicial era retornar a esses documentos, na esperança de que, tendo-os coescrito, Mariano imbuiria nossa leitura com suas memórias, o que, por sua vez, possibilitaria a etnografia de seu arquivo. Nessa versão, o arquivo não seria um repositório de informação, mas uma produção histórica específica ela própria: eu utilizaria memórias locais para interpretar os documentos além de seu conteúdo estrito e consideraria tanto as memórias quanto os documentos como objetos materiais conectados com as circunstâncias e os atores que os produziram.[35] Minha intenção de co-laborar era aparentemente egoísta: eu queria que Mariano me ajudasse com meu raciocínio sobre os documentos e com meu propósito acerca deles. Nazario e Benito logo se tornaram parte do projeto e falaram de suas próprias intenções, que tampouco eram altruístas. As memórias de Mariano serviriam aos diferentes propósitos de todos. Enquanto Mariano queria retomar o respeito da comunidade, Benito queria mais terra. O fato de seu pai ter recuperado os territórios onde todos viviam agora era de alguma relevância para o objetivo de Benito. A intenção individual de Nazario era moldada por seu recente trabalho como xamã andino. Quando perguntei a ele por que trabalhava comigo, respondeu que queria "preservar os modos antigos". Aquelas eram também suas práticas, ele acrescentou, e ele queria que as pessoas mais jovens de seu vilarejo as valorizassem. Com aquela práxis, eles poderiam aprender a tratar os seres-terra de forma apropriada e até mesmo ganhar algum dinheiro no processo. Nesse aspecto, a intenção de Nazario não era diferente da minha, que também era moldada pelo meu trabalho. Eu sempre tive um livro em mente: um objeto acadêmico por meio do qual poderia fazer uma intervenção política no Peru, o lugar que sinto ser a minha casa.

De fato, eu não tinha qualquer intenção de ir além das memórias relacionadas aos conteúdos da caixa, que era minha chave para entender o evento político que a luta de Mariano representou; os documentos escritos eram meu horizonte final. Mas acabei deixando os documentos de lado, e isso se deu por causa de Mariano. Essa mudança metodológica representou minha entrada na contação de histórias, não buscando registrar

---

35 Para trabalhos etnográficos similares sobre a noção e prática de arquivo, ver A. Stoler, *Along the Archival Grain*, 2009. (N.A.)

a história oral, mas como uma ferramenta para tanto registrar as experiências de Mariano quanto observar os conceitos que ele empregava para narrá-las. Embora essas experiências fossem eventos em seus próprios termos, muitas delas não atendiam aos pressupostos de *história* [*history*] – ou, como explico na História [story] 4[36], elas os excediam. Os eventos aos quais tive acesso não deixaram evidências do tipo que a história moderna exige; eles não poderiam ter deixado. Portanto, eles não haviam entrado em arquivos históricos, nem mesmo no de Mariano.[37] Embora não fosse minha intenção inicial, nossas conversas revelaram a maneira como a ontologia histórica do conhecimento moderno tanto possibilita suas próprias perguntas, respostas e entendimentos quanto impossibilita, como se fossem desnecessárias ou irreais as perguntas, respostas e os

---

36 Em determinados momentos do texto, a autora utiliza alternadamente os termos *history* ou *story*, e seus respectivos plurais, para indicar uma diferença semelhante à que temos na língua portuguesa entre "história" e "estória", isto é, a primeira indicando aquilo que possui evidências e produz provas; e o segundo termo indicando um espectro mais amplo, cujo sentido é apresentado também pela palavra "histórias", no plural, tanto em inglês quanto em português, ou seja, uma pluralidade de relatos sobre eventos que prescinde de evidências. Optamos por manter a tradução de ambos os termos sempre por "história" ou "histórias", quando estiverem no plural, por acreditarmos que a noção pretendida pela autora é possível de ser compreendida através do contexto de cada frase. Excepcionalmente, ao evocar a disciplina que estuda a história dos eventos, para fins de distinção, grafaremos com H maiúsculo, embora este termo estivesse grafado em minúsculas no original. (N.R.)

37 Por exemplo, não existe evidência escrita de que Ausangate tenha ajudado pessoas a vencer uma batalha local pelo Peru em uma guerra contra o vizinho Chile. Em vez disso, evidências da participação decisiva de Ausangate na batalha estão inscritas na paisagem – em uma lagoa e em pedras que circundam a área –, e isso não conta como prova histórica. Dados os antecedentes de Ausangate na guerra com o Chile, sua participação era convocada para influenciar decisões durante o confronto político contra o *hacendado* (ver História 3).

entendimentos que estão fora de seu alcance ou o excedem.[38] Não surpreendentemente, essa capacidade concedida à história – que equivale ao poder de certificar o real – pode ser elevada quando se interroga um arquivo, a fonte da evidência histórica. Também percebi que minhas intenções iniciais, de recuperar Mariano como um importante, ainda que invisível, agente da reforma agrária (a política de Estado mais importante do Peru do século XX) por meio da etnografia de um arquivo campesino, estavam dentro dos limites daquilo que é reconhecido historicamente como real. E Mariano também estava dentro daqueles limites – mas, como ele dizia, "*não apenas*", uma expressão que ele usava quando indicava que nosso trabalho não deveria ser limitado pelos documentos. Co-laborar com Mariano e Nazario me fez ultrapassar esses limites; "*não apenas*", a expressão de Mariano, deu a mim o impulso etnográfico para tomar como reais, por exemplo, eventos que eram impossíveis segundo a história. Pois o que a história faria com Ausangate, o proeminente ser-terra, como um ator que influencia julgamentos e contribuiu para uma bem-sucedida derrota legal do proprietário de terras? E como eu poderia negar a importância[39] da presença influente de Ausangate sem bifurcar nossas conversas em a crença *deles* e o *meu* conhecimento? Essa dicotomia anularia nosso compromisso de co-laborar, sem mencionar o fato de que Mariano se recusaria a aceitar a ideia do que ele me contava

---

38 *Historical Ontology* é o título de um livro escrito por Ian Hacking (2002) e de seu primeiro capítulo. Ambos ilustram o que estou chamando de *ser histórico* do conhecimento acadêmico moderno. O foco de Hacking é a análise da emergência histórica de objetos, conceitos e teorias do conhecimento ocidental.
39 No original, a autora utiliza o termo *eventfulness*, palavra que, isoladamente, pode aportar tanto o sentido de "agitação" quanto de "relevância". Contudo, quando aplicada em uma frase, essa expressão pode também indicar o "acontecer" de algo – optamos pela tradução do termo para "acontecimento" na maior parte das vezes que a palavra é utilizada no texto original, sendo necessário, contudo, considerar sempre a sua polissemia. (N.R.T.)

ser apenas crença (e eu não seria capaz de tratar sua recusa como algo irrelevante). Co-laborar com Mariano e Nazario exigiu cancelar essa bifurcação, o que foi significativo. Sugeria uma prática política utópica. E não porque essa política tivesse um lugar no mundo a mim oferecido por suas narrações. Pelo contrário, era porque o meu mundo acadêmico e cotidiano desqualificava (como a-histórica) a realidade de suas histórias e, da mesma forma, seu significado político (mesmo que a própria desqualificação fosse um ato político, o que os desqualificadores não percebiam como tal). Evitar a cumplicidade com os desqualificadores enquanto habitava a conexão parcial entre os dois mundos (como demandava nosso co-labor) propunha uma prática de reconhecimento do real que divergia daquela à qual eu estava acostumada. Nosso co-labor sugeria uma forma de reconhecimento que seguia os requisitos da realidade histórica (como eu poderia me retirar dela?), ao mesmo tempo que limitava sua pertinência ao mundo que fez dela seu requisito. Essa é uma prática comum para os *runakuna*. Como eu narro nas Histórias 3, 4 e 6, os *runakuna* se envolvem em práticas políticas que o Estado reconhece como legítimas e simultaneamente executam outras que o Estado não consegue reconhecer – e não só por não quer, mas também porque envolver-se com o que o excede requereria sua transformação, até mesmo sua dissolução enquanto Estado moderno.

Co-laborar – meu pedido egoísta para que Mariano me ajudasse a pensar – oferecia o excesso como uma importante condição etnográfica e um desafio analítico. Eu o conceituo como aquilo que é performado para além do "limite". E, tomando emprestado de Ranajit Guha,[40] o limite seria "a

---

40 R. Guha, *History at the Limit of World History*, 2002, p. 7, grifo da autora.

primeira coisa fora da qual não há *nada* a ser encontrado e a primeira coisa dentro da qual tudo pode ser encontrado". Porém, esse "nada" está em relação com aquilo que vê a si mesmo como 'tudo', e portanto excede esse tudo -esse nada é algo e, portanto, o excede – é alguma coisa. O limite se revela como uma prática ontoepistêmica, neste caso do Estado e de suas disciplinas, e, por conseguinte, também uma prática política. Além do limite, está o excesso, um real que é "nenhuma coisa": nem-uma-coisa acessível através da cultura ou do conhecimento da natureza como de costume. A expressão de Mariano, "*não apenas*", desafiava esses limites e revelava que, em relação ao seu mundo, o mundo que vê a si como "tudo" era insuficiente. Da mesma forma, as ferramentas para aprender "tudo" não eram suficientes para aprender o que Mariano achava que eu deveria aprender se minha intenção fosse co-laborar com ele: eventos e relações além do limite; aquilo que a história e outras práticas de Estado não podiam conter. Mas porque as práticas com Mariano nunca eram simples, "tudo" (ou o que se considerava como tal) também tinha de ser levado a sério.

CO-LABORANDO ATRAVÉS DE HIERARQUIAS DE LETRAMENTO

Foi importante relembrar a jornada política e legal de Mariano contra a *hacienda* e, simultaneamente, ponderar nas nossas narrativas o excesso que práticas modernas não conseguiam reconhecer. Contudo, eram a forma de um livro e a escrita que concederiam às memórias de Mariano o reconhecimento mais valioso. Logo após minha chegada, Mariano disse: "*A pessoa que tem olhos sabe mais do que eu. A pessoa que tem olhos, a pessoa que fala espanhol [é] mais... droga!"* [*Ñawiyuq runaqa nuqamanta aswanta yachan; ñawiyuq runaqa, castellano rimaqa nuqamanta aswanta, caraju!*] Ñawiyuq – ter ou estar com olhos – é a palavra quíchua usada para descrever uma pessoa que lê e escreve; por outro lado, a pessoa que não lê nem escreve, a quem chamamos de analfabeta, é considerada cega. Mariano também me relembrou que aqueles que leem e escrevem são chamados de *wiraqucha* (uma palavra quíchua que pode ser traduzida, *grosso modo*, por "lorde" ou "mestre"); aqueles que não leem nem escrevem são chamados apenas pelo termo em espanhol *don* (o equivalente a "senhor" em português) – de fato, em quíchua não há equivalente feminino para *wiraqucha*. A palavra escrita era mais poderosa do que a falada; sua influência em disputas legais (inclusive nas locais) era inquestionável, e ela só podia ser rebatida com outra palavra escrita. Ao inscrever as palavras de Mariano na escrita de um livro e ao levar aquele livro a bibliotecas distritais, estaríamos permitindo que professores do ensino fundamental em Pacchanta soubessem sobre aquelas palavras. O livro ajudaria as pessoas a se lembrarem e, de maneira relevante, faria com que as pessoas da região de Ausangate que sabiam ler e escrever respeitassem Mariano.

    Minha consciência da visão dos Turpo sobre a palavra escrita era outra chave importante da nossa relação intelectual. Eu chegara com ideias sobre co-labor simétrico, as quais eu mantinha. Mas minha visão inicial era simplisticamente igualitária, e, desde cedo em nossa relação, sem remorso ou rodeios, Mariano me forçou a abandoná-la. Ele sabia que "aqueles que leem acham que devem ser servidos" [*ñawinchaqkuna munanku sirvichikuyta*], e essa condição também se materializaria no nosso acordo de co-laborar no que viria a se tornar este livro.

Nosso projeto tinha uma certa qualidade friccional:[41] mesmo quando abordavam sobre excessos, nossas conversas se tornariam um livro sustentado pela e sustentador da estrutura hegemônica segundo a qual o letramento era superior e sua contraparte, o analfabetismo, era inferior. Essa ambivalência marcava nossa relação, inevitável e independentemente de nosso sincero e caloroso respeito e cuidado um pelo outro. A superioridade do letramento era hegemônica, reinando sobre a relação assimétrica entre Pacchanta e seus habitantes e com outras cidades e cidadezinhas mais letradas e seus habitantes. Criticar esse fato, o que eu ingenuamente insistia em fazer, parecia supérfluo e autocomplacente. Esses comentários benevolentes apenas reforçavam minha condição letrada e reinscreviam a posição deles como subordinados. No entanto, eu estava ciente de que a participação dos Turpo (e de outras pessoas em Pacchanta, atrevo-me a generalizar) na hegemonia do letramento não tinha a intenção de substituir as práticas aletradas,[42] que eram o material das histórias de Mariano e, portanto, tornavam possível o objeto essencialmente letrado que é este livro. Para ser produtiva, minha crítica da hegemonia do letramento entre peruanos andinos indígenas demandava minha aceitação pragmática de sua factualidade.

41 A.L. Sting, *Friction: An Ethnography of Global Connection*, 2005.
42 No original, *a-lettered practices*. Sempre que o termo *a-lettered* foi utilizado no texto original, optamos por traduzi-lo pelo neologismo "aletrado", na intenção de diferenciá-lo das vezes em que o termo usado pela autora é *illetered* – que, neste caso, torna-se "iletrado" –, mas também de evitar a tradução "não letrado", visando preservar o sentido do prefixo "a", que indica um "estar fora de", e não "em oposição a", como faria o prefixo "não". Ademais, o prefixo em *a-lettered* faz, no texto da autora, um importante par com outra expressão utilizada no texto e que também indica um "fora de": *a-histórico*. No caso de *illiterate*, que pode significar tanto "iletrado" quanto "analfabeto", optamos por alternar entre as duas traduções no sentido de enfatizar quando a autora está utilizando o termo de modo pejorativo (segundo caso) ou não (primeiro caso). (N.R.)

Obviamente, hierarquias de letramento também condicionavam minha própria prática antropológica. AA virada metodológica para a contação de histórias, motivada por Mariano, aliada ao meu desejo pela co-laboração, demandava mais especificamente uma mudança na prática em que nós, antropólogos, analisamos uma "informação"; explicando e varrendo suas incongruências com a racionalidade – um senso que se supõe comum e correto. Subjacente à hierarquia (na qual nós sabemos e o outro informa) está a suposição da univocidade[43] ontoepistêmica; meu acordo com os Turpo exigia que eu a perturbasse, perguntando o que *era* (conceitual e materialmente) aquilo que eu ouvia, via, tocava e fazia, e como (por meio de quais práticas) aquilo *era*. Esse era o saber-fazer diferença de uma forma diferente – sem a pretensão de substituir meu senso comum, mas impedindo que ele prevalecesse. Além disso, esse saber-fazer diferença de forma diferente ainda estava em acordo com as minhas próprias práticas (ainda que não fossem minhas práticas de conhecimento usuais) e, de modo bastante óbvio, ainda não era o suficiente para (saber como) fazer o que Mariano e Nazario faziam – ou, nas palavras deles, "fazer as coisas acontecerem" da forma como eles faziam. Para alcançá-los, era necessário mais – um mais que, aprendi, era algo que nem todos os *runakuna* tinham.

Dos três filhos que Mariano e sua esposa criaram (eles tiveram quatro), Nazario e Benito eram os mais próximos do pai. Nazario era um *yachaq* (ele sabia como fazer as coisas acontecerem), mas Benito não era, e eu estava curiosa para descobrir o porquê. Então perguntei e Benito explicou. Ele sabia

---

43 As ocorrências do termo *sameness* no original foram traduzidas para "univocidade", na intenção de distinguir essa noção de outras, como "semelhança" e "similaridade". (N.R.)

o que seu pai fazia – ele podia recitar todas as palavras e conhecia todos os ingredientes (objetos, palavras e outros) necessárias para entrar em comunhão com seres-terra; ele conhecia todos os lugares pelo nome e seus atributos. Ele também sabia o que usar para curar danos causados por *suq'a* (ancestrais que se tornaram maus) ou trovão, granizo e raios – três entidades traiçoeiras que seres-terra cultivam e às vezes usam para liberar sua ira. Ele sabia porque tinha visto seu pai fazendo tudo o que descrevera para mim:

> Isso está na minha cabeça [*chayqa umaypiya kashan*], mas eu não consigo fazer, eu tenho medo de fazer errado, de não fazer as coisas coincidirem. Eu sei, mas não ouso fazer; eu não sou sortudo, não faria certo e não curaria a pessoa que me pediu para curá-la. Acho que é porque não faço o *k'intu* certo. Nazario faz; é por isso que ele pode continuar o que meu pai fazia.

Benito sabia, parafraseando-o, "com a sua cabeça", mas não conseguia traduzir seu conhecimento em práticas transformadoras com outros-que-humanos. Nesse sentido, ele era como eu (eu não conseguia fazer o que meus amigos faziam), mas ele também era diferente de mim, pois os modos de saber-fazer de Mariano e de Nazario eram parte integrante de Benito, mesmo que ele não compartilhasse das suas capacidades e não soubesse fazer tal conhecimento sair da cabeça. Isso ele explicou como não ser sortudo e ter medo *de não fazer as coisas coincidirem*. Ele não tinha *istrilla* (estrela, do espanhol *estrella*), que traduzi como a habilidade que um determinado ser-terra provoca em uma pessoa para que ele ou ela possa entrar em uma relação efetiva com ele.

Se tivesse interpretado de forma simplista, e mesmo grosseira, a minha distância do conhecimento local como a razão de eu ser incapaz de performar práticas locais, o caso de Benito teria então me provado errada. Além disso, Mariano tinha trabalhado de forma bem-sucedida com Carmona, o antropólogo e *yachaq* mencionado antes. Como apontei, segundo Nazario, quando Mariano o conheceu, Carmona já estava familiarizado com seres-terra; os dois homens se tornaram amigos próximos e se ensinaram o que sabiam. Carmona concordou com a maior parte da narrativa de Nazario quando o visitei em sua casa na cidade. Ele complementou que Mariano havia dito que ele tinha *estrella* (nós conversamos em espanhol) e se ofereceu para ensinar a ele o que sabia – quanto às suas práticas, os Turpo tinham me dito que Carmona "conseguia [fazer o que eles faziam]". Aparentemente, saber-fazer do jeito de Mariano e Nazario requer primeiro ser capaz de identificar o pedido que um ser-terra faz ou impõe para estabelecer uma relação com ele, e só então entrar deliberadamente naquela relação e alimentá-la sempre com firmeza. A relação normalmente se materializa na forma de uma aprendizagem bem-sucedida e de um eventual emprego de práticas que podem ser amplamente entendidas como curativas (ou prejudiciais) e que incluem atores para além do ser-terra e do *yachaq*: outros humanos, animais, solos e plantas. O trabalho é arriscado e notícias de fracassos se espalham pela região, afetando o destino do/da praticante, que pode acabar sendo abandonado ou abandonada tanto pelos seres-terra quanto pelos humanos.[44]

O tipo de saber-fazer pelo qual Mariano e Nazario eram famosos é uma relação que ambos os seres-terra e os *runakuna* cultivam constantemente, mesmo quando a prática (e o praticante *runakuna*) viaja para lugares longínquos. Essa

---

44 É incomum que mulheres sejam consideradas *yachaq*.

práxis não é muito distante da ciência ou da antropologia. Porém, diferentemente de teorias antropológicas reprodutíveis ou de laboratórios científicos, que podem ser replicados para onde quer que os praticantes viajem, seres-terra são únicos: eles não podem ser substituídos por outros, muito menos reproduzidos. Também como a ciência e a antropologia, práticas com seres-terra se interseccionam com a história, mas não para evoluir e desaparecer como um roteiro modernista imaginaria. Pelo contrário: por exemplo, embora ser um *yachaq* fosse uma prática em extinção há trinta anos, hoje ela floresce. O turismo oferece aos *runakuna* uma fonte potencial de recurso e já levou muitos *yachaqs* à prática do "xamanismo andino" ou à sua aprendizagem. Quando cheguei a Pacchanta pela primeira vez, em 2003, Rufino (filho mais velho de Nazario, que à época tinha por volta de 22 anos) disse não estar interessado em aprender com seu pai; ele não tinha *istrilla*, disse. Depois da morte de Nazario, Víctor Hugo (cunhado de Nazario) e Rufino herdaram seu trabalho com a agência de turismo. A possibilidade de a aceitação de Rufino ter sido uma decisão econômica oportunista não anula as relações respeitosas com seres-terra – das quais dependem as práticas locais – e, se porventura faltar a essas práticas a qualidade ética que elas exigem, pode-se esperar por consequências negativas. Nazario sempre criticava os Q'ero (outro *ayllu*, no qual muitos membros humanos trabalham como *chamanes* para turistas). Esses *chamanes* mentiam para os turistas, ele dizia. Só se importam com dinheiro, e mentir – não ser cuidadoso com os humanos – é desrespeitoso e, portanto, perigoso e pode matar você. Um antropólogo bem conhecido de Cusco com quem falei tinha algo parecido a dizer sobre Nazario: ele abusara de sua *estrella*, pensava o antropólogo, e era por isso que ele tinha morrido naquele

As mãos de Liberata, mulher de Nazario, com *k'intu*.

acidente de trânsito. Algumas pessoas em Pacchanta compartilhavam secretamente desse pensamento. Eu discordo, mas não porque tomo essa causalidade como superstição. Eu sabia que Nazario sempre era cuidadoso em suas relações com Ausangate e com outros seres-terra. Ele nunca fingia fazer o que não podia fazer, e ele não mentia. Não acho que Ausangate matou Nazario porque acho que Ausangate gostava dele – contudo, isso não significa que eu conheça Ausangate, nem mesmo com minha cabeça, como Benito conhecia. Esse é o máximo a que posso trazer minha própria prática para fazê-la coincidir com a dos meus co-laboradores; desse lugar de coincidência (que também é de divergência), encontro as diferenças que tornaram possível uma conexão entre nós. O fato de eu não precisar entender o que ouvia, e às vezes via, para reconhecê-lo como real me deixa esperançosa (senão certa) de que cheguei a um lugar de simetria relacional, o que objetivamente não dissolve os diferenciais de poder mais amplos, que tornaram possível meu pedido para co-laborar com a história de Mariano.

CUSCO EM TRADUÇÃO/TRADUÇÃO EM CUSCO

A maior parte da antropologia pensa nos "outros" como claramente distintos do "eu" [*self*]. Junto a essa prática, há também o caso em que as diferenças entre "informante" e "etnógrafo" incluem a possibilidade de que o "eu" participe do "outro". Considere, por exemplo, a antropologia de Flores Ochoa ou de Carmona. Como indicado na legenda da fotografia no NMAI, Flores Ochoa e Carmona participam das práticas de mundificação de Nazario – ainda que "não apenas" (como diria Mariano), uma vez que o que eles fazem não se resume necessariamente à mesma prática. "Nós somos antropólogos do *nosso* povo, nós sentimos e praticamos *essas coisas*"; é uma afirmação complexa. Uma composição de inclusões e exclusões, que marca relações potencialmente repletas de hierarquias de todo tipo, inclusive aquela que faz do "outro" um objeto de estudo da cultura da qual o "eu" também participa – uma condição que, supostamente, melhor equipa o antropólogo ou a antropóloga perante o "seu" povo, que (também supostamente) não partilha tal conhecimento disciplinar. Essa é uma situação fascinante, por meio da qual a antropologia marca a exclusão e, assim, produz um "outro", o qual está equipado a analisar, paradoxalmente, por causa de uma inclusão. Nessa antropologia, ainda que o trabalho de campo e a vida possam se infiltrar e se tornar indistinguíveis, a autoridade social do conhecimento, exigida pela disciplina, continua a manter a distinção entre o "eu" e o "outro", antropólogo e (normalmente) sujeito indígena.

Relações intrincadas similares, penso, existem em Cusco entre o quíchua e o espanhol, a cidade e o meio rural, as terras altas e as baixas, práticas indígenas e não indígenas (não respectivamente). A região pode ser vista como um circuito híbrido complexamente integrado e composto de conjuntos oficiais – por exemplo, os idiomas quíchua e espanhol –, que perdem sua qualidade como tais à medida que se permeiam persistentemente e, portanto, tornam-se fragmentos inseparáveis uns dos outros, embora ainda mantenham sua "totalidade" como um efeito classificatório histórico do Estado-nação e, assim, com peso analítico próprio. A maneira como essa conexão parcial afeta a tradução de línguas e práticas culturais na região eu explico a seguir, mas primeiramente eu devo fazer um curto desvio conceitual.

Desde que o Peru se tornou um país independente, no século XIX, elites de Lima e Cusco têm competido pela liderança nacional: limenhos orgulhosamente se identificam com valores católicos, educação formal em espanhol e acesso ao mundo pelo litoral. Contra isso, a classe política cusquenha argumentou que eles tinham um nacionalismo mais profundo e mais autêntico, enraizado na ascendência inca pré-hispânica e atestado pela proficiência da elite regional em quíchua. Contudo, a elite cusquenha também precisava se distanciar dos índios, cidadãos inferiores por excelência e que também eram falantes de quíchua. No início do século XX, eles o fizeram afirmando sua distinta ancestralidade espanhola e inca (nobre) na língua, na ascendência e na cultura. Atualmente, afirmar ancestralidade indígena cusquenha é ao mesmo tempo uma fonte de orgulho e vergonha: o primeiro é eloquentemente expresso em quíchua, que – silenciosamente vergonhoso – precisa ser ultrapassado pelo uso proficiente do espanhol. Assim, embora o quíchua marque Cusco como região, e que todos (ou quase todos) lá o falem, em certas circunstâncias sociais, cusquenhos que ascenderam socialmente podem alegar não saber quíchua e pedir tradução ao espanhol – e a alegação não é simplesmente falsa. Pelo contrário, ela deriva do reconhecimento vergonhoso, culturalmente íntimo[45] da autoindigeneidade, que é também uma condição necessária do orgulho regionalista cusquenho e do pertencimento nacionalista.[46] Isso afeta a tradução de uma forma muito específica.

Em *A tarefa do tradutor*, Walter Benjamin[47] escreve:

> As palavras *brot* e *pain* designam o mesmo objeto, mas os modos dessa designação não são os mesmos. É graças a esses modos que a palavra *brot* significa algo diferente para um alemão do que a palavra *pain* significa para um francês, que essas palavras não são intercambiáveis para eles, que, na verdade, elas se empenham em excluir uma à outra. Quanto ao objeto designado, contudo, as duas palavras significam exatamente a mesma coisa.

A palavra para "pão" em espanhol é *pan*; em quíchua, *t'anta*. Em Cusco, uma vez que o quíchua e o espanhol se invadem idiossincraticamente, as duas palavras participam igualmente em termos de intenção, de modo que o significado de "pão" é intercambiável. Contudo, já que o quíchua e o espanhol também se excluem mutuamente, como era o caso com *brot* e *pain*, *pan* e

---

45 M. Herzfeld, *Cultural Intimacy: Social Poetics in the Nation-State*, 2005.
46 M. de la Cadena, *Indigenous Mestizos: The Politics of Race and Culture in Cuzco, Peru, 1919-1991*, 2000.
47 W. Benjamin, op. cit., p. 74.

t'anta circulam, cada um a seu modo de intenção, distinguindo-se e se relacionando hierarquicamente. Ademais, também é possível que a mesma palavra quíchua tenha diferentes modos de intenção a depender da relação do falante com o espanhol ou com o quíchua. Essa dinâmica resulta em uma situação em que ser e não ser indígena se interpenetram e criam, por exemplo, a condição de identidade na frase de Flores Ochoa mencionada anteriormente: "*Nós sentimos e praticamos essas coisas – nós não somos um grupo que apenas observa.*" Essa possibilidade cria uma alteridade inclusiva, que permite a alguns cusquenhos tanto reivindicar indigeneidade (pelo menos ocasionalmente) quanto distanciar sua própria condição dessa indianidade. Enquanto um espelhamento dessa dinâmica, aqueles que não podem se distanciar da indianidade identificam sua inabilidade de falar espanhol como a razão principal para sua regionalmente imputada inferioridade.

MESMAS PALAVRAS, DIFERENTES MODOS DE INTENÇÃO

Para ilustrar o que foi dito anteriormente, vou retornar à minha conversa com Mariano, ao momento em que a distinção entre *don* e *wiraqucha* surgiu. Naquela ocasião, minha tradutora assistente era uma mulher que, quando a conheci, vivia na cidade de Cusco; ela fora criada falando quíchua e se tornara fluente em espanhol quando fez o ensino fundamental em uma escola na cidade rural em que morava. Ela era (e ainda é) brilhantemente fluida em ambas as línguas, acompanhando agilmente as inflexões rurais e urbanas. Em determinada altura da conversa, mencionei a palavra *señor* (o coloquial *senhor*),⁴⁸ e ela a traduziu para o quíchua como *wiraqucha*, que, em meu entendimento, elevava a palavra *señor*, fazendo-a soar mais como "lorde" do que como "senhor". Para aplicar as ideias de Benjamin, a tradução da minha assistente trocou meu modo de intenção do espanhol *señor* para o entendimento quíchua dela acerca da palavra – que coincidia com o de Mariano tanto em quíchua quanto em espanhol: *wiraqucha* e *señor* são condições elevadas – ao contrário da minha intenção de *señor* em espanhol, que é tão simples quanto o "senhor" coloquial em português. Em sua resposta, Mariano explicou que os indivíduos proficientes em espanhol são *wiraqucha*; e os que não sabem ler nem escrever são apenas *don*. Na sua resposta, dada em quíchua, ele usou palavras em espanhol para ilustrar melhor para mim as hierarquias entre alguém que falava espanhol e alguém que não falava. Ele próprio era um *don*, disse, participando de sua própria exclusão da ordem nacional dominante de língua espanhola. Porém, também revelando a influência política do quíchua e sua presença generalizada na região, ele orgulhosamente se lembrou de como ele e Saturnino Huillca (um líder indígena lendário dos anos 1960, como ele, e também um *don*) tinham falado em quíchua a grandes multidões que se reuniam na Plaza de Armas em Cusco para desafiar a ordem dominante – os proprietários de terra. Esses *hacendados*, embora protegidos pelo Estado de língua espanhola, dominavam o quíchua, o que significava que eles entendiam o desafio que esses discursos representavam, especialmente na Plaza de Armas, o coração do colonialismo espanhol. Um outro exemplo pode explicar esse ponto:

---

48 No original, a autora indica a diferença entre o termo na língua falada e escrita, redigindo o trecho do seguinte modo: "o coloquial *sir* ou o escrito *mister* em inglês." [*the colloquial sir, or the written mister in English.*] (N.R.)

quíchua e espanhol em Cusco não são tão distintos quanto os meus (misturados diariamente) inglês e espanhol; contudo, eles também não são um só. Práticas e relações por toda a região são afetadas de forma similar.

Minha percepção da tradução, minha preocupação com e minha necessidade de um entendimento conceitual das palavras em quíchua (que talvez não fossem perfeitamente distintas do espanhol local, mas também não eram iguais) também levaram a situações em que fiz papel de boba, para o divertimento de todos. A ocasião da qual ainda sinto vergonha – e cuja vergonha guardo com carinho – foi durante uma conversa com Benito. Ele mencionou três palavras que meu cunhado (morador urbano de Cusco e filósofo, que estava conosco na ocasião) e eu trabalhávamos para traduzir do quíchua para o espanhol. Benito nos contava das estratégias de seu pai contra a *hacienda* e sobre como ele tinha escapado de uma armadilha do *hacendado* para matá-lo: Mariano era *magista*, como *uru blancu*, disse Benito – pelo menos foi o que ouvi. Para mim, as palavras *uru blancu* soaram como *oro blanco* ("ouro branco", em espanhol), então, obcecada com a tradução, transformei-as de volta em quíchua: *yuraq quri*. Benito me olhou, confuso, e repetiu: "como *uru blancu*, eles acharam que meu pai era *magista*." Levei algum tempo para entender que, nesse caso, não era uma questão de traduzir significados diferentes. Em quíchua, os sons de "u" e "o" não são os mesmos que em espanhol, então meu ouvido tinha confundido os sons. Embora Benito não estivesse falando em quíchua, ele estava de fato pronunciando em quíchua o nome Hugo Blanco, um famoso político de esquerda que nos anos 1960 era parte da rede de alianças de Mariano. Naquela ocasião, não havia uma tradutora que pudesse evitar minha confusão. Assim, a confusão continuou, para efeito ainda mais cômico: uma vez entendido que Benito falava de Hugo Blanco, um líder político de esquerda, presumi que o que ele quis dizer com *magista* era *marxista*. Ambas as palavras soavam muito parecidas para meus ouvidos espanhóis (e nostalgicamente de esquerda). Mas Benito queria dizer "mágico". Mágico, como conceito, não existe em quíchua, e *magista* é uma composição do espanhol para se referir a alguém que pratica *magia*, mágica. Por sorte, eu me dei conta disso no mesmo dia. Quando, meses mais tarde, contei a Hugo Blanco sobre meu fiasco, ele riu de mim, mas também confirmou que muitas pessoas achavam que ele usava mágica para evitar ser capturado. Minha confusão boba foi produtiva em muitos sentidos. Primeiramente, revelou que a noção de política em Pacchanta pode exceder a razão e que eu tinha de levar o excesso a sério. Depois, explicou que a mágica que eu conhecia não correspondia à intenção de Benito com a palavra – a definição comum de mágica como uma crença no misterioso não era um conceito adequado para explicar a análise de Benito sobre as manobras políticas de Mariano que mudaram os tempos.

Por fim, há mais um elemento no momento "*uru blancu magista*" que é pertinente a esta seção: essa ocasião indicou como o mundo de Mariano e o meu se sobrepunham. Reconhecíamos a mesma história recente, ainda que ela nos reconhecesse de formas muito diferentes. O ativismo de Hugo Blanco havia sido um evento para cada um de nós – mesmo que de uma maneira bifurcada. A partir de posições, sentidos e interpretações diferentes, o evento histórico que Hugo Blanco representou conectava nossos mundos de um modo análogo à explicação de Flores Ochoa (na legenda da foto no NMAI) sobre compartilhar o que Ochoa chamava de "essas coisas" com o mundo de Nazario. Como no caso de Flores Ochoa, ainda que de modo singular, minha alteridade com Mariano e Nazario era também conectada pelo que compartilhávamos, que, como peruanos, era nada menos que a história nacional. Essa característica – que nossa alteridade estava conectada por um pertencimento nacional que não era único – emergiu novamente outro dia. Quando falamos sobre sua infância e juventude, Mariano cantou o hino do Peru e me incentivou a cantar junto. Aprendêramos o hino na escola e podíamos comparar as diferenças e até mesmo explicar algumas delas. Também sabíamos a sequência de presidentes que governavam o Peru desde os anos 1940 – Mariano havia inclusive conhecido alguns deles pessoalmente. Eu nunca conheci nenhum. Conhecíamos os mesmos jornais, ainda que Mariano não os lesse, e eu recebia respostas para minhas perguntas nostálgicas sobre como eram Lima e Cusco nos anos 1950 e 1960, quando por um tempo ele residiu naquelas cidades, aguardando por encontros com autoridades em prédios do governo que eu também visitara em alguma ocasião. Nosso compartilhamento de nação, tal qual o pertencimento regional para os cusquenhos, expressava, mesmo que em uma escala diferente, um circuito integrado de diferentes conjuntos oficiais fragmentados (e que, portanto, já não eram mais conjuntos, nem também partes de um conjunto diferente). Semelhanças surgiam concomitantemente às diferenças, e tornavam possíveis inúmeras conversas sobre o mesmo evento, que, entretanto, não era idêntico para cada um de nós.

IMPORTA QUAIS CONCEITOS USAMOS PARA TRADUZIR OUTROS CONCEITOS...

> *Você vai soprar [as folhas de coca] nomeando-os [os seres-terra]. Não é em vão que dizemos Ausangate, eles são esses nomes...*
> Phukurikunki sutinmanta, manan yanqa
> Ausangatellachu nispa,
> sutiyoq kaman kashan nispa...
>
> NAZARIO TURPO, ABRIL DE 2005

Habitando as conexões parciais que paralelamente ligavam e separavam seu vilarejo do resto do país, Mariano e Nazario Turpo viveram no mesmo lugar – Pacchanta – a vida toda. Ainda assim, ambos viajavam frequentemente para cidades, Cusco, Lima e Arequipa em particular; Nazario também visitou Washington (várias vezes) e as capitais do Equador e da Bolívia. À medida que Nazario e Mariano viajavam, eles falavam com intelectuais e políticos que traduziam as atividades locais dos Turpo para suas próprias línguas, e a tradução inevitavelmente adicionava ou subtraía parte das palavras e práticas de Mariano e Nazario. Assim, por exemplo, ativistas de esquerda com quem eu falava reconheciam Mariano como "um líder campesino astuto a quem faltava consciência de classe". Eles consideravam as práticas de Mariano com os seres-terra como superstições – um empecilho para a atividade política consciente. Trinta anos depois, as mesmas práticas são uma presença mobilizadora em novas redes regionais que traduziram os seres-terra em montanhas sagradas e as práticas de Nazario em "xamanismo andino". Traduções atuais utilizam as linguagens de espiritualidades heterogêneas (disponíveis através de viajantes *New Age*, curadores de museus e teólogos da libertação), talvez desconsiderando o fato de que práticas com seres-terra não necessariamente seguem distinções entre o físico e o metafísico, o espiritual e o material, entre natureza e humano. Também participando da rede de tradução, antropólogos locais (como Flores Ochoa e Carmona) podem às vezes explicar os seres-terra como crenças culturais, potencialmente convergindo, assim, com o retrato da montanha como um ser espiritual ou uma divindade. E a rede de tradução pode convergir e se acumular com o campo da religiosidade andina, intrigantemente repleto de padres da teologia da libertação e de suas redes de catequizadores de indígenas. Ao acompanhar as práticas de Nazario e conversar com ele, aprendi sobre seu modo próprio de tradução.

Para os *runakuna* (Nazario incluso), os *tirakuna são* os seus nomes. Dizendo de modo mais claro, não existe separação entre "ausangate", a palavra, e Ausangate, o ser; nenhum "sentido" faz a mediação entre o nome e o ser. É exatamente isso que a citação que eu usei para iniciar esta seção explica: seres-terra não apenas *têm* nomes; eles *são*[49] quando mencionados, quando chamados. Mas é claro que os *runakuna*, inclusive Nazario, estão cientes de que, para aqueles como eu (indivíduos não cusquenhos modernos), os seres-terra são montanhas e, como tais, *têm* nomes. Mariano e Nazario também sabiam que, para cusquenhos de diversos contextos de vida – incluindo acadêmicos como Carmona e Flores

---

49 É importante atentar, aqui, para o duplo sentido do verbo *to be* em inglês, que pode indicar tanto "ser" quanto "estar". No original, a autora escreve *they are when mentioned*, o que nos leva a pensar que, seguindo seu pensamento, a tradução poderia indicar que os seres-terra tanto *são* quanto *estão* [presentes] quando mencionados. Contudo, optamos pelo "são" no corpo do texto, para rimar com a epígrafe do subcapítulo da história, conforme parece ser a intenção da autora no texto original. (N.R.T.)

Ochoa –, essas entidades podiam ser tudo isso: seres-terra (e, portanto, seus nomes), montanhas sagradas ou simplesmente montanhas (e, como tais, terem nomes). Nazario sabia dessas possibilidades: seres-terra eram as entidades que as relações dele – suas práticas – faziam presentes; as minhas faziam presentes as montanhas, e uma prática não prejudicava a outra. O que correspondia à nossa relação, e o que aprendi com meus amigos, era um modo de tradução que não buscava um sentido unívoco, tampouco tinha vocação para aceitar o que se desviava dele como uma diferença irrelevante (que eventualmente deixa de existir). Significados unívocos e tolerância podem, entretanto, constituir um modo de relação quando práticas *runakuna* são traduzidas pela rubrica da religiosidade indígena e sustentadas pela tensão entre crença e conhecimento.

Montanhas sagradas, xamanismo andino e religiosidade andina podem acomodar a distinção hegemônica entre natureza e cultura, em que a primeira existe objetivamente e a segunda é subjetivamente produzida por humanos e, portanto, inclui crenças (sagradas, espirituais ou profanas) sobre a natureza. Por exemplo, Carmona e Flores Ochoa podem fazer o giro completo ao revelar sua complexa conexão parcial com o mundo de Nazario. As explicações desses antropólogos (para uma antropóloga de Lima como eu, por exemplo) seriam complicadas, algo como: "Nós [Carmona e Flores Ochoa] sabemos que 'essas coisas' são crenças, mas, para 'eles' [Nazario e Mariano] elas são reais e, para nós, [Carmona e Flores Ochoa] elas às vezes *são*, mas não realmente, porque sabemos que 'essas coisas' são [na verdade] crenças." Esses dois antropólogos podem de fato estar sendo sinceros em todos esses casos. Às vezes, eles podem concordar com as práticas dos Turpo e remover a noção de crença, participando, portanto, de internacionalizações com "essas coisas" (que, nesse caso, seriam seres-terra). Outras vezes, contudo, a antropologia evolucionária e o status social podem aparecer como obstáculos (ou alívio social) e tornar tal convergência difícil de alcançar. Nesse caso, a noção de crença transporta o ser-terra – Ausangate, por exemplo – para um campo (aquele da cultura) em que ele pode existir como uma montanha sagrada, algo em que se pode acreditar, talvez até mesmo da forma que "cristãos indígenas acreditam em Jesus", como eu frequentemente ouvi de meus conhecidos da cidade em Cusco. Criar uma semelhança permite a compreensão e faz perder de vista a diferença, isto é, aquela crença não necessariamente medeia a relação entre Ausangate, Mariano e Nazario, pelo contrário. Para eles, Ausangate é, ponto final. Não uma crença, mas uma presença performada [enacted] em de práticas cotidianas por meio das quais os *runakuna* e os seres-terra *estão* [*are*] juntos em *ayllu* e que podem ser tão simples quanto soprar as folhas de coca enquanto seus nomes são invocados – como na citação anterior.

Tomando emprestada a terminologia de Eduardo Viveiros de Castro, eu considero a tradução de práticas *runakuna* com seres-terra para "crenças" como uma equivocação, não um erro. Inspirado pelo que ele chama de perspectivismo ameríndio, o antropólogo brasileiro explica que equivocações são um tipo de disjunção comunicativa em que os interlocutores, embora usem as mesmas palavras, não falam sobre a mesma coisa e não sabem disso.[50] Em vez de uma condição negativa, a equivocação é um elemento importante da

---

50 E.V. de Castro, "Exchanging Perspectives: The Transformation of Objects into Subjects in Amerindian Ontologies", *Common Knowledge*, v. 10, n. 3, 2004, p. 463-84; E.V. de Castro, "A antropologia perspectivista e o método da equivocação controlada", *Aceno*, v. 5, n. 10, 2018.

antropologia, "uma dimensão constitutiva do projeto da disciplina de tradução cultural",[51] que consistiria em explorar as diferenças entre os conceitos, gramáticas e práticas que compõem a equivocação que os interlocutores habitam e através da qual eles se comunicam.[52] No caso dos seres-terra como montanhas sagradas, a equivocação pode ser resultado do emprego da mesma palavra – Ausangate – por diferentes mundos, um em que a entidade é natureza e no outro, um ser-terra. Equivocações não podem ser canceladas. No entanto, elas podem ser "controladas"[53] e evitar a transformação do dessemelhante em algo único. Por exemplo, controlar a equivocação pode implicar manter em mente que, quando Ausangate emerge como ser-terra, ele é algo que não natureza e, portanto, traduzi-lo como uma entidade sobre*natural* é também algo que não o ser-terra. Parafraseando Strathern,[54] esse modo de tradução considera que importa quais conceitos usamos para pensar outros conceitos. A tradução como equivocação carrega um talento para manter em contato

---

51 Idem.
52 De acordo com Viveiros de Castro (2004b), os grupos que ele chama de ameríndios estabelecem mundos amazônicos que são semelhantes aos nossos no sentido de que são habitados por humanos e animais. Diferentemente de como se dá em nosso mundo, no entanto, em todos esses mundos todos os seus habitantes compartilham cultura e habitam diferentes naturezas, aquilo que é depende de seus diferentes corpos – suas diferentes naturezas. Viveiros de Castro usa sangue e cerveja como exemplos: estas são noções cambiáveis que emergem em relação a um humano ou um jaguar, e ser um ou outro depende de em qual mundo (do humano ou do jaguar) a coisa *está*. Dessa forma, ao invés de pertencer ao humano ou ao jaguar, o ponto de vista que faz a coisa pertence a cada um de seus mundos. Adaptando a noção de equivocação para meus propósitos, eu a utilizo na História 6.
53 E.V. de Castro, "Exchanging Perspectives: The Transformation of Objects into Subjects in Amerindian Ontologies", *Common Knowledge*, v. 10, n. 3, 2004, p. 463-84.
54 M. Strathern, *Property, Substance, and Effect: Anthropological Essays on Persons and Things*, 1999.

comunicativo divergências entre perspectivas propostas a partir de mundos parcialmente conectados.

Traduções são mal-entendidos que podem ser produtivos, diz Benjamin;[55] ele acrescenta que uma tradução bem-sucedida reconhece seu papel ao comentar diferenças e mal-entendidos. Viveiros de Castro e Strathern adicionariam que o comentário não deveria parar no fato empírico do mal-entendido, mas discutir ou tornar de outra forma visíveis os excessos mútuos e, se possível, aquilo que os faz assim. Esses dois autores também sugerem que as relações não estabelecem conexões somente por semelhanças; diferenças também conectam. Quando importada para a antropologia, a ideia de que diferenças podem conectar em vez de separar sugeriria uma prática antropológica que reconhece a diferença entre o mundo do antropólogo e o mundo dos outros e que se demora nessas diferenças porque elas estabelecem as conexões que tornam possíveis as conversas etnográficas. Assim, "traduzir é presumir que sempre existe uma equivocação; é comunicar por diferenças, ao invés de silenciar o Outro ao presumir uma univocidade – a semelhança essencial – entre o que o Outro e Nós estamos dizendo.[56] Uma ressalva para desacelerar a leitura: a combinação entre nós *e* outro é importante, ela une e separa; a expressão "não apenas" de Mariano convidou nossas conversas para esse lugar relacional. Nossas práticas de mundificação [world-making] – as dos Turpo e as minhas – não eram simplesmente diferentes; ao contrário, diferenças existiam (ou passaram a existir) juntamente com as semelhanças, que nunca eram apenas similaridades, tampouco eram diferenças. Controlar equivocações abala gramáticas analíticas que produzem situações de *ou*

---

55 W. Benjamin, *Walter Benjamin: Selected Writings*, 2002, p. 250.
56 E. V. de Castro, "A antropologia perspectivista e o método da equivocação controlada", *Aceno*, v. 5, n. 10, 2018.

(similar) e *ou* (diferente), e o abalo pode ser tão constante quanto a gramática "ou-ou".

QUANDO PALAVRAS NÃO MOVEM COISAS

Ao longo das conversas que os Turpo e eu tivemos, *história* – como noção e prática – nos oferecia uma oportunidade de controlar a equivocação e perceber as complexidades enraizadas em nosso uso da mesma palavra: "história". Por exemplo, quando perguntei a Nazario por que ele achava que eu estava trabalhando com eles – ou, ainda, fazendo-os trabalharem comigo – ele respondeu: *Nuqa pensani huqta* historia *ruwananpaq*; que eu traduzo como "Eu acho que outra história será feita [escrita]". Ele concluiu dizendo que *Yachanmanmi chay apukuna munaqtin*; na minha tradução para o inglês, "*It can be known if the apus [the loftiest earth-beings] want you to*" ["É possível saber se os *apus* [os mais elevados seres-terra] querem que você o faça."] Nazario estava certo; eu queria escrever outra história, diferente daquela que tinha nos tornado hierarquicamente diferentes. Porém, sua última frase e a ausência da palavra *história* em quíchua (motivo pelo qual ele utilizou *historia*,[57] em espanhol) me sugeriam que a *historia* de Nazario não apenas coincidia com minha noção da mesma palavra. Que os *apus* decidiriam o que eu poderia ou não poderia fazer – semelhante ao nosso "Deus queira", ou *dios mediante* em espanhol – carregava a noção de história de Nazario para longe do regime de verdade presente na minha noção de história, cuja escrita exige evidências (uma representação inscrita de um evento passado) em vez da disposição de seres outros- -que-humanos. Co-laborando sobre "história", nós dois

---

[57] No original, a autora joga com a variação de *history* e *historia*. (N.E.)

percebemos que o que ele queria dizer estava mais perto de *estória* – uma noção que a palavra em espanhol *historia* também pode expressar, e mais claramente ainda quando usada no plural: *historias*. O que apareceu por meio da palavra *historia* em espanhol foi *willakuy* do quíchua: o ato de contar ou narrar um evento que aconteceu, às vezes deixando traços topográficos – uma lagoa, um penhasco, uma formação rochosa – que tornam o evento presente, mas não são evidências da maneira que um sentido histórico moderno do termo exigiria. Diferentemente da noção de história que eu estava empregando (a qual divide um evento em fato e evidência e requer que esta seja "inocente de intenção humana",[58] o evento de um *willakuy* é por meio de sua narração, sua incidência não precisa ser provada, e o *willakuy* performa a evidência. Outros tipos de história, nas quais a narração pode ou não se referir a eventos que acontecem (ou aconteceram), são identificados como *kwintu*, do espanhol *cuento*.[59] Nós, antropólogos, tendemos a fundir essas duas formas narrativas, *willakuy* e *kwintu*, chamando ambas de *mitos*. E porque os eventos que elas narram não atendem à exigência de prova, nós as diferenciamos daquilo que é tido como história moderna. Contudo, embora *willakuys* não sejam históricos (na acepção moderna), os eventos que eles narram aconteceram. O fato de não atenderem aos requisitos da história moderna não anula seu acontecimento:[60] *willakuy* não é *kwintu*.

---

58 L. Daston, "Marvelous Facts and Miraculous Evidence in Early Modern Europe", *Critical Inquiry*, v. 18, n. 1, 1991, p. 94.
59 Agradeço a Cesar Itier e Hugo Blanco, que me ajudaram a pensar nessa distinção.
60 No original, *eventfulness*. Todas as vezes que o termo em inglês for utilizado pela autora, ele será traduzido aqui por "acontecimento", salvo quando indicado ou quando a palavra "acontecimento" for mencionada em uma citação de outro texto. (N.R.)

Em Pacchanta, onde vivem os Turpo, as pessoas também estão familiarizadas com a diferença entre *historia* (em seu modo de intenção como história moderna) e *willakuy*. Contudo, essa distinção, em vez de separar história e *willakuy* em uma relação ou-ou, conecta-os parcialmente de uma maneira que não desloca o acontecimento de narrativas *willakuy*. Ofereço detalhes sobre essas questões – e sobre o que eu chamo de acontecimento do a-histórico e sua colaboração com a história – na História 4. Por agora, é suficiente dizer que o *willakuy* pertence à ordem das coisas que Michel Foucault descreveu como a prosa do mundo: as palavras que são aquilo que nomeiam. Um *willakuy* não diferencia entre "as marcas e as palavras" ou entre "o verificável" e "a tradição".[61] Pelo contrário, fala o mundo com suas palavras: as coisas sobre as quais conta e as palavras com as quais o faz se entrecruzam em suas similaridades para fazer surgir o mundo que ele narra.

Um *willakuy* atua de maneira similar ao nomear os seres-terra; não existe qualquer separação entre a narrativa (a palavra) e o evento (a coisa). Ou, melhor dizendo: no *willakuy* não existe palavra e coisa mediadas através do significado. Um *willakuy* desempenha o evento. Assim, quando Nazario me contou que eu seria capaz de escrever as histórias que eles me contariam somente se os *apus* assim o quisessem, talvez o que ele estivesse me dizendo fosse que, ao escrever aquelas histórias, eu também estaria escrevendo os seres-terra, o que aconteceria somente por meio da vontade deles. Compreendi essa univocidade entre o nome e o nomeado somente durante nossa última conversa, quando perguntei a Nazario o que significava *pukara*. Sugerindo que a palavra pertencia

---

61 M. Foucault, *As palavras e as coisas: uma arqueologia das ciências humanas*, 1999, p. 47.

a um regime de fala diferente daquele que eu normalmente usava, ele respondeu:

> *Esse jeito de falar é muito difícil* [*de explicar*; nichu sasan chay riman]. *Você não vai entender, e o que quer que escreva no seu papel, isso vai dizer outra coisa.* Ele continuou e me disse: Pukara *é só* pukara. *Rocha* pukara *é* pukara, *solo* pukara *é* pukara, *água* pukara *é* pukara. *É um jeito diferente de falar.* Pukara *não é uma pessoa diferente, não é um solo diferente, não é uma rocha diferente, não é uma água diferente. É a mesma coisa –* pukara. *É difícil falar sobre isso.* Marisol *pode querer saber onde vive* pukara, *qual seu nome – ela diria que é uma pessoa, um abismo, uma rocha, água, uma lagoa. Não é.* Pukara *é um jeito diferente de dizer; é difícil entender* [*esse jeito de dizer*]. *Não é fácil.* Pukara *é* pukara!

Seu tom era impacientemente enfático sobre a conexão; como se quisesse deletar a separação entre a palavra *pukara* e a entidade *pukara* característica da minha forma de pensamento.

E o tom funcionou; durante nossa última conversa, Nazario me conscientizou sobre uma dimensão de tradução que eu não tinha considerado anteriormente. Ao dizer *"pukara é pukara"*, ele indicava que *pukara*, a palavra, já está sempre com conteúdo e, assim, já é a entidade que nomeia, não diferente dela. É claro que eu podia entender *o sentido* de *pukara*. Podia escrever a palavra no papel, mas não seria a mesma coisa; não seria *pukara*. *Ela vai dizer outra coisa*. Explicar o significado de *pukara* (em quíchua, espanhol ou inglês) é possível, claro, e muitos autores já a definiram. De acordo com Xavier Ricard, um antropólogo franco-peruano, a palavra se refere ao "lugar onde *pagos* são feitos... sinônimo de Apu".⁶²,⁶³ E isso estaria correto; Nazario tinha *tierra pukara* (terra-pukara), que eu posso traduzir de maneira precisa, linguisticamente falando, como o lugar com o qual ele se conectava, respeitosamente, por meio da prática localmente conhecida como *pago* (pagamento) ou *despacho* (remessa), discutida em mais detalhes nas Histórias 3 e 6. Porém, ao cruzar com sucesso as barreiras linguísticas, essa tradução deixaria o ser-terra para trás e levaria *pukara* a um regime em que a palavra representa o ser e permite sua representação (de *pukara*, por exemplo). Nesse caso, traduzir implica um movimento de um mundo para outro diferente, em que "as palavras vagueiam por conta própria, sem conteúdo, sem semelhança que preencha seu vazio; elas não são mais as marcas das coisas; elas permanecem dormindo entre as páginas dos livros e cobertas de poeira".⁶⁴ O que se perde não é o sentido ou o modo de significação; o que se perde na tradução é o próprio ser-terra e, com ele, a prática de mundificação na qual *runakuna* e *tirakuna* estão juntos sem a mediação do sentido: basta nomear. E embora os comentários etnográficos não possam juntar palavras e coisas novamente e compreender o mundo assim construído, eles podem reconhecer as diferenças ontológicas desempenhadas pelas conversas através das quais ocorre a comunicação. Ao fazê-lo, as incomensurabilidades que excedem as traduções que as conectam podem ser liberadas e vir à tona, permitindo que a diferença radical que elas manifestam seja reconhecida mesmo que não conhecida. Tais comentários etnográficos

---

62 Cesar Itier, em seu dicionário quíchua-espanhol, a ser publicado, escreve: "*Pukara* (Inca): 1. Buraco para queimar oferendas, localizado em um canto do curral coberto com uma pedra. 2. Divindade da montanha" (Itier, no prelo, 53; tradução minha do espanhol).
63 X.R. Lanata, *Ladrones de Sombra*, 2007, p. 460.
64 M. Foucault, op. cit., p. 48.

colocam um importante desafio para o reconhecimento da política estatal e sua incapacidade de considerar a existência daquilo que não conhece.

CONEXÕES PARCIAIS: UMA FERRAMENTA ANALÍTICO-POLÍTICA

Uma simples mas poderosa consequência da geometria fractal das superfícies é que superfícies em contato não se tocam em todas as partes.
– JAMES GLEICK, CAOS

As "conexões parciais" surgiram de conversas entre a noção do ciborgue de Donna Haraway[65] e da interpretação de Marilyn Strathern[66] sobre as práticas de pessoalidade melanésias. Foi na verdade o ciborgue (um circuito eficaz entre máquina e humano que não é uma unidade porque, apesar da conexão, as condições das suas entidades componentes são também incomensuráveis) que inspirou a frase de Haraway "um é muito pouco, mas dois são demais".[67] Ela utilizou essa ideia para perturbar os dualismos analíticos que haviam historicamente organizado hierarquias socionaturais e se tornado parte da retórica de esquerda (inclusive do feminismo) e suas propostas de emancipação pela subordinação da diferença à unificação política e teórica. Em vez disso, na visão dela, "a imagética ciborgue pode propor uma saída do labirinto de dualismos no qual tivemos que explicar nossos

---

[65] D. Haraway, op. cit.
[66] M. Strathern, op. cit.
[67] D. Haraway, op. cit., p. 180.

corpos e ferramentas a nós mesmos".[68] Ela também escreveu: "Um ciborgue não busca uma identidade unitária... não há nos ciborgues um ímpeto de produzir teoria total, mas há uma experiência íntima de fronteiras, sua construção e destruição."[69] Retratar fusões com animais e máquinas, propôs Haraway, poderia instigar o pensamento político a se afastar da totalidade e das declarações totalitárias (e, em última instância, evolucionistas) que, produzidas a partir de um campo que se via como completo (ou como melhor), tinham a intenção de melhorar aqueles que o campo via como incompletos (ou piores).

Trabalhando em cima da proposta de Haraway de cancelar os dualismos político-analíticos (e as unidades que os sustentavam) e da pesquisa de Gleick sobre as geometrias fractais, Strathern oferece "conexões parciais" como uma ferramenta analítica para pensar "a relação", longe da ideia usual de que "a alternativa a um é muitos",[70] uma frase que, ecoando a de Haraway previamente citada, também expressava uma quebra com a pluralidade. Strathern explicou que pluralidade como um hábito analítico nos colocava, os antropólogos, frente a sociedades "únicas" (ou a muitas sociedades únicas), que poderíamos, então, "relacionar" umas às outras para nossos diversos fins analíticos (por exemplo, a comparação). Nessa formulação analítica, "relações" conectam "sociedades" e ambas são externas uma à outra.[71] Por exemplo, utilizando esse modelo, os Andes, enquanto região, têm sido descritos como uma formação histórica composta de culturas indígenas e espanholas concebidas como unidades e externas à relação de mistura (cultural ou biológica) de ambas, o que resultou

---

68 D. Haraway, op. cit., p. 181.
69 Idem.
70 M. Strathern, op. cit., p. 52.
71 M. Strathern, op. cit., p. 51-53.

em uma terceira unidade diferente – o híbrido, regionalmente conhecido como mestiço. Essa é a descrição que, de uma forma ou de outra, os Estados-nação andinos têm utilizado quando implementam políticas (em concordância com os hábitos de pluralidade) de assimilação, preservação e, recentemente, multiculturalismo.

A noção de conexões parciais, por outro lado, oferece a possibilidade de conceituar entidades (ou coletivos) *com* relações implicadas integralmente, perturbando-as, assim, enquanto unidades. Emerge dessa relação o entendimento de que entidades são intrarrelacionadas,[72] não interrelacionadas, como no caso das unidades que compõem a *mestizaje*. No lugar da pluralidade (uma característica baseada na premissa das unidades), a imagem matemática compatível com as conexões parciais é a dos fractais: eles oferecem a possibilidade de descrever corpos irregulares que escapam das medidas geométricas euclidianas porque suas fronteiras também permitem a entrada de outros corpos – sem, contudo, que uns toquem os outros em todos os lugares, como explica Gleick na referida citação. Dessa forma, intraconectados e, portanto, não unitários, corpos fractais também resistem a serem divididos em "partes e todos",[73] dada que esta é uma qualidade das unidades. Pelo contrário, surgindo intraconectada, uma entidade fractal traz o conjunto que inclui a parte, que traz o conjunto, que inclui a parte e assim por diante – um padrão que se replica infinitamente, em um desenho inerentemente relacional. Um fractal "lida com todos independentemente de quão fino for o corte", diz Roy

---

72 K. Barad, *Meeting the Universe Halfway: Quantum Physics and the Entanglement of Matter and Meaning*, 2007.
73 M. Strathern, op. cit.

Wagner.[74] Na análise de condições fractais, "o escrutínio de casos individuais incorre no problema caótico de que nada parece conter a configuração no centro, não há mapa, apenas infinitas permutações caleidoscópicas".[75] E submeter essas permutações caleidoscópicas à escala – aumentando-as e diminuindo-as, por exemplo – resulta em padrões fractais similares, que, apesar da recorrência, são também diferentes. Primordialmente, uma vez que partes fractais são intraconectadas, como em um caleidoscópio, as relações não são externas, mas integrais às partes. Essas últimas não são sem as primeiras – sua relacionalidade inerente evita sua "unicização".

É essa simultaneidade caleidoscópica de semelhança e da diferença e a condição intrarrelacional entre partes que não são sem os todos que são significativas para as histórias que conto neste livro. Elas representam alternativas analíticas vitais frente às práticas estatais predominantes, que exigem da indigeneidade simplesmente a diferença ou a univocidade e, assim, manifestam a negação de sua condição histórica. Tendo surgido de inclusões em práticas e instituições diferentes de si mesma e incluindo, assim, aquelas práticas sem desaparecer dentro delas, a indigeneidade está tanto dentro (e, assim, similar a) e fora (e, assim, diferente de) instituições do Estado-nação latino-americano, coloniais e republicanas. As fronteiras entre o que compete aos indígenas e ao Estado-nação são complexas; existem historicamente como relações entre os campos que elas separam e, portanto, também estabelecem uma conexão a partir da qual ambas – coisas indígenas e não indígenas – emergem, mesmo enquanto mantêm diferenças umas das outras. Ambas estão juntas em

---

74 R. Wagner, op. cit., p. 172.
75 M. Strathern, op. cit., p. 17.

histórias, calendários, identidades e práticas; mas são também diferentes de maneiras que a outra não participa – ou até mesmo não pode participar. Repetindo as palavras de Law[76] que já mencionei, "O argumento é que 'isto' (o que quer que 'isto' possa ser) está incluso 'naquilo', mas 'isto' não pode ser reduzido 'àquilo'". Neste livro, utilizo o conceito de conexões parciais como uma ferramenta analítica que é também política. Ela permite afirmações sobre condições indígenas e não indígenas fora das taxonomias estatais que, baseadas na prática evolucionista e/ou multicultural da pluralidade (isto é, a ideia de que a alternativa a um é muitos), exigem a pureza da unidade ou negam existências. Da mesma forma, o indígena não pode aparecer no mestiço ou vice-versa. Ao contrário, em uma forma relacional concebida como intrínseca às entidades que as trazem à tona, as conexões parciais possibilitam a análise de como elas aparecem umas nas outras ao passo que permanecem distintas. Embora raramente lido como tal, o conceito de conexões parciais é uma expressão com vocação política – e feminista, por sinal. Explicando o potencial do conceito de ciborgue e sua tradução para essa ideia analítica para conexões parciais, Strathern escreve: "As relações para formar totalidades a partir de partes são questionadas, assim como as relações de dominação e hierarquia promovidas pelas dualidades de englobamento, como o eu e o outro, o público e o privado, o corpo e a mente."[77] Essa fala ecoa a afirmação de Haraway de que

> [...] nós não precisamos de uma totalidade para trabalhar bem. O sonho feminista de uma língua comum, como todos os sonhos

---

76 J. Law, op. cit.
77 M. Strathern, op. cit., p. 37.

de uma língua perfeitamente verdadeira, ou de nomear perfeita e fielmente a experiência, é um sonho totalizante e imperialista... talvez, ironicamente, possamos aprender com nossas fusões com animais e máquinas a como não ser Homem, a personificação do logos ocidental.[78]

Mais de vinte anos depois, o ciborgue parcialmente conectado continua a inspirar políticas utópicas pós-plurais, uma proposta que questiona taxonomias estatais prevalentes e também políticas oposicionistas que buscam reconhecimento estatal. Conforme o leitor já percebeu, conexões parciais servem enormemente às conversas por entre semelhanças e diferenças que Mariano, Nazario e eu tivemos nos arredores de Ausangate. E, para pular para a eventual conclusão do leitor: conexões parciais são o ponto conceitual e vital a partir do qual este livro surgiu.

---

78 D. Haraway, op. cit., p. 173.

INTERLÚDIO UM

MARIANO TURPO
UM LÍDER EM-*AYLLU*

"*Eu conversei com o ayllu; não era eu que estava feliz. [Eles me disseram]: 'Vai ser bom, nós procuramos a sua sorte nas folhas de coca. Nós fomos oferecer velas para Taytacha [Jesus Cristo], a sua vela queimou bem. Nos dias seguintes, Don Mariano, não fique com medo do hacendado, ou dos homens da hacienda. Você vai causar problemas para eles – eles vão se arrepender. Não tenha medo, a coca e a vela dizem assim.' Eles me obrigaram – eles tinham olhado nas folhas de coca, nas cartas e dentro dos animais. Era a minha sorte, eles me disseram. Eu queria ir embora, mas não tinha para onde ir.*"

MARIANO TURPO, 2003

A HISTÓRIA E O CONTADOR DE HISTÓRIAS

Quem era Mariano? Minha resposta, claro, está limitada às nossas conversas. Gosto de pensar que, nelas, tive acesso a relatos sobre um evento político nacionalmente importante. Co-laborados em quíchua, os diálogos que compõem as histórias foram primeiro traduzidos para o espanhol e depois transformados em uma versão em inglês para este livro, que não necessariamente apresenta quaisquer das línguas que usou como conduítes. Sua narrativa é complexa. As narrativas de Mariano são *willakuy*, histórias sobre o que nós consideraríamos como eventos não verificáveis. Ele me contou sobre cavernas que o fizeram adoecer e sobre montanhas que intervieram – decisivamente – em lutas entre humanos. Claramente, não posso entender as narrativas de Mariano apenas com as ferramentas da história. E eu não quero traduzi-las como mitos ou tratá-las como histórias sobre atividades rituais: essas categorias levariam as narrativas de Mariano à esfera das crenças, na qual considerar sua complexidade repleta [*eventful*] de eventos seria difícil, senão impossível. Como já expliquei, a vida de Mariano incluiu relações com pessoas outros-que-humanas que participaram de suas atividades políticas – e essas eram indiscutivelmente históricas. Elas ocorreram entre os anos 1950 e 1980 e contribuíram para a reforma agrária, a transformação do sistema de governança de terras no Peru. Um marco, um evento histórico de alcance nacional, as evidências sobre ele são muitas. Mas os feitos de Mariano incluíam mais do que se pode tornar evidente; seus *willakuy* são importantes para além de provas factuais. Sem *willakuy*, sua história não seria apenas incompleta, ela não seria a história de Mariano.

Mariano lembrando, contando... Agosto de 2003. Fotografia de Thomas Müller.

Mariano era e não era como o contador de histórias de Walter Benjamin. Assim como as dele, as histórias de Mariano estavam profundamente submersas em sua vida; traços dela se agarravam a suas narrativas, "como as digitais do ceramista se agarram ao vaso de cerâmica". Diferentemente do contador de histórias de Benjamin, contudo, a intenção narrativa de Mariano era expressar "a pura essência da coisa, como informação ou relatório".[79] Então, ele era também como o historiador, o advogado ou o jornalista de Benjamin, com a exceção de que os termos de Mariano não se encaixavam nas filosofias modernas da história. Muitos dos materiais que ele usava para compor suas narrações eram estranhos à história – a-históricos, diriam alguns, e eles estariam certos em dizê-lo. No mesmo

79 W. Benjamin, op. cit., p. 91-92.

sentido, ele escapava à teoria política moderna; para Mariano, forças emergiam tanto da paisagem circundante quanto das instituições sociais. Entre as primeiras ele incluía, por exemplo, montanhas com vontades próprias e o que nós chamamos de clima, e, nas últimas, ele contemplava o letramento e o poder manifesto na palavra escrita e em suas instituições: representantes estatais, advogados, o proprietário de terras e políticos de esquerda. Excedendo a história e a política moderna (ou política em seu sentido usual), suas histórias contam de que maneira ele e outros como ele uniram forças – advogados, políticos, a escrita e seres-terra heterogêneos – em um confronto que pôs fim ao sistema de *hacienda*, uma instituição central de poder no país, que estava organizada ao redor de grandes propriedades e conectada (legal e ilegalmente) ao coração do Estado em Lima e em capitais provincianas como Cusco, o principal centro urbano do departamento de mesmo nome.

Mariano se apresentou a mim como um lutador, um indivíduo que era *caprichoso*, uma palavra que ele sempre dizia em espanhol; a tradução literal sendo "extravagante", mas eu a entendia com o significando de que ele era o indivíduo mais audacioso que eu já havia conhecido, com a mais ferrenha determinação da qual eu já tinha ouvido falar. Ele nasceu nos anos 1920, no que era, então, Andamayo – um vilarejo que depois da reforma agrária se dividiu em vários, menores, entre eles Pacchanta, onde Mariano vivia quando o conheci. Pacchanta é um vilarejo andino afastado da imaginação urbana convencional, mas que os runakuna constantemente conectam (normalmente por meio de atividades comerciais e de relações familiares) ao resto do departamento de Cusco; ao resto do país, incluindo as grandes cidades (como Lima e Arequipa); e aos principais centros comerciais internacionais (antigamente, na Grã-Bretanha; atualmente, nos Estados Unidos). Em vez de cancelá-la, essas conexões (especialmente a energia e o esforço exigidos) também chamam atenção à distância multidimensional entre Pacchanta e Lima. De novo, Benjamin oferece a oportunidade de um contraste. Evocando a passagem do tempo em uma cidade interiorana europeia, ele escreve:

> Uma geração que havia ido à escola em carroças puxadas a cavalo agora estava sob o céu aberto em um interior em que nada permanecia igual a não ser as nuvens, e, abaixo dessas nuvens, em um campo de força de torrentes e explosões destrutivas, lá estava o frágil corpo humano.[80]

Minhas próprias sensações acerca da passagem do tempo em Pacchanta são o exato oposto: embora se deixasse enganar, é fácil imaginar que nada mudou no vilarejo, a não ser a cor dos picos que o cercam. Antes de um branco cor de neve, hoje as montanhas estão ficando cinzentas, talvez devido àquele fenômeno onipresente chamado aquecimento global. Sempre me sentia soterrada pela sensação de uma biopolítica do abandono quando chegava a essa região, onde resfriados que se tornavam pneumonia e matavam pessoas eram um evento cotidiano. A beleza incrível da paisagem, com montanhas crescentes e pequenas lagoas de tons de azul inimagináveis, contrasta com a dureza das condições de vida aqui: as temperaturas são incessantemente baixas, os solos são suficientes apenas para plantar batatas e o *ichu*, a grama de altitude que alimenta as lhamas e alpacas, está a cada ano mais escasso. As pessoas dizem que não costumava ser assim; quando Mariano confrontou a *hacienda*, os pastos eram grandes e a comida era abundante. Agora, eles enfrentam uma condição que hoje é comum no interior do Peru: "As

---

80 W. Benjamin, op. cit., p. 84.

famílias cresceram, e a terra não." *Runakuna* repetem essa frase frequentemente. Estrangeiros raramente ficam aqui, e quando ficam é apenas por curtas estadas. Os moradores locais também vão embora com frequência, para sobreviver em uma vida miserável na cidade (Cusco, Arequipa ou Lima), onde a melhoria pelo menos parece uma possibilidade.

Mariano costumava se referir a seu vilarejo como um "canto de neve" (*rit'i k'uchu*) ou um "canto infértil" (*ch'usaq k'uchu*) e lamentava ter ficado lá, ao contrário de seus dois irmãos mais novos, que foram mandados embora para alguma cidade, provavelmente Cusco ou Lima, quando crianças – um para trabalhar com um dentista (provavelmente como criado), o outro para ajudar um parente a vender sorvetes. Como o mais velho deles, Mariano teve de ficar para cuidar das plantações enquanto sua mãe cuidava das ovelhas e das alpacas no pasto (que ficava em altitudes ainda mais altas do que os campos agrícolas), e seu pai trabalhava na *hacienda* ou caminhava repetidamente do vilarejo a Cusco para vender lã, carne e *bayeta* – um tecido de lã produzido à mão e usado para fazer roupas *runakuna*. Quando Mariano alcançou a maioridade, quis se alistar ao exército. Não era necessariamente uma vida boa, podemos suspeitar, mas até isso era preferível a ficar nesse *rit'i k'uchu*; mas ele não foi recrutado e sua mãe não o deixou se alistar voluntariamente.

> *Se ela tivesse me deixado ir, eu teria aprendido espanhol e teria aprendido mais palavras para me defender, teria aprendido a escrever. Não era como se a gente não tivesse animais... eles poderiam ter me dado a alguém e dado uma ovelha para ele, dizendo: isto é para você levá-lo, cuidá-lo e ensiná-lo. Pelo contrário, aqui neste canto infértil ela me manteve. E agora o que eu sei? Não leio com facilidade e só sei um pouco de espanhol.*

"Um canto de neve, um canto infértil." Fotografia de Roger Valencia.

Quando o conheci, Mariano lia com dificuldade – ele conseguia reconhecer letras e, vagarosamente, juntá-las. *Susiguwan deletrachispa rimachini* [escrevendo devagar, eu faço as letras falarem], era sua explicação de como lia. Às vezes, conseguia ler; às vezes, não; dependia do texto. Mariano lembra que seu pai conseguiu mandá-lo para a escola quando, depois de receber uma ovelha e batatas da família de Mariano, o professor local ousadamente enviou uma nota para o *hacendado*, dizendo: "Mariano Turpo tem que deixar a *hacienda* depois desta colheita e ir para a escola todo dia." A julgar pelas tarefas que Mariano realizava, ele deveria ter doze anos. Na escola, aprendeu a somar e subtrair,

Um documento no arquivo em que Mariano treinou sua assinatura: "Escrevendo devagar, eu faço as letras falarem." Cortesia de Mariano Turpo.

a reconhecer as letras do alfabeto, a usar os pontos cardeais para orientação espacial e pouca coisa além disso; logo depois que começou a ir para a escola, a casa onde ela ficava queimou e o professor foi forçado a deixar a área. O *hacendado* ganhara uma batalha – mas outras viriam pela frente.

Como um homem nascido na propriedade da *hacienda* Lauramarca, Mariano herdou de seu pai a obrigação de trabalhar como um *colono*, uma forma de servidão organizada ao redor dos grandes proprietários de terra. Sem dúvidas, o que tornava possíveis as condições que possibilitavam aos proprietários de terra impor essa relação de trabalho era a identificação dos trabalhadores *runakuna* como "índios". Considerados abjetos, imundos, ignorantes, definitivamente inferiores e talvez nem mesmo inteiramente humanos, os *runakuna* continuaram sendo sujeitos coloniais em um Estado-nação que emergiu localmente através do controle da *hacienda*, uma instituição política e social com poder incontestado sobre os *runakuna*. Essa era uma existência legitimada racialmente como "vida nua"[81] – a qual envolvia a completa vulnerabilidade do *colono* frente ao *hacendado* e a total invisibilidade social dessa forma de existência para além da *hacienda* –, realidade que o jovem Mariano Turpo queria deixar para trás migrando para Lima. Mesmo ser entregue como servo na cidade teria sido melhor do que ser invisivelmente matável em uma terra remota em que o *hacendado* local governava supremo. Mas ele não foi embora: ficou e se tornou um jogador-chave no confronto com o dono da vasta propriedade chamada *hacienda* Lauramarca.

MARIANO, *PERSONERO* EM-*AYLLU*

Em algum momento do fim dos anos 1940 ou começo dos anos 1950, o *ayllu* escolheu Mariano como *personero* – uma posição de responsabilidade no vilarejo. Entre outras atribuições, esse título significava que ele precisava liderar a confrontação contra a *hacienda*. De acordo com seu cunhado, Mariano foi escolhido porque "ele [conseguia] falar [bem]" [*pay rimariq*] e "tinha uma [boa] cabeça" [*pay umachayuq*]. Porém, se eu tivesse pensado que Mariano fora democraticamente eleito por seus companheiros *colonos* para representá-los contra o *hacendado* e que ele, por sua

---

81 G. Agamben, *Homo Sacer*, 1998.

vez, tinha orgulhosamente aceitado a posição cobiçada, estaria errada. Foi assim que Mariano narrou sua seleção:

> *Eles me forçaram a aceitar. É sua sorte que você vai vencer, eles me disseram – e eu queria fugir, desaparecer e sumir por aí. Mas eles, o ayllu inteiro, me disseram: não vá embora, aonde você vai? Aonde quer que você vá, não vai conseguir nada, lugar nenhum vai aceitar você. O ayllu de outros lugares* [huq ayllu laruqa] *não vai te dar chacras* [terras para cultivar] *nem nada para seus animais. Por que você iria? Para onde você iria? Você não pode ir. Você tem sorte, nós vimos na coca, acendemos uma vela para Taytacha e ela queimou bem; é sua sorte vencer o* hacendado*. Não tenha medo, ela está queimando bem. Então, por conta de todas essas coisas, eles me indicaram como* personero *de modo que eu falaria a partir do* ayllu [ayllumanta parlaqta]*.*

Nessa passagem, Mariano menciona seu *ayllu* várias vezes; só meses depois eu entenderia exatamente o quão importante essa relação tinha sido na decisão dele de se tornar um *personero*. Modesta Condori, sua esposa, se opôs à escolha do *ayllu*, mas sem resultado:

> *Minha esposa disse, "Por que você quer meter seu nariz nisso, eles vão atirar em você, eles têm até açoitado pessoas, vão fazer o mesmo com você, eles vão te matar!" ¡Carajo!* [Droga!] *Eu não podia fugir como um ladrão – tinha que ficar. Mesmo se o* hacendado *me matasse, eu não podia dizer não.*

A tarefa parecia impossível. Confrontar o *hacendado* significava trabalhar contra uma ordem que era aparentemente onipotente e permanente. A ideia de que "índios" eram inferiores e que "senhores" [gentlemen] (e "senhoras" [ladies]) eram superiores era aparente até em corpos *runakuna*: suas roupas, seus pés descalços, sua fala, o que comiam, onde dormiam, as cicatrizes na pele, o frio implacável que eles aguentavam – tudo refletia a miséria que parecia ser firmada pelo destino. Confuso pela força que eles enfrentaram – e também refletindo sobre os limites de sua luta contra o *hacendado* –, Mariano se lembrou de um refrão que os *runakuna* falavam consigo, repetidamente, mesmo enquanto obstinadamente confrontavam o proprietário de terra: *A ojota* [sandália indígena] *nunca vencerá o sapato. Como um* runa *de joelhos nus poderia vencer aquele que usa calças,*[82] *¡Carajo! Quíchua nunca vai ser como espanhol!* Mariano estava despreparado para a tarefa: ele nem sequer sabia ler ou escrever – habilidades indispensáveis em um conflito legal. Portanto, para cumprir sua atribuição como *personero* e tendo em vista que *personeros* sempre andavam em dupla, a comunidade o apontou um colega letrado. Seu nome era Mariano Chillihuani, e Mariano Turpo o chamava de seu *puriq masi*, ou companheiro de caminhada. Seus nomes, e aqueles de tantos outros, parecem intercambiáveis nos documentos sobre a luta e compõem o arquivo que eu discuto na História 4. Mariano lembrou que sua primeira tarefa como *personero* foi construir uma escola na *hacienda*. Ele o fez, e o *hacendado* o prendeu por isso. Essa seria a primeira de suas muitas passagens pela prisão.

"*Droga, aceitar caminhar do ayllu, droga, sobrevivendo ou morrendo, eu vou vencer o hacendado* [Caraju nuqaqa ayllumantaqa purispaqa, caraju wañuspapas kausaspapas judesaqmi hacendaduta]", ele lembrava ter dito a si mesmo. E sua narrativa vai além de sua autobiografia. É também a história de um coletivo socionatural que lutou contra sua redução à mera existência e foi, em larga

---

82 A expressão "de joelhos nus" se refere às calças pretas de lã na altura do joelho que identificam *runakuna* e os estigmatizam como índios. Exceto em festividades, *runakuna* não usam mais essas calças.

medida, bem-sucedido. Como resultado de sua luta – ao menos em parte –, o Estado dissolveu a *hacienda* Lauramarca e a transformou em uma cooperativa agrária, uma instituição estatal. Administradores pagos através do Ministério da Agricultura substituíram o proprietário da terra e sua equipe. Isso foi um feito para os *runakuna*, ainda que temporário. A partir dos anos 1970, o nome de Mariano Turpo se tornou familiar para alguns na região de Cusco; ele era conhecido como o *cabecilla* de Lauramarca – o líder astuto do que era conhecido na região como o "levante campesino". Eventualmente, sua reputação provocou algumas discussões acadêmicas sobre *conciencia campesina*.[83] Entretanto, articuladas somente pela teoria política moderna, essas discussões não capturam a relação que tornou a liderança de Mariano inerentemente conectada ao *ayllu* – "aceitar caminhar *a partir do ayllu*" foi, de fato, um ato de coragem, talvez também de generosidade, mas uma atitude enraizada nas condições de relacionalidade *ayllu*: Mariano caminhou *a partir do ayllu*, nunca sem ele.[84]

Eu poderia dizer que o *ayllu* obrigou Mariano a aceitar essa posição porque ele tinha as qualidades de um bom líder. Essa constatação, é claro, não está equivocada; foi o que o cunhado de Mariano me disse. Mas, quando Mariano descreveu suas dúvidas sobre sua seleção, ele me contou outras histórias que demandavam minha atenção e, em todas elas, a palavra *ayllu* figurava proeminentemente. Por exemplo, no parágrafo anterior: o que significava que "o *ayllu* inteiro" havia dito que ele tinha que aceitar? (Quem ou o que era o *ayllu* inteiro?) O que o "*ayllu*

---

83 A.F. Galindo. *Movimientos campesinos en el Perú: Balance y esquema*, Cuadernos del Taller de Investigación Rural, 1976.
A. Quijano, *Problema agrario y movimientos campesinos*, 1979.
W. Reátegui, *Explotación agropecuaria y las movilizaciones campesinas em Lauramarca Cusco*, 1977.
84 A preposição está em itálico para marcar o importante trabalho conceitual que ela realiza, flexionando a relação com a especificidade *ayllu*.

de um lugar diferente" significava? Por que eles não dariam a ele *chacras*, terra para cultivar? E, se ele foi escolhido como interlocutor, a expressão quíchua "falar *a partir do ayllu*" (*ayllumanta parlaqta*) em vez de *pelo ayllu* faria alguma diferença em termos da "representação" de Mariano do coletivo?

Ayllu é um termo onipresente no registro etnográfico andino, normalmente definido como um grupo de pessoas humanas e outro-que-humanas relacionadas umas às outras por laços de parentesco e habitando coletivamente um território que também é deles.[85] Eu estava, evidentemente, familiarizada com essa definição e, entre as etnografias andinas que se referiam a ela, havia achado a de Catherine Allen[86] a mais intrigante. Mas uma conversa com Justo Oxa, um professor de ensino fundamental bilíngue em quíchua e espanhol, me ofereceu a possibilidade de usar *ayllu* como um conceito etnográfico ainda mais amplo, revelando um modo relacional que eu não encontrara em minhas leituras andeanistas. Para entender a obrigação de Mariano, eu tinha que entender seu "ser-em-*ayllu*", como ele disse. O professor explicou:

> *Ayllu* é como uma trama, e todos os seres no mundo – pessoas, animais, montanhas, plantas etc. – são como os fios, nós somos parte do desenho. Os seres neste mundo não estão sozinhos; assim

---

85 Em etnografias andinas, os glossários comuns descrevem *ayllu* como uma "comunidade local ou grupo de parentes" (Sallnow, 1987, p. 308); "um grupo de famílias" (Ricard, 2007, p. 449); uma "entidade política autoformulada através de ritual" (Abercrombie, 1998, p. 516); uma "comunidade indígena ou outro grupo social cujos membros compartilham um foco comum" (Allen, 2002, p. 272); "grupos distinguíveis cuja solidariedade é formada por laços religiosos e territoriais" (Bastien, 1978, p. 212); e um "grupo de parentes, linhagem ou comunidade indígena com uma base territorial e membros que compartilham um foco comum" (Bolin, 1998, p. 252). A lista poderia seguir.
86 C. Allen, *The Hold Life Has: Coca and Cultural Identity in an Andean Community*, 2002.

como o fio por si só não é uma trama, e tramas são com fios, um *runa* está sempre em-*ayllu* com outros seres – isso é *ayllu*.[87]

Nesse entendimento, seres humanos e outro-que-humanos não existem apenas individualmente, porque eles estão inerentemente conectados na composição do *ayllu* do qual eles são parte e que é parte deles – tal qual um único fio em uma trama é essencial à trama e a trama é essencial ao fio. Em certo sentido, a noção de Oxa de *ayllu* ressoa a ideia de Roy Wagner de uma pessoa fractal: "nunca uma unidade em relação a um agregado, ou um agregado em relação a uma unidade, mas sempre uma entidade com relações integralmente implicadas."[88] De modo similar, compondo o *ayllu* estão entidades *com* relações integralmente implicadas; sendo ao mesmo tempo singulares e plurais, elas sempre fazem surgir o *ayllu* mesmo quando aparecem individualmente. Assim sendo, o *ayllu* é o coletivo socionatural de humanos, seres outro-que-humanos, animais e plantas *inerentemente* conectados uns aos outros de tal modo que ninguém em seu interior escapa daquela relação – a menos que ela (ou ele ou aquilo) queira desafiar o coletivo e arriscar se separar dele. Quando isso acontece, a entidade separada se torna *wakcha*, uma palavra quíchua normalmente traduzida como "órfão" (*huérfano* em espanhol) – sem laços *ayllu* e, portanto, *sendo* diferente daqueles em-*ayllu* e similar àqueles sem laços *ayllu* – eu, por exemplo.

Ayllu é um modo relacional, e isso é significativo de muitas maneiras. Por exemplo, o trabalho de representação que emerge da relacionalidade do *ayllu* é específico a ele e conceitualmente distinto. Conforme John Law em *After Method: Mess in Social*

---

87 J. Oxa, comunicação pessoal, 14 set. de 2009.
88 R. Wagner, "The Fractal Person", 1991, p. 163.

Science Research, "representar é praticar divisão." É ser capaz de separar representante de representado, significante de significado, sujeito de objeto. Como *personero*, a prática de representação de Mariano era diferente: ele não era apenas um indivíduo, ele também estava em-*ayllu* e, assim, ligado ao coletivo que o havia escolhido. Embora ele de fato representasse os *runakuna* frente ao Estado, ou aos políticos modernos com quem ele se relacionava, ele não era um significante do *ayllu* – ele não ficava em seu lugar. Lembre o que Mariano disse sobre sua nomeação: "eles me apontaram como *personero* para que eu falasse a *partir do ayllu*." A expressão em quíchua para as três últimas palavras da frase de Mariano é *ayllumanta parlaqta*. *Manta* é um sufixo que indica origem, neste caso o local de onde a fala se originou. Mariano era o porta-voz de seu *ayllu*, e com autoridade, pois o *ayllu* possibilitou sua fala – ainda assim, esse estatuto não dava a ele o poder de falar individualmente, mesmo em nome do *ayllu*. Em contraposição a falar *pelo ayllu*, *personeros* como Mariano falavam *a partir* dele. Eles não eram apenas *personeros*, também eram o coletivo do qual faziam parte, e que era parte deles. Como pessoas com relações integralmente implicadas, *personeros* em-*ayllu* não são os sujeitos individuais que o Estado (ou qualquer instituição política moderna) presume e exige que eles sejam. Similarmente diferente, seu ato de representação é uma obrigação que pode render a eles prestígio, mas não poder; Mariano reclamava sobre ter tido que aceitar o comando do coletivo para liderar, mas, estando em-*ayllu* e querendo continuar assim, ele não tinha escolha.

O PODEROSO DISCURSO POLÍTICO EM-*AYLLU* DE MARIANO E O MOVIMENTO CAMPESINO COMO EQUIVOCAÇÃO

Em *A sociedade contra o Estado*, Pierre Clastres identifica discurso e poder. De forma um tanto redundante, ele escreve: "Falar é antes de tudo deter o poder de falar."[89] A redundância tem um motivo, pois ele então identifica o "homem de poder" como a pessoa que fala *e* que é a fonte única do discurso legítimo, "pois ela se chama *ordem* e não deseja senão a *obediência* do executante".[90] Assim, ele distingue os indivíduos entre mestres (aqueles que falam) e sujeitos (aqueles que permanecem calados) – uma distinção que ele identifica com sociedades em que o Estado é o princípio político organizador. Contudo, Clastres continua, uma conexão positiva entre discurso e poder também existe em sociedades sem Estado, mas há uma diferença: "se nas sociedades de Estado a palavra é o *direito* do poder, nas sociedades sem Estado ela é, diversamente, o *dever* do poder."[91] Além disso, esses grupos escolhem seu chefe (ou talvez sua chefe?) como resultado de seu comando do discurso; o comando do discurso precede o poder, ele não resulta do poder. Consequentemente, o discurso não é exercitado independentemente daquilo que o escolheu para ser poderoso; seu propósito não é ser escutado por aqueles que identificaram o chefe porque eles próprios – não o chefe – são a fonte do poder. Eu não havia lido Clastres antes de minhas conversas com Mariano sobre a prática da liderança; mas a conceituação de Clastres (no que ele chama de sociedades primitivas) parece pertinente. Porém, no caso de Mariano, o título do livro de Clastres pode ser enganoso, pois, embora o coletivo

---

89 P. Clastres, *A sociedade contra o Estado: pesquisas de antropologia política*, 2003, p. 169.
90 Idem.
91 Ib., p. 170.

socionatural que Mariano liderasse não necessariamente obedecesse aos requisitos do Estado moderno (explico isso em várias histórias seguintes), tampouco trabalhavam contra o Estado. Pelo contrário, havia visibilidade dentro do Estado, e de um modo que coincidiria com a conceituação de Jacques Rancière de política. Consequentemente (e, como Clastres, colocando o discurso no centro do debate), política é um evento que ocorre quando aqueles que não contam enquanto seres falantes se fazem dignos de ser levados em consideração.[92] Foi isso que o coletivo de Mariano fez e, ao fazê-lo, eles envolveram outros outro-que--humanos no processo político e praticaram um modo de representação que estava em desacordo com a democracia moderna. O que era parte de seu discurso e os constituía – e que eles utilizaram para se fazer de alguma importância – excedia as condições da política moderna. Políticos modernos podem certamente ter desacreditado o discurso e as ações de Mariano como crença supersticiosa no melhor dos casos – uma caverna não faz um político ficar doente, nem uma montanha é um ser! A despeito dos excessos, a confrontação *ayllu* com o *hacendado* não ficou silenciada; pelo contrário, ela foi ouvida mesmo em termos que a traduziram enquanto um "movimento campesino", uma equivocação[93] que se tornou o degrau conceitual para a política agrária regional e até mesmo nacional nos anos que se seguiram. Esse é o tópico das Histórias 2 e 3.

---

[92] J. Rancière, *Disagreement: Politics and Philosophy*, 1999.
[93] E.V. de Castro, "A antropologia perspectivista e o método da equivocação controlada", *Aceno*, v. 5, n. 10, 2018.

O *ayllu* escolheu Mariano para encaminhar a queixa devido à sua habilidade de negociar tanto com o *hacendado* quanto com seres-terra. A comunidade havia consultado as folhas de coca e Taytacha (Jesus Cristo) e ambos tinham aprovado a escolha.[94] Mariano tinha medo, tanto que, em sua primeira missão a Cusco para pedir permissão para construir uma escola para o vilarejo, foi à catedral pedir ao Senhor Jesus por perdão e para dizer a ele que não mataria ninguém; havia sido escolhido porque as folhas de coca falaram seu nome e ele tinha que obedecer à vontade de seu lugar, que incluía Ausangate. Essa conexão entre o Senhor Jesus residindo na catedral na cidade de Cusco e Ausangate – o ser-terra, localizado a quilômetros de distância, observando a região de Lauramarca – exibe as conexões parciais que compõem a vida cotidiana em Cusco.

A eleição de Mariano como líder apresentava complexidade similar: a coca o havia escolhido e a vela havia queimado corretamente. Ausangate estava satisfeito com ele; e assim também estava Jesus Cristo. E ele foi escolhido, como seu cunhado havia me dito, porque ele podia falar bem e tinha um bom coração; ele era ousado e inteligente; ele podia falar com os advogados e conseguia suportar o poder do *hacendado* – esses eram talentos que a política moderna exigia de um líder campesino, uma posição que Mariano era regionalmente conhecido por apresentar. Sua liderança assim ocupava

---

94 Consultar coca e seres-terra não era incomum na escolha de líderes para confrontar o *hacendado*. Rosalind Gow narra um episódio similar, que ocorreu no início do século XX, durante um confronto com o *hacendado* sobre mudar o mercado para a cidade de Ocongate. Uma mulher disse a Gow que um grupo de homens da cidade (não índios) veio ao seu pai e disse, "Escute, Don Bonifacio, esse é seu destino lutar por justiça. Nós pedimos a *altomisa* para dizer sua sorte... você [vai] para Cusco por nós" (Gow, 1981, p. 91). Don Bonifacio teve sucesso e o mercado foi transferido para Ocongate, onde está até hoje.

a conexão parcial entre o Estado local e estar em-*ayllu*. Ela representava mais do que uma lógica: da perspectiva do Estado, ele era um *personero*, um indivíduo com a tarefa de ser a ligação entre as autoridades locais e estatais (o *alcalde* [prefeito] e o *gobernador* [a autoridade de polícia do distrito]) e os moradores do vilarejo.[95] O *personero* era o representante estatal no vilarejo, fazendo cumprir a vontade do Estado, que estava usualmente a serviço do *hacendado*; e ele também representava os moradores do vilarejo perante as autoridades. Já discuti a segunda lógica: ela respondia às práticas em-*ayllu* nas quais entidades – humanos e outros-que-humanos – obrigavam suas ações, mas de uma forma inerente, não a partir de fora. Quando opunham o *hacendado*, os *personeros* ocupavam uma posição perigosa, é claro, mas também complexa, capaz de relações de representação em-*ayllu* e estatais.

MARIANO COMO YACHAQ

Mariano era conhecido em seu vilarejo como um habilidoso praticante de relações com seres-terra; pessoas como ele são conhecidas como *paqu, pampamisayuq, altumisayuq* e *yachaq*. Esses substantivos não são apenas palavras, um nome para alguém como Mariano. Eles podem convocar a prática a partir da qual o ser-terra emerge; portanto, respeito e cuidado rodeiam o seu proferir. Ademais, o que essas palavra-práticas convocam e o poder para fazê-lo são heterogêneos – algumas delas são perigosas. Quando conheci Mariano, *yachaq* era a palavra-prática que ele se sentia mais confortável em personificar e também

---

95 O *personero* nunca era uma mulher. A reforma agrária substituiu o *personero* pela Junta Comunal – o Grupo Comunitário –, que continua a operar como o *personero* sob as ordens da assembleia comunal. Mulheres raramente são membros da Junta Comunal.

seu modo preferido de representação. Em Cusco, a palavra circula em quíchua sem tradução para o espanhol, pois a maior parte das pessoas está familiarizada com a prática; porém, se uma tradução é requerida, é *alguien que sabe* (um conhecedor). Um *yachaq* é capaz de buscar nas folhas de coca indicações sobre condições (normalmente relacionadas à vida de alguém) que sejam visíveis ou prontamente óbvias, de outra forma, aos sentidos: a partida de alguém ou uma eleição local. Ele ou ela (embora mulheres menos abertamente) também sabe como procurar em diferentes elementos (urina humana, entranhas de animais, veias humanas ou uma narrativa) explicações de uma doença e uma possível prática curativa. Traduzindo apenas para fins de clareza explicativa – e reconhecendo abertamente que minha definição não é isomórfica com a prática –, eu diria que um *yachaq* é uma pessoa com a capacidade, concedida pelos seres-terra, de realizar práticas "diagnósticas", cuja eficácia não requer um evento posterior e que não estão relacionadas apenas àquilo que chamamos de saúde humana. Ainda que algo ocorra em seguida, tal evento pode ou não ser atribuído à prática – a certeza não é uma condição das práticas do *yachaq*.

TORNANDO-SE *YACHAQ*

Segundo a sabedoria popular em Cusco, a queda de um raio é a maneira de os seres-terra escolherem uma pessoa como *yachaq*. Um importante sinal adicional da habilidade de alguém para ser um *yachaq* é a *suerte* [sorte] dele ou dela em achar *misas* (pequenas pedras, às vezes na forma de animais ou plantas) que são tanto o ser-terra quanto a maneira de ele achar a pessoa com quem quer comungar. *Suerte* (também chamada de *istrilla*, ou "estrela") é um dom que um indivíduo pode utilizar para aumentar sua habilidade de se tornar *yachaq*. Tendo em vista que os seres-terra são poderosos, a decisão de se tornar um *yachaq* e o trabalho para melhorar as habilidades como tal dependem da determinação da pessoa em encarar os riscos inerentes às práticas que unem *runakuna* e seres-terra.

Mariano estava incerto sobre ter sido atingido por um raio ou não. Nazario não havia sido atingido, mas isso não o deteve de ser um *yachaq*; ele tinha *suerte*, tinha *istrilla*. Essas são as palavras dele:

> *Se as pessoas não têm* istrilla, *é em vão, elas não podem saber. Mesmo que um raio ou um granizo acerte você, sem suerte, as pessoas não podem saber. Se não têm suerte, elas não vão encontrar* misas. *Sem* misas, *você não pode saber* [como fazer qualquer coisa]. *Se eu sei como curar animais, é porque Ausangate quer que eu saiba. Para aqueles que não têm* istrilla, *é em vão, eles não podem saber.*

Ser um *yachaq* pode acontecer nas famílias, mas não herdável; pelo contrário, é uma atribuição passada adiante por meio de um aprendizado que envolve observar e acompanhar um parente próximo ou um amigo íntimo. Mas *suerte* é um requisito. Já mencionei como Benito, irmão de Nazario, acompanhava seu pai tanto quanto o fazia Nazario, mas ele não tinha *suerte* e tinha medo de errar – estar com seres-terra é perigoso, eles são poderosos, erros são arriscados. Tão definidor quanto a *suerte* é o *qarpasqa*, um momento importante no processo de se tornar *yachaq*. Traduzido como *carpación* em espanhol cusquenho, a palavra deriva do quíchua *qarpa*, que também pode significar a irrigação de lotes agrícolas. Essa prática foi traduzida como um ritual de iniciação.⁹⁶ Prefiro utilizar as palavras de Nazario: é a ação de lavar o corpo de alguém com (a água de) um ser-terra. Nazario e Mariano foram lavados com Ausangate, como ele se tornava água em Alqaqucha, o nome da lagoa ao redor da qual a família de Mariano tinha seus principais lotes de pasto. Eu proporia – sem certeza – que *qarpasqa* conecta pessoa e ser-terra imergindo um no outro.

Mariano Turpo aprendeu a ser uma *yachaq* com seu pai, Sebastián Turpo, que deve ter estado em seu auge nos anos 1920. Como a maioria das pessoas que viviam em sua área – e como Mariano –, ele ganhava a vida criando alpacas e ovelhas. Vendia um pouco de sua lã no que era, então, um novo mercado local, e usava outra parte para tecer e fazer um tecido local chamado *bayeta*, que trocava por milho nas terras baixas. Morreu de velhice nos anos 1960, quando Mariano já estava envolvido em sua confrontação com Lauramarca, e, na verdade, fez o *qarpasqa* para Mariano quando ele foi selecionado como o *cabecilla*. E, segundo a memória dos membros da família, o pai de Sebastián Turpo (o avô de Mariano e bisavô de Nazario) também era um *yachaq*. Como conta Nazario:

> *O pai de meu pai era um* yachaq. *Ele ensinou meu pai – ele fez o qarpasqa, e ele também o ensinou. Quando ele curava as pessoas, eu caminhava com meu pai. Quando ele curava animais, nós íamos juntos. Meu pai também caminhava com o pai dele, aprendendo. O pai do meu pai sabia como fazer tudo. Ele vivia no alto, longe com seus animais... ele vivia sozinho. Nós*

---

96 X.R. Lanata, *Ladrones de Sombra*, 2007.

levávamos a comida dele, café da manhã, almoço, seu kharmu [*lanches*] – *a casa dele era tão longe.*

Então, por meio da observação da prática de seu pai, Mariano "aprendeu a saber", como dizia. Esse aprendizado era um ato deliberado envolvendo pai e filho: Sebastián permitia que Mariano observasse (*rikuy*) o que ele estava fazendo, sempre que ele o fazia. E Mariano queria aprender – o que, segundo o consenso do vilarejo, significava que ele era "forte o suficiente" para engajar seres-terra. Mariano e Nazario tiveram uma experiência similar – ambos passaram pelo *qarpasqa* com seus pais, e cada um tinha um companheiro junto do qual eles eram *yachaq*. Esse é normalmente o caso: conhecedores têm companheiros e trabalham juntos, uma pessoa sendo mais forte que a outra.[97] Companheiros nessas práticas podem ser parentes. O companheiro de Mariano era o marido da irmã de sua esposa, Domingo Crispín, e ele era também um dos líderes contra a *hacienda* Lauramarca. E Nazario também lembrava que Mariano "*caminhava com ele [Domingo], os dois juntos curavam bem, faziam as pessoas ficarem saudáveis, curavam os animais, as plantas e faziam despachos de todo tipo – juntos, eles eram bons curadores*". Mariano era mais forte, ele dava as ordens e Domingo seguia – também viviam perto um do outro, provavelmente em lotes dados a eles pelo pai de suas esposas.

---

97 O registro arqueológico andino, com o qual não necessariamente concordo, rotula o primeiro como um elemento masculino e o outro como um elemento feminino.

AS VIAGENS DE MARIANO

Comentando o argumento de Heidegger sobre "habitar" [*dwelling*][98] como um modo de viver-ser, Michael Jackson[99] propõe "viajar" [*journeying*] como uma alternativa. De forma intrigante, esses dois modos não contrastavam na vida de Mariano. Na verdade, embora sempre estando em-*ayllu* – seu modo de habitar –, ele viajou com sucesso por distâncias geográficas (e diferenças ontológicas) que eram difíceis de atravessar. Claramente, Mariano não foi o único viajante entre os *runakuna*, mas ele era de fato talentoso em viajar entre mundos. Ele estava familiarizado com as fronteiras que separavam e conectavam o seu mundo e o Peru hegemônico. Experienciou a violência que eles causavam, e retornar a Pacchanta não era uma opção, pois a vida no vilarejo transpirava por entre aquelas fronteiras do mesmo modo. Sua opção, que era também a proposta do *ayllu* que ele não podia evitar, era viajar pelas fronteiras, engajando-as para tornar possíveis conversas com advogados, políticos e, perto do fim de seus dias, comigo, embora talvez então não fossem os laços em-*ayllu* que o compeliam. "*Eu tinha muitos amigos por todo lado, fazia amigos mesmo quando não sabia falar espanhol*", ele dizia com orgulho. Thomas Müller, um fotógrafo alemão que passou muitos anos na região de Ausangate, era um deles. Enquanto colocavam os animais para pastar juntos, falavam sobre o Peru e a Alemanha e suas viagens pelos mundos. Minha conexão com Mariano ocorreu via Müller, cujas fotografias de Mariano adornam este livro.

---

[98] Tradução estabelecida no português e no inglês para o termo da filosofia heideggeriana originalmente redigido em alemão como *"Wohnen"*. (N.R.)
[99] M. Jackson, *The Politics of Storytelling: Violence, Transgression and Intersubjectivity*, 2002.

E assim Mariano viajava através de mundos mesmo quando estava em Pacchanta; mas também fazia jornadas fora do vilarejo. Suas viagens o levaram de Ausangate a Cusco e Lima, da prisão a escritórios de advogados, reuniões de sindicato, mercados, escritórios estatais e até ao Palácio Presidencial em Lima, onde, com vários outros líderes *runakuna*, encontrou o presidente do país e se *"sentou com os senhores* [gentleman] *ele próprio, junto, no palácio"*. [*Palayciupi tiyasawaq, kikin wiraquchawan kuska.*] Mariano não conseguia recordar o nome do presidente ou quando ele o havia conhecido. Pode ter sido José Bustamante y Rivero, um advogado com tendências populistas que governou entre 1945 e 1948. Naquela ocasião, Mariano ficou um mês em Lima, sustentado por remessas de seus *ayllumasikuna*, aqueles que estavam em-*ayllu* com ele. Em Lima, ia a vários bancos para receber os *giros* (transferências de dinheiro) enviados a ele de seu vilarejo; quando ficava sem dinheiro, trabalhava em mercados descascando batatas para vendedoras que davam a ele comida em troca. Ele deve ter visitado Lima nos meses de verão, porque se lembrava do sol entrando pela janela e esquentando seu quarto de hotel. Muitas vezes me perguntei como ele se parecia quando andava pelas ruas de Lima: usava as calças de lã na altura do joelho que tipificavam (e estigmatizavam) índios naqueles tempos? Ele parecia ter um guarda-roupa diversificado; nós brincamos sobre isso quando ele me contou como trocava de roupas conforme viajava pelos lugares. Por exemplo, para evitar ser capturado pelos homens do *hacendado*, uma vez ele se vestiu como morador da cidade – com um terno marrom e uma camisa branca – e viajou de trem de Cusco para Arequipa, uma cidade portuária de onde poderia pegar um ônibus para Lima. Talvez tenha usado o mesmo terno para encontrar as autoridades estatais. Perguntei e ele riu – não se lembrava. Mas se lembrava, sim, de que não mastigava folhas de coca na frente deles. "Por quê?", perguntei. "*Aquelas pessoas acham que a coca fede, eu tinha que ser educado*", foi sua resposta. Não me lembro de fazer nenhum comentário. De acordo com o Estado, cujos representantes ele estava visitando, Mariano era um índio, uma identidade repleta de estigma.[100] E o comentário sobre a coca feder está repleto de tons racistas, mas, enquanto escrevo isso, estou inclinada a pensar que, em vez de ser uma resposta auto-humilhante, a polidez de Mariano era engrandecedora; simplesmente não consigo imaginar Mariano envergonhado de quem era, e mascar folhas de coca era parte de sua identidade. Em todo caso, as condições de vida *runakuna* resultaram do racismo estatal, e ele estava liderando a oposição àquilo. A polidez poderia ter sido sua arma, parte do seu estilo assertivo de liderança.

Mariano teve seus momentos de glória, foi uma pessoa importante e claramente sabia disso: *"Assim, por muitos anos eu estava apresentando [o ayllu]; eu não era como todo mundo."* [Anchiqa nuqaqa astalamantapis prinsintani kani, mana kumunllanchu.] Rosalind Gow escreve:

> Ele tinha muitos seguidores e sempre era tratado com deferência. Em assembleias, sempre ocupava o lugar de honra e as pessoas pulavam para obedecer a suas ordens. Um observador lembrava estar em uma festa em que porquinhos-da-índia assados estavam sendo servidos, todas as cabeças voltadas a Don Mariano.[101]

"Eu tinha as pessoas nas minhas mãos", lembrava em meio a memórias das durezas de uma vida fugindo dos homens do proprietário de terra. A família estava a cargo de sua esposa, Modesta. Ela se tornou vendedora e uma clandestina, pois a *hacienda* proibia

---

100 As palavras *runa* e *runakuna* que as pessoas utilizam para se identificar evitam esse estigma.
101 R. Gow, *Yawar Mayu: Revolution in the Southern Andes, 1860–1980*, 1981, p. 191.

todas as transações com ela. Ela e Mariano tinham sete crianças, todos homens, e três deles morreram muito novos. Mariano estava fora em todos os três casos, se escondendo ou em Lima lidando com alguma papelada relacionada à luta com a *hacienda*. Mais uma vez, ofereço as palavras de Mariano:

> [*Um deles*] *morreu quando eu estava em Lima. Minha esposa me enviou uma carta dizendo que o wawa* [*bebê*] *tinha morrido. O outro morreu quando eu estava em Cusco. O pai dela* [*sogro de Mariano*] *não me contou, então quando voltei no fim da tarde um dia, o dia seguinte era a octava* [*o oitavo dia após a morte*].

Pessoas mais velhas em Pacchanta lembram dos sofrimentos de Modesta, incluindo a ocasião em que o *hacendado* mandou espancarem-na. Benito, o terceiro filho deles, ainda era pequeno. Ele lembra que os *runa* da *hacienda* [os homens da *hacienda*] entraram na casa deles no fim da tarde um dia. Agarrando Modesta pelo cabelo, arrastaram-na para fora da casa, chutando-a até ela sangrar:

> *Eu era criança naqueles tempos – talvez tivesse três anos de idade, não era mais velho que isso. Minha mamita ainda me carregava nas costas e nos braços. Estávamos dormindo aquela noite, talvez estivéssemos dormindo, em nossa casa lá embaixo. Eles podem ter feito barulho, "k'on, k'on", mas eu não ouvi nada – quando eu acordei tinha muitas pessoas em pé, lá em pé estavam alguns* mistikuna *com suas armas. Acordei, acordei como uma criança na minha cama. Tinham levado meu pai, tinha certeza que tinham. Minha mamita estava gritando, chorando. Então, comecei a chorar como qualquer criança. Então nos escondemos embaixo das nossas camas – naqueles tempos nós dormíamos em* athaku, *esse*

era o nome das nossas camas. Fui levado embora... as armas estavam explodindo dentro da casa, "bum, bum, bum". E então ousei olhar, vi minha mamita... eles estavam arrastando ela pelo chão, puxando o cabelo dela... estavam levando ela para a porta, os mistikuna *com seus* runakuna *da* hacienda. *A noite toda eles nos bateram, o que estavam fazendo eu não sei... estavam olhando dentro das bolsas dela... não sei o que eles fizeram. Foram embora no amanhecer... então, quando foram embora, vi o cabelo de minha mamita espalhado pelo chão... tinham arrancado, e tinha buracos na parede, fizeram isso com as armas, com as balas das armas deles.*

Tendo sobrevivido a esse ataque, mas em grande medida tendo sido deixada a seus próprios cuidados, Modesta morreu de *kustado* (do espanhol, *costado*, ou "lado"), o diagnóstico local para o que às vezes acaba sendo tuberculose. Quando conheci a família Turpo, eles raramente mencionavam Modesta, mas outros *runakuna* lembravam dela com uma triste ternura. Diziam que ela era "uma trabalhadora esforçada, no frio e com todas as crianças, sempre sozinha... Ela sofria muito". Mariano só a mencionou duas vezes: quando narrou como ela se opôs à indicação dele à liderança e quando me contou como, em uma viagem a Lima, ficara sabendo da morte de seus filhos em uma carta que a esposa enviou.

Embora tivesse orgulho de seus feitos, Mariano também reclamava sobre o quanto – de tempo, dinheiro, corpo e paixão – ele havia dado ao *ayllu* e que não fora recíproco. Hoje, dizia, ninguém lembrava o quanto havia dado e sofrido falando do *ayllu* – ele não faria aquilo de novo. E não pediria a seus filhos que fizessem o que ele fez; naquela época, ele não teria conseguido encontrar uma vida sem o *ayllu*. Isso parecia possível hoje – o que eu achava? Respondi que não sabia, algumas pessoas pareciam encontrar empregos urbanos, e outras não. Mas eu entendia a amargura de Mariano. Conforme conversava com as pessoas, era evidente que algo como um esquecimento proposital tinha ocorrido em Pacchanta. Aqueles que tinham sido seus companheiros estavam muito velhos e na realidade inúteis para o *ayllu*; a geração mais nova – à exceção de Nazario e Benito, filhos de Mariano – não queria se lembrar do *ayllu* publicamente. A memória poderia obrigar o *ayllu* à família Turpo, e dado que não havia mais terras para dar, esquecer era uma boa maneira de lidar com o possível impasse que a memória poderia provocar.

Mariano morreu de velhice; seu neto Rufino (filho mais velho de Nazario) estava com ele. Foi enterrado em uma cerimônia comum em que esteve presente sua família – ninguém fez discursos grandiosos, e a missa que Nazario pediu na cidade de Cusco em sua memória contou apenas com a presença de um antropólogo local, Ricardo Valderrama, e eu. Apesar do aparente esquecimento, meses depois que Mariano morreu, escutei pessoas se referindo a ele como um *kamachiq umayuq*, alguém que tinha a cabeça de um líder. Eu não tinha provocado a frase: a liderança de Mariano não havia sido esquecida.

A IMPORTÂNCIA DE INDEFINIÇÕES E COMO APRENDI SOBRE ISSO

Estava vindo de carro da cidade vizinha, Ocongate, para Pacchanta quando um músico local me disse que Mariano foi escolhido como líder porque era um *paqu*, e que ele o era porque fora atingido por um raio. A essa altura, eu já sabia que Mariano havia sido escolhido porque podia "falar bem" e tinha "uma cabeça boa" e porque Ausangate e Jesus Cristo tinham endossado a escolha. Então, perguntei a Mariano:

primeiramente, se ele fora atingido por um raio; depois, querendo saber se isso o tornara um *paqu*, perguntei quem o havia ensinado as práticas que isso envolvia. Inicialmente pensei que ele não tinha entendido minha segunda pergunta – seu filho Benito a traduziu em palavras que ele estaria disposto a considerar. Aqui está um pedaço da nossa conversa, começando com minha última pergunta:

> MARISOL: *Pin yachachirasunki paqu kayta?* [Quem ensinou você a ser *paqu*?]
> MARIANO: *Imachu?* [O quê?]
> MARISOL (novamente, achando que ele não tinha escutado): *Paqu kayta pin yachahirasunki?* [Quem ensinou você a ser *paqu*?]
> MARIANO (não entendendo): *Paqu kayta?* [Ser *paqu*?]
> BENITO (vindo em meu resgate): *Ah coca masqhayta.* [Ah, procurar coca.]
> MARIANO: *Ah papaypuni yachachiwanqa.* [Ah, com meu pai eu aprendi.]

Esse foi um curto diálogo com o qual aprendi várias coisas. Primeiro de tudo, aprendi sobre a historicidade das palavras, a maneira pelas quais elas adquirem valência conforme, temporal e geograficamente, a região muda. *Paqu* era uma dessas palavras. Ela costumava ter uma conotação relativamente negativa, que às vezes hoje ela perde, dado o emprego crescente da expressão por agências de turismo para nomear leitores de coca, *yachaq*, como Mariano. Eu tinha aprendido a palavra de ouvi-la e de placas nas ruas de Cusco em que se lia: "Tenha sua sorte lida por um *paqu* – o xamã andino." Benito, um comerciante de carne que caminha pelos mercados urbanos, deve ter ouvido a palavra em seu uso corrente e foi capaz de traduzi-la de volta para "procurador[102] de coca". Meu uso anterior de *às vezes* indica outra coisa que aprendi: termos relacionados a seres-terra – *pukara* ou *paqu*, por exemplo – não estavam separados da coisa que nomeavam, mas o que as palavras decretavam não era sempre o mesmo, pois sua enunciação podia atrair para dentro dela a miríade de condições que a cercam. Essa constatação me fez parar. Para começar, percebi que minha ansiedade para compreender coerentemente (quero dizer, claramente e sem contradição) estava, com frequência, fora de lugar. Eu a tinha trazido comigo, mas essa não era a maneira pela qual as práticas funcionavam no aqui-e-agora de Pacchanta. Também aprendi que a mesma palavra – por exemplo, *paqu* – não necessariamente conjurava o que nomeava. Por exemplo, foi assim que usei as palavras, e Benito conseguiu entender o que eu estava tentando perguntar a Mariano: Como ele havia "aprendido a ser um *paqu*?". Quando eu a pronunciei, ela não necessariamente fez *paqu* ser, ou assim eu penso – mas ser cauteloso sempre era bom –, e Benito achou melhor traduzir por "procurando eficazmente nas folhas de coca". Nunca isolada em um mundo próprio, a prosa que seres-terra habitam está parcialmente conectada às gramáticas de outras formações socionaturais, suas epistemologias e suas práticas. Mas porque a conexão parcial não cessa com a intenção, quando traduzida para o meu modo a prosa do mundo em-*ayllu* também podia habitar meu discurso independentemente de meu propósito. Portanto, eu tinha de ser ensinada a nomear as coisas com palavras adequadas ou com a etiqueta exigida; do contrário, poderia fazer algo acontecer ao nomeá-lo, mesmo sem sabê-lo. Mariano nunca aceitou que eu o chamasse de *paqu*; quando eu o fazia, esquecendo suas apreensões, sempre

---

102 No original, *coca searcher*, termo que, segundo o contexto, pode nos indicar tanto alguém que procura *as* folhas de coca quanto alguém que procura *nas* folhas de coca (as lê). (N.R.T.)

ria ironicamente de mim, o que me fazia pensar que eu não sabia o que estava dizendo, mas ele tampouco clarificava a questão para mim.

Mas, de volta a minha primeira questão: "O raio pegou você?" [*Qanta hapi'irasunkichu qhaqya*],[103] Mariano relembrou o que havia acontecido para nós: ele estava com seu rebanho em Alqaqucha – a parte mais alta de sua terra. Estava ficando escuro, o céu se partiu com granizo, e então algo aconteceu:

> *Eu não fiquei assustado. Eu não me lembro de ficar assustado. Quando isso disse Iluip, Iluip, Iluip [barulhos de granizo caindo, como "tac, tac, tac"], olhei para cima e caí. Então, quando me levantei, o granizo tinha parado... não sei o que ele [o granizo] fez comigo, mas ele não me pegou, se tivesse me pegado, teria me jogado longe, meu corpo teria sido machucado.*

E então minha pergunta ávida: "Ele, como dizem as histórias, se tornou *yachaq* depois disso? Depois de ter sido pego pelo granizo?" "Bem, não; isso é boato [*rimaylla chayqa*]", interveio Liberata, esposa de Nazario. E Benito disse: "Nem meu pai sabe o que aconteceu – como as pessoas iriam saber?"

Meses depois, Mariano me contou que tinha sido tocado pelo granizo, e depois daquele momento ficara melhor em procurar nas folhas de coca e aprender o que elas dizem. "*Eu sei [por]que ele [o granizo] me pegou.*" [*Yachani, nuqatapas hap'iwasqan.*] Então por que ele me disse primeiro que o granizo não o havia tocado e

---

[103] Da resposta a essa pergunta, também compreendi que muitas vezes *chikchi* (granizo) e *qhaqya* (relâmpago) são indistinguíveis, porque um pode trazer o outro; novamente, uma condição de mais que um, mas menos que muitos. Granizo e relâmpago não são necessariamente unidades. Xavier Ricard (2007) considera *chikchi* e *qhaqya* (que ele traduz como relâmpago e trovão) sinônimos.

depois que o tinha e atribuiu o fato de ele ser *yachaq* a tal incidente? Talvez à época da segunda ocasião eu já tivesse ganhado sua confiança e ele estivesse então disposto a compartilhar sua história. Mas também podia ser que ele estivesse de fato incerto sobre o que aconteceu e que às vezes estivesse inclinado a pensar de uma forma e outras vezes de outra. Ademais, podia ser ambas as coisas: confiar em mim o inclinou a pensar que podia ler folhas de coca porque o granizo o havia tocado. Essa característica não resolvida da história era um elemento importante das narrativas de Mariano sobre suas relações com seres-terra.

Definições que podem fixar o ser de entidades eram impossíveis em minhas conversas em Pacchanta, mas me levou algum tempo para desistir do meu hábito de procurar por elas. Sem esquecer que, às vezes, a busca por sentido estava fora do lugar porque a palavra era a coisa ou o evento que ela proferia; quando o sentido era possível, eu tinha de aprender a procurá-lo, conectando as palavras umas às outras. E, então, claro, o sentido podia ser efêmero, contingente às circunstâncias que o produziam. Intrigantemente, e contrastando com o que eu via como a instabilidade das definições, Mariano e Nazario não tinham dúvidas quando atribuíam algumas ações às entidades ou práticas que eu achava tão difíceis de definir. Aquelas ações eram, por exemplo, o *pukara* de Mariano escondendo do *hacendado* documentos legais, ou as ações prejudiciais de um *paqu* mau. Além disso, as entidades e práticas *eram* através das ações, e esse ser era relacional, emergindo através dos eventos que a entidade ou prática faziam acontecer e que afetavam os *runakuna*. O que eu tinha que definir, porque para mim *não era* (no sentido de "não existia"), não precisava de definição porque *estava lá* – como relacionar isso e aprender sobre isso seria meu desafio.

As duas próximas histórias neste livro narram as atividades políticas de Mariano, sua luta em-*ayllu* por liberdade e contra o proprietário de terra. Para escrevê-las, uso histórias que ouvi

A tumba de Mariano, cemitério Pacchanta. Janeiro de 2006.

de Mariano, Nazario e Benito. Uma parte desse material pode ser reconhecida como história, outra parte pode não ser, e dividi minha própria apresentação de acordo com isso. Na História 2, apresento o que poderia ser considerada a história da luta – uma história oral, pelo menos. Essa história descreve as atividades em-*ayllu* de Mariano que pertencem à ordem do plausível. Nos anos 1960, esses feitos eram impensáveis através de categorias analíticas hegemônicas e de agendas políticas de esquerda e de direita.[104] Um não evento enquanto estava acontecendo, essas ações se tornaram um evento apenas recentemente, quando a popularidade da etnicidade como categoria política permitiu o reconhecimento de líderes indígenas como

---

[104] M-R. Trouillot, *Silencing the Past: Power and the Production of History*, 1995.

atores na esfera pública. Entretanto, muitas das atividades envolvidas na confrontação contra Lauramarca ainda são impensáveis hoje enquanto eventos possibilitados e possibilitadores de ações políticas em-*ayllu*. Reconto isso na História 3, em que desdobro em detalhes a condição relacional de ser em-*ayllu*, para apresentar os seres outro-que-humanos que participaram junto com Mariano e os outros *runakuna* nos eventos políticos que resultaram na reforma agrária de 1969. Quando mais de um mundo coabita um Estado-nação, não apenas eventos oficiais e não oficiais, mas também eventos plausíveis e não plausíveis ocorrem. Contudo, a implausibilidade histórica não cancela seu acontecimento, que, embora radicalmente diferente de e, portanto, excessivo à história, coexiste com ela e até mesmo a torna possível. Espero que o que isso signifique se torne mais claro à medida que desdobro as histórias que Mariano me contou – em particular, a História 4. Por ora, quero sugerir que desistir do histórico como o registro dominante do real pode nos permitir escutar as histórias enquanto elas promovem eventos que, imanentes ao seu contar, *são* sem a exigência de prova.

Um Mariano Turpo mais jovem, por volta dos anos 1980. Fotografia de Thomas Müller.

HISTÓRIA 2

MARIANO SE ENGAJA NA "LUTA PELA TERRA"
UM LÍDER INDÍGENA INIMAGINÁVEL

"E então tudo terminou. O jatun juez [juiz provincial] veio, o subprefeito veio, todos vieram à ponte em Tinki. Eles disseram: 'está tudo feito; agora vocês conseguiram pegar a terra da hacienda, vocês forçaram a hacienda a abrir mão dela. A terra está mesmo nas suas mãos. Agora Turpo, levante aquele solo e o beije [kay allpata huqariy, much'ayuy]', ele disse. E eu disse [ao beijar o solo]: 'agora terra abençoada [kunanqa santa tira], agora pukara, você vai me nutrir [kunanqa puqara nuqata uywawanki], agora a palavra do hacendado chegou ao fim, desapareceu [yasta pampachakapunña].' Beijando a terra, as pessoas perdoaram aquele solo. 'Agora ele é nosso, agora pukara, você vai nos nutrir', elas todas disseram. É assim que a terra está nas nossas mãos, nas mãos de todos os runas: a hacienda chegou ao fim."

MARIANO TURPO SOBRE SUAS ATIVIDADES EM CUSCO, 1970

"Eu estou atualmente trabalhando em pesquisa sobre liderança campesina, e no ano passado viajei para diversas áreas afetadas pelo movimento campesino. Em cada sindicato campesino que visitei, encontrei somente um líder indígena. A liderança indígena não existe hoje dentro do movimento campesino; ela aparece como uma exceção e uma tendência isolada. O índio líder está ele próprio passando por um processo de cholificación."

ANÍBAL QUIJANO, SOCIÓLOGO, LIMA, 1965

AS DUAS CITAÇÕES QUE ABREM ESTE CAPÍTULO ILUSTRAM as conexões parciais entre os mundos que Mariano Turpo e eu habitamos enquanto peruanos. Esses mundos sabem um sobre o outro, falam um sobre e ao outro e estão relacionados de uma maneira que, não necessariamente infelizmente, tanto os conecta quanto os divide, deixando muito de fora da relação, pois, apesar da conexão, esses mundos não se tocam em todas as partes. Isso não seria um problema se meu mundo, o mundo letrado, tivesse a habilidade de reconhecer os eventos que acontecem para além do que sua vista alcança, muitos dos quais ele não tem a capacidade para acessar devido a razões epistêmicas ou mesmo a condições empíricas. Contudo, esse não é o caso, e se o mundo letrado (meu mundo) não consegue saber algo, ele representa essa coisa como tendo um entendimento fraco sobre a realidade ou até mesmo como não existindo. Na melhor das hipóteses, o mundo letrado considera aquilo que não consegue saber ficção literária, mito, superstição ou símbolo, e o julga como uma crença, talvez loucura. O mundo letrado tem o poder, autoconcedido, de definir e representar eventos e atores para a história e a política, dois campos que são indispensáveis para a construção da realidade da qual o Estado precisa para funcionar.

Na primeira epígrafe, Mariano Turpo relembra um momento durante a cerimônia oficial que inaugurou a reforma agrária em Cusco e, mais especificamente, na *hacienda* Lauramarca – a propriedade cujos donos ele combateu. Durante toda a década de 1970, essa política estatal reestruturou a posse de terra no país inteiro. Essa foi uma das mais profundas transformações que ocorreram no Peru e, como já mencionei, Mariano foi importante para fazê-la acontecer. Sua participação lhe deu um papel proeminente na cerimônia. Ele se lembra de ter levantado e, com reverência, beijado a terra abençoada, *santa tira*: o solo que representou a propriedade fundiária durante o momento em que ela foi alegadamente transferida aos *runakuna* e que, no mundo de Mariano, era *pukara*, o ser – também um *tirakuna* – que nutre humanos, animais e plantas. Esse momento foi o culminar de muitas décadas de atividades *runakuna* para recuperar a *hacienda* Lauramarca.

Aníbal Quijano, um dos mais notáveis sociólogos peruanos, é o locutor da segunda epígrafe. Ele fez essa afirmação em 1965, no contexto de uma mesa-redonda que reuniu um importante grupo de intelectuais e ficou conhecida como a "Mesa-redonda sobre *Todas las sangres*".[105,106] Ela ocorreu em um importante grupo de reflexão [*think tank*] em Lima e segue sendo influente; intelectuais e políticos no país ainda se lembram dela. O pronunciamento acadêmico de Quijano – considerado conhecimento – foi suficiente para negar as atividades políticas de líderes indígenas como Mariano Turpo. Em 1965 – ano em que a mesa-redonda ocorreu –, Mariano devia estar envolvido em uma de suas múltiplas atividades políticas (talvez até mesmo em Lima, visto que viajava muito). Para testemunhas locais de seu vilarejo, incluindo oficiais do Estado, não há como negar que Mariano foi crucial no movimento que levou ao fim de Lauramarca; eles também concordam que o desmonte dessa *hacienda* foi um importante componente da reforma agrária. Assim, a declaração da não existência de "liderança indígena" proclamada por Quijano (e outros participantes da mesa-redonda) ilustra um caso de ignorância

---

105 *Todas las sangres* é o título de um romance de José María Arguedas, um famoso escritor. O romance propunha a possibilidade de liderança política indígena, que se tornou o foco do debate.
106 G. Rochabrún (org.), *Mesa-redonda sobre "Todas las Sangres"*, 23 de junho de 1965, 2000.

factual autorizada como conhecimento pela hegemonia da formação epistêmica que havia reunido os intelectuais.[107] Pode ter sido a percepção dessa gafe epistêmica que levou Quijano a produzir seu trabalho mais recente. Publicado em diferentes versões desde o fim dos anos 1990, Quijano forjou a noção de "colonialidade do poder",[108] talvez uma autocrítica implícita da discussão que ocorreu no debate da mesa-redonda.[109] Analisada por meio da colonialidade do poder, a negação da existência de políticos indígenas pode ser interpretada como uma ação política epistêmica inscrita em um projeto racializado de construção de nação, apoiado tanto pela esquerda quanto pela direita. Dentro desse projeto, índios racionais e liderança política indígena eram impensáveis.

Em sua análise da Revolução Haitiana, o historiador e antropólogo Michel-Rolph Trouillot explica que tal evento era impensável para os europeus enquanto estava acontecendo. Sustentada pela noção de raça, um elemento analítico epistêmico emergente,

---

107 O "único líder indígena" a quem Quijano se refere pode ter sido Saturnino Huillca, também de Cusco. Um livro sobre sua vida foi publicado em 1975. Mariano o conhecia e eles colaboraram em diversas ocasiões.
108 A. Quijano, "Coloniality of Power, Eurocentrism, and Latin America", *Nepantla*, v. 1, n. 3, 2003.
109 O conceito de "colonialidade do poder" denota o modelo global de poder que se estabeleceu com a conquista da América. Embora o conceito enfatize a classificação hierárquica das populações do mundo ao redor da ideia de raça, seu elemento central é a identificação do eurocentrismo como a racionalidade específica do modelo. De acordo com Quijano, o sistema do mundo moderno é caracterizado por uma "matriz colonial de poder", a saber, uma estrutura socioepistêmica descontínua e heterogênea que articula juntamente raça como uma categoria moderna; capitalismo como a estrutura de controle de trabalho e de recursos; identidades e subjetividades geoculturais específicas, inclusive raça e sexo; e a produção de conhecimento, especialmente a supressão do conhecimento e significados dos povos colonizados. Assim, colonialidade do poder, capitalismo e eurocentrismo são elementos igualmente essenciais na conceituação de Quijano. Por outro lado, liberação e descolonização implicam uma redistribuição radical de poder que requer a transformação de todos esses três elementos (Quijano, 2000).

mas já poderoso no século XVIII, a ideia de escravos[110] negros lutando por liberdade foi apresentada como um paradoxo na melhor das hipóteses: eles estavam muito próximos da natureza para se considerarem seres livres. Consequentemente, a revolução que os escravos negros lideraram foi um não evento histórico; nenhum arquivo ocidental a registrou enquanto ela estava ocorrendo.[111] De maneira similar, nos anos 1960, intelectuais limenhos – muitos dos quais eram socialistas convictos e importantes proponentes da teoria crítica da dependência – não conseguiam conceber a existência de políticos indígenas racionais. Se havia quaisquer políticos no meio rural, eles eram *mestizo*. Era isso que significava *cholificación*, a última palavra na citação anterior de Quijano: o processo no qual índios se tornavam *cholo*, ex-índios, indivíduos letrados que abandonaram as antigas superstições e a ignorância. O "intelectual indígena" teve de esperar até os anos 1980 para fazer sua aparição, perturbando o palco intelectual e contribuindo para mudanças no imaginário da política nacional. Nos últimos trinta anos, movimentos sociais e políticas étnicas no Peru têm impulsionado políticos indígenas para arenas públicas, mesmo que contra os desejos de círculos dominantes, que descaradamente deploram a mudança.

O trabalho atual de Quijano tem sido adotado por movimentos sociais étnicos no Peru, os quais têm influenciado a

---

110 Com este termo ocorre o mesmo processo mencionado anteriormente com o termo *Indian*. A autora utiliza no original dessa frase o termo *slave*, cujo sentido está mais próximo de "escravo" do que de "escravizado", que estaria mais ligado ao termo *enslaved*. Optamos na tradução por manter "escravo" quando a autora redige *slave* e "escravizado" quando aparece *enslaved* por entendermos que a diferenciação faz parte do argumento empregado para performar a maneira como as pessoas apareceriam no mundo moderno letrado e como eram representadas pejorativamente através de uma condição naturalizada de escravidão – sentido que seria perdido com o uso da flexão no particípio, como em "escravizado". (N.R.)
111 M-R. Trouillot, *Silencing the Past: Power and the Production of History*, 1995.

paisagem política de tendência esquerdista no país. Porém, como foi o caso em 1965, o mundo letrado (que é agora composto também por políticos e intelectuais indígenas) continua a ser o tradutor hegemônico de outros mundos parcialmente conectados, especialmente se eles são aletrados. E, não surpreendentemente, a tradução continua representando a relação em termos excludentes ou/ou. Assim, apesar das mudanças, a tradução hegemônica não consegue expressar o fato de que mundos letrados e aletrados são tanto distintos quanto presentes um no outro; a conexão parcial entre eles é descartada. Enquanto oferece inclusão em seus próprios termos (torne-se letrado e descontinue quem você é), meu mundo não consegue conceber que aquilo que ele julga como "outro" já habita, participa e influencia o Estado-nação que todos compartilhamos. E meu mundo tem os meios políticos e conceituais para fazer sua imaginação prevalecer. Com ou sem simpatia, ele normalmente ignora práticas – como a presença de *tirakuna* em protestos antimineração – que parecem excessivas à política moderna.[112] A situação é diferente em lugares como Pacchanta, onde a experiência de ambos, ao participar do mundo letrado e excedê-lo, é parte da vida *runakuna* cotidiana.

---

112 M. de la Cadena, Marisol, "Indigenous Cosmopolitics in the Andes: Conceptual Reflections beyond 'Politics'", *Cultural Anthropology*, v. 25, n. 2, 2010.

DIFERENÇA COMO RELAÇÃO

Os Turpo e eu estávamos cientes das conexões entre nossos mundos. Já mencionei que Mariano e eu trocamos memórias similares de nossa época no ensino fundamental; nosso envolvimento com a política nacional também era uma fonte de pontos em comum. Havia diferenças, é claro. Algumas eram comensuráveis (como as óbvias divisas de idade, raça, local, gênero, classe e etnicidade que nos separavam), outras incomensuráveis (por exemplo, estar ou não estar em-*ayllu*). Contudo, tínhamos testemunhado – e, neste caso, participado de – eventos que se tornaram parte de *la historia del Perú*, a história do nosso Estado-nação. No ensino fundamental, nós dois costumávamos cantar o hino nacional e aprendemos poemas sobre a bandeira; "Bandera Peruanita" era o poema do qual lembrávamos. Nós dois havíamos celebrado feriados nacionais e comparamos nossas respectivas comemorações do 28 de julho (Dia da Independência) e do *Combate de Angamos*, uma batalha marítima contra o Chile durante a Guerra do Pacífico no século XIX. Os anos 1960 compunham, em alguns dias, o grosso das nossas conversas – e sobre aqueles dias nós também compartilhávamos ideias e sentimentos. Nossa familiaridade com aquilo que o outro estava falando, ao menos até certo ponto, era confortável; se eu não tivesse essa peruanidade para compartilhar com Mariano, minhas percepções analíticas sobre o que eu estava então chamando de memórias dele poderiam ter sido diferentes. Ainda, esse compartilhamento também sublinhava a diferença histórica e política entre nós: não havia dúvida de que a mesma história tinha nos colocado em posições diferentes como cidadãos do mesmo Estado-nação. As diferenças que apareciam naquilo que compartilhávamos eram intrigantemente óbvias, pois elas eram parte também de nossas similaridades. Mas havia também muitas coisas que nos tornavam incomuns um ao outro e que não podiam ser explicadas por elementos analíticos de raça, etnicidade e classe; esses eram marcadores sobre os quais os Turpo e eu podíamos falar às vezes em concordância e outras em discordância. Pelo contrário, o que nos tornava mutuamente incomuns também excedia nossa compreensão um do outro; a diferença assim apresentada era também radical para nós dois.

Aprendi a identificar diferença radical – surgindo na minha frente nas conversas que a tornavam possível – como aquilo que "não compreendia" porque excedia os termos de minha compreensão. Considere os seres-terra, por exemplo: eu podia reconhecer sua existência através de Mariano e Nazario, mas não podia sabê-los da forma que sei que montanhas são rochas. Porém, acima de tudo, aprendi a identificar diferença radical como uma relação, não algo que Mariano e Nazario tinham (uma crença ou uma prática), mas uma condição entre nós que nos tornava conscientes de nossos mútuos mal-entendidos, mas não nos informava inteiramente sobre "as coisas" que compunham aqueles mal-entendidos.[113]

As histórias [*stories*] de Mariano que narro aqui, cuja curadoria eu fiz com a ajuda de Nazario e Benito, são, em sua maioria, históricas [*historical*]. Assim, embora elas possam nos surpreender, nada nelas vai provocar nosso desconcerto epistêmico.[114] Tudo nelas é atualmente pensável. A existência de líderes

---

113 R. Wagner, *The Invention of Culture*, 1981.
114 H. Verran, "Engagements between Disparate Knowledge Traditions: Toward Doing Difference Generatively and in Good Faith", 2012.

como Mariano não podia ser negada depois de os movimentos políticos rurais forçarem a invenção de novas categorias sociológicas. "Campesinos" era uma dessas categorias; "intelectual indígena", outra. A primeira articulava uma análise marxista de classe. A segunda era paradoxal e subversiva nos anos 1980; desafiava a narrativa da *mestizaje* e lançava uma proposta para a identidade étnica que se tornou uma alternativa à política de identidade de classe que tinha prevalecido nos anos 1970. No entanto, ambas se conformavam com a ordem do pensável: se os campesinos puderam participar da cena política porque lutavam por uma posição melhor na distribuição dos meios de produção, foi sua condição de intelectuais que legitimou os indivíduos indígenas como políticos. Nos dois casos, sua liderança, embora subalterna, estava dentro dos limites da política moderna.

UMA BREVE DESCRIÇÃO DA *HACIENDA* LAURAMARCA

Lauramarca, a *hacienda* que Mariano foi escolhido para desafiar, ficava entre 3.500 e 4.800 metros acima do nível do mar; era uma enorme expansão de terra – mais de 81 mil hectares antes e aproximadamente 76 mil hectares depois da reforma agrária.[115] Ela era subdivida em *parcialidades* (setores), que funcionavam tanto como unidades administrativas para o Estado quanto como unidades técnicas para a *hacienda*. As relações do *ayllu* também aconteciam nos confins da *hacienda*. Alguns *ayllus* coincidiam com as *parcialidades*, mas elas podiam também incluir

---

115 W. Reátegui, *Explotación agropecuaria y las movilizaciones campesinas em Lauramarca Cusco*, 1977, p. 2

seções de mais de um *ayllu*.¹¹⁶ Organizados através de complexas formas de liderança, *ayllus* tinham confrontado Lauramarca desde o início do século XX – talvez durante um período inicial de modernização das relações de propriedade fundiária e da implementação de títulos de propriedade. O registro histórico sobre a confrontação se torna substancial a partir dos anos 1920, quando um número de líderes indígenas foi enviado para morrer nas terras baixas em uma região chamada Qusñipata. Eu relato as memórias de algumas pessoas sobre esse evento e explico a complexidade da liderança que ele inaugurou na História 4. Aqui, porém, discuto o período em que Mariano estava à frente, do fim dos anos 1940 até o fim do sistema de *hacienda*, em 1970, quando Lauramarca se tornou uma cooperativa agrária do Estado.

A *hacienda* esteve em posse de famílias da elite de Cusco por quase sessenta anos, mas, nos anos 1950, foi comprada por uma moderna *corporación ganadera*, uma companhia dedicada ao negócio de criação de raças finas de ovelha para vender lã para mercados internacionais. O objetivo da companhia era expandir as áreas de pasto e modernizar o tradicional regime de *hacienda*, talvez seguindo o modelo de ranchos de gado na Argentina, de onde vinha (me disseram) parte de seu capital. O processo, então, era de cercamentos; e, como tal, era violento e foi encarado com resistência por aqueles que seriam despejados, os *colonos indígenas* (trabalhadores indígenas, como os *runakuna* são identificados em documentos oficiais) que ocupavam o território da *hacienda*. Como explicarei na História 4,

---

116 Os cinco nomes de *parcialidades* que meus amigos lembraram eram Tinki (que incluía os *ayllus* Pampacancha, Marampaqui, Mawayani e Mallma), Andamayo (incluindo Pacchanta, Upis, Chilcacocha, Andamayo e Rodeana), Tayancani (incluindo Tayancani e Checaspampa), Icora e Collca. Reátegui (1977) fornece os mesmos nomes, mas os chama de *sectores* e os considera divisões no interior da *hacienda* Lauramarca, o que eles também eram.

para os *runakuna* o despejo era impossível, porque o que era território para a *hacienda* era também o lugar que fazia a e era feito da relacionalidade *ayllu*. Ignorando (conceitual e politicamente) essa condição, o processo de despejo da companhia incluía cercar o que considerava ser a área mais produtiva, que seria transformada em pastagens para as ovelhas melhoradas e então criadas na *hacienda*. *Runakuna* tinham usado essas áreas para cultivar seus alimentos (batatas e um pouco de milho nas zonas mais baixas) desde que conseguiam recordar, o que remonta à época dos incas. Ignorando essas memórias (é claro), o processo de cercamento afetou tudo o que a corporação conseguia conceber como sendo dos *runakuna*: animais, pastagens, lotes, plantações, casas, seus corpos, seus momentos de dormir e de estar acordados: em suma, suas vidas. O que segue é uma das histórias desse processo; vários *runakuna* compuseram essa narrativa, juntos, enquanto estávamos comendo em uma cerimônia de casamento local:

> *O* hacendado *trouxe o arame farpado – ele colocou lá embaixo, por tudo lá embaixo, e então nos jogou aqui em cima. Algumas pessoas queriam lavrar; tiraram as ferramentas delas e as mandaram para o calabouço na* hacienda. *Desmancharam nossas casas, destruíram todas elas. O que íamos fazer? A* hacienda *nos forçou a nos mudar aqui para cima... [Se] você não tem mais uma casa, você tem que sair. Todas aquelas casas foram destruídas. Eu vi aquilo, e foi assim que confrontamos ele: "Se você não nos paga o que nos deve e, além disso, onde costumávamos morar, nossas casas, você as desfaz e nos enxota, para onde nós vamos – vamos comer o solo puro? Onde vamos fazer [cultivar] nossa comida? Vamos mastigar pedras? O que vamos comer para [ganhar força] para trabalhar para você?" Não tínhamos mais força para servir a* hacienda, *e foi por isso que confrontamos ele.*

Hacienda Lauramarca por volta dos anos 1960. Fotografia de Gustavo Alencastre Montúfar. Cortesia de Mariano Turpo.

A onipotência dos abusadores dos *runakuna* – que Quijano e os outros intelectuais no grupo de reflexão em Lima certamente teriam identificado como *gamonalismo* – era uma motivação central da queixa legal dos *runakuna* e da luta que Mariano liderou. Explico *gamonalismo* a seguir.

MARIANO TURPO CONTRA O *HACENDADO*

Mariano foi o criador de uma história sob circunstâncias que ele não escolheu, mas que lhe foram impostas – o bem conhecido ditado de Marx[117] é aparentemente adequado para descrever Mariano. E, não paradoxalmente, muitas das circunstâncias não escolhidas impediram Mariano de trilhar seu caminho rumo à história – tanto enquanto disciplina acadêmica quanto como narrativa nacional. O que ele fez permaneceu como uma história por muitas razões, entre elas o fato de que seus feitos foram possíveis por meio de práticas que a história e campos relacionados a ela classificam na ordem do fantástico por, entre outras razões, não deixarem evidências – isso (como disse antes) é o assunto das duas Histórias seguintes. Porém, também e de forma mais prosaica, os feitos de Mariano permaneceram como apenas uma história, e não a história nacional, porque, para além de Cusco e, às vezes, para além de Lauramarca, suas atividades como um líder político eram simplesmente ignoradas. As elites ou consideravam as atividades de Mariano irrelevantes (por serem remotas geográfica, cultural e politicamente), ou, como no caso dos intelectuais do grupo de reflexão, rejeitavam-nas como um evento impossível porque índios não modernos e política moderna não combinavam. Em qualquer um dos casos, no âmbito nacional – em que as histórias locais se tornam história –, o ativismo de Mariano não existia. E essa constatação é irônica porque a história que Mariano compôs exigia sua presença nos centros de poder. A partir dos anos 1940, Mariano viajou constantemente, visitando esferas modernas nacionais e regionais da política. Lá, ele (e outros como ele) discutia as confrontações entre os *hacendados*

---

117 K. Marx, *O 18 de brumário de Luís Bonaparte*, 2011.

Uma vista do que costumavam ser as terras agrícolas e o centro administrativo Tinki na *hacienda* Lauramarca. Março de 2002.

e os *colonos indígenas* (de Lauramarca e de muitas outras *haciendas* no país) com especialistas cujos relatórios circulavam nacional e internacionalmente.

LAURAMARCA: CRONOLOGIA DO CONFLITO

1904 O primeiro título oficial da *hacienda* Lauramarca data de 28 de outubro de 1904 e lista Maximiliano, Julián e Oscar Saldívar como proprietários.

1922 *Colonos* declaram greve e se recusam a pagar aluguel por seus lotes ou trabalhar para a *hacienda*. Eles questionam a legitimidade de posse da *hacienda*. Líderes indígenas são enviados para Qusñipata, onde são assassinados ou morrem de doenças tropicais.

1926 Um contingente do exército massacra *runakuna* em Lauramarca.

1932 O governo de Lima reconhece abusos por parte das tropas. Enquanto isso, em Cusco, o prefeito envia a Guarda Civil para recolher impostos dos indígenas. *Runakuna* são mortos no confronto com a Guarda Civil.

1941 Os irmãos Saldívar, proprietários de Lauramarca, vendem a *hacienda* para a família Llomellini, outro poderoso grupo cusquenho.

1952 A terra é comprada por uma corporação argentina que quer modernizar a produção.

1954 Começam os cercamentos. Os *runakuna* são despejados da terra agrícola. O último período de confronto se inicia.

1957-58 Diversas *comisiones de investigación* (comissões de investigação) chegam a Lauramarca – uma delas liderada pelo antropólogo americano Richard Patch, da American Universities Field Staff.[118]

1969 O governo militar decreta a reforma agrária em 24 de junho, *Día del Indio* (Dia do Índio) desde 1944, e muda o nome para *Día del Campesino* (Dia do Campesino).

1970 A *hacienda* se torna a Cooperativa Agraria de Producción Lauramarca Ltda. Como membros de "comunidades campesinas" (também criadas como parte do processo de reforma agrária), os *runakuna* se tornam *socios*, membros da cooperativa.

Década de 1980 Os *runakuna*, em aliança com o movimento campesino, desfazem a cooperativa. Administradores estatais são expulsos. Os *runakuna* distribuem a terra entre eles.

---

118 Instituição estadunidense inicialmente filiada ao Institute of Current World Affairs (ICWA) e que tinha como patrocinadoras algumas das principais universidades do país, financiando viagens de campo de professores e pesquisadores para o exterior, para investigarem principalmente eventos cujos temas fossem questões de interesse internacional dos Estados Unidos. (N.R.)

Na realidade, as viagens de Mariano eram parte de suas atividades contra um violento sistema de governo conhecido no Peru como *gamonalismo*. Essa era uma prática regional de poder enraizada em propriedade fundiária, letramento e uma geografia que se sobrepunha a noções demográficas de diferença racial intransponível. O *gamonalismo* fundia a representação do estado local com "as formas principais de poder privado, extrajudicial e até mesmo criminoso que o estado supostamente objetiva expulsar".[119] A imaginação política e intelectual no Peru, liberal ou socialista, tem concebido o *gamonalismo* como um resíduo pré-político, e ele tem sido denunciado e tolerado (frequentemente ao mesmo tempo) como o método inevitável de governar espaços alegadamente pré-modernos considerados ininteligíveis ao poder moderno. Com o sistema de *hacienda* em seu centro, antes da reforma agrária de 1969, o *gamonalismo* se expandiu do centro do poder estatal até as áreas mais remotas, conectando regiões rurais com capitais de província ou de departamentos, Lima, o Congresso Nacional e as Cortes de Justiça. E, em todos esses lugares, as manifestações privadas de poder e o domínio público do Estado se sobrepunham de forma tal que se tornava impossível distingui-los.

MARIANO DESCREVE A *HACIENDA*: "DONO DA VONTADE"

É bem como estou te contando. Ele era o dono da vontade [*pay munayniyuq*]. *O hacendado era terrível, ele pegava nossos animais, nossas alpacas e nossas ovelhas. Se a gente tivesse cem, ele*

---

[119] D. Poole, "Between Threat and Guarantee: Justice and Community in the Margins of the Peruvian State", 2004, p. 44.

pegava cinquenta e você voltava com apenas cinquenta. E se a gente tivesse cinquenta, a gente voltava com 25 e ele pegava o resto. Mesma coisa com o gado. O gado também era contado e supervisionado. Se você tinha um bezerro macho, era direito da hacienda *pegá-lo – ele era registrado, era como se fosse do* hacendado. *A gente levava os animais para pastar nas colinas e o contador* [o contabilizador de animais, um empregado da hacienda] *vinha fazer a contagem de tarde. Se as crias morriam por qualquer motivo que fosse, os culpados éramos nós. O* hacendado *dizia:* ¡Carajo! [*Droga!*] *Vocês mataram as crias! Vocês fizeram isso para me insultar! Ou dizia: Vocês ordenharam a vaca! Estão bebendo muito leite – foi por isso que o bezerro morreu. Paguem,* ¡Carajo! *E o bezerro nem era dele, era nosso.*

Se você vendesse sua lã ou uma vaca por conta própria, os runa *da* hacienda *o informavam e diziam onde estavam os comerciantes que vieram comprar nosso gado. Eles também tinham que se esconder. O* hacendado *vinha no meio da noite e os caçava. Quando os pegava, ele os chicoteava, dizendo, "Por que infernos vocês estavam comprando essa vaca!" A gente só podia vender para a* hacienda *e por um preço muito baixo; o* hacendado *dizia, "O animal de vocês come a minha grama." Era por isso que a gente não podia vender nada, só levávamos os animais para pastar;* [no fim] *todos os animais eram dele. Ele dizia* "Indio de miérda. ¡Carajo! [Índio de merda, maldito!] *Vocês estão acabando com meu pasto e ainda por cima são insolentes!"*

Aqueles que desobedeciam ao hacendado *eram pendurados em um poste no centro da casa* hacienda. *Eles amarravam você no poste pela cintura e te chicoteavam enquanto você estava pendurado. Se você matasse uma ovelha, tinha que levar a carne para ele, e se ela não fosse gorda o suficiente, ele te punia: "Seu* Indio, cachorro de merda!" *E então, se a ovelha tivesse boa carne, podia ser pior ainda; ele fazia* charki [carne-seca] *com sua carne e vendia nas terras baixas e você talvez tivesse até que carregar cargas e cargas nas costas, nas suas próprias lhamas... e levar todas elas para as terras baixas. E quando ele fazia* charki *tudo era muito supervisionado. Ele achava que a gente ia roubar a carne, nossa carne, e dar para nossas famílias. Quando a gente não levava as coisas até as terras baixas, nós ainda tínhamos que carregar coisas até Cusco, para a casa dele, para a família dele lá. Das terras baixas a gente voltava carregando frutas. E de Cusco nós vínhamos carregados de sal, toneladas de sal para os animais, e, se os sacos rasgassem no caminho e a gente perdesse sal, a gente tinha que pagar: "Vocês, ¡Carajo! Vocês pegaram o sal! Vocês têm que pagar, deem-me mais animais!" E se você não tivesse animais, tinha que tecer para ele... trabalhar para ele, viver para ele... e tudo isso era sem nos dar nada, nenhuma migalha de pão. Nós não comíamos a comida dele, nunca, mas ele comia a nossa.*

Eu acho que ele queria que a gente morresse. Nós tínhamos de pegar nossas batatas, chuño [*batatas desidratadas*]; *nós tínhamos de cuidar de nós mesmos. Não queríamos morrer. A gente não tinha tempo para fazer nada para a gente mesmo, somente as mulheres trabalhavam para nossas famílias, os homens só trabalhavam para a* hacienda. *Tinha muitas listas* [*para classificar as pessoas*]. *Tinha a lista dos homens solteiros, dos homens jovens. Para evitar aquela lista, nós fazíamos nossos meninos usarem as saias brancas* [*que crianças mais novas usam*] *até eles serem bem grandes, porque assim que eles começavam a usar calças, eles se tornavam* cuerpo soltero [*corpo individual*] *e tinham de trabalhar para a* hacienda. *Os mais jovens eram levados para as terras baixas, para as* haciendas *de lá.*

Ele tinha a vontade, ele era o dono da vontade [pay munaynin kankun, pay munayniyuq]. *Para quem você iria reclamar? Não tinha ninguém aqui que escutaria.* [*Por isso*] *nós levamos a queja* [*a queixa legal*] *lá para Cusco. Nós encaminhamos a queixa. Queríamos que a queixa funcionasse* [*ser escutada pelas autoridades*]. *Aqueles* [*abusos*] *foram o que eu levei aos juízes, aos advogados. "Nós somos índios", dissemos para os juízes, "mas não somos burros. Nós não estamos levando os animais dele para pastar, são os nossos animais que nós levamos a pastar, mas ele, ele pega todos... até os cavalos, o melhor ele pega – mesma coisa com as ovelhas, ele pega as melhores, as que têm lã até os olhos, são aquelas que ele quer"* [Em uma ocasião] *eu disse para ele* [na frente dos juízes], *"Você rouba de nós e ainda por cima nos faz pagar mais animais pelo pasto... e você nem conserta nada, não conserta a ponte, não conserta as estradas." Todas aquelas coisas eu disse na* queja *na frente dele. Fiz os juízes duvidarem dele. Mas daí, quando voltei para a* hacienda, *eles me puniram. Foi por isso que precisei fugir e me esconder. Ele era o dono da vontade.*

Desde as primeiras décadas do século XX, intelectuais e políticos progressistas no país tinham considerado o *gamonalismo* um problema de abrangência nacional; alguns identificavam a causa como *el problema de la tierra* (o problema da terra), uma expressão que denunciava a concentração de terra em umas poucas mãos. Para outros, a fonte do *gamonalismo* era a organização arcaica da produção. Todos concordavam que o *gamonalismo* levava a abusos de toda sorte, desde a extorsão por trabalho não remunerado até a manipulação de forças de segurança estatais e privadas. Desde os anos 1950, a proposta *antigamonal* que ganhou apoio entre alguns políticos liberais – incluindo grupos de esquerda do período – foi o processo de "expropriação de *haciendas*", que compeliria proprietários de terras a vender a terra para *colonos indígenas* que trabalhavam como peões na propriedade. O Congresso Nacional debateu essa opção, que a maioria dos proprietários de terras rejeitou e que apenas uns poucos relutantemente aceitaram. Em Lauramarca, a oposição *runakuna* ao proprietário foi apoiada por uma rede de políticos urbanos de esquerda que, embora pontuados por brigas internas devido a diferenças ideológicas, ajudou a dar um fim à *hacienda*. As redes de Mariano (e provavelmente aquelas da maioria de líderes *runakuna* como ele) incluíam membros do Partido Comunista, guerrilheiros trotskistas, oficiais estatais pró-índio – por exemplo, os intelectuais do Instituto Indigenista Peruano – e jornalistas estrangeiros que estavam longe de ser comunistas.[120] Até onde vão as memórias de Mariano, algumas estratégias *runakuna* contra a *hacienda* eram ilegais, e outras eram legais. Entre as primeiras, estavam greves, mas os *runakuna* também tentaram insistentemente recuperar a terra legalmente, quer denunciando a posse ilegal do *hacendado*, quer tentando comprar a terra.

Mariano costumava se referir à luta contra o proprietário de terra com a expressão quíchua-espanhola *hatun queja* (grande queixa); ele rotulava as atividades relacionadas como *queja purichiy*, que pode ser traduzida como "encaminhar a queixa" ou "fazer a queixa funcionar".[121] A palavra em espanhol *queja* significa reclamação; em vista que ela incluía referências a conflitos legais com o proprietário e a julgamentos na corte, eu a traduzi como queixa. Encaminhar a queixa ou fazê-la funcionar se referem aos esquemas e tratos necessários para supervisionar a reclamação quando ela entra em um espaço – no interior no Estado – em que pessoas pobres como os *runakuna* tendem a desaparecer como sujeitos de direitos. Encaminhar a queixa ou fazê-la funcionar também se refere

---

120 Entre eles estavam o antropólogo estadunidense Richard Patch e o acadêmico estadunidense Normal Gall. Ambos trabalhavam como parte da equipe de campo das Universidades Americanas e visitaram Lauramarca no fim dos anos 1950 e no início dos anos 1960, respectivamente. Ver Gall, n.d. e Patch, 1958.
121 Sou grata a Bruce Mannheim pelas conversas e ideias sobre essa frase.

à necessidade de estar fisicamente presente, movendo a documentação na direção desejada. Esse processo frequentemente demandava (e ainda demanda) dar o que os *runakuna* chamam de "presentes", para evitar que a queixa se perca em um labirinto burocrático ao qual os *hacendados* eram conhecidos por terem acesso direto. Em Lauramarca, a *queja* incluía uma longa lista de denúncias coordenadas por relações em-*ayllu* contra o dono da *hacienda*. Ninguém lembra a data de início da *queja*, mas Mariano enfatizava que os *ayllus* a tinham herdado de gerações que vieram antes dele.

Mariano pronunciava a palavra *queja* apaixonadamente. Paralelamente a questões legais, a *queja* se referia a inúmeros episódios nas relações antagonísticas que *runakuna* tinham sido forçados a aguentar todo dia desde tempos imemoriais. Lauramarca não permitia aos *runakuna* ser livres, Mariano enfatizava repetidamente. E, toda vez que eu evocava suas memórias, as pessoas em Pacchanta lembravam o "tempo da *hacienda*" (*hacinda timpu*) como um período de incessante violência direcionada a *colonos* dia e noite. Também lembravam que o trabalho era implacável, apesar das temperaturas abaixo de zero nas montanhas e da humidade ardentemente quente dos vales das terras baixas até onde a propriedade da *hacienda* se estendia. Não havia canto na vida do *colono* em que o *hacendado* – através de suas próprias pessoas, os *runa* da *hacienda* ou pessoas da *hacienda* – não tocasse; não havia nenhum animal, plantação ou solo sobre o qual o *hacendado* não impusesse sua vontade.

O *hacendado* – realmente não importava quem exatamente a pessoa era, ou mesmo se era uma pessoa – era poderoso. Do ponto de vista dos *runakuna*, o *hacendado* detinha o Estado; eles se referiam a ele (sempre ele, nunca ela) como *munayniyuq*, uma palavra quíchua que, depois de consultar Nazario, traduzo como "o dono da vontade". Enquanto conceito, *munayniyuq* nomeia a capacidade de ultrapassar todas as outras vontades, às vezes até mesmo aquela do Estado, como explico mais detalhadamente na História 7. Por ora, permita-me dizer que essa era a maneira bastante exata de descrever a onipotência dos donos conservadores de Lauramarca. O primeiro contra o qual Mariano e sua equipe de líderes lutaram foi Ernesto Saldívar; ele era um *diputado*, representante de Cusco no Congresso Nacional em Lima. Um de seus irmãos era dono da *hacienda* Cchuro em Paucartambo.[122] Outro irmão era um advogado e um oficial de alto escalão na Corte Superior de Cusco, a mais alta instituição legal na região. Os irmãos Saldívar eram ligados pela amizade ou por parentesco a outros proprietários de terra em Cusco e por todo o país. Um dos Saldívar era casado com a filha do presidente Augusto B. Leguía, que governou o Peru de 1919 a 1930.[123] Testemunhar e viver em relação a essas redes levou Mariano a concluir que

> *todo o Peru é [era] uma* hacienda. *Mesmo em Lima, eles [proprietários de terra] faziam o que queriam. Todo mundo os quer, querem aqueles que são donos das* haciendas. *Quando [Luis Miguel] Sánchez Cerro era presidente, eles eram grandes donos da vontade. [Prisirinti Sanchez Cerro kashaqtin chikaq munayniyuq, munayniyuq karqan.]*

O fato de os *hacendados* serem *munayniyuq*, donos absolutos da vontade – por todo o Estado e para além dele –, destaca a dimensão aporética da *queja*, sua aparente impossibilidade: um monte de líderes indígenas iletrados reunidos em cantos remotos dos Andes

---

122 S. Huillca, S.H. Neira, *Huillca, habla un campesino peruano*, 1974.
123 R. Gow, *Yawar Mayu: Revolution in the Southern Andes, 1860-1980*, 1981.

tentando confrontar famílias que ocupavam posições centrais para o Estado; eles jamais conseguiriam vencer. E era assim que frequentemente parecia para os *runakuna*, como disse Mariano:

> *Eles [os campesinos] diziam, "Por que nós organizamos uma queja? Como um peão descalço [q'ara bungu], um homem jovem, pode fazer qualquer coisa contra um senhor que usa sapatos, que ajuda o governo, que ajuda o próprio senhor presidente, que veste as tropas do exército. Contra esse homem que dá tudo ao país, como podemos nós reclamar? Deixem que ele morra se ele quiser"... era isso que eles diziam sobre mim.*

Encaminhando a *queja*, tentando fazê-la ser bem-sucedida (ou mesmo torná-la possível), mesmo contra todas as chances, Mariano fez amizade com muitas pessoas – entre elas os líderes da Federación de Trabajadores del Cuzco [Federação de Trabalhadores de Cusco] (FTC), o consórcio de todos os sindicatos na região. Sob a bandeira do Partido Comunista, ele incluía sindicatos campesinos recém-formados, um grupo político crucial dada a economia predominantemente agrícola de Cusco. Mariano não me contou como ele conheceu membros dessa organização, mas, de acordo com Rosalind Gow,[124] durante sua primeira viagem a Lima, Mariano conheceu um líder de sindicato (um membro do Partido Comunista) que o instruiu sobre a ilegalidade do trabalho não remunerado e o ensinou sobre direitos dos trabalhadores e sobre *sindicatos* (sindicatos de trabalhadores). E isso foi o que ele me contou:

> *Eu tinha que levar todas as queixas a Lima. Sendo capaz ou não [de entender espanhol], eu tinha que aprender [atispa*

---

124 R. Gow, op. cit.

> mana atispa, yacharani] *usando meu próprio dinheiro, muitas vezes. Mas eu consegui [aprender sobre] uma resolución suprema estabelecida para Lauramarca. Era uma lei proibindo trabalho não remunerado... a lei existia! Ele não pode matar nossos animais de graça, é uma lei; ele tem que pagar por tudo, até mesmo para fazer você lavar um prato ele tem que pagar. Eu não sabia disso, mas eu aprendi em Lima.*

Quando ele percebeu que havia uma lei proibindo as cobranças do *hacendado*, e que havia organizações que poderiam ajudar os *runakuna* a confrontar o dono da vontade, ele se engajou na aventura de "virar a lei" para o lado deles e até mesmo alistou advogados para se unirem ao processo.

Mariano organizou o Sindicato Campesino de Lauramarca e se tornou o secretário-geral do Sindicato de Andamayo[125] – um dos mais importantes sindicatos na região, ele disse. Ele participou de manifestações, cantando a "Internacional", cuja letra ele lembrava: "*Que vivan los pobres del mundo, de pie los obreros sin pan.*" [De pé, ó vítimas da fome; de pé, famélicos da terra] Nós cantamos juntos em espanhol, explodindo em risadas e lágrimas. Ele até mesmo falou publicamente às maiores multidões imagináveis durante as manifestações pelo Dia do Trabalho,[126] evento memorável na cidade de Cusco:

> *Chamavam aqueles de nós que falavam bem e sempre pediam que a gente falasse nos microfones. Falei sobre os tempos [que*

---

125 Pacchanta era parte de uma *parcialidad* mais ampla chamada Andamayo até os anos 1960, ambas Andamayo e Pacchanta também eram *ayllus*.
126 Embora no texto original conste Labor Day, nome do feriado nacional comemorado nos Estados Unidos na primeira segunda-feira do mês de setembro, optamos por traduzir o termo por Dia do Trabalho porque no Brasil a efeméride se dá no mesmo 1º de maio que se marca o Día del Trababajador no Peru. (N.R.)

tinham vindo] antes de nós, como eles mandaram os runas para Qusñipata, e sobre quem voltou e quem não voltou. Em quem o hacendado havia atirado... todas aquelas coisas, em ordem, uma após a outra nós contamos, o lugar estava cheio de pessoas e nós contamos.

"Mas o que exatamente você falou nos microfones?", perguntei. Sua resposta impaciente: *Estou te dizendo, não estou?! Morte aos hacendados, eles são ladrões! Vida longa aos campesinos!* Viva el campesinado, ¡Carajo! *Foi isso que nós dissemos.* Em quíchua, sua impaciência – até mesmo irritação – ressoou de forma tremenda enquanto eu escrevia esta seção; compartilho suas palavras com aqueles que conseguem lê-las: "¡*Ñataq nishaykiña, kay hacendado suwakuna wañuchun! Campesinutaq kawsachun, ¡Caraju! chhaynataya, ¡que viva! ¡que viva!*"

As manifestações nas quais ele falou são lendárias país afora. No auge do comunismo em Cusco e no nascer da Guerra Fria no hemisfério Norte, aquelas imensas junções deram à região a reputação de ser "vermelha" e tornou famoso um canto que me é muito familiar – e, devo confessar, também querido: "¡*Cuzco Rojo! ¡Siempre Será!*" [Cusco é vermelha! Sempre será!]. *Runakuna* de toda a região participaram e lotaram a Plaza de Armas com seus chapéus e ponchos de lã. Aqueles foram os dias em que o *campesino* emergiu como uma identidade política, cunhada através de práticas diversas da esquerda e utilizada para reconhecer *runakuna* como uma classe (campesinos); "campesino" tomou gradualmente o lugar do termo depreciativo "índio". Organizados enquanto campesinos, líderes *runakuna* também formaram uma rede em-*ayllu* por toda a extensão de Cusco que excedia à lógica da FTC enquanto, em paralelo, se aliava a ela contra as *haciendas*, mesmo que essa aliança não necessariamente significasse uma aderência ideológica dos *runakuna* a qualquer grupo de esquerda ou à FTC. Por meio da participação nessas redes, Mariano conheceu Luis de la Puente Uceda, um líder guerrilheiro que morreu em 1965 em um confronto com o exército. "*Eu o vi apenas uma vez*", lembrava Mariano. Ele também se lembrava de ter ajudado Hugo Blanco – o lendário, mágico, líder de esquerda que mencionei na História 1 – a escapar de um infame *hacendado* em cuja *hacienda* Blanco estava se escondendo. Blanco era na época um jovem líder sindical; como trotskista, estava em desacordo com os parceiros comunistas de Mariano. Entretanto, como mensageiro na rede *ayllu* mais ampla, Mariano deu a Blanco uma mensagem clandestina e, na mesma ocasião, também o ajudou a escapar de alguns cães ferozes, guiando-o para fora da *hacienda* antes que pudesse ser encontrado. Consultei Blanco, que não se lembrava de Mariano, mas que disse que campesinos de diferentes lugares costumavam levar mensagens para ele. E, sim, ele se lembrava de uma vez em que um campesino o ajudou a escapar dos cães de seu perseguidor; aquele campesino poderia ter sido Mariano.

As atividades de Mariano foram cruciais para dar fim às *haciendas*, como também foi a participação de muitos outros campesinos como ele, cuja agência política os visitantes em passagem ao interior não conseguiam ver e que especialistas no grupo de reflexão em Lima negavam. Isso pode ilustrar o que Dipesh Chakrabarty[127] chama de ignorância assimétrica: enquanto líderes indígenas como Mariano estavam familiarizados com o projeto socialista no país e com vários de seus líderes em Cusco, esses últimos não conseguiam ver os projetos dos primeiros

---

127 D. Chakrabarty, *Provincializing Europe: Postcolonial Thought and Historical Difference*, 2000.

nem reconhecer a existência de sua liderança, que dirá identificar qualquer líder individualmente. Para os líderes cusquenhos, os indígenas eram todos "massas campesinas" (*la masa campesina*). Até Blanco, cuja aderência à esquerda e busca por justiça ninguém questionaria, respondeu dessa forma. O que sabemos e como sabemos não apenas cria possibilidades de raciocínio. Também elimina possibilidades e cria aquilo que é impossível de se pensar. O impensável não é resultado de faltas na evolução do conhecimento; ao contrário, resulta das presenças que moldam o conhecimento, tornando algumas ideias pensáveis e concomitantemente cancelando a possibilidade de noções que desafiam os hábitos de pensamento hegemônicos e prevalentes em um momento histórico. Nessas ocasiões, podemos ignorar até mesmo aquilo que enxergamos. Ainda que essa atitude não impeça os eventos ignorados de transcorrerem, a ignorância autorizada e impositiva pode silenciá-los e, assim, negar sua inscrição histórica e política.[128] Visitantes iam e vinham de Lauramarca. Eles viam líderes *runakuna* e às vezes trocavam palavras em quíchua com eles, mas uma forte gramática política moldava os encontros como não eventos e as pessoas com quem eles conversavam como necessitadas de liderança, e não enquanto líderes propriamente ditos. O político índio seguia curiosamente impossível; era um não conceito mesmo quando líderes *runakuna* faziam políticas acontecerem.

Não comentarei sobre o tom pejorativo de Patch no relatório do qual extraí um excerto que apresento aqui (*1958: An Anthropologist Visits Lauramarca*).[129] Em vez disso, vou apenas mencionar que, como para ele todo índio era igual, o fato de ele lembrar do *personero* e de seu companheiro pode ter

---

[128] M-R. Trouillot, *Silencing the Past: Power and the Production of History*, 1995.
[129] R. W. Patch, *The Indian Emergence in Cuzco: A Letter from Richard W. Patch*, 1958.

significado que aqueles "dois índios" eram, talvez, notáveis. Em uma nota de rodapé, Patch[130] escreve: "Eu depois descobri que o *personero* índio é o filho de um dos índios deportados que morreu quando estava preso na selva de Ccosñipata [sic]." Gosto de pensar que os "dois índios" que Patch apontou eram Mariano Turpo e seu cunhado, Nazario Chillihuani, o *runa* que, como mencionei antes, contou-me que Mariano foi escolhido porque era ousado e falava bem, e que era sobrinho de Francisco Chillihuani, o líder enviado para ser morto em Qusñipata.

A avaliação de Trouillot da Revolução Haitiana como um não evento continua a ser útil. As razões que impediam intelectuais de visualizar políticos indígenas – e as ações de Mariano como ações políticas – eram "não tão baseadas em evidência empírica, mas mais em uma ontologia, uma organização implícita do mundo e de seus habitantes".[131] A incapacidade por parte de intelectuais (mesmo aqueles simpáticos ao que era então conhecida como "a causa indígena", como Patch e Quijano) de reconhecer líderes indígenas (mesmo quando eles os viam e falavam com eles) era um ponto cego histórico que os constituía. Contudo, a cegueira intelectual não desfez as ações políticas *runakuna* contra o grupo que os antagonizava (a ponto de matá-los, se necessário, e talvez até mesmo se não fosse necessário) e aquilo que eles buscavam alterar. Para alcançar esse objetivo, Mariano, e outros como ele, colaboravam com políticos nas esferas nacional e regional, independentemente de serem representantes do Estado ou sua oposição. Na esperança de "fazer a queixa funcionar", eles também conversavam com observadores internacionais como Patch, embora soubessem que o entendimento desses

---

130 Ibid., p. 10.
131 M-R. Trouillot, op. cit., p. 73.

sobre a situação fosse mínimo. *"Eles nem sequer conseguiam falar conosco – como eles iam ver? Mas nós podíamos mostrar a eles, e eles viram alguma coisa"*, foi o comentário irônico e triste de Mariano quando li o relatório de Patch para ele. A abordagem *runakuna* era inteiramente local: emergia do estar em-*ayllu*, sem o qual nada poderia vir a ser. Contudo, de acordo com a narração de Mariano de sua experiência, ter uma abordagem local não significava ser tímido ou sem artifícios. Ele era curioso com aquilo que não conhecia e buscava aprender sem demandar uma tradução necessária para aquilo com o que já estava familiarizado. Não apagava a posição de diferença a partir da qual interagia, mesmo se essa diferença envolvesse sua subordinação. Ele tentava entender. *"Capaz ou incapaz [de entender espanhol], eu tinha que aprender"*, repetia para mim, então escrevi a frase novamente. Longe de casa, ele reconhecia categorias governamentais que o definiam e a seu mundo como índio – analfabeto, infantil, sem discurso –, ao passo que, em simultâneo, se opunha à classificação, exigindo que os *runakuna* tivessem acesso à cidadania – os direitos que o Estado supostamente oferecia universalmente (alfabetização, pagamento pelo trabalho e o direito de acesso direto ao mercado eram os cruciais), sem que isso cancelasse quem eles eram e como queriam viver suas vidas em diferença. Pelo contrário, a cidadania permitiria aos *runakuna* ser livres e viver sua vida em seus próprios termos – ou assim eles esperavam.

1958: UM ANTROPÓLOGO VISITA LAURAMARCA

Em 1958, o antropólogo Richard W. Patch, doutor pela Cornell University, visitou Lauramarca como membro da American Universities Field Staff (e, portanto, enquanto um "correspondente de acontecimentos contemporâneos em questões globais"[132]) e de uma comissão investigativa peruana que acompanhava os eventos em Lauramarca. Ele escreveu: "No aeroporto em Cusco, fomos recebidos por índios que haviam feito a longa jornada desde Q'ero e Lauramarca para nos dar as boas-vindas. O grupo, trajando ponchos e calças que terminavam nos joelhos deixando as pernas e pés nus, causava uma cena peculiar entre os turistas que tinham vindo para um fim de semana de visita a Cusco e às ruínas de Machu Picchu. Os índios deixaram clara sua esperança de que fôssemos visitar os *ayllus* assim que possível." Uma vez tendo chegado à área da *hacienda* Lauramarca, Patch reportou:

> Nós vimos onde a cerca original havia sido construída, na beira do rio, e o índio *personero* [representante do *ayllu*] que nos acompanhava apontou onde a nova cerca seria construída... No amontoado de casebres de pedra que se chama Mallma, fomos recebidos por um *mayordomo* que usava um chapéu de franjas plano e circular e que carregava um antigo cajado esculpido de madeira *chonta* e recoberto por prata finamente trabalhada. Ele gritou em direção aos casebres, em um quíchua do qual só compreendi "*hamuy*" (venham). A reação foi surpreendente – dúzias de homens surgiram das portas escuras que pareciam buracos na face da montanha. Eles correram em nossa direção de maneira desconcertante, ainda que sua disposição amistosa fosse evidente. Alguns se esquentavam

132 R. W. Patch, op. cit., p. 2.

bebendo álcool puro. Muitos estavam doentes e mostravam sinais de varíola. Todos estavam idênticos nas vestimentas, com ponchos curtos de cor cinza e calças de lã pretas na altura dos joelhos. Nós fomos convidados a falar ao grupo na escola, que, descobrimos, ficava a quase um quilômetro de distância de caminhada. A escola era um casebre de um único cômodo, que não era visitada por um professor havia anos. Até mesmo a chuva e o vento forte eram preferíveis ao seu interior em ruínas, então falamos do lado de fora. Explicamos por que tínhamos vindo (em espanhol e em quíchua ancash,[133] traduzido por um professor de folclore da Universidade de Cusco que serviu de intérprete para a comissão). [Quando a conversa terminou.] Dei os apertos de mão e disse adeus ao índio *personero* e seu companheiro, que nos acompanharam em nossa missão de reconhecimento. Porém, os dois índios sorriram e subiram no veículo. Eles não tinham nos guiado até aqui para eu acabar subvertido pelo administrador ou recolhido pelos guardas civis. Como me era impossível explicar, com meu limitado vocabulário de quíchua ancash e boliviano, que isso não aconteceria, nós quatro dirigimos lentamente de volta à casa da *hacienda* em meio a um crepúsculo que nos Andes dura apenas minutos. Os guardas olharam com surpresa para os dois índios no veículo [quando chegamos] e os índios, imóveis, olharam curiosamente para os rifles dos guardas. Eles se enrolaram em seus ponchos e se prepararam para uma noite fria e de fome na traseira da caminhonete.[134]

---

[133] Ancash é o nome de um departamento e de uma região no oeste do Peru. (N.T.)
[134] R. W. Patch, op. cit., p. 10-11.

Conforme Mariano encaminhava a *queja*, seus conhecidos se tornavam mais numerosos e, à medida que se expandiam para além de Lauramarca e seus arredores, mais ética e ideologicamente diversos. Acredito que ele se sentiu orgulhoso enquanto relembrava:

> *Meus companheiros de conversa* [parlaqmasiykunaqa] *nos escritórios eram muitos. Com todos eles eu conversava, sim! Você encontra alguém em quem confia e simplesmente pergunta, "Papay, aonde eu devo ir?" E eles dizem, "Vá aqui, ou lá, não vá lá... comece com a subprefeitura, depois vá à delegacia de polícia, os faça entenderem o que você quer e então eles vão levar as coisas até a prefectura* [a mais alta autoridade de polícia em Cusco].*" E você aprende, então você até sabe mais.*

Por suas rotas de ativismo, desde seu vilarejo até Lima, ele incorporou estratégias para obter informação e para se proteger das redes do *hacendado*. Em Ocongate, Mariano tinha um amigo, Camilo Rosas – um comerciante (portanto, um não índio) e membro do Partido Comunista –, que o escondia, redigia notas por ele e recebia mensagens para ele de seus aliados urbanos. As relações com advogados eram complicadas. Ciente do poder do *hacendado* para cooptar redes legais em Cusco, Mariano trabalhava com mais de um advogado; contratou três e trabalhava somente com eles: "*Quando encaminhei a* queja *em Cusco, contrarei bons advogados, também em Lima. Primeiro, tinha a Doctora Laura Caller, em Lima, depois, Carlos Valer, Doctor Medina, depois Doctor Infantas.*" Seu raciocínio? O *hacendado* podia comprar um ou dois, mas não compraria todos os três advogados ao mesmo tempo, ele me disse. Além disso, para evitar cair em uma armadilha legal, ter três advogados lhe permitia se consultar com dois advogados acerca da opinião do terceiro, comparar seus aconselhamentos e às vezes até mesmo fazê-los escrever o mesmo documento, que Mariano Chillihuani, seu *puriq masi* que sabia ler e escrever, comparava. Essa complicada estratégia gerou a imensidão de documentos que compõem o arquivo que discuto em mais detalhe na História 4. Embora as histórias escritas de todos esses encontros possam diferir daquela de Mariano apenas marginalmente, as margens podem ser o suficiente para revelar a distância entre o conceito que a elite intelectual alfabetizada tinha de um índio e as memórias de Mariano sobre o que fez.

Adicionalmente aos aliados e conselheiros letrados, a rede de Mariano incluía autoridades estatais: burocratas urbanos eram importantes e policiais eram cruciais. Conforme a turbulência aumentou no período entre os anos 1950 e 1968, os proprietários de Lauramarca trouxeram um grande contingente da Guarda Civil – a força policial – e os colocaram em postos de checagem recém-criados para controlar tanto a atividade política quanto seu monopólio sobre os mercados de lã e carne pelo território que eles dominavam como sendo da *hacienda* Lauramarca.

RICHARD PATCH NARRA: A RELAÇÃO DE LÍDERES INDÍGENAS COM OS ADVOGADOS

O contraste entre a astuta estratégia de Mariano com advogados e a imagem que intelectuais tinham dos *runakuna* é impressionante. Tome as seguintes palavras de Patch como exemplo: "Complicações políticas sempre se apresentam nesses casos, e Lauramarca tem mais do que sua cota. Cusco é a única parte do Peru em que comunistas têm poder real – todos os tipos de comunista, de intelectuais que passaram anos na Rússia até trabalhadores analfabetos... Esse grupo diverso domina a Federação de Trabalhadores de Cusco, o corpo que coordena os sindicatos trabalhistas de Cusco... O mesmo grupo organizou um sindicato *campesino* em Lauramarca através da doutrinação de líderes índios, que são pessoas sem experiência política e agentes dispostos de qualquer grupo que se opusesse aos donos da *hacienda* e ao governo local. A FTC ganhou controle sobre as relações dos índios com o lado de fora, utilizando seus próprios advogados para representar a comunidade. Esses advogados, Laura Caller e Carlos Valer, são ambos seguidores ativos da linha do Partido Comunista e sem eles os *colonos* de Lauramarca estariam impotentes – até descobrirem que outros estão dispostos a ajudá-los."[135]

---

[135] R. W. Patch, op. cit., p. 6.

E A NARRAÇÃO DE RICHARD PATCH CONTINUA... GUARDAS CIVIS PROTEGEM LAURAMARCA

Patch narra: "Chegando na capital distrital de Ocongate, nós jantamos uma sopa feita de três batatas e um prato de arroz misturado com ossos e pedaços de alguma carne irreconhecível. A notícia de nossa chegada tinha nos precedido. Na rápida conclusão da refeição, o administrador de Lauramarca e um oficial da Guarda Civil apareceram na porta da casa pública de um quarto e chão sujo. Senhor Calderón, um homem jovem e de semblante sério, de 26 anos, nos deu boas-vindas solenemente e nos perguntou quando ele poderia conversar com a comissão. Nós pretendíamos dirigir até Mallma, o *ayllu* acessível por estrada que era o mais distante, antes da caída da noite, mas prometi encontrar o administrador naquela noite na *casa hacienda*. Ele foi embora em um automóvel com três guardas civis. Quando partimos de Ocongate, deixamos para trás uma caminhonete da *hacienda* carregada com policiais que um oficial de cara avermelhada não conseguiu fazer funcionar. O posto da Guarda Civil próximo da entrada da *hacienda* baixou sua corrente e nos deixou passar sem dificuldade."[136]

Depois do retorno de Patch de Mallma, ele, acerca de sua conversa com o administrador da *hacienda*, escreveu: "Senhor Calderón estava aguardando no posto de guarda que controla a entrada para a *casa hacienda*. Ele estava sentado em seu automóvel, o *alférez* da polícia à sua direita, e dois outros policiais ao fundo... Quando alcançamos a *casa*, parecia mais um campo armado do que uma residência. Quatorze guardas civis estavam posicionados em uma construção afastada, que havia sido convertida em uma cozinha e um dormitório. Cavalos selados estavam ao alcance das mãos."[137]

---

136 Ibid., p. 9.
137 Ibid., p. 10.

Intelectuais locais e estrangeiros estavam cientes das conexões íntimas entre o Estado e o poder fundiário local. Mesmo que Patch não necessariamente aprovasse – e talvez até mesmo criticasse tais inter-relações como uma característica do *gamonalismo* –, a presença de policiais na *hacienda* pode não o ter surpreendido. O administrador de Lauramarca tinha conhecimento das atividades *runakuna* contra a *hacienda* e, com imagens de "feroz atavismo indígena" rondando em sua mente,[138] ele deve ter temido por sua vida e a de sua família. A Guarda Civil aparentemente guardava a *hacienda* e seus interesses contra os índios. Porém, há mais de uma história, e Patch teria ficado surpreso em ouvir como aqueles "índios silenciosos" contornaram a violação da polícia. Mariano lembrava:

> ¡Carajo! *Eu não podia chegar a Sicuani para ir ao juiz – eles estavam me espionando, podiam me pegar. Não podia ir por Ursos* [*a rota mais curta*]*, usei um cavalo e peguei o caminho pelo alto. As pessoas que não podiam pagar suas quotas* [*para pagar as despesas causadas pela luta*] *vieram comigo. Eu não podia ir sozinho. Elas trouxeram os cavalos de volta. Nós fomos por Chilca, e então elas voltavam. Peguei um trem para Cusco* [*usando*] *um nome diferente. Se pegasse o ônibus eles me capturaram – conheciam meu rosto. Mas o trem não parava, eles não me pegaram,* ¡Carajo! *Cheguei diretamente na* Federación. *Sabia como enganá-los.*

Mas Mariano também fez alianças com os policiais, especialmente com dois que estavam em Lauramarca contra sua vontade:

---

138 M. de la Cadena, *Indigenous Mestizos: The Politics of Race and Culture in Cuzco, Peru, 1919-1991*, 2000, p. 120.

> *À noite, ia e dava uma ovelha àqueles dois policiais – eu só ia durante a noite. Eles me davam um pedaço de pão e chá – às vezes, bebíamos juntos. Hahaha! Nunca conversávamos durante o dia, nos veriam conversando. Eu também mandava batatas pelos* runakuna *que não contariam, aqueles em quem podia confiar. E os policiais diziam: "Deus vai pagar você por isso, você se preocupa com a gente, nós também estamos cansados do* hacendado *– que ele se foda! ¡Carajo! Nós vamos deixá-lo à própria sorte". E aqueles dois policiais de fato deixaram a delegacia de polícia em Tinki – foram para Cusco. E, quando foram, um deles me disse, "Se você algum dia vier a Cusco, venha à minha casa, posso te esconder e você traz uma ou duas ovelhas". E de fato fui àquela casa. Me deram comida, trataram-me muito bem, mas também dei comida a eles – levei moraya, chuño e carne.*[139]

A delegacia de polícia que Mariano menciona era a mesma que guardava a casa de Abel Calderón, o administrador na história de Patch. Os policiais em Lauramarca negociavam múltiplas vontades; essa também era uma característica do *gamonalismo*, aquela ambígua condição de poder habitada tanto pelo Estado quanto por seu excesso ilícito. Assim, mesmo a partir do lado mais fraco (que confrontava o "dono da vontade"), líderes *runakuna* navegavam a ambiguidade do poder estatal *gamonal* para seus próprios fins. Às vezes, até mesmo para sua própria surpresa, Mariano conseguia virar a lei em favor dos *runakuna*:

> *Eu o denunciei* [o gerente da hacienda] *no escritório do juiz. "É isso que ele está fazendo comigo, é assim que eles estão me perseguindo". Fiz aqueles policiais deixarem a área. Fui a*

---

139 *Moraya* e *chuño* são tubérculos desidratados.

> *Cusco e disse, "Por que ele colocou policiais na apacheta [os pontos mais altos na estrada onde ficavam localizados postos de checagem]? Carajo, eles querem matar a nós, runakuna, é para isso que eles estão lá". E bem quando estava dizendo aquilo, o mais alto oficial do PIP [a Polícia de Investigaciones del Perú, a Polícia Peruana de Investigação] veio. Ele me conhecia, era um gentleman, e era o chefe. Ele perguntou [aos juízes e aos policiais]: "É verdade que o hacendado colocou espiões nas apachetas?" "Sim, ele enviou policiais para lá", responderam. E ele enviou um telegrama naquele mesmo momento, dizendo "Você não pode usar policiais para guardar suas pastagens".*

O confronto com a *hacienda* alcançou seu auge em 1957, depois de uma greve geral liderada pelo Sindicato Campesino de Lauramarca e por todos os seus *ayllus* afiliados. Segundo o registro oral, essa greve provocou a visita de várias comissões investigativas (uma das quais foi liderada por Patch). Em Pacchanta, *runakuna* mais velhos lembram que, durante esse período, grandes encontros aconteciam com frequência, nos quais iam famílias de todos os *ayllus* que haviam organizado a queixa contra Lauramarca. Pessoas de *haciendas* vizinhas – até mesmo de províncias vizinhas –, dizem, aparentemente participaram dos encontros. Benito, filho de Mariano, lembrava que nesses encontros Mariano "os ensinava", e que políticos cusquenhos de esquerda bastante conhecidos o escutavam: "eles falavam sobre Cuba" e "sobre como ela estava vencendo os Estados Unidos". Às vezes, a polícia ou homens da *hacienda* intervinham ameaçadoramente nesses encontros. Para evitar confrontos, a maioria das reuniões era clandestina e acontecia em cavernas, longe dos olhos e ouvidos daqueles que estavam do lado da *hacienda* (os *runa* da *hacienda*), que eram um grupo numeroso, constantemente em mudança e que incluía até mesmo pessoas da família estendida de Mariano, como ele amargamente lembrava:

> *Aquele Lunasco Turpo, ele era da minha família e queria me matar. Antes, ele até quis que eu ficasse contra o ayllu. "Você não vai ganhar", ele me disse. "O hacendado vai te matar, à noite ele pode te matar, até mesmo durante o dia ele pode matar você. Nada vai acontecer a ele, mesmo que você diga que ele atirou em você, ele pode comprar qualquer um com dinheiro, ele vai aos advogados e os compra. Aonde você vai se esconder? Você não pode se esconder dele. Você é burro, ¡Carajo! Venha para a hacienda, você vai ter uma boa vida, comer bem." Eu disse a ele, "Ele pode me matar, pode fazer o que quiser comigo, mas eu não vou morrer por dinheiro, mas pelo ayllu. Vou lutar com a minha vida. Foda-se você, ¡Carajo!".*

Ainda mais perigoso do que as visitas aventureiras a Lima ou a Cusco, viver em Lauramarca era extremamente perigoso para Mariano. Como Lunasco Turpo havia dito, ele podia ser morto e ninguém nem sequer saberia. Mariano vivia em cavernas e se escondia por longos períodos. Sua esposa e outras mulheres mandavam comida por jovens pastores, que levavam suas ovelhas, lhamas e alpacas para se alimentar em pastagens próximas. Em suas palavras:

> *Me escondi naquela montanha – em Chaupi Urqu, a que fica no meio. Eles não conseguiam me encontrar. Diziam, "Mariano com certeza está no pampa em que ele vive, não pode ter ido a qualquer outro lugar". Eu não podia ir a minha casa nem nada, só ficava dentro de Chaupi Urqu. Escapei para aquelas montanhas para viver dentro de Yana Machay [Caverna Negra].*

Yana Machay, o esconderijo de Mariano. Agosto de 2005.

Não vinha a minha casa para comer nem nada. Naquele canto lá existem cavernas enormes, muitas cavernas, dormia em uma ou outra caverna. Elas me mandavam sopa. Sim, mandavam... sopa quente. Minha esposa era viva naquela época, minha irmã e minha esposa – as duas traziam minha comida, se revezavam; também mandavam por um menino porque estavam monitorando os adultos. Se vissem um homem indo para as montanhas, contavam aos supervisores, e se soubessem que eu estava nas cavernas, iriam me procurar nas cavernas. Mas antes de virem, durante a noite, eu desaparecia sem dormir.

Benito, que acompanhou Mariano mais de uma vez, lembrava:

> *Ele morava lá em cima. Tem uma caverna grande; ele morava lá durante o dia. Descia somente à noite, quando precisava. Quando os cachorros latiam, significava que eles [os* runa da hacienda*] estavam vindo, e ele fugia. Assim que os cachorros latiam, fugia, às vezes ninguém estava vindo; tinha fugido em vão.*

Benito me levou a uma das cavernas em que Mariano havia se escondido. Ficava a apenas seis quilômetros e meio de distância, mas a subida partindo de Pacchanta era íngreme e levei pouco mais de três horas para chegar lá. É claro, fui a última a chegar; Benito e Aquiles (neto de Mariano) chegaram lá em uma hora. Quando partiram, me disseram para seguir o caminho, o que fiz. A caverna não passava de um grande buraco que se alargava conforme se aprofundava na montanha. Era frígida, mas certamente proporcionava abrigo do granizo, chuva e vento; um fogo poderia ser aceso lá dentro para fornecer aquecimento e havia rochas, longas e elevadas do chão. Benito e Aquiles mencionaram que elas poderiam ter sido usadas como mesas ou, se cobertas com pele de ovelha, até mesmo como uma cama.

Foi em uma daquelas cavernas que os *runa* da *hacienda* o capturaram – alguém o traiu e os guiou até o esconderijo de Mariano. Eles o arrastaram até a casa em que estavam sua esposa e seus filhos. Benito me contou:

> *Naquela noite em que pegaram meu pai, eles ataram suas mãos com uma corda, apertado de modo que ele não escapasse, e com a primeira luz do dia eles o levaram embora. Minha mamita se agarrou a ele com toda sua força, mas eles a golpearam e ela teve que soltá-lo. Então, amarraram meu*

pai ao cavalo e com a primeira luz muitos homens a cavalo partiram com ele. Havia muito sangue na casa – sangue de quem, eu não sei.

Mariano ficou preso na *hacienda*, onde foi torturado – embora tortura, enquanto uma noção, pareça conceitualmente fora de lugar, dada a impunidade fornecida pelo *gamonalismo* na região. Quando perguntei a respeito ("Eles bateram em você?"), Mariano riu de mim e me respondeu irritadamente, sublinhando como a diferença entre nós havia brutalmente motivado minha pergunta; eu queria a resposta dele para nossa história, mas minha pergunta era redundante. Sua resposta:

> *Estou te dizendo, minhas mãos estavam atadas com corda, e meus pés estavam acorrentados. Eu já contei a você ontem. Hummm, você acha que eles vão te levar apenas por levar? Ele [Calderón, o gerente da* hacienda] *perguntava, "Quem encorajou você, quem te aconselhou?" E enquanto ele pergunta isso com um chicote, ele te bate, carajo! Ele te chuta, dá tapas na sua cara. Eles nem sequer me deixavam comer. "Eles podem te envenenar, e eles vão colocar a culpa em mim", o guarda me disse. Quando precisava cagar, tinha que me mexer pelo lugar pulando, eles, nem mesmo nesse momento tiravam as algemas de mim. As pessoas do ayllu, minha família, foram à* Federación *e disseram a eles, "Isto e aquilo é o que estão fazendo com Mariano". E a* Federación *e meus advogados forçaram o hacendado a me enviar para Cusco: "Você não pode ter uma prisão na sua* hacienda, *é ilegal", eles disseram a ele, e me transferiram para a prisão em Cusco.*

Esposa e filho de Mariano Chillihuani apontando para o local onde ficava a prisão na *hacienda* Lauramarca. Atualmente, o lugar é ocupado por uma casa na praça principal de Tinki, o antigo centro administrativo da *hacienda*, que hoje é uma cidade e um importante mercado local. Agosto de 2005.

Esse foi outro daqueles momentos nos quais Mariano não podia acreditar: a vontade do *hacendado* foi momentaneamente suspensa e Mariano foi tirado de seu torturador, mesmo que apenas para ser interrogado na *prefectura* em Cusco, e então enviado para a prisão, onde foi interrogado novamente.

Mariano se sentia sortudo de ter sido transportado da prisão da *hacienda* para a cadeia em Cusco, pois, se tivesse ficado, teria sido morto – pelo menos foi o que ouviu. Ele se lembra de alguém lhe dizer: *"Se não te levarem para Cusco, aqui vão cortar sua garganta sem nem mesmo se importar, vão te punir e então te enforcar."*

Mais ou menos três meses depois, Mariano foi libertado depois que seu advogado pagou (possivelmente uma propina, mas também pode ter sido fiança, com o dinheiro do *ayllu*) para agilizar sua soltura. Esse procedimento legal – ou ilegal – pode ter sido, novamente, uma daquelas raras ocasiões em que o *gamonalismo* deixou de representar apenas a vontade do *hacendado* para se transformar em uma aliança que conectava um importante órgão estatal em Cusco – a *prefectura* – aos advogados afiliados ao Partido Comunista. Essa alternativa não era de forma nenhuma improvável; diferenças ideológicas não necessariamente impediam os aliados urbanos de Mariano de acessar algum nível de poder judiciário pelas mesmas redes de favores, propinas e parentesco ou amizade que compunham o *gamonalismo*, que, na verdade, não tinha uma essência ideológica. Embora o lado *gamonal* do Estado possa ter sido mais difícil de manobrar para os *runakuna*, ele não era de uso exclusivo dos poderosos e, ocasionalmente, podia produzir resultados pelos quais os *runakuna* estavam esperando. Mariano falava disso como o momento em que a lei havia "virado" para seu lado – um importante comentário sobre a ambiguidade do poder *gamonal* da lei e, crucialmente, do Estado –, mesmo que, na maior parte do tempo, a lei parecesse ser inteiramente determinada pelo *hacendado*.

A luta acabou repentinamente. Mariano e muitos outros (talvez até mesmo a FTC) foram pegos de surpresa pelo golpe de Estado de 1968, liderado por militares de esquerda, que quase imediatamente decretou a reforma agrária, dissolvendo o sistema de *hacienda*. No dia em que Lauramarca chegou ao fim – 6 de dezembro de 1969 – e Mariano foi convocado para receber a terra em nome dos *ayllus*, ele achou que era uma piada.[140] Os *runa* da *hacienda* estavam rindo; também não conseguiam acreditar que

---

140 D. Gow, *The Gods and Social Change in the High Andes*, 1976, p. 139.

aquilo estava acontecendo. Aquela risada fez com que Mariano ficasse desconfiado. Talvez não fosse verdade, pensou:

> Porque estavam todos rindo, pensei, em meu coração: "Eles estão fazendo de mim uma piada, querem ver se eu pego a terra, é isso que estão fazendo", falei. Então, começou a chover. Um runa da hacienda veio e me disse, "Isto é uma piada, alguém que usa ojotas, um índio de joelhos nus, jamais vai vencer". Aqueles runa da hacienda, eles não acreditaram, assim como não acreditei. Mas então, quando [eles perceberam que] era verdade, se aproximaram de mim e perguntaram, "Papacito [querido pai], você venceu, o que você vai fazer com a gente?".

Mariano desejava poder ter feito algo com eles – como não lhes dar terra –, mas não pôde. A reforma agrária declarou que todos os *runakuna* eram campesinos, inclusive aqueles que ficaram ao lado do *hacendado*, então todos foram incluídos nas mudanças estruturais de posse de terra. Expropriada do proprietário de terra, Lauramarca se tornou uma cooperativa agrária. E, como disse Mariano:

> Daquele momento em diante, todos os runakuna se organizaram em Lauramarca. Fomos levar as alpacas para pastar, trabalhar as chacras. Com a reforma [agrária], a cooperativa veio, e nós então começamos a trabalhar para a cooperativa. Cuidávamos das sementes, das pastagens, de tudo. Eles nos deram o arame farpado, as ovelhas, tudo voltou para nós.

Mariano nunca alcançou uma posição de poder na cooperativa. Parece que rejeitou aquela possibilidade, mas sua reputação como líder na luta contra o antigo proprietário de terra pode ter levado à sua rejeição pela administração da cooperativa.

Sabia-se publicamente na região que ele defendera a posse direta de Lauramarca pelos *runakuna* – ou *campesinos*, como a reforma agrária os rotulou –, sem intermediários. Rosalind Gow reconta que, nesse momento, muitas pessoas na região esperavam que Mariano se tornasse presidente da cooperativa, mas "ele era claramente impopular com muitos técnicos apontados pelo governo, promotores e veterinários em Lauramarca, que prefeririam para a posição um jovem mais receptivo".[141] De qualquer forma, Mariano não sabia ler nem escrever com fluidez, e talvez ele não teria sido capaz de lidar com a burocracia letrada que a cooperativa, como propriedade estatal, requeria. Talvez de forma já esperada, os representantes do Estado que chegaram para administrá-la rapidamente absorveram as práticas locais do *gamonalismo* e fizeram uso indevido de bens e dinheiro. Eventualmente, suas relações com os *runakuna* desandaram e, no fim dos anos 1970 e no início dos anos 1980, quando Nazario Turpo era representante dos membros campesinos da cooperativa, a propriedade foi desmanchada. A corrupção dos administradores chegara a seu limite e, com o apoio de políticos urbanos de esquerda, um novo movimento campesino conseguiu dar fim à cooperativa. Mariano e Nazario podem ter tido alguma responsabilidade no seu desmanche; pelo menos era esse o rumor.

Essa série de eventos convergentes, nos quais Mariano foi um ator crucial, eventualmente fizeram dele um líder político pensável. A ideia pode ter surpreendido o proeminente grupo de intelectuais que negara a possibilidade de liderança indígena em 1965. Eles devem ter ficado ainda mais surpresos quando, em meados dos anos 1970, teve início uma forte aliança nacional de organizações campesinas, nas quais *runakuna* eram cruciais e públicos, e que

---

141 R. Gow, op. cit., p. 91.

gradualmente desmantelou a reforma agrária de 1969 e trouxe a redistribuição de terra para todo o país. Tendo início nos anos 1980 e se estendendo por mais de uma década, uma brutal guerra civil entre o Sendero Luminoso e as forças armadas peruanas varreu o país. Nas áreas altas mais violentas (Ayacucho e Puno, ao norte e sul de Cusco, respectivamente), *runakuna* organizados em *rondas campesinas* foram, mais uma vez, importantes atores políticos na vitória contra o Sendero Luminoso. Paralelamente a esses eventos no Peru, nos vizinhos Bolívia e Equador, fortes movimentos sociais emergiram e reivindicaram identidade étnica. Seus líderes eram conhecidos como intelectuais indígenas, um rótulo que teria soado paradoxal aos intelectuais reunidos no *think tank* em Lima anos antes. Ingressando na cena política de países andinos, a nova *intelligentsia* indígena desmantelou categorias tradicionais de identidade e propôs novas categorias que abarcassem políticos indígenas, mas com uma condição: sua prática da política precisava ser moderna, pelo menos publicamente.

A presença pública de intelectuais indígenas estava entre os primeiros sinais importantes de transformações profundas na composição étnico-racial da esfera política moderna em países andinos. Talvez a mais notável entre tais transformações tenha sido a eleição, em 2006, de Evo Morales – um líder sindicalista que se identifica como aimará – como presidente da Bolívia. Outros processos, diferentes em escopo geográfico e tendência ideológica, têm contribuído para tais transformações. O multiculturalismo neoliberal, o colapso da União Soviética, a incompetência de governos de direita na Bolívia e no Equador em negociar suas crises internas, o bem-sucedido "Levante Indígena" no Equador nos anos 1990, o crescimento de El Alto como a maior cidade aimará na Bolívia, o surgimento do Sendero Luminoso (e, entrelaçado a estes últimos, a violenta inaptidão do exército peruano em confrontar o levante e a contrastante participação decisiva das *rondas campesinas* na derrota do grupo terrorista); todos esses eventos alargaram a imaginação pública sobre quem pode participar da política e o que pode ser considerado questão política. Contudo, a divisão ontológica entre humanos e natureza que constitui o mundo moderno[142] continua a estabelecer limites a essa imaginação. Portanto, embora indivíduos indígenas possam agora ser políticos ou mesmo presidentes de um país, a presença de seres-terra na esfera política é inconcebível e sempre extremamente controversa. De forma bastante óbvia, a presença pública de seres-terra na política é ontologicamente inconstitucional em Estados regidos por práticas biopolíticas que concebem a vida humana como descontínua da (aquilo que essas mesmas práticas chamam de) natureza. Nem mesmo se ele quisesse, o presidente Evo Morales poderia oferecer apoio a tal presença sem arriscar sua credibilidade como um político legítimo. Assim, embora a história do ativismo de Mariano que narrei aqui fosse aceita e admirada hoje, os eventos e práticas que narro nas duas próximas histórias continuam a desafiar a política moderna e suas teorias.

---

142 B. Latour, *We Have Never Been Modern*, 1993b.

Mariano, narrador intenso. Agosto de 2003. Fotografia de Thomas Müller.

HISTÓRIA 3

A COSMOPOLÍTICA DE MARIANO

ENTRE ADVOGADOS E AUSANGATE

"Nós, intelectuais liberais ocidentais, deveríamos aceitar o fato de que temos que começar do ponto em que estamos, e que isso significa que existem muitas visões, as quais nós simplesmente não podemos levar a sério."

RICHARD RORTY, *OBJETIVIDADE, RELATIVISMO E VERDADE*

"A política existe através do fato de uma magnitude que escapa à medição ordinária, essa parte dos que não têm parte alguma que são nada e tudo."

JACQUES RANCIÈRE, *O DESENTENDIMENTO*

A "MESA-REDONDA SOBRE *TODAS LAS SANGRES*" SEGUE memorável pela discussão acalorada entre intelectuais de tendência de esquerda, que negavam a existência de políticos indígenas nos anos 1960 no Peru, e José María Arguedas, o autor de *Todas las sangres*. Mariano, como disse na história anterior, era um daqueles políticos que os intelectuais acreditavam serem impossíveis. Eles podem ter estado presos naquilo que, muitos anos depois da Mesa-redonda, Aníbal Quijano (à época, um dos mais articulados oponentes da ideia de políticos indígenas) chamou de "colonialidade do poder" – um conceito que, como disse anteriormente, pode expressar uma importante autocrítica de sua posição anterior.[143]

Nesta história, conto sobre a participação de seres-terra no confronto contra o *hacendado* e as práticas deste contra os *runakuna*. Minha análise se baseia no entendimento de constituição moderna de Bruno Latour,[144] que coloco em diálogo com a colonialidade do poder de Quijano. Argumento que esse elemento do poder, sua colonialidade, foi uma invenção possibilitada por e que também possibilitou uma outra invenção: aquela do Novo Mundo dividido entre humanidade e natureza, ambos sob o domínio do Deus Cristão, isto é, sob a imagem dominante do Velho Mundo. Inicialmente autorizada pela fé e depois pela razão, a divisão entre natureza e humanidade, sobre a qual se apoiava a colonialidade do poder, também se tornou a fundação da política moderna; ela inscreveu sua concepção (seu ser e sua prática) independentemente de tendência ideológica. Da mesma forma, a colonialidade da política moderna condiciona tanto a

---

143 A. Quijano, "Coloniality of Power, Eurocentrism, and Latin America", *Nepantla*, v. 1, n. 3, 2000.
144 B. Latour, *We Have Never Been Modern*, 1993b.

distribuição da desigualdade quanto a sua denúncia; ambas habitam a noção historicamente mutável do que é a política. A colonialidade permite a própria busca pela igualdade, seu potencial generativo, *e* estabelece os limites para além dos quais tal busca aparece, na política moderna, como pura recusa.

O ACORDO QUE CONSTRÓI A COLONIALIDADE DA POLÍTICA

Anos atrás, no já clássico *Jamais fomos modernos*, Latour[145] escreveu um capítulo intitulado "Constituição". Partindo do trabalho dos historiadores da ciência Steven Shapin e Simon Schaffer[146] sobre o debate entre Robert Boyles e Thomas Hobbes, Latour escreveu que esses dois homens não apenas discordavam, pelo contrário; eles eram

> [...] como um par de pais fundadores, agindo em conjunto para promover a mesma inovação na teoria política: a representação de não humanos pertence à ciência, mas à ciência não é permitido apelar à política; a representação de cidadãos pertence à política, mas não é permitido à política ter qualquer relação com os não humanos produzidos e mobilizados pela ciência e tecnologia.[147]

Essa cadeia de representação e apelação, propôs Latour, inaugurou o que ele chamou de "constituição moderna": o invento da distinção ontológica entre humanos e não humanos e as

---

145 B. Latour, *We Have Never Been Modern*, 1993b.
146 S. Shapin e S. Schaffer, *Leviathan and the Air Pump: Hobbes, Boyle, and the Experimental Life*, 1985.
147 B. Latour, op. cit., p. 28.

práticas que permitiam sua mistura e separação. Possibilitada pela (e possibilitando a) expansão europeia, a constituição moderna estava no centro da invenção da ciência experimental moderna (e seus objetos) e da colonialidade da política moderna. A constituição moderna foi crucial para o acordo que fundou o mundo como o conhecemos e estabeleceu os limites segundo os quais as discordâncias poderiam ser feitas sem desfazer a política moderna. Assim, apesar das diferenças que fizeram surgir o liberalismo e o socialismo no século XIX, ambos os grupos (em todas as suas variantes) continuam a convergir na distinção ontológica entre humanidade e natureza, que foi crucial para o nascimento do campo político moderno.

A política moderna requeria mais do que divisões entre humanos – por exemplo, amigos e inimigos, de acordo com Carl Schmitt,[148] ou adversários, se seguirmos Chantal Mouffe.[149] Ela também requeria a partilha do sensível[150] em humanidade e natureza e sua distribuição hierárquica: aqueles que tinham mais da primeira contavam mais; aqueles que tinham mais da segunda contavam menos. Juntas, essas divisões – entre humanidade e natureza e entre humanos supostamente superiores e inferiores – organizaram o acordo segundo o qual mundos que não obedecem à divisão *não existem*. Eles nem sequer "contam como não contando", *pace*[151] Rancière;[152,153] uma vez que não participam da repartição da qual deriva o princípio da contagem,

---

148 C. Schmitt, *The Concept of the Political*, 1996.
149 C. Mouffe, *On the Political*, 2000.
150 J. Rancière, *O desentendimento: política e filosofia*, 1996.
151 Expressão em latim utilizada na argumentação acadêmica e jurídica que indica a expressão de um entendimento "em contradição a" ou "apesar da" opinião de alguém. (N.R.)
152 J. Rancière, op. cit.
153 Idem.

eles não podem *não contar*.[154] Assim, como propõe Richard Rorty em uma das citações que abrem esta história, eles não podem "ser levados a sério".[155] Nessa citação, Rorty representa um "nós" que fala a partir da divisão entre natureza e humanidade e expressa a vontade de impor seu princípio de realidade. O desacordo que se opôs a esse princípio seria ontológico, assim como a política que dele emerge.

TIRAKUNA: UMA PRESENÇA NA LUTA PELA TERRA

Para além de falar com advogados e juízes, subornar policiais, organizar sindicatos e greves, falar na frente de multidões no Dia do Trabalho do Peru e de fato confrontar o *hacendado* na Corte, Mariano Turpo emergiu como *personero* com seres-terra, inerentemente conectado a eles. A presença deles fazia parte do processo político, pois eles também eram o lugar onde os *runakuna* estavam e pelo qual eles lutavam:

> Encaminhando a queixa, enviava minha respiração [pukuy] para os seres-terra, dizendo, "Pukara, você é meu lugar, de tal modo que as autoridades me escutem, estou pedindo a você" – e [explicando as ações dele para mim] dizendo o nome deles, você respira [sutinmanta pukunki]. E então, verdadeiramente, eles receberam minha palavra – senão, de onde eu teria conseguido as palavras para falar? Em momento algum

---

154 Ajustei diversos conceitos de Rancière para construir meu argumento. Assim, não estou afirmando que "a partilha do sensível" como a utilizo aqui seja fiel ao conceito de Rancière.
155 R. Rorty, *Objectivity, Relativism, and Truth: Philosophical Papers*, 1991, p. 29.

[*as coisas*] *deram errado. Nunca fiquei na prisão por muito tempo. Eu disse "de modo que as autoridades nos recebam, de modo que a* prefectura *nos escute"... até mesmo o Ministro da Economia em Lima prestou atenção em nós. Para tais pukaras vocês simplesmente sopra no* k'intu [chayqa chay pukarakunallamanya pukurikuni k'inturukuni].

Catherine Allen descreveu o *k'intu* como "uma apresentação de folhas de coca, frequentemente três em número, com as folhas cuidadosamente colocadas uma em cima da outra e oferecidas com a mão direita".[156] *Pukuy* é soprar a respiração humana (*sami*) por sobre o *k'intu* e em direção aos seres-terra, de modo a estar com eles no evento que requer sua presença – não existe *k'intu* sem *puku*. Um *k'intu* também é apresentado quando se entra em um local estranho; soprar a respiração de uma pessoa através das folhas de coca para os seres-terra não familiares é feito como modo de apresentação, o começo de uma relação de construção de lugar. Da mesma forma, Mariano fazia isso quando viajava, até mesmo no Palácio Presidencial em Lima, quando ninguém estava olhando exceto *runakuna* de outras regiões do país que também estavam na audiência presidencial. *K'intu* era importante. Nos arredores do palácio, perto da Plaza de Armas, todos eles se sentaram e sopraram para seus respectivos seres-terra e para os detrás do Palácio do Governo (o *Palacio de Gobierno*, o centro do Estado): "*Dizem que aquele* tirakuna *é Cerro San Cristóbal. Eu não era o único fazendo o* k'intu *em Lima; muitos outros estavam fazendo também.*" Assim, quando *runakuna* de diferentes partes do país visitaram o Palácio do Governo, duas cerimônias que eram reciprocamente

---

156 C. Allen, *The Hold Life Has: Coca and Cultural Identity in an Andean Community*, 2002, p. 274.

incomensuráveis ocorreram em simultâneo: uma delas entre o presidente do Peru e *personeros indígenas* que também eram *aylluruna*, pessoas de diferentes *ayllus*. Respeitosamente comungar com seres-terra e os conjurar para o encontro presidencial era a outra cerimônia; ela ocorreu, ainda que representantes estatais a tenham ignorado.

De volta em casa, e especialmente quando estava se escondendo das pessoas da *hacienda*, a comunhão de Mariano com seres-terra também era importante, e não apenas porque eles o ajudavam. Cavernas eram bons esconderijos, mas algumas podiam ser más – como Lisuyuq Machay (literalmente "caverna com insolência"), assim nomeada porque fazia as pessoas adoecerem. Mariano costumava evitar aquela caverna, mas, quando não podia, sabia como soprar um *k'intu* ou queimar o *despacho* certo para evitar que a caverna o pegasse. Um *despacho* é um embrulho de variados alimentos secos, um feto de lhama e flores, enrolados juntos em papel branco; *runakuna* queimam um *despacho* para dá-lo a um importante ser-terra e, ao fazê-lo, intensificar ou melhorar sua convivência com ele. Mencionei *despachos* brevemente na História 1 e discutirei os pormenores do uso na História 6. Aqui, apenas menciono algumas de suas características. Esses embrulhos vêm em diferentes tamanhos e com qualidades variadas – alguns são mais caros que outros – e podem ser comprados em mercados em Cusco ou grandes cidades rurais. A pessoa que queima os embrulhos pode ser chamada de *despachante*, um *chamán*, ou, algumas vezes – e com algumas restrições – um *paqu*. Dada a longa relação entre runakuna e o cristianismo, existem similaridades entre os movimentos de um padre conduzindo uma missa católica e aqueles de um *despachante* do embrulho. Talvez devido a essa semelhança, o registro etnográfico andino tradicionalmente atribuiu conotações religiosas aos *despachos*, por exemplo, chamando-os de *"offerings"* em inglês[157] e *ofrendas* em espanhol.[158] Certamente, há sobreposições de elementos entre *despachos* e práticas cristãs (como rezar ou queimar velas para santos). Porém, não se trata somente de sobreposições; existem também diferenças. Levar em conta essas diferenças pode exigir uma desaceleração da tradução de práticas *runakuna* com seres-terra para a religião, mesmo em sua versão como "uma prática sincrética do cristianismo andino", como é geralmente representada no registro etnográfico andino.

Mariano explicou uma intrigante diferença que, segundo ele, distingue Ausangate de Jesus Cristo, bem como o *despacho* e uma oferenda católica: a resposta do ser-terra depende da qualidade do *despacho*, e esta, por sua vez, depende da qualidade do alimento queimado e da experiência da pessoa que envia o embrulho. Pode haver competição entre *despachantes*, cada qual querendo virar o ser-terra a seu favor e contra seu rival. Quando os lados são igualmente habilidosos, os conflitos não são resolvidos e os lados continuam a luta; Assim, o *despachante* mais hábil ganha o favor do ser-terra. Aparentemente, a busca por justiça liberal não é o fim do *despacho*, nem o é a vontade necessária dos seres-terra. Também é improvável que algo similar à fé católica mobilize o *despacho*. Em vez disso, um *despacho* pode envolver relações de obrigação, de pagar de volta; de forma muito interessante, ele é também conhecido

---

157 T. Abercrombie, *Pathways of Memory and Power: Ethnography and History among an Andean People*, 1998.
C. Allen, *The Hold Life Has: Coca and Cultural Identity in an Andean Community*, 2002, p. 22.
P. Gose, *Deathly Waters and Hungry Mountains: Agrarian Ritual and Class Formation in an Andean Town*, 1994, p. 8
158 J.F. Ochoa (org.), *Pastores de Puna: Uywamichiq punarunakuna*, 1977.
X.L. Ricard, *Ladrones de Sombra*, 2007.

como *pago*, a palavra em espanhol para "pagamento". Além disso, as narrativas de meus amigos (e suas práticas) me sugeriam que um *despacho* poderia estar alinhado a relações como as que caracterizam o *gamonalismo*. Ocasionalmente, o propósito de um *despacho* ecoava a prática de subornar juízes para direcionar a queixa na direção desejada e ignorar a justiça ou o mando da lei. Porém, há também diferenças entre tais tipos de pagamento, que Mariano explicou. A tradução que segue (não apenas para outra língua, mas também para a forma escrita) pode simplificar a explicação dele, que articula mais do que um regime relacional – um em que pessoas emergem junto de seres-terra em-*ayllu* e outra que talvez caiba em noções como religião ou mágica.

Palavras de Mariano, tradução minha:

> *Ausangate escuta se você tem mais dinheiro para um* despacho *melhor ou se você faz o* despacho *mais vezes. O Señor [Jesus] não quer saber de mais dinheiro. Os hacendados tinham o dinheiro deles. Eles podiam comprar os juízes; também pagavam os runakuna para que eles ficassem com a hacienda. Também os pagavam para fazer* despachos *para o hacendado. Ele comprava* despachos, *comprava os advogados. Fazia as pessoas fazerem* despachos *para que ele vencesse o julgamento.*

Quando o *hacendado* contratava *paqus* para destruir Mariano, eles não conseguiam matá-lo porque Mariano os neutralizava com a ajuda do *Señor*, Jesus Cristo, que escuta o lado que busca justiça. E Mariano sabia quando o *hacendado* ordenara *despachos* contra ele porque havia um sistema de espiões que o contavam sobre as atividades do proprietário de terra:

Você pergunta às pessoas da hacienda, aquelas que viraram para o seu lado, e elas te dizem o que o hacendado vai fazer, dizendo "faça um despacho para impedir o que ele está fazendo". Eles procuram na coca, o que eles querem fazer é pegar sua saúde – eles destroem seu corpo, ¡carajo! Para que o seu despacho não vá a lugar nenhum, fazem um contra você. Ou tem mulheres que são paqu, elas se aproximam gentilmente [e dizem], "Meu irmão, por que você não fala mais comigo... venha, vamos beber juntos", e elas querem te dar uma bebida. Lá já colocaram sua poção, e a sopram em você. [Eu dizia] "Não, não posso, estou doente e o doutor me deu uma injeção de antibiótico, não posso beber". Se você bebe, sua capacidade te abandona, você não tem mais palavras... os [seres-terra] não recebem mais suas palavras, ou em vez disso você abandona a queja e sai com mulheres. Uma vez, somente uma, aqueles cachorros [as bruxas da hacienda] me atingiram. Ao meio-dia, já estava na cama, minha cabeça doía, meus olhos não estavam mais vendo, meu estômago doía. Você não pode duvidar de nada – assim que você duvida, eles podem te atingir. E então você não pode mais fazer as coisas. Foi assim que lutei contra eles [kaynatan paykunawan lucharani]. O hacendado deu a eles dinheiro para que fizessem aquilo [hacendado chay ruwachinasunkupaq qulqeta qun]. Você também precisa comprar poções contra as deles, e você gasta muito dinheiro. Minha esposa costumava ficar muito brava comigo por conta de todo o dinheiro que eu usava. "Você usa nosso dinheiro para viajar, usa seu dinheiro naqueles remédios contra a layqa [bruxa]", ela costumava dizer.

Durante o período da queixa, Ausangate – o proeminente ser-terra, que as pessoas locais se lembravam de ter agido "como um advogado", ou "como o presidente"[159] – considerava *despachos* de ambos os lados: do *ayllu* e do *hacendado*. Seu propósito era o mesmo: impedir que o outro lado vencesse as audiências na justiça. Mariano e o *ayllu* se engajaram em uma luta contra o *hacendado* nas cortes e recrutaram a ajuda de seres-terra; o trabalho dos advogados não teria força suficiente sem os últimos, e os seres-terra precisavam dos advogados também. Conforme explicou Mariano, Ausangate era *ayllu*; o *hacendado* não era. O ser-terra não era a *hacienda*, que era o *hacendado*, portanto, o ser-terra também não estava com ele: ele não era parte do *hacendado*. Ausangate tinha se envolvido em confrontos semelhantes duas vezes, primeiro quando lutou contra os espanhóis para conquistar a independência de todos os peruanos, e, mais tarde, quando expulsou os chilenos, que, anos depois, quiseram invadir o país. Eu não sabia? Era por isso que Ausangate também era conhecido como Guerra Ganar (literalmente, "ganhar a guerra"). O *hacendado* (especialmente o último) era estrangeiro – tinha vindo da Argentina – e, segundo Mariano, poderia fazer alianças com os Estados Unidos, que então levariam o *ayllu* para construir fábricas e usinas, e o lugar que eles eram (seu ser-lugar [*place-being*]) seria destruído. "Ele seria um aliado dos Estados Unidos, ou estaria contra ele?", perguntei. A resposta de Mariano:

> *O hacendado? É claro que ele não lutaria contra os Estados Unidos! Ao invés disso, diria a eles: "Venham! Construam suas fábricas na minha terra." Teriam trazido água por todo o lugar*

---

159 T. Abercrombie, *Pathways of Memory and Power: Ethnography and History among an Andean People*, 1998; J. Earls, 1969, "The Organization of Power in Quechua Mythology". *Journal of the Steward Anthropological Society*, v. 1, n. 1, 1969.

com tubos, teriam trazido gado. E nós? Teriam nos jogado para longe. Para onde, para onde a gente poderia ir então? Você acha que nós não entendemos o que aquelas fábricas significam? Nós consultamos Ausangate com a coca; ele explicou, "É isso que os Estados Unidos vão fazer". Nós não sabemos ler nem escrever, mas nós entendemos. E não podíamos desistir; o ayllu é este lugar que nós somos.

Expulsar *runakuna* significaria a destruição de seu ser em-*ayllu* com *tirakuna*, plantas e animais. O que os intelectuais na "Mesa-redonda sobre *Todas las sangres*" fizeram foi negar a possibilidade política de uma luta indígena pela terra. E, ao fazê-lo, estavam (embora sem sabê-lo) parcialmente certos (ou não completamente errados), porque a luta de Mariano não era *apenas* por terra. A terra era tanto o chão onde os políticos (incluindo o Estado) e o *ayllu* de Mariano se encontravam quanto o lugar onde se distanciavam. Todas as partes se reuniam em torno da terra como um recurso que podia ser tido como posse. Mas, adicionalmente, a terra em-*ayllu* continha montanhas, rios e lagos; os *tirakuna*, junto com animais, plantas e *runakuna*, compunham o lugar que todos eram e ainda são.

Quase sessenta anos depois da Mesa-redonda, a força da colonialidade da política não enfraqueceu, mesmo à medida que movimentos sociais indígenas emergiram como atores na esfera pública. A constituição moderna que divide o mundo dominante em natureza e humanidade não mudou; ele recebeu novos elementos – tais como gênero e etnicidade –, que devem obedecer à divisa. Assim, embora o sucesso de Mariano em derrubar o sistema de *haciendas* possa ter significado que hoje ele é reconhecido como um político (agora que movimentos sociais indígenas têm, como dito antes, emergido como importantes atores políticos), as práticas que possibilitaram sua liderança continuariam a removê-lo da esfera política propriamente dita. Quando conto a meus amigos sobre o ativismo de Mariano, eles ficam admirados – até que lhes conte sobre suas práticas: por exemplo, que consultava folhas de coca procurando por pistas sobre como se relacionar com autoridades estatais, como o presidente do país. Aquelas práticas, meus amigos dizem, são superstição – por que se importar com elas? Como Rorty, antes, eles "simplesmente não podem levar a sério" essas "muitas visões" que inevitavelmente desaparecerão, como diz sua visão da história; o fato de alguns se considerarem de esquerda e outros de direita não faz diferença. Sua concordância é fundamental: a natureza é universal. A retórica dos seres-terra na política resiste à análise histórica, sua capacidade "de refletir etnicidades existentes de fato é quase nula".[160] Pensar de outra forma é um discurso político irresponsável; ele impede qualquer análise séria que possa levar a ações promotoras de desenvolvimento e crescimento econômico.[161] Esse roteiro não é novo, e Mariano estava familiarizado com um muito similar. Ele reconheceu que a conexão com seus aliados de esquerda era parcial e assimétrica, pois, enquanto eles ignoravam seus termos, ele conhecia os deles e até mesmo empregavam alguns deles. O roteiro público dos eventos que ficaram conhecidos como movimentos campesinos, politicamente importantes como foram nos anos 1960 e 1970, não

---

160 P. Stefanoni, "Adónde nos lleva el Pachamamismo?", *Rebelión*, 28 abr. 2010a. A frase completa é: "*Al final de cuentas, como queda cada vez más en evidencia, estamos en presencia de un discurso indígena (New Age) global con escasa capacidad para reflejar las etnicidades realmente existentes.*"
161 P. Stefanoni, op. cit. e P. Stefanoni, "Pachamamismo ventrílocuo", *Rebelión*, 29 maio 2010c.

contemplavam os termos em-*ayllu* de líderes *runakuna* como Mariano. Aos olhos da política adequada, aqueles termos eram delírios – falsa consciência, na retórica marxista; como resquícios do passado, eram irrelevantes.

HISTORICISMO E REPRESENTAÇÃO

Também sustentando a colonialidade da política está o que Dipesh Chakrabarty identifica como historicismo: a manobra epistêmica que "postulou o tempo histórico como uma medida da distância cultural que se presumiu existir entre o Ocidente e o não Ocidente".[162] Organizada por meio dessa noção de historicismo, a divisão natureza-humanidade tornou a história universal e, nela, a Europa, como o mais alto nível de humanidade: o berço da civilização, o Estado laico e a ciência – e, de fato, a mais distante da natureza. Os acadêmicos estão já familiarizados com essa crítica e, crédito dos estudos pós-coloniais, nós a aceitamos. Também criticamos a supremacia da ciência ocidental como caminho para o conhecimento; que, argumentamos, também resulta da distribuição feita pelo historicismo eurocêntrico de hierarquias natureza-humanidade ao redor do mundo. Assim, evitando o eurocentrismo, reconhecemos outros conhecimentos, como a medicina chinesa e formas de arte não ocidentais: os euroamericanos que buscam acupuntura e pinturas aborígenes australianas têm encontrado um mercado de colecionadores. Entretanto, esses comentários críticos ainda podem estar nos limites da colonialidade da política se a representação,

---

162 D. Chakrabarty, *Provincializing Europe: Postcolonial Thought and Historical Difference*, 2000, p. 7.

o método epistêmico indispensável à constituição moderna, continuar a ser usada *acriticamente* como sua ferramenta.[163] A representação pode tornar o mundo legível como uno e diverso ao mesmo tempo, fazendo-o por intermédio da tradução da natureza (o que existe em toda parte) para perspectivas da ciência (a tradução universal) e da cultura (a tradução subjetiva). Prosperando com o cosmopolitismo, a representação usa a linguagem abstrata e as práticas locais das disciplinas acadêmicas, da política e da religião; implementando a colonialidade da constituição moderna, a representação pode superar práticas que não obedecem à divisão natureza-humanidade e não se sentem à vontade no mundo que ela (a representação) torna legível como um só.

Conjurar seres-terra para o cerne da política – como fez Mariano – pode indicar que natureza não é apenas natureza, e que aquilo que conhecemos como natureza também pode ser sociedade. Essa condição confunde a divisão exigida pela representação e, com a mesma importância, a posição de sujeito a partir da qual ela é implementada. Para pensar nos "seres-terra", o mundo que sustenta a distinção entre natureza e humanidade exige uma tradução na qual seres-terra se tornam crença cultural: uma representação da natureza que pode ser tolerada (ou não)

---

163 Embora a maior parte do discurso pós-colonial fosse uma crítica ao poder de representar, a proposta implícita que seu argumento incluía era por representações alternativas: por exemplo, o direito do subalterno à autorrepresentação, tanto analítica quanto politicamente. Essa contribuição extremamente valiosa, contudo, é parte da divisão natureza-humanidade, uma vez que a representação requer a realidade (lá fora) que a natureza significa, para significá-la (aqui dentro) como sua definição científica ou cultural. Não estou defendendo um recuo para longe da crítica da representação; ao contrário, sugiro que ela pode ser fortalecida levando em consideração os requisitos e limites da prática da representação, inclusive da representação crítica. Isso pode renovar o discurso analítico sobre uma variedade de tópicos, entre eles a política moderna.

como a politização de religião indígena. Essa *trans*posição tradutória [*translation*] *move* os seres-terra para um reino em que eles não estão (em relação inerente) *com* os *runakuna*, e, em última instância, cancela a capacidade de criação de realidade das práticas que essa conexão possibilita. Porém, excedendo a tradução, essas práticas continuam a produzir mundos locais, frequentemente em interação e complexa coabitação com práticas representacionais. Por exemplo, eu disse que, como *personero*, Mariano estava em-*ayllu* e, portanto, falava a partir dele, não por ele; contudo, autoridades estatais e políticos modernos interagiam com ele como um representante dos *runakuna*. Como tal, durante a inauguração da cooperativa, um oficial do Estado deu a ele um punhado de terra que deveria representar a antiga *hacienda*. Nas mãos de Mariano, o mesmo solo também era *santa tira*, e ela *era* o ser-terra, não sua representação.

Ao discutir práticas incas, Carolyn Dean sugere que "*representação* é um termo enganoso no concernente a diversos tipos de rocha inca numinosa, pois essas rochas não são substitutos para aquilo com o que elas são identificadas, mas são, na verdade, aquelas próprias coisas".[164] É claro que estou longe de sugerir que *tirakuna* ou a relação não representacional através da qual eles emergem não mudou desde os tempos dos incas. O que estou sugerindo é que, alinhadas às mudanças históricas, as práticas que estabelecem os *tirakuna* e os *runakuna* como inerentemente correlacionados continuam a criar mundos locais nos Andes. E, assim, conectadas à modernidade, mas não limitadas por requisitos epistêmicos de representação, essas práticas excedem a história e a política. Os *runakuna* estão familiarizados com ambos os modos, representacional e não representacional. A geometria que os articula é fractal: fragmentados e

---

164 C. Dean, Carolyn, *A Culture of Stone: Inka Perspectives on Rock*, 2010, p. 26.

continuamente entrelaçados, os modos são distintos uns dos outros e intrarrelacionados, seu surgimento sempre manifestando frações de cada um e aspectos que o outro não contém. E essa fractalidade não é livre da colonialidade da política ou exclusiva dos mundos *runakuna*. Emergindo dela, um "eu" historicamente moldado pode ignorar, rejeitar ou traduzir os "outros" segundo suas próprias possibilidades, cancelando o surgimento público de seres-terra em termos não representativos. A "diferença", então, se torna aquilo que o "eu" consegue reconhecer (normalmente na cultura) como seu "outro". A diferença que é radical – ou o que o "eu" não consegue reconhecer ou conhecer sem uma séria intermediação *runakuna*, os seres-terra (como *não apenas* natureza) – está perdida.

TIRAKUNA E *RUNAKUNA* EM-*AYLLU* SÃO LUGARES

Para explicar o que chama de um "senso de lugar", Keith Basso, em sua discussão filosófica e etnográfica de lugar, volta-se à noção de habitar de Heidegger (1996). Basso escreve:

> Assim como lugares animam as ideias e os sentimentos das pessoas que os frequentam, essas mesmas ideias e sentimentos animam os lugares aos quais foi dada atenção... Esse processo de interanimação está diretamente relacionado ao fato de que lugares familiares são vivenciados como inerentemente cheios de sentido, sendo que sua significância e seu valor residem na

(e, pode parecer, emanam da) forma e arranjo de suas características observáveis.[165]

Um evento fenomenológico, um "senso de lugar" resulta de uma relação entre humanos e lugares. A relação se acumula em histórias transmitidas geracionalmente, que, por sua vez, animam vidas humanas e lugares. As coisas eram diferentes na vida de Mariano (e na vida daqueles ao seu redor, jovens e velhos). Em-*ayllu*, o lugar não é um dos termos da relação, sendo o outro os humanos. Em vez disso, o lugar é o evento da relacionalidade em-*ayllu* do qual *tirakuna* e *runakuna* também emergem – não há separação entre *runakuna* e *tirakuna*, ou entre eles e lugar. Todos ele estão em-*ayllu*, a relação da qual emergem *sendo*.[166]

Em-*ayllu*, julgando a partir das práticas que testemunhei e das histórias que ouvi em Pacchanta – e como o leitor já pode ter concluído –, não há diferença necessária entre humanos como sujeitos da consciência e lugares como objetos da consciência, pois muitos dos "lugares" que Mariano e Nazario "sentiam" (nos termos de Basso) também eram "sencientes" (coloco aspas porque utilizo o termo aqui apenas como ele se encaixa no contexto de minha conversa com Basso). Na verdade, em Cusco, tanto na cidade quanto no interior, esses lugares são também conhecidos como *ruwal*, uma transformação quíchua do espanhol *luwar* ou *lugar*, significando lugar em português.[167] Eu poderia dizer que um

---

165 K. Basso, *Wisdom Sits in Places: Landscape and Language among the Western Apache*, 1996, p. 55.
166 E, é claro, eles estão em conexão parcial com o que não está em-*ayllu*. Ainda que isso seja uma outra história, não quero que o leitor esqueça disso.
167 Cesar Itier traduz *ruwal* como "*Espíritu del Cerro*" (no prelo). Xavier Ricard propõe que é sinônimo de Apu, que também traduz como "*espíritu del cerro*" ou "espírito montanha" (2007, p. 463, p. 448).

ruwal é um lugar cujo nome, pronunciado por *runakuna*, conjura ele próprio; assim, não é apenas um lugar qualquer, pois o seu nomear é específico a uma relacionalidade em-*ayllu* particular. Os *ruwalkuna*, o plural quíchua, também são conhecidos em Pacchanta (e em outros lugares, ver Allen)[168] como *tirakuna*, que escolhi traduzir para seres-terra. Além de ser quase literal, escolhi essa tradução também porque ela evoca o ser relacional em-*ayllu* enraizado (ou aterrado) dos *tirakuna* e *runakuna*.[169]

O termo *ayllu* é frequente entre pessoas de esquerda e antropólogos. O primeiro grupo está interessado na propriedade coletiva de terra que o *ayllu* supostamente manifesta;[170] o segundo tende a focar as relações de parentesco entre humanos que habitam aquela terra. Os dois entendimentos seguem distinções habituais entre humanidade e natureza, definindo *ayllu* como um grupo de humanos que habitam um território e estão conectados em relações que podem ser econômicas ou rituais (por exemplo, entre as últimas: oferendas humanas a *tirakuna*, conceitualizados como espíritos

---

168 C. Allen, *The Hold Life Has: Coca and Cultural Identity in an Andean Community*, 2002.

169 O uso regional frequentemente traduz seres-terra como *espíritu* – ou espírito. Eu não o faço principalmente porque os Turpo rejeitavam isso – "eles são quem eles são, não há *ispiritu*." Minha evitação também tinha a intenção de desacelerar traduções que tornavam práticas com seres-terra e cristianismo equivalentes. Mariano e Nazario com frequência faziam uma distinção entre os dois enquanto, contudo, constantemente convocavam seres-terra e entidades cristãs (por exemplo, Ausangate e Taytacha, ou Jesus Cristo) na mesma invocação e para o mesmo propósito.

170 Por exemplo, enquanto estava no exílio depois de suas atividades insurgentes, o lendário líder de esquerda Hugo Blanco (1972, p. 28) – que já apareceu diversas vezes anteriormente nas histórias de Mariano – escreveu um livro no qual descreveu o *ayllu* como um sistema comunal de posse da terra que havia se deteriorado com o "avanço do capitalismo", mas que era potencialmente revolucionário, dado seu "espírito coletivo".

de montanha). Essa acepção não está errada, é claro. Entretanto, como já mencionei no Interlúdio um, Justo Oxa possibilitou um conceito diferente de *ayllu* por meio da imagem de uma trama: as entidades (*runakuna, tirakuna*, plantas e animais) que a compõem são como fios da trama; eles são parte dela tanto quanto a trama é parte deles. Nessa conceituação, humanos em-*ayllu* e outros-que-humanos estão inerentemente conectados e compõem o *ayllu* – uma relação da qual eles são parte e que é parte deles. Da mesma forma, estar-em-*ayllu* não é uma instituição que pressupõe humanos de um lado e território de outro. Nenhum é externo ao *ayllu* – prestei atenção à insistência de Oxa: "estar-em-*ayllu*" significa que *runakuna* e *tirakuna* surgem *dentro* do *ayllu* como relação e, a partir dessa condição, eles, literalmente, tomam lugar [*take-place*].[171]

Próxima à interpretação acima, Allen escreve para o registro etnográfico andino: "Lugares não produzem um *ayllu*; nem o faz um grupo de pessoas... A essência do *ayllu* surge do laço de tipo filial entre um povo e o território que em suas palavras é 'nosso provedor' (*uywaqniyku*)".[172,173] Em um trabalho mais tardio, ela aponta: "Um *ayllu* existe através da relação

---

[171] Em várias ocasiões, a autora redige expressões como "*take place*", às vezes grifando-as, às vezes com o uso do hífen compondo com elas uma única expressão. O termo, que seria rápida e simplesmente traduzido para "ocorre" e suas variações temporais, ganha importância no texto deste livro, pois De la Cadena brinca com a forma de expressar esse sentido de "ocorrência" com a expressão "tomar lugar" dentre as variadas relações aqui analisadas sobre a importância constitutiva dos lugares para os *runakuna*. Optamos, portanto, por traduzir o termo da maneira que melhor conduzisse a leitura, mas sempre assinalando o termo original e suas variações, como *place-taking*. (N.R.T.)

[172] Mais tarde, Allen (2002, p. 85) traduz "nosso provedor" como *uywaqninchis* – a forma possessiva inclusiva para a terceira pessoa do plural.

[173] C. Allen, "Patterned Time: The Mythic History of a Peruvian Community", *Journal of Latin American Lore*, v. 10, n. 2, 1984, p. 153.

pessoal e íntima que une as pessoas e o lugar em uma única unidade. Somente quando *runakuna* estabelecem uma relação com lugar construindo casas a partir do seu solo, vivendo lá e fazendo oferendas de coca e álcool, é que um *ayllu* é estabelecido".[174] Oxa, de modo similar, escreve:

> A comunidade, o *ayllu*, não é apenas um território onde um grupo de pessoas vive; ele é mais do que isso. É um espaço dinâmico onde toda a comunidade de seres que existem no mundo vive; isso inclui humanos, plantas, animais, as montanhas, rios, a chuva etc. Todos estão em relação, como uma família.[175]

E completa: "É importante lembrar que esse lugar não é de onde nós somos, *ele é quem nós somos*. Por exemplo, eu não sou *de* Huantura, eu *sou* Huantura."[176,177] A descrição de Mariano de suas origens era bastante parecida: "*Eu sou Pacchanta* [Pacchanta kani], *desde meus velhos avós, eu sou este lugar.*"

Estando em-*ayllu*, as pessoas não são de um lugar; elas são o lugar que emerge relacionalmente através delas, os *runakuna* e os outros-que-humanos que produzem o lugar. Em vez de estar inculcada no sujeito individual, a substância de *runakuna* e outros-que-humanos que formam um *ayllu* é o surgimento mútuo de cada um *com* os outros, o qual inclui a terra, ou o que Mariano chamou de "*santa tira*" na cerimônia

---

[174] C. Allen, *The Hold Life Has: Coca and Cultural Identity in an Andean Community*, 2002, p. 84.
[175] J. Oxa, "Vigencia de la cultura andina en la escuela" in *Arguedas y el Perú de hoy*, 2004, p. 239.
[176] Idem.
[177] Itier confirmou em uma comunicação pessoal que, em quíchua, "o lugar do qual alguém é nativo e o lugar ele próprio assumem a mesma expressão verbal". Também explicou que o termo *ayllu* pode ser usado para a totalidade e para suas partes – ele expressa uma relação entre os seres que compõem o *ayllu*, na qual a parte invoca o todo.

oficial que dissolveu a *hacienda*. Seres singulares (tanto *runakuna* quanto outros-que-humanos) não podem cortar a relação inerente que os liga sem afetar sua individualidade – até mesmo transformando-os em um ser diferente. O modo relacional do *ayllu* é paralelo ao que Karen Barad chamou de intra-ação, ou "a constituição mútua de agências emaranhadas".[178] Em movimento semelhante, Marilyn Strathern distingue as relações entre entidades (em que entidades parecem preexistir à relação) e aquelas que trazem as entidades à existência (em que entidades *são* por meio da relação).[179] Assim como a segunda noção de relação de Strathern, a intra-ação não pressupõe a existência de agências individuais distintas que precedem a relação – isso seria interação. Em-*ayllu*, a prática da intra-ação é chamada de *uyway*, uma palavra quíchua que dicionários normalmente traduzem como "criar, alimentar" ou "cuidar" (de uma criança, por exemplo). Compreendido como intra-ação, *uyway* é o cuidado sempre-mútuo (o intracuidado) a partir do qual os seres (*runakuna*, *tirakuna*, plantas, animais) crescem dentro das redes de tomada de lugar [*place-taking*] que compõem o *ayllu*. Oxa discute práticas *uyway* da seguinte forma:

> Respeito e cuidado são uma parte fundamental da vida nos Andes; não são um conceito ou explicação. Cuidar e ser respeitoso significa querer ser criado e criar [um] outro, e isso implica não apenas humanos, mas todos os seres do mundo... criar ou *uyway* colore toda a vida andina. Pachamama nos cria, os Apus nos criam, eles nos cuidam. Criamos nossas crianças e elas nos

---

178 K. Barad, *Meeting the Universe Halfway: Quantum Physics and the Entanglement of Matter and Meaning*, 2007, p. 33.
179 M. Strathern, *Kinship, Law and the Unexpected*, 2005, p. 63,

criam... Criamos as sementes, os animais e as plantas, e eles também nos criam.[180]

Como intrarrelações, as práticas de criação são totalmente co-constitutivas – "recíprocas" é como foram descritas no registro etnográfico andino. Por exemplo, Allen completa o raciocínio da seguinte forma: "A relação é recíproca, pois as indicações *runakuna* de cuidado e de respeito são retribuídas pela tutela do lugar".[181] Uma ressalva: como intra-ação, a reciprocidade não é uma relação *entre* entidades como normalmente é entendida no registro etnográfico andino; é uma relação a partir da qual as entidades emergem, ela as produz, elas crescem a partir dela.

Essa conexão entre ser e lugar pode soar parecida com a noção heideggeriana de habitar que Tim Ingold popularizou entre antropólogos.[182] Também pode haver semelhanças entre o conceito de *uyway* e a ideia de Heidegger de habitar como "estar no lugar", que ele explica através da etimologia de *"construir"* (*bauen*), que "*também* significa ao mesmo tempo estimar e proteger, preservar e cuidar, especificamente lavrar o solo, cultivar a vinha".[183] A diferença, contudo, é tão importante quanto a semelhança: no lugar do cuidado individual (ou coletivo) do solo (ou um do outro) que Heidegger e Ingold podem ter tido em mente (implicando um sujeito e objeto preexistentes à relação), Oxa propõe intra-ações de cuidado ou *uyway* a partir das quais entidades emergem e tomam lugar [*take-place*]. Embora alguns possam enxergar igualitarismo – ou mesmo romanticismo – no *uyway*, não há nada que o

---

180 J. Oxa, ibid., p. 239.
181 C. Allen, ibid., p. 84.
182 T. Ingold, *The Perception of the Environment*, 2000.
183 M. Heidegger, *Poetry, Language, Thought*, 2001, p. 145, grifo do autor.

torne necessariamente igualitário. Bem pelo contrário, o intra-cuidado segue uma ordem socionatural hierárquica; deixar de agir de acordo com as hierarquias em-*ayllu* de respeito e cuidado traz consequências. Visto como *uyway*, não foi um senso de altruísmo (como inicialmente me dispus a pensar) que fez Mariano assumir sua posição como *personero* (com todas as suas possíveis consequências, inclusive sua morte). Pelo contrário, foi para cumprir seu ser em-*ayllu*: sendo Pacchanta, Mariano estava com seus parentes, animais e seres-terra, dos quais não podia se separar sem transformar o seu próprio ser – isso implicaria se remover dos laços que produziam o lugar que ele, junto dos outros, era. Sendo lugar, ele estava obrigado a isso.

TIRAKUNA E OS DEUSES

Em seu agora clássico estudo das Rebeliões Indianas [*Santal rebellions*] no século XIX, Ranajit Guha discute um registro historiográfico que interpretava a participação de deuses e espíritos no movimento como uma invenção dos líderes para garantir seguidores camponeses; a conclusão que o registro oferece é de que a insurgência política foi um movimento secular. Guha,[184] na direção contrária, opta por atribuir a ação aos deuses e espíritos, assim interpretando a Rebelião Indiana como tendo sido religiosamente motivada. Anos mais tarde, Dipesh Chakrabart retoma o raciocínio de Guha, seu mentor – que, reconhece, abriu o campo do político para além dos limites da secularidade impostos pelo pensamento europeu –, e, como Guha, discute uma esfera política do campesinato

---

184 R. Guha, "The Prose of Counter-Insurgency", 1998.

indiano que "não era desprovida da agência dos deuses, espíritos e outros seres sobrenaturais".[185] Deuses e os espíritos não são fatos sociais, ele afirma. O social não os precede; eles são contemporâneos à sociedade humana. Além disso, e indo além dos limites que restringem a política legítima ao secular, Chakrabarty considera que a presença de espíritos e deuses na política reflete a heterogeneidade do tempo histórico, que, por sua vez, também reflete a heterogeneidade ontológica da humanidade. Considero o trabalho de ambos, Chakrabarty e Guha, de fato inspirador e desbravador. Também concordo com a crítica de Chakrabarty ao historicismo e dos laços profundos que o ligam à conceituação da política moderna. De toda forma, tenho discordâncias com ambos os pensadores, o que pode derivar de minha formação acadêmica na América Latina. Nossos arquivos são regionalmente diferentes; preciso começar a pensar sobre política moderna no século XVI quando ela não era secular. Pelo contrário, Cristianismo e fé foram importantes possibilitadores da dominação colonial espanhola nas Américas.

Na verdade, nos Andes, não foi o "tempo vazio homogêneo",[186] mas a fé – o tempo e o espaço do Deus Cristão – que, em encontro antagônico com diversas mundificações locais, demonizou certos lugares e sacralizou outros.[187] Esse cenário não apenas resultou em uma geografia hierarquizada, mas também deixou à posteridade o legado de Deus e da religião como uma língua de tradução: utilizando-a, os primeiros missionários interpretaram algumas montanhas (chamadas *guacas* no século XVI) como "santuários"

---

185 D. Chakrabarty, *Provincializing Europe: Postcolonial Thought and Historical Difference*, 2000, p. .12
186 W. Benjamin, *Illuminations*, 1968.
187 P. Gose, *Invaders as Ancestors: On the Intercultural Making and Unmaking of Spanish Colonialism in the Andes*, 2008.

habitados por "espíritos maus" (normalmente demônios) e "adorados por índios".[188,189] Hierarquias colonialistas nos Andes não necessariamente requeriam o esvaziamento do tempo do lugar e a criação de espaços homogêneos que a política secular requer. Ao contrário, hierarquias políticas colonialistas eram estabelecidas entre "bons" e "maus" sabedores e praticantes: os primeiros sabiam por Deus e praticavam a fé cristã; os últimos sabiam pelo demônio que suas práticas eram heréticas. A diferenciação da humanidade pela justaposição da distância temporal e geográfica que criou diferenças culturais hierárquicas – ou o que Chakrabarty chama de historicismo – requeria a separação de tempo e espaço, a criação da disciplina da História universal e a noção de natureza (também universal e produzida no espaço abstrato). A ciência se tornou o modo privilegiado de obter conhecimento. Todas essas importantes invenções históricas também tiveram consequências nos Andes, mas elas não erradicaram a maneira como a fé cristã tinha moldado a colonialidade da política na região. Pelo contrário, e talvez paradoxalmente, complementaram-se por meio do impedimento da realidade dos seres-terra nos preceitos da relacionalidade *ayllu*, enquanto, ao mesmo tempo, continuavam a prática mais antiga, desta vez benevolentemente, de traduzi-los com expressões da religião que permitem aos *tirakuna* coexistir com o Deus do cristianismo e, às vezes, até mesmo emergir em conjunto (manifestando frações um do outro e aspectos que o outro não contém). Contudo, isso não os torna o mesmo – ou pelo menos *não apenas* o mesmo.

Religião, ou a agência dos deuses, como o evento histórico que Guha e Chakrabarty trazem para suas análises de rebeliões

---

188 *Guacas* pode ter sido a palavra mais antiga para o que ouvi ser chamado de *tirakuna*.
189 C. Dean, op. cit.; P. Gose, op. cit.; S. MacCormack, *Religion in the Andes: Vision and Imagination in Early Colonial Peru*, 1991.

campesinas, desseculariza a política moderna na Índia. Assim, esses autores expandem a agência política para além da esfera humana e empurram os limites impostos pelo pensamento europeu para a análise da política moderna. Contudo, diferentemente de Guha e Chakrabarty e da situação na Índia, não traduzo seres-terra como espíritos ou deuses nem estou afirmando que a luta campesina por terra foi motivada por modos não seculares ou religiosos de consciência. Minhas razões para fazê-lo estão enraizadas na história da América Latina. De fato, mover seres-terra para o interior da esfera religiosa desloca a ideia colonial anterior que atribuiu sua agência ao demônio; embora isso possa também representar o perpetuamento da distinção entre natureza e humanidade que a fé cristã inaugurou quando criou o Novo Mundo. Além disso, a tradução de seres-terra em religião propõe uma relação – por exemplo, de adoração – que conecta um objeto e um sujeito. Essa conexão pode obscurecer a condição em-*ayllu* a partir da qual *tirakuna e runakuna* ocupam seus lugares e que é central para as histórias que conto aqui.

ESTAR EM-*AYLLU* E COM A REFORMA AGRÁRIA

Inspecionando as folhas de coca, Mariano consultava Ausangate sobre suas atividades contra o *hacendado* e sobre seus aliados políticos. E o ser-terra veio; suas sugestões funcionaram: o *hacendado* partiu em 1969, quase trinta anos depois de Mariano se tornar *personero*. Lauramarca foi uma das primeiras *haciendas* que o Estado expropriou e transformou em uma cooperativa gerenciada pelo Estado. Escutando atentamente a explicação de Mariano sobre a inauguração da reforma agrária em Cusco, ficou claro para mim que as práticas mundificação do *ayllu* eram, sem que soubessem, os representantes estatais, parte da cerimônia oficial, que era então mais do que um ritual do Estado moderno para transferir a terra aos campesinos. Apresento, novamente, uma cena que o leitor já conhece:

> *E então tudo acabou. O jatun juez [juiz da província] veio, o subprefeito veio, todos vieram para a ponte em Tinki. Disseram que estava tudo feito; agora vocês conseguiram pegar a terra da hacienda, vocês forçaram a hacienda a abrir mão dela. A terra já está nas suas mãos. Agora, Turpo, levante aquele solo e o beije* [kay allpata huqariy, much'ayuy], *ele disse. E eu disse* [enquanto beijava o solo]: *agora terra abençoada* [kunanqa santa tira], *agora pukara você vai me nutrir* [kunanqa puqara nuqata uywawanki], *agora a palavra do hacendado chegou ao fim, ela desapareceu* [yasta pampachakapunña]. *Beijando o solo, as pessoas perdoavam aquele solo. "Agora ele é nosso, agora pukara você vai nos nutrir", elas todas disseram. É assim que a terra está em nossas mãos, nas mãos de todos os* runakuna: *a hacienda chegou ao fim.*

A inauguração da reforma envolveu práticas que comungavam com os seres-terra, os *tirakuna*, mas elas não faziam parte da agenda pública, e as autoridades estatais devem ter ficado alheias à invocação feita por Mariano e por outros *runakuna*. Práticas do Estado emergiam em-*ayllu* – e vice-versa, é claro, mesmo que aquela emergência passasse invisível nessa direção. As memórias de Benito e de Nazario sobre o momento relembravam práticas que as autoridades oficiais podem não ter visto, ainda que fossem performadas na frente delas; aquelas práticas sugerem que os seres-terra foram participantes do importante evento: "*Sim, aqueles engenheiros deram a meu pai o pukara. E, à noite, fizemos um* ch'uyay *[cerimônia] para o* inqaychu *que Ausangate tinha feito meu pai achar. Dançamos e bebemos a noite toda.*" O registro etnográfico andino tem traduzido *inqaychu* como uma pequena pedra no formato de um animal ou planta que seres-terra dão a alguns indivíduos (fazendo-os encontrá-la); é o *animu* (ou a essência) daquele animal ou planta, e nutri-la é bom para a saúde do rebanho ou da plantação que o *inqaychu* é.[190] Com a ajuda de meus amigos, aprendi que o *inqaychu* é o próprio ser-terra – uma parte dele, que também é todo ele –, mas moldado na forma específica de uma planta, animal ou pessoa. Mariano possuía uma alpaca *inqaychu* – seus rebanhos de alpaca eram relativamente bons em comparação àqueles de outras pessoas; e foi seu *inqaychu* que participou na cerimônia. Libações de bebida alcóolica foram derramadas sobre ele (o *ch'uyay*) para que Ausangate – em sua condição de lugar das alpacas – viesse habitar o recém-estabelecido rebanho de alpacas da cooperativa.

---

190 C. Allen, op. cit.; J.F. Ochoa, op. cit.; X.L. Ricard, op. cit.

O lugar de Mariano – seu *pukara*? Talvez, mas essa é a minha tradução. Abril de 2005.

Crucialmente, o que tinha sido recuperado não era apenas terra. Era *pukara*, *santa tira*, também conhecida local e publicamente (por exemplo, no mundo turístico e na mais nova constituição equatoriana) como Pachamama. O leitor pode se lembrar da História 1, quando Nazario me disse: *pukara* é *pukara*. Ele completou dizendo que o que quer que eu escrevesse em meu papel não seria *pukara*, seria alguma coisa outra. Assim, compreendendo que a minha tradução deixa *pukara* para trás e a move para o meu modo epistêmico, compreendendo essa entidade como uma fonte de vida, uma condição para o entrelaçamento relacional que é o mundo do *ayllu*. Os dicionários a traduzem como "fortaleza". Eu a traduzi aqui por razões heurísticas, apenas temporariamente, na tentativa de revelar a visão das conexões parciais entre *personeros* em-*ayllu* e autoridades do Estado durante a cerimônia que, em 1969, inaugurou a reforma agrária em Cusco. Pronunciada por Mariano na cerimônia, *pukara* pode ter incluído o solo em que plantas crescem e em que rebanhos de animais de lã pastam, bem como Ausangate – que, suponho, presidiu a cerimônia. Os jornais podem ter lido a cerimônia através do simbolismo do Estado-nação: a execução do hino nacional, a presença do ministro da Agricultura (ou de um substituto), a assinatura de um título de posse, a entrega da terra aos campesinos – de novo, isso não está errado. Contudo, reler a mesma cerimônia através da presença de *pukara* e do *inqaychu* – estabelecidos através de práticas nas quais *runakuna* também emergiam com eles – expõe um evento que ocupou mais de um e menos do que muitos mundos. Autoridades estatais inauguravam uma nova instituição agrária, e os líderes de esquerda (os aliados de Mariano) podem ter interpretado o momento como o estabelecimento de um novo processo político-econômico, com novas relações sociais de produção. Mariano e os *runakuna* participaram dessas interpretações. Porém, para eles, o momento também significou uma virada nos tempos – o início de um novo tempo, diferentemente daquele da *hacienda* e em que boas relações finalmente organizariam a vida em-*ayllu*. Essa virada certamente incluía os seres-terra – todos eles eram o lugar que havia sido *hacienda* e já não era mais.

Esse havia sido o objetivo com o qual o *ayllu* de Mariano havia concordado. E, para alcançá-lo, tinham feito alianças com ativistas de esquerda cujo objetivo era "recuperar terra para os campesinos". O objetivo de Mariano de que os *runakuna* "comandassem a si próprios" estava incluído nas pautas tanto do *ayllu* quanto da esquerda. Relembrando sua aliança, ele considerou que recuperar a terra da *hacienda* – o objetivo declarado de seus aliados – tinha também liberado o *ayllu* como um todo: "*Levei todos eles à liberdade. Para uma boa vida, para um dia bom. Quando a* hacienda *estava nos perseguindo, eu tornei todos nós livres.*" Quando perguntei o que significava ser livre, ele disse:

> *Ir aonde quer que quiséssemos, estar bem, para que prestassem atenção a nós, para que falassem direito conosco... como o condor está voando livre, daquele jeito, como a águia é livre, sem tristezas, o coração dela é leve.* [*Eu lutei*] *para que nossa palavra fosse ouvida na* prefectura*, na* subprefeitura*, na delegacia local de polícia, para* [*nos tornar*] *reconhecidos*.

Ele utilizou a palavra *reconhecidos* em um espanhol quíchuanizado: *rikunusisqa kachun*. Mas essa demanda por liberdade (ele havia dito livre em espanhol) não coincidia com filosofias liberais ou socialistas, e recuperar terra não era uma ação motivada apenas por razões econômicas. Os objetivos *runakuna* e suas atividades revelavam (pelo menos parcialmente) a complexidade da relação entre o mundo do *ayllu* e o Estado-nação. Eles demandavam "reconhecimento estatal do coletivo *ayllu*" nos parâmetros que eles consideravam ser do Estado. Eles bastariam para libertar os *runakuna* do *hacendado*. Uma vez livres, as atividades dos *runakuna* excederiam de qualquer forma as balizas do Estado e, a partir desse excesso, uma demanda radicalmente diferente seria possível: ser como o condor, viver sua vida como *runakuna*, respeitando seres-terra e sendo cuidados por eles. Essa demanda – de definir o mundo *também* (não apenas) em termos *runakuna* – tinha sido incluída, mesmo que silenciosamente, nas muitas petições oficiais que foram feitas para o Estado-nação liberal, de maneiras que ele pudesse entender, desde o início do século XX. Entretanto, nem mesmo aquelas demandas (que dirá as silenciosas) foram ouvidas – o regime de *haciendas* as havia simplesmente ignorado. Quando, no fim dos anos 1960, o inimaginável aconteceu e o Estado finalmente ouviu os *runakuna* e decretou a transformação do sistema de propriedade de terra, ele também os identificou como campesinos. Os *runakuna* ao mesmo tempo se depararam com essa nova relação econômica e política *e* estavam em-*ayllu*, assim continuando a exceder os termos do Estado. Retomo essa discussão na História 7.

De acordo com o roteiro acadêmico de esquerda (em que, nos anos 1960, devo relembrar ao leitor, não havia espaço para líderes políticos indígenas), a reforma agrária era (e continua a ser) o resultado de um movimento liderado por pessoas da cidade e apoiado por um grupo relativamente pequeno de campesinos alfabetizados (e, portanto, não indígenas). Esse movimento, o roteiro segue, provocou uma agitação social nacional que resultou em um golpe militar – extraordinário porque, liderado por generais de esquerda, decretou a mais radical (à época) reforma agrária na América Latina. Concordo com essa avaliação: o movimento liderado por pessoas da cidade foi certamente importante. Mas ele envolveu mais do que seus líderes alfabetizados e visíveis. Indivíduos como Mariano eram numerosos; líderes ativos, eles compunham uma liderança ampla e dispersa e – antecipando a frase de Raúl Zibechi – eram "um coletivo em movimento".[191] Foi a aliança entre essas duas formas de liderança – uma com cabeças visíveis; a outra dispersa, múltipla e invisível em um contexto nacional mais amplo – que possibilitou o

---

191 R. Zibechi, *Dispersing Power: Social Movements as Anti-State Forces*, 2010, p. 72.

que veio a ser conhecido como um "movimento campesino histórico". Seu objetivo, de acordo com o mesmo roteiro acadêmico e político, era recuperar "a terra que os *hacendados* tinham usurpado" e transferi-la a seus "donos por direito", as populares "comunidades campesinas" – essas eram as frases através das quais o roteiro circulava, verbalmente ou por escrito. Mas a palavra *terra* (*tierra*) identificava algo que pertencia a mundos diferentes. Em nosso mundo, terra é uma extensão de solo produtivo, traduzível em propriedade. No mundo *runakuna*, *tierra* (ou o plural *tierras*) é também *tirakuna*: a palavra é a mesma, mas o que ela é (Ausangate e seu parentesco, *santa tira, pukara*) não é o mesmo que *tierra* na *hacienda*.

No episódio histórico que levou à reforma agrária, terra era uma "equivocação", no termo de Eduardo Viveiros de Castro; como expliquei anteriormente neste livro, essa inferência não significa uma simples falha na compreensão. Pelo contrário, é "uma falha em compreender que compreensões não são *necessariamente* as mesmas, e que elas *não estão relacionadas* a modos imaginários de 'ver o mundo', *mas aos mundos distintos que são vistos.*"[192] Como um modo de comunicação, equivocações aparecem quando diferentes posições perspectivas – visões *a partir de* mundos diferentes, em vez de perspectivas sobre o mesmo mundo – empregam a mesma palavra para se referir a coisas que não são iguais.[193]

---

[192] E.V. de Castro, "A antropologia perspectivista e o método da equivocação controlada", *Aceno*, v. 5, n. 10, 2018, p. 255, grifo da autora.
[193] De acordo com Viveiros de Castro (2004b, p. 5; grifo meu), equivocações não podem ser "corrigidas", que dirá evitadas; elas podem, contudo, ser controladas, processo que requer prestar atenção ao próprio processo de tradução – os termos e as respectivas diferenças – "de modo que a alteridade referencial entre as [diferentes] posições seja reconhecida e *inserida na conversa* de tal forma que, ao invés de diferentes perspectivas de um único mundo (o que seria o equivalente a relativismo cultural), uma *perspectiva de diferentes mundos se torne aparente.*"

Na história que estou contando, a terra era *"não apenas"* o chão agrícola com o qual campesinos ganhavam a vida – era também o lugar que *tirakuna* com *runakuna* eram (como afirmei repetidamente). Como convergência de ambos, terra era o termo que permitia a aliança entre mundos radicalmente diferentes *e* parcialmente conectados. O mundo habitado por políticos de esquerda era público; o mundo do *ayllu*, composto de humanos e outros-que-humanos, não era – ou era público apenas na tradução. Como um líder sindical também ocupado com práticas de esquerda – celebrar o 1º de maio (Dia do Trabalhado no Peru), coletar dividendos sindicais de outros campesinos e chamá-los de *compañeros* (parceiros de luta), ir a manifestações na Plaza de Armas em Cusco e até mesmo falar naqueles eventos –, Mariano queria "recuperar terra". Porém, para ele, isso não significava apenas o que significava para os sérios políticos de esquerda a quem ele se aliava. Seus mundos parcialmente conectados lutavam conjuntamente pelo mesmo território, e o feito se tornou publicamente conhecido como o fim do sistema de *hacienda* e o início da reforma agrária. Que o mundo em-*ayllu* tenha recuperado lugar – em sua significância relacional entre todos os seres que o habitavam – permanecia desconhecido, nas sombras de onde os esforços em-*ayllu* tinham tornado o evento histórico possível. A reforma agrária foi o culminar de mais de quarenta anos de ações legais nas quais *runakuna* tinham se engajado para recuperar a liberdade em-*ayllu*; essas atividades deixaram um arquivo, um objeto histórico que excedia a História. Esse é o tópico da próxima história.

Falando em equivocações, não quero ser mal compreendida. A minha não é uma interpretação idílica da vida nos Andes, como o são tantas outras. Sou uma testemunha constante de suas dificuldades, desigualdades e violência. Já em 1991, em um artigo intitulado "Las mujeres son más índias"

(As mulheres são mais índias), analisei as hierarquias de gênero que são estabelecidas nas conexões parciais entre os mundos alfabetizado e a-alfabetizado que habitam os Andes. Nessas hierarquias, os alfabetizados eram superiores – e a maior parte deles eram homens. Não mudei de ideia, e meu texto sobre a relacionalidade inerente em-*ayllu* não idealiza a vida nos Andes. A reconciliação com *santa tira* não tornou as mulheres menos índias e, embora tenha concedido a Mariano prestígio local entre os *runakuna*, ele se tornou subordinado a *runakuna* alfabetizados e mais jovens e seu comando em-*ayllu* nunca chegou a virar reconhecimento por parte do Estado. Identificados como "campesinos" depois da reforma agrária, *runakuna* continuaram a participar na ordem *uyway* das coisas e também participavam em relações modernas; muitos, especialmente os mais jovens, preferiram essas últimas e explicitamente menosprezavam regras em-*ayllu*. Pouco depois da inauguração da reforma agrária, eles até mesmo negaram a Mariano o reconhecimento como líder. Na verdade, como expliquei anteriormente, ele concordou em co-laborar comigo neste livro precisamente porque, enquanto um artefato de escrita, era um meio de conseguir a atenção daqueles que, segundo hierarquias hegemônicas, o letramento havia tornado superiores e, portanto, no direito de ignorar Mariano.

Assim, não estou "perdendo de vista a revolução", para parafrasear a acusação de Orin Starn, da antropologia andeanista, crítica com a qual concordo parcialmente.[194] Digo parcialmente porque, embora Starn criticasse aqueles que privilegiavam o ritual e perdiam de vista a política, penso que sua crítica

---

194 O. Starn, "Missing the Revolution: Anthropologists and the War in Peru", *Cultural Anthropology*, v. 6, n. 1, 1991.

privilegiou a política e perdeu de vista o ritual.[195] Investigando a revolução, muitos de nós perdemos de vista a continuidade política entre, por exemplo, Ausangate – não a natureza, mas o ser-terra – e os advogados, um contínuo que organizava o mundo que Mariano, a *hacienda* e até mesmo muitos proprietários de terra cusquenhos compartilhavam. Nós perdemos de vista a complexidade ontológica da confrontação, pois havia mais do que uma luta em curso – e era também menos do que muitas. Por um lado, a luta era política nos termos usuais: campesinos em aliança com grupos progressistas contra *hacendados* conservadores. Por outro, a confrontação não seguia exatamente essas linhas ideológicas, pois havia também um conflito ontoepistêmico em curso. E, nesse conflito, os *runakuna* podem ter tido menos em comum com os políticos de esquerda, os quais podem ter desdenhado das "crenças em Ausangate" que o *hacendado* e os *runakuna* podem ter compartilhado. Ainda que não seja reconhecida publicamente, houve uma confrontação entre nosso mundo (o mundo que separa natureza de humanos, que concede historicidade apenas a estes últimos e que requer representação política e científica para fazer a mediação entre pessoas e coisas) e o mundo em que seres-terra, plantas, animais e humanos estão integralmente relacionados. Naquela confrontação, nossas interpretações acadêmicas estavam imersas em uma política

---

195 Os comentários de Starn provocaram uma forte reação dos andeanistas que ele criticou. As respostas comentaram sobre a compreensão limitada que ele tinha da relevância política do trabalho deles (ver, por exemplo, Mayer, 1991). A discussão transcorreu dentro de um entendimento básico: tanto os trabalhos que Starn criticava quanto sua crítica funcionam dentro da divisão entre natureza e humanidade. Assim, os seres-terra são interpretações culturais da natureza. Ausangate só pode ser uma montanha – *mesmo*. Em 1991, ambos os lados teriam concordado com esse ponto; é possível que não concordem ainda hoje.

ontológica,[196] por meio da qual apenas o mundo da política representacional moderna é possível.

UMA RESSALVA METODOLÓGICA E CONCEITUAL: QUANDO PALAVRAS SÃO SERES-TERRA

Muitos lugares – no sentido *ayllu* da palavra – na região estiveram envolvidos na confrontação contra Lauramarca; os líderes eram, na maioria dos casos, *yachaq* como Mariano.[197] Essa situação não parece ser incomum, já que vários estudos acadêmicos mencionam que líderes campesinos frequentemente eram *yachaqkuna*.[198] Em Cusco, ouvi afirmações semelhantes muitas vezes, sobretudo acerca de líderes políticos dos anos 1960. Curiosamente, nunca ouvi afirmações que se pretendessem como um fato, pois não há evidências para apoiar tais conclusões. A interpretação de Walter Benjamin parece apropriada aqui: tais histórias não podem se tornar História porque elas não são contadas com informação. Uma vez que não podem ser verificadas, elas são implausíveis para ouvidos historicamente treinados. Pelo contrário, soam como se estivessem vindo de longe: de uma crença cultural pertencente a outro tempo. Se essas histórias são conhecidas, é pelo boca a

---

196 M. Blaser, "Political Ontology", *Cultural Studies*, v. 23, n. 5, 2009a; M. Blaser, "The Threat of Yrmo: The Political Ontology of a Sustainable Hunting Program", *American Anthropologist*, v. 111, n. 1, 2009b.
197 Mariano também mencionou ter consultado com *yachaqkuna* que não vivem em Lauramarca e que eram famosos na região – ele não lembrava seus nomes (ou pode ter optado por não os mencionar).
198 R. Gow, op. cit. W. Kapsoli, *Los movimientos campesinos en el Perú: 1879–1965*, 1977. R. Valderrama e C. Escalante, *Del Tata Mallku a la Pachamama: riego, sociedad, y rito en los Andes Peruanos*, 1988.

boca e por experiência própria, aquela da narradora ou aquelas reportadas por outros, as quais a narradora, por sua vez, transforma na experiência de seus ouvintes.[199] A narrativa sobre Guerra Ganar que apresento a seguir é uma daquelas histórias narradas por toda a região que está sob a tutela de Ausangate (para uma história similar, ver Gow e Condori e Ricard).[200] Como explico mais adiante, além das semelhanças há também diferenças entre a noção benjaminiana de contação de histórias e a prática andina de contação de histórias.

Ausangate, também Guerra Ganar.

199 W. Benjamin, op. cit., p. 87.
200 R. Gow e B. Condori (org.), *Kay Pacha*, 1981. X.L. Ricard, *Ladrones de Sombra*, 2007.

AUSANGATE VENCE A GUERRA

Esta é a versão de Mariano da história sobre como Ausangate derrotou os espanhóis:

As pessoas que Ausangate matou estão lá; elas dizem que aconteceu no tempo antes [a nós]. "Agora elas vão vir da Espanha para tomar tudo de vocês [*qankuna ch'utiq*], para matar vocês", ele disse. "Vocês só precisam chamar. E eu virei num cavalo branco. Eles vão chegar ao meio-dia. Vocês vão se esconder naqueles buracos e colocar lhamas ao invés de vocês, e então eles vão atirar nelas", ele disse. "Eu sou de vocês, [*I am from you*] ¡carajo! Eu sou dos incas, das pessoas", ele disse [*qankunamanta kani caraju, inkamantaqa, runamantaqa kani nispa*]. E então ele deu às pessoas [*runakuna*] grandes paus com pedras como cabeças para se defenderem. Quando [os espanhóis] vieram, os runakuna saíram daqueles buracos e começaram a bater nas tropas espanholas, e Ausangate veio em um clarão, em um cavalo branco com um poncho branco cobrindo um de seus lados. Muitas tropas da Espanha tinham vindo – agora tem o Yanaqucha [Lago Negro] atrás de nós; eles dizem que Yanaqucha não estava lá antes – e porque atiraram nas lhamas, ¡carajo! E as lhamas... khar, khar, khar [sons de cascos de lhamas], elas escaparam. Ausangate em seu cavalo branco enviou granizo que caiu nas tropas e ele as empurrou para dentro de Yanaqucha com grandes bastões; eles ainda estão lá. Agora os bastões estão lá, eles são grandes rochas, dá para vê-las. O lago foi aberto lá por conta própria quando começou a chover granizo; ele é muito preto, se chama Yanaqucha, é o sangue das tropas, e as armas delas também estão lá – lá ficaram aqueles que vieram para a guerra. Você ainda consegue ver os buracos onde as pessoas estavam se escondendo. "Eles não vão me derrotar", ele disse. "Vou esperar por eles aqui... e se eles escapam, vou pegá-los naquela planície onde a grama [*ichu*] cresce." É por isso que tem aquela planície com grama lá. Lá, ele matou dois [espanhóis] que tinham escapado [que não tinham caído no lado]. Aquilo foi antes [*antestaraq*], no tempo das pessoas velhas [*machula tiempupi*]. Isso foi o que elas me contaram, é por isso que eu conto a você [*anchhaynatan willawaranku, chaymi qanman willayki*].

Aquela foi a guerra que foi vencida. É por isso que as pessoas falam, "Ausangate e Kayangate [um ser terra aparentado de Ausangate], eles são Ganhar a Guerra [Guerra Ganar]". Dizem que eles tinham falado através do *altumisayuq* e tinham dito, "Deixem eles virem se eles querem. Eu vou ganhar a guerra." É por isso que Ausangate é Ganhar a Guerra. Ele não ganhou a guerra: Ausangate lutou por nós, em nosso lugar [*nuqayku rantiykupi*] para que nós fôssemos livres. É por isso que nós estamos livres, é por isso que todo o Peru está livre. Foi aquilo que elas me contaram; é por isso que eu estou contando a você [*nuqapas chay niwasqallankutan nuqapas willasayki*]. Ausangate é mais do que nosso pai, mais do que nossa mãe, mais do que qualquer um [*maske taytayku maske mamayku, maske nayku Ausagateqa kashan*].

Na região andina em que eu trabalhava, por meio da narração repetida de eventos dos quais um ser-terra em particular participou, a contação de histórias cria a jurisdição dos seres--terra cuja história está sendo contada – no caso apresentado, Ausangate, Guerra Ganar. A jurisdição, normalmente expressa em relações em-*ayllu* com o ser-terra protagonista da história, inclui aqueles lugares em que seres (*runakuna* e *tirakuna*) estão familiarizados com as marcas topográficas do evento porque eles ouviram narrativas acerca dele e às vezes também visitaram o local. A história aproxima ouvinte e contador, em companheirismo um com o outro, e os conecta a gerações de contadores e ouvintes através das marcas produtoras de lugar que o evento deixou. Curiosamente (ou não, uma vez que percebamos que não existe separação entre significante e significado), ouvintes e contadores testemunham o evento como testemunham a marca – e esse testemunhar pode ser efetuado através da própria história. Quando me contou a história sobre Ausangate vencendo a guerra contra os espanhóis, Mariano disse: *"Foi aquilo que elas me contaram; é por isso que eu estou contando a você".* [*nuqapas chay niwasqallankutan nuqapas willasayki.*] Mariano não tinha visto o evento, era um *willakuy*, um evento que tinha acontecido. Não era *kwintu* (do espanhol *cuento*, ou "conto"), uma narrativa que não é necessariamente sobre eventos verdadeiros – mencionei a distinção entre esses dois tipos de história na História 1. O evento-*willakuy* no qual Ausangate venceu a guerra aconteceu. Está inscrito em Yanaqucha; o local onde o confronto (ou o lugar ela havia tomado [*the place it had taken*]) revelou sua ocorrência. As grandes rochas são os paus que Guerra Ganar usou contra os inimigos, seu sangue fez com que a lagoa ficasse preta (*Yanaqucha* significa "Lagoa Negra"), e os buracos onde os *runakuna* se esconderam ainda estão lá. Essas são assinaturas (não sinais ou símbolos; ver Foucault)[201] da guerra; o evento tinha acontecido não apenas no tempo: tinha literalmente *tomado lugar* [*taken place*].

Histórias são contadas oralmente, afirma Benjamin, e aquelas em circulação em Pacchanta não parecem contradizer

---

201 M. Foucault, *As palavras e as coisas: uma arqueologia das ciências humanas*, 1999.

essa avaliação; embora antropólogos as tenham registrado por escrito, elas não são necessariamente lidas localmente, e histórias tendem a ter mais ouvintes que leitores. Entretanto, essa oralidade é de uma natureza específica. De acordo com Foucault, "não é possível agir sobre aquelas marcas sem, ao mesmo tempo, operar sobre aquilo que está secretamente escondido nelas".[202,203] De forma similar, o nome do ser-terra e o *willakuy* que os narra também faz aparecer os eventos mencionados. Assim, por exemplo, quando perguntei (quase retoricamente) "Por que Ausangate é chamado de Guerra Ganar?", Mariano respondeu impacientemente: "*Não estou te contando? Ausangate, Kayangate, eles são Guerra Ganar! Eles ganharam a guerra em nosso lugar [por nós]!*" Embora minha pergunta não esperasse a resposta que recebi – porque eu separo palavras de coisas e eventos dos nomes daqueles que os fizeram acontecer –, entendi o argumento de Mariano: Ausangate não é *chamado* de Ganhar a Guerra, ele é Ganhar a Guerra – e a prosa que conta a história é o evento; sua assinatura é (o que nós chamamos de) as marcas na (naquilo que chamamos de) paisagem. Na prosa do mundo em-*ayllu*, os nomes de seres-terra e as práticas que humanos usam para comungar com eles "[estão depositados] no mundo e dele [fazem] parte porque, ao mesmo tempo, as próprias coisas escondem e manifestam seu enigma... [e] as palavras se propõem aos homens como coisas a decifrar".[204]

Neste caso específico, coisas (montanhas, solo, água e rochas) não são apenas coisas; elas são seres-terra, e seus nomes falam o que elas são. Ausangate é o seu nome; "*elas não têm nomes [apenas] por terem*" [*manan yanqa qasechu sutiyuq*

---

202 Ibid.
203 T. Abercrombie, op. cit., p. 74.
204 M. Foucault, op. cit., p. 47.

kanku], me disseram. Traduzir mais Ausangate (por exemplo, em um espírito-montanha ou uma força sobrenatural) o moveria do mundo do *ayllu* para o nosso mundo, onde poderia ser representado por intermédio da interpretação simbólica de nossa escolha – por exemplo, religião, como disse anteriormente nesta história. Essa tradução não está errada, mas ela arrisca um equívoco que deixa o ser-terra para trás – e, com ele, o mundo em-*ayllu* em que contar a história faz o evento acontecer. Pelo contrário, controlar a equivocação (que não significa corrigir um mal-entendido) pode se provar uma posição analítica complexa. Controlar a equivocação significa examinar o próprio processo de tradução para explicitar seus termos ontoepistêmicos, investigando como os requisitos desses termos podem deixar para trás aquilo que os termos não podem conter, aquilo que não atende a esses requisitos ou os excede. De forma prosaica, controlar a equivocação pode produzir a consciência de que algo se perde na tradução e não será recuperado porque seus termos não são os da tradução. No caso desta história, controlar a equivocação pode permitir o aparecimento de Ausangate como uma entidade que é múltipla: um ser-terra e um espírito-montanha. Como este último, uma crença cultural sobre algo que também é natureza – todas as entidades em conversação, e talvez uma conversação repleta de conflito, através de conexões parciais entre os mundos cujas práticas fazem Ausangate aparecer como ser múltiplo. E, apenas para clarificar, não estou falando sobre perspectivas culturais diferentes sobre a mesma entidade, mas sobre entidades diferentes emergindo em mais do que um e em menos do que muitos mundos e suas práticas, que, como o caso da cerimônia na inauguração da reforma agrária ilustra, podem se sobrepor *e* continuar distintas ao mesmo tempo. Ausangate-Guerra

Ganar foi uma presença nessa cerimônia e no processo que acabou com a expulsão do proprietário de terra. A história narra um evento que não satisfaz os requisitos de história: não há evidência de que ele aconteceu. Porém, na prosa do mundo em-*ayllu*, em que não existe separação entre o evento e sua narração, o acontecimento pode ser a-histórico. Longe de significar que os eventos não aconteceram, isso significa que os eventos não estão contidos por evidência como requisito. Esse é o assunto da história 4.

HISTÓRIA 4

O ARQUIVO DE MARIANO
O ACONTECIMENTO DO A-HISTÓRICO

> "O termo 'arquivos' primeiramente se refere a um prédio, um símbolo de uma instituição pública, que é um dos órgãos de um Estado constituído. Entretanto, por 'arquivos' também se entende uma coleção de documentos – normalmente, documentos escritos mantidos em tal prédio. Não pode haver, portanto, uma definição de 'arquivos' que não englobe tanto o prédio em si quanto os documentos nele guardados."
>
> ACHILLE MBEMBE, *O PODER DO ARQUIVO E SEUS LIMITES*

UMA CAIXA QUE CONTINHA MAIS DE QUATROCENTOS documentos foi a origem de minha relação com Mariano Turpo. Os documentos eram diversos em forma, conteúdo e técnica de escrita. Incluíam comunicações oficiais datilografadas, muito formais; pedaços de papel com mensagens pessoais escritas à mão entre marido e esposa, advogado e cliente ou entre proprietário e empregado; cadernos escolares; pedaços de papel nos quais Mariano praticou sua assinatura; recibos de hotéis de suas estadas em Lima; minutas de reuniões de sindicatos campesinos; recortes de jornal e panfletos de esquerda. Os documentos pareciam ter sido coletados entre os anos 1920 e 1970. Thomas Müller – o fotógrafo cujas fotos adornam este livro – os encontrou quando Nazario estava prestes a usar alguns dos papéis na caixa para acender a lareira e ferver água para tomarem chá. Aparentemente, os documentos não eram importantes para Nazario, então Thomas perguntou se ele poderia levar a caixa. Na sequência, ele a entregou à minha irmã e ao meu cunhado, que foram os guardiões do que chamarei de "arquivo de Mariano". Quando eu trouxe a caixa para Pacchanta, Nazario riu ao se lembrar do interesse de Thomas pelos documentos e, por extensão, do meu entusiasmo por eles.

Uma caixa com documentos – um arquivo?

Originalmente, eu havia pensado que, ao investigar os papéis do arquivo de Mariano, poderia apresentar a história de um grupo de campesinos e seus aliados enquanto lutavam contra os abusos dos consecutivos proprietários de terra da *hacienda* Lauramarca. Os documentos eram, pensei, suficientes para contar a história.[205] Contudo, Mariano discordou. Como mencionei anteriormente, depois de algumas sessões em que lia e ele comentava sobre os documentos, Mariano decidiu que nós não faríamos mais isso. Os documentos eram insuficientes – a

---

205 Essa luta entre campesinos e proprietários de terras foi historicamente documentada. Ver, por exemplo, Reátegui, 1977.

história da *queja* envolvia mais do que aquilo que estava escrito nos papéis da caixa. Ele preferia me contar aquela história, disse. Os documentos que estávamos lendo foram necessários durante a *queja*, mas muitos deles – particularmente os documentos sobre os acordos com o proprietário de terra – tinham sido um desperdício de tempo: aqueles tinham sido "em vão" [*por gusto/ yanqapuni kashan*], não tinham feito nada acontecer. O proprietário de terra nunca obedecia à lei e, de qualquer forma, a *queja* era mais do que aquilo que os documentos descreviam. Seguindo a sugestão de Mariano, nós começamos a conversar sobre o roteiro escrito que os documentos forneciam.

A rejeição dos documentos por parte de Mariano era significativa. Sua explícita negação da utilidade deles para recontar atividades passadas contra o proprietário de terra me fez reconsiderar, para dizer o mínimo, a capacidade – o alcance analítico – dos conceitos com os quais eu havia trabalhado até então. Por exemplo, reler documentos históricos para tornar "campesinos o sujeito de sua história", como Ranajit Guha[206] propôs, não fazia o sentido que fizera.[207] A insistência de Mariano em se distanciar dos documentos parecia indicar que a história que eu poderia trazer à tona por meio deles não era aquela da qual Mariano gostaria de ser o sujeito. E eu não podia esquecer que Nazario estava usando o que para nós eram documentos – até mesmo um arquivo – como combustível para seu fogo. Levar esse fato a sério parecia indicar que, na casa de Nazario e Mariano, a caixa e os papéis que ela continha não eram o que eu pensava que eram – eles podiam ser queimados. Será que a caixa e os papéis que ela continha *também* não eram um arquivo nem documentos?

---

206 R. Guha, *Elementary Aspects of Peasant Insurgency in Colonial India*, 1992, p. 3.
207 M. de la Cadena, *Indigenous Mestizos: The Politics of Race and Culture in Cuzco, Peru, 1919-1991*, 2000.

E, se eles não eram, por que haviam sido coletados e guardados? Aparentemente, sua importância, e nesse sentido sua existência, acabara – mas qual havia sido ela? E, é claro, por que tinham perdido valor?

Eu não poderia encontrar as respostas para essas perguntas nos próprios documentos; pelo contrário, elas pertenciam aos donos dos papéis – os arquivistas indígenas, um conceito que sugere a condição paradoxal dessa prática. Além de existir em relação ao Estado, um arquivo requer letramento. Os arquivistas indígenas eram, em sua maioria, iletrados, o que no Peru significava que não tinham cidadania legal durante todo o período em que os documentos foram coletados.[208] A sensação de paradoxo aumenta se consideramos o contraste entre as condições do arquivo de Mariano e os comentários de Achille Mbembe no início desta história. O arquivo de Mariano era mantido em um prédio. Porém, esse prédio era uma casa rural – alguns a considerariam um casebre – e, em determinado momento, os documentos foram até mesmo esquecidos; quando Thomas os encontrou, estavam armazenados em uma caixa comum entre sacos de semente de batata, sacos de estrume a ser utilizado como fertilizante e ferramentas agrícolas que eram guardadas na mesma construção. No momento que escrevo estas linhas, a maioria dos documentos não é pública, e é incerto se algum dia será. A coleção de papéis com a qual eu trabalhava parecia então não corresponder às condições de um arquivo. Além disso, se consideramos que, como complementa Mbembe, "o arquivo não tem nem status nem poder sem uma dimensão arquitetural",[209] as dúvidas sobre como conceitualizar os documentos aumentam. Ao menos no evento de sua descoberta, a caixa que continha aquilo que para

---

208 A primeira Constituição do Peru que reconheceu integralmente o direito de pessoas iletradas participarem de processos eleitorais é de 1979.
209 A. Mbembe, "The Power of the Archive and Its Limits", 2002, p. 19.

mim era valioso não tinha nenhum status ou poder – sua dimensão arquitetural era estranhamente vulnerável para um arquivo. Porém, os documentos atendem a um elemento crucial da conceituação de Mbembe. O arquivo, ele diz, manifesta um paradoxo: é necessário para a existência do Estado, mas, em sua capacidade de registrar e, portanto, de relembrar o Estado de violações que ele preferiria esquecer, o arquivo também cria uma ameaça estatal. Ele conclui: "Mais do que sobre sua habilidade de lembrar, o poder do Estado se apoia sobre sua habilidade... de abolir o arquivo e anestesiar o passado."[210]

Os documentos no arquivo de Mariano aparentemente reconhecem esse poder; eles poderiam ter funcionado como uma recordação persistente das imensas dívidas do Estado com os *runakuna*. Começando nos anos 1920 e acabando nos anos 1970, a maior parte dos documentos contidos na caixa denuncia as transgressões de regras do Estado por representantes estatais, locais e regionais. A supressão do arquivo era uma forma de o *gamonalismo* se fazer imune à lei. Manter um registro dos abusos do *gamonalismo* contra os *runakuna*, portanto, se tornou a tarefa daqueles que estou chamando de arquivistas indígenas. Além de guardar os documentos, eles também precisavam supervisionar a legalidade de sua produção – uma atividade à qual, como mencionado na História 2, Mariano e outros se referiam como *queja purichiy* ou "encaminhar a queixa", no sentido de fazê-la chegar a algum lugar ou fazê-la funcionar.[211] Porém, "encaminhar" é um verbo bastante adequado para descrever essa atividade, pois os arquivistas indígenas tinham de percorrer longas distâncias – da

---

210 Ibid., p. 23.
211 Agradeço a Bruce Mannheim por essa tradução. Para uma explicação maravilhosamente perspicaz dos possíveis significados de *puriy* e sua relação com *tiyay* (existir em um local) e *kay* (ser/estar [*to be*]), ver Mannheim, 1998.

Nazario Chillihuani, guardião do arquivo, e o prédio onde este era guardado. Julho de 2004.

região de Lauramarca até Cusco e Lima – para discutir suas queixas com advogados, juízes, policiais e congressistas, aqueles representantes do Estado que, se localizados suficientemente longe do alcance de *gamonales* locais, poderiam ouvir os argumentos indígenas. Essas conversas geraram uma infinidade de documentos que estou chamando de arquivo de Mariano.

Os arquivistas indígenas concordariam com uma frase bastante citada de Jacques Derrida: "Nenhum poder político sem controle do arquivo, mas da memória."[212] Apesar de seu modesto

---

212 J. Derrida, *Mal de arquivo: uma impressão freudiana*, 2001, p. 16.

abrigo, esses documentos formaram um tipo de coleção, um arquivo a seu próprios modo. Eles são intrigantes para o indivíduo historicamente condicionado, pois revelam a determinação dos *runakuna* em lembrar, e sua vontade de contrapor o *gamonalismo*. Porém, essa afirmação precisa de uma explicação em concordância com o complexo objeto ao qual se refere. Nesta história, discuto a complexidade ontológica dos papéis que Thomas Müller encontrou na casa de Nazario, as práticas compostas – parcialmente conectadas – através das quais eles vieram a existir. Na verdade, o momento em que os papéis foram salvos do fogo realizou uma inesperada tradução epistêmica, pois foi nesse ponto que o arquivo de Mariano emergiu *apenas* como tal e adquiriu a (incompleta) vida pública que me permite escrever sobre ele. O grupo de documentos escritos coletados por indivíduos iletrados estava situado nas margens epistêmicas do Estado e da História. Não por coincidência, ele também estava geograficamente localizado em um ponto remoto do país. Nossa presença no local tocava os nervos daquelas margens, como o fazia a afirmação de Mariano sobre a insuficiência dos documentos para contar sua história. O modo como as coisas aconteceram era mais do que os documentos continham (na verdade, poderiam conter), o que era crucial para o ser e razão de ser dos próprios documentos.

As origens desse arquivo se situavam onde diferenças entre arquivistas indígenas e o Estado abarcavam algumas preocupações convergentes. O interesse *runakuna* em denunciar os abusos do proprietário de terra não era o mesmo que a obrigação do Estado de defender aqueles a quem ele se referia como "a raça indígena inferior", mas a sobreposição foi suficiente para provocar o surgimento dos documentos que resultaram no arquivo de Mariano. Quando o proprietário foi expulso e a *hacienda* dissolvida em 1969, os interesses convergentes que compunham esse arquivo cessaram. Naquele ponto, os documentos também perderam o propósito que motivar sua existência com os *runakuna*; tornaram-se papel – bom para acender uma fogueira. Localizado na fronteira ontoepistêmica entre o Estado e os *runakuna*, esse arquivo foi também o lugar onde a história e as práticas de mundificação a-históricas se tornaram parte uma da outra, compondo a conexão parcial que caracteriza a vida de residentes indígenas e não indígenas de muitas regiões andinas.

"Objeto de fronteira" é uma boa noção para se utilizar ao começar a conceituar o arquivo de Mariano. Objetos de fronteira habitam comunidades heterogêneas de prática e atendem aos requisitos de cada uma, mas não requerem que as comunidades concordem acerca do que o objeto é.[213] No caso do arquivo de Mariano, as comunidades cujas práticas o tinham composto eram aquelas do Estado e do *ayllu*. Essas comunidades usavam as mesmas palavras, tinta e papel, porém não necessariamente compartilham as matérias-primas ontológico-conceituais utilizadas para fabricar esses documentos. Tal diferença não significa que elas estavam em disputa umas com as outras; pelo contrário, os interesses que essas comunidades tinham em comum eram cruciais para a produção do arquivo. Todavia, muitas das práticas que cada uma usava na produção e preservação colaborativa dos documentos eram incomensuráveis entre si. Além disso, sua colaboração era assimétrica: o mundo letrado (do Estado e dos políticos de esquerda) tinha o poder de renegar as práticas aletradas que *runakuna* traziam para a produção de documentos legais, os inevitáveis objetos letrados nas atividades dos *runakuna* contra o proprietário. O tipo de fronteira que o arquivo de Mariano habitava – sua complexidade ontológica – requer reconhecimento. Objeto histórico para registrar

---

213 S.L. Star e J. Griesemer, "Institutional Ecology, 'Translations,' and Boundary Objects: Amateurs and Professionals in Berkeley's Museum of Vertebrate Zoology, 1907-39", *Social Studies of Science*, v. 19, n. 4, 1989.

as transgressões do dono da vontade e, portanto, uma ferramenta para obrigar o Estado a reconhecer sua dívida com os *runakuna*, esse arquivo foi possibilitado através de práticas a-históricas de *ayllu*. Em algum momento, ele se tornou um amontoado de material para alimentar fogo e, por fim, adquiriu (ou, talvez, recuperou) sua historicidade quando chegou a nossas mãos. Que status teria esse arquivo não-exatamente-público frente à escrita da História – mesmo uma história alternativa? Como, tendo em vista o lugar incerto em que era guardado, uma historiadora – mesmo uma historiadora alternativa – documentaria as provas que esse arquivo presumidamente contém? O que essa historiadora precisaria fazer para transformar esses documentos não-exatamente-públicos em provas? Como ela os citaria uma vez que eles não estão oficialmente catalogados?[214] Respostas a essas perguntas poderiam revelar o poder do Estado para controlar os registros de suas ações: a vida errática dos documentos no arquivo de Mariano – as tecnologias não oficiais através das quais ele foi preservado – pode ter cancelado suas possibilidades históricas.

Outra conhecida noção derridiana (1995) é a de que as "técnicas arquivísticas", como a escrita e a preservação, não apenas determinam o momento ou o lugar do "registro conservador"; mas, mais importante ainda, determinam o próprio "acontecimento arquivável". As técnicas arquivísticas que produziram o arquivo de Mariano (inclusive a escrita) transcorreram também por práticas do *ayllu*. Assim, como em histórias anteriores, aqui também *ayllu* (ou estar em-*ayllu*) é um

---

214 Quando recebi o arquivo de Mariano, os documentos haviam sido numerados na ordem em que foram encontrados na caixa. Mantive os números originais e fiz cópias dos documentos em CDs em ordem cronológica. Então rotulei os CDs com o ano dos documentos que eles contêm. Seguindo esse catálogo próprio, quando cito um documento do arquivo de Mariano, registro o número que o documento tinha quando recebi o arquivo e o ano que identifica o CD em que gravei o documento.

conceito-chave: suas práticas abrigavam o arquivo de Mariano. Ao fazê-lo, ele fornecia a dimensão arquitetural que Mbembe identifica como necessária para um arquivo que era, entretanto, composto pela diferença radical que os documentos não podiam registrar, pois ela excedia a História. Complexo ontologicamente, esse arquivo incluía eventos, cujas evidências não podiam ser registradas por escrito, juntamente com eventos que não deixaram nenhuma evidência e cuja escrita teria sido de qualquer modo insuficiente para provar sua existência, pois elas teriam sido reduzidas a crenças.

No restante desta história, apresento um relato etnográfico do arquivo de Mariano. Não respondo às perguntas que um historiador responderia, e não uso os documentos como informação para analisar o evento histórico de um "movimento social campesino para recuperar terra" – uma noção que poderia também ser pertinente para pensar as atividades para expulsar o proprietário de terra de Lauramarca. Ao contrário, utilizo os documentos em diálogo com as histórias de Mariano, através das quais aprendi sobre aquilo que não deixou nenhuma evidência e que, em muitos casos, excedia a História, mas era crucial para a produção do arquivo. Conceituo esse excesso como a-histórico para frisar sua conexão com o histórico, pois, sem este último, o excesso não teria sido tal, nem teria estabelecido o arquivo de Mariano – um objeto de História que não era apenas isso.

Uma ressalva: embora esta história esteja principalmente preocupada com o excesso a-histórico que era crucial para a produção do arquivo de Mariano, não é meu objetivo menosprezar sua importância histórica. Eu não poderia fazê-lo epistêmica ou politicamente, pois, de modo significativo, nas origens da *queja*, houve um evento que atendeu aos requisitos de História; e ainda hoje é memorável na região como "o rapto de líderes *runakuna* até Qusñipata". Os documentos que os *runakuna* e seus aliados letrados escreveram para denunciar o incidente foram o ponto de início do arquivo de Mariano. O que se segue são excertos daqueles documentos; eu os ofereço para descrever o evento e para apresentar a textura dos documentos contidos nesse arquivo peculiar. A repetida denúncia do sequestro da liderança local para Qusñipata e o o cuidado com os documentos por gerações de líderes *runakuna* ilustram um interesse em conservar memórias de sua relação com o proprietário de terra e as oferecer à memória do Estado. É inegável que os documentos frisam a relevância histórica do arquivo de Mariano, que, insisto, não foi criado apenas pela História.

O ARQUIVO INDÍGENA CONTRA O ESQUECIMENTO DE ESTADO

O evento que originou a *queja*, e, assim, o arquivo indígena, foi o sequestro, em 1926, de líderes *runakuna* que se opunham aos proprietários de terra – naquele momento, a família Saldívar. Como mencionado na História 2, um dos irmãos era um representante do Congresso Nacional, outro era um juiz de alto escalão na mais alta corte de justiça em Cusco e um terceiro era casado com a filha do presidente do Peru. Os líderes do movimento foram enviados para Qusñipata, um distrito nas terras baixas do Leste, onde desapareceram. Gerações de líderes *runakuna* denunciaram esse evento por mais de vinte anos, e outras queixas se acumularam em torno dele. Muito dessa história entrou no registro histórico.²¹⁵ Um dos primeiros documentos nesse arquivo a narrar o episódio data de 1927 e nele se lê:

> Quando nós [os *personeros*] viemos a esta cidade para implorar por justiça a todos os poderes e instituições do Estado, miseráveis como somos, nós encontramos as mais amargas decepções. E assim aconteceu com aqueles que vieram antes de nós no mês passado, pois eles foram feitos prisioneiros, encarcerados nos calabouços da *Intendencia*, por vários dias, e finalmente foram enviados para Urcos, a pedido do Diputado Nacional Ernesto Saldívar. E qual foi o resultado? Que os miseráveis [indivíduos] que vieram [a Cusco, a cidade] esperando encontrar justiça, ter sua vozes ouvidas por aqueles que a administram, foram confinados, enviados por ordem do subprefeito Erasmo Fernández, e ele então procedeu, depois de tê-los encarcerado por vários dias, a enviá-los para o vale de Ccosñipata sob as mesmas condições dos homens anteriores – esses são: Mariano Choqque, Marcos Cuntu e Agustin Echegaray, que estão confinados nos mencionados vales e sobre quem não sabemos nada. Os indivíduos indígenas [que foram sequestrados] são: Martin Huisa, Domingo Leqqe, Antonio Quispe, Francisco Chillihuani, Juan Merma, Mariano Yana, Casimiro Mamani, Mariano Ccolqque, Patricio Mayo, Cayetano Yupa, Manuel Luna, Domingo e Narciso Echegaray.²¹⁶

Os *personeros* que assinaram o documento que transcrevo aqui devem ter sido nomeados para substituir os que estavam desaparecidos. Eles explicaram que, ao viajar para a cidade de Cusco,

---

215 D. G. Sayán, *Toma de Tierras en el Perú*, 1982.
W. Kapsoli, *Los movimientos campesinos en el Perú: 1879–1965*, 1977.
W. Reátegui, *Explotación agropecuaria y las movilizaciones campesinas em Lauramarca Cusco*, 1977, p. 2.
216 CD 1927, doc. 127-28.

arriscaram ser capturados pelo subprefeito, porque ele havia prendido Choqque, Cuntu e Echegaray – aqueles que vieram imediatamente antes deles – assim que soube que eles tinham oficialmente contestado o sequestro dos treze indivíduos que tinham sido enviados para Qusñipata. Então questionara: "onde está a justiça quando o subprefeito serve a um representante congressista de Cusco (Ernesto Saldívar), que é também um dos três donos da *hacienda* que abusou deles?" Os proprietários de terra controlavam o Estado, e os *runakuna* sabiam disso. Os tribunais do Judiciário tinham falhas, e os *personeros* devem ter querido documentar esse fato: entre os papéis no arquivo está uma comunicação oficial na qual Maximiliano Saldívar (um os donos e o já mencionado juiz na Corte Superior de Cusco) se recusa a assinar uma acusação porque "ela envolve meus irmãos".[217] Essa abstenção aparentemente ética, dado seu conflito de interesse, pode também ter identificado aqueles interesses como devidamente legais. Assim era o *gamonalismo*; ele incluía as práticas às vezes sutis de senhores.

À medida que os abusos continuaram, e contra o poder do Estado de cancelar o arquivo (no sentido de Mbembe), os *runakuna* insistiram em registrar as explorações dos proprietários de terra. Cinco anos após seus líderes terem sido sequestrados e levados a Qusñipata, em 1931, os *runakuna* uma vez mais denunciaram o evento:

> os Saldívars são responsáveis pela morte de grande número de índios que foram retirados de suas casas, acusados de desobediência; em agosto de 1926, dezoito índios foram sequestrados e vendidos à *hacienda* Villa Carmen... só dez retornaram, e eles morreram mais tarde como consequência dos maus-tratos que tinham recebido e das doenças de regiões tropicais montanhosas.

217 CD, 1932, doc. 104.

Os *personeros* que assinaram o documento foram Manuel Mandura e Mariano Mamani; eles apresentaram sua queixa em Lima, para onde tinham viajado também para denunciar o administrador de Lauramarca por confiscar "10 mil alpacas, 5 mil ovelhas, cem vacas, oitenta cavalos e quinhentas lhamas" e queimar seus "casebres miseráveis. Também pediam que uma "comissão oficial" fosse enviada a Lauramarca para confirmar o caráter de verdade de suas declarações.[218]

Os esforços dos *runakuna* para documentar os abusos eram incansáveis. Novamente em 1933, o mesmo Mariano Mamani e um novo líder, Manuel Quispe, denunciaram o evento de Qusñipata e adicionaram outra acusação:

> Durante o ano de 1933, nos meses de janeiro, fevereiro e março, [houve] outro ataque por milícias armadas apoiadas por quinze guardas civis [que estavam] acompanhados pelo governador de Occongate juntamente com os governadores tenentes respondendo às ordens de Saldívar eles [dizem] que tinham ordens do Governo Supremo, desta vez mataram dois índios e feriram três os detidos foram levados para Cusco, feridos a bala.[219]

Para apresentar a queixa, viajaram para Lima porque "a justiça legal não existe nestes lugares despopulados, [embora] leis definitivas existam no país, nós, os índios iletrados, continuamos a ser as vítimas".[220]

Contornar o poder local do Estado era importante. Em 1938, esses dois *personeros* viajaram para Lima novamente. Foram convocados, juntamente com o *hacendado*, para um *comparendo*, uma confrontação frente a frente das partes em conflito. O

---

218 CD, 1931, doc. 163.
219 CD, 1962-1933, doc. 84.
220 Idem.

hacendado não apareceu. Sem ter como sair de Lima, os *personeros* escreveram ao presidente do Peru pedindo por "dois bilhetes de Callao até a Província de Quispicanchis, porque... nós ficamos sem recursos enquanto esperávamos pelo *comparendo* conciliatório que havia sido agendado e que não ocorreu porque os [irmãos] Saldívar falharam em obedecê-lo".[221] Novamente, requisitaram uma comissão para verificar as condições abjetas de sua vida nas mãos do proprietário de terras.

Suas viagens a Lima tiveram alguns efeitos positivos. Por exemplo, respondendo aos pedidos dos *runakuna* em agosto de 1933, o *director general de fomento* [o diretor-geral de desenvolvimento] enviou uma comunicação oficial ao prefeito de Cusco – o representante do presidente na região – reclamando sobre a inação e ineficiência de seu escritório em resposta às ordens para proteger os solicitantes indígenas em relação às cobranças do *hacendado*. Essa comunicação também instou o prefeito a proteger Mamani e Quispe em particular de possível retaliação do proprietário.[222] Em 1936, como resultado de uma onda modernizante e pró-indígena no governo, emitiu-se uma resolução suprema que abolia em Lauramarca o trabalho não remunerado.

O proprietário das terras continuou a ignorar ordens centrais. E, embora Mamani tenha desaparecido dos documentos, provavelmente devido à idade avançada, Quispe continuou seus esforços em nome da queixa e por isso foi para a cadeia diversas vezes. Em 1937, foi acusado de "perturbar a ordem pública" e foi preso. Ele negou a acusação, apelando: "[minha] condição de índio iletrado, semicivilizado e enfraquecido pela servidão e pelo lugar que habito".[223] Anos mais tarde, incapaz de capturar

---

221 CD, 1938, doc. 93.
222 CD 1933, doc. 25s.
223 CD 1937, doc. 158s.

Quispe, o proprietário fez sua mãe refém; ela foi libertada depois que o pai de Quispe se ofereceu em troca dela.[224] Quispe encaminhou a *queja* por muito tempo. Durante uma época de Natal nos anos 1950, ele estava ainda ativo e foi preso mais uma vez; ele enviou uma carta da cadeia de Cusco, assinada por ele e Joaquin Carrasco, então um novo líder e o homem que anos mais tarde daria a *queja* a Mariano Turpo.

EM-*AYLLU*, A *QUEJA* É TAMBÉM AQUI E AGORA

Em Pacchanta, histórias do sequestro dos líderes são contadas até os dias atuais. Aqui está uma delas:

> Aqueles soldados... eles dizem que muitos deles vieram, sabe-se lá quantos mais vieram! Os soldados e os proprietários de terras levaram os *runakuna* para a *hacienda*. Quando reclamamos sobre aquilo, eles mataram as pessoas atirando nelas. Outros, os líderes, foram vendidas para Qusñipata... aquilo foi na minha frente, antes de mim. Eu não vi aquilo [ñaupaq *antestaraq, manaña rikuninachu*]; provavelmente eu era bem pequeno na época. Meu pai falava sobre isso, deve ter sido do jeito que foi. Aquilo foi o que disseram a ele. Aquele que se chamava Juan Merma, aquele Francisco Chillihuani, aqueles foram vendidos para Qusñipata; eles não voltaram desde então. Onde podem estar? Eu me lembro de Francisco Chillihuani porque ele era o irmão de meu pai [*chay Francisco Ch'illiwanillata nuqa yuyashani, taytaypa hermanumi chay karan*].

---

224 CD 1945, doc. 121.

```
chados á Urcos á solicitud de todo esto,del diputado Nacional por
uispicanchi señor Ernesto Saldivar.El resultado cual fue?.-Que á
los infelices que vinierón creyendo encontar justicia;al hacerse oir
                                    V en
de los que la admiñistran,se les serró,se les mandó á  ordenes del
Subprefecto Erasmo Fernandez i este procedió despues de tenerlos va
rios dias encerrados en la Subprefectura á mandarlos al valle de -
Coosñipata en la misma condición que á los anteriores,estos son:---
Mariano Choqque,Marcos Cuntu,i Agustin Echegarai,quienes ya estan
confinados en dichos valles i de los que nada sabemos. Los indige-
nas que han sido llevados á Coosñipata á que hacemos relación más
arriba son los siguientes:Martín Huisa,Domingo Leqque,Antonio Quis;
pe,Francisco Chahillihuani,Juan Merma, Mariano Yena,Casimiro Mamani,
Mariano Coolqque,Patricio Mayo,Cayetano Yupa.Manuel Luna,Domingo i
Narciso Echegaray i otros muchos que dice han sido confinados tam-
bien en Coosñipata.Dadas las condiciones de nuestros desgraciados
compañeros en el infortunio i la desgracia,el hecho de estar es-
```

Uma seção recortada do primeiro documento que transcrevi aqui;[225] um dos muitos que mencionam os nomes dos líderes sequestrados. Cortesia de Mariano Turpo.

Essa história foi contada a mim por Nazario Chillihuani, o sobrinho de Francisco Chillihuani, aparentemente o líder daqueles que foram enviados a Qusñipata; historiadores já escreveram sobre sua liderança.[226] Ele pode ter sido o primeiro de uma longa lista de homens que as pessoas locais recordam como líderes na luta contra a *hacienda* Lauramarca. Outros líderes que vieram depois de Francisco Chillihuani foram Mariano Mamani, Manuel

225 CD 1927, doc. 127-28.
226 Por exemplo, Reátegui (1977, p. 103) escreve: "Francisco Chillihuani é uma figura relevante desde 1922; era o delegado dos vilarejos de Lauramarca e viajava frequentemente para Lima. Ele desempenhou um importante papel nos movimentos entre 1922 e 1927. Em 1927, caiu nas mãos dos supervisores da *hacienda* e foi confinado nas terras baixas de Cosñipata, de onde não retornou".

Chuqque, Manuel Quispe e Joaquín Carrasco, e a lista termina com Mariano Turpo. A lista tem vários aspectos característicos. Um é que, embora possa ser cronologicamente organizada do passado ao presente (como me foi apresentada em uma assembleia comunal e como eu a apresentei aqui), ela também pode ser contada a partir daquilo que chamamos de presente rumo ao que chamamos de passado, que é como Mariano a narrou para mim, começando com ele próprio e terminando com Francisco Chillihuani:

> *Manuel Quispe veio na minha frente* [Manuel Quispe hamusqa ñawpaqniytaraq] *– ele estava escondido, mas procuraram por ele – e Joaquín Carrasco. Esses me escolheram. Quando eles não podiam* [*mais*] *ir a Cusco, eu ia* [chaykuna mana atiqninin, nuqata Qusquta kaykurani]. *Mas na frente deles estava* [ichaqa ñawpaqtaqa karan] *Manuel Chuqque – ele foi morto, atiraram ele no rio, tiraram a pele de seu rosto para que ninguém o reconhecesse. Na frente de Chuqque estava Francisco Quispe* [Chuqque ñawpaqnintaqa kaan Francisco Quispe], *na frente dele Mariano Mamani, na frente dele* [ñawpaqraqa] *Manuel Mandura – ele escapou para ir viver nas montanhas, como eu, vivia em esconderijo. Por isso não foi vendido para Qusñipata. Aquele Francisco Chillihuani, ele veio na frente de todos* [Chay Francisco Chilihuaniqa, llapyku ñawpaqentan hamuran]. *Dizem que ele começou a queixa, que não retornou da selva. Já que eles tinham caminhado à minha frente, eu tinha que caminhar também.*

A antropologia andianista está familiarizada com duas palavras quíchua que traduzimos como "passado" e "futuro". A primeira é *ñawpaq*; derivada de *ñawi* (olhos), com os sufixos *pa* e *q*. Literalmente, ela se traduz por "aquilo que é para os olhos" – na frente dos ou ante os olhos de alguém. Essa é a palavra que

Mariano usava quando narrava sua lista. Nessa expressão, os *runakuna* encaram aquilo que é ou *já foi*, algo que é conhecido, e que – em nossos termos – pode pertencer ao passado ou ao presente. Essa distinção não precisa ser feita com o tempo verbal, pois, estando na frente dos olhos de alguém, passado e presente não são necessariamente duas temporalidades distintas; podem se dobrar uma sobre a outra e estar permanentemente, agora e aqui, sempre diante dos observadores, embora não necessariamente contemporâneas[227] a eles. A segunda expressão quíchua familiar à etnografia andina (que Mariano não mencionou na sua história sobre a *queja*) é *qhipaq*. Ela significa "atrás" e se refere a algo que está nas ou às nossas costas, que não pode ser visto e é, portanto, desconhecido; falantes de quíchua explicam seu uso como "depois" (ou o que vem depois). Linguistas quíchuas traduziram *ñawpaq* como "passado" e *qhipaq* como "futuro"; o que, novamente, não está errado. Entretanto, o que me interessa acerca dessa tradução é o que nós, andianistas, normalmente desconsideramos: primeiro, *ñawpaq* não faz a distinção entre passado e presente que a História moderna requer; e, segundo, essas noções não seguem a direcionalidade moderna. Em vez de uma sucessão do passado ao presente e ao futuro, esses termos abrigam uma distinção entre o conhecido e o desconhecido,[228] e o conhecido não predomina sobre o desconhecido ou vice-versa. Enfim, apreendido através dos olhos, ouvidos ou mãos de alguém, *ñawpaq* (aquilo que está à frente e é conhecido), tanto quanto *qhipaq* (aquilo que está atrás e é ignorado), pressupõe uma corporificação local. Assim, essas condições não denotam informações desconexas sobre o passado ou um futuro abstrato; pelo contrário, o conhecido e o desconhecido são disponibilizados,

---

227 No original, *co-temporary*. (N.R.T.)
228 Agradeço a Cesar Itier por essa ideia.

normalmente enquanto histórias, através de entidades tangíveis, humanas e outro-que-humanas, que ocupam lugar [*take-place*] em-*ayllu*. Nós podemos traduzir *ñawpaq* como passado, mas suas histórias emergem corporificadas – na frente dos olhos – no aqui-e-agora do modo de relação *ayllu*.

"A tradição de todas as gerações passadas é como um pesadelo que comprime o cérebro dos vivos",[229] Marx celebremente escreveu em *O 18 de Brumário de Luís Bonaparte*, comentando criticamente a respeito daqueles que, não sendo capazes de se livrar do próprio passado, possibilitaram o reinado de Luís Bonaparte. Os *runakuna* também teriam decepcionado Marx; as gerações passadas de Mariano podem ter oprimido como um pesadelo os *runakuna* vivos, mas elas não pertenciam a um passado que podia ser abandonado. Em vez de virar as costas às anteriores, cada nova geração encarava os líderes mortos e encaminhava a queixa, encarando-as: inclusive os líderes que haviam morrido longe em Qusñipata, as gerações passadas estavam em-*ayllu*, sempre na frente da nova liderança. A ideia de que os mortos estão em-*ayllu* não é estranha ao registro etnográfico andino. Catherine Allen[230] é novamente uma fonte importante. Ela explica:

> Membros do *ayllu* incluem não apenas *runakuna* vivos, mas também seus antepassados. À medida que gerações de *runakuna* passam para dentro do território de Sonqo, elas permanecem lá, como Machula Aulachis ancestrais – velhos *abuelos*/avós, repositórios de vitalidade e bem-estar.[231,232]

---

229 K. Marx, *O 18 de brumário de Luís Bonaparte*, 2011, p. 25.
230 C. Allen, *The Hold Life Has: Coca and Cultural Identity in an Andean Community*, 2002, p. 86.
231 T. Abercrombie, op. cit.
232 Ver também Abercrombie, op. cit.; Gose, 2008; Ricard, 2007.

Se, como disse em histórias anteriores, estar em-*ayllu* colapsa o tempo e o espaço à medida que ocorre [*take place*], a presença dos mortos em-*ayllu* dobra o que chamamos de passado e de presente um no outro para compor *ñawpa* – aquela temporalidade que podemos chamar de passado, mas que também está aqui, na nossa frente.

Certamente, os *runakuna* participam em formas ocidentais de temporalidade – mas em-*ayllu* outras formas também são importantes. A temporalidade do arquivo de Mariano era estabelecida através de mais do que uma comunidade de práticas. Uma dessas era o Estado, a lei e a cidadania; dentro dessa comunidade, como um lembrete de transgressões contra os direitos que até mesmo índios tinham, os documentos eram acerca do passado histórico. Porém, o *ñawpaq* do arquivo também emergia em-*ayllu*, trazendo à tona os líderes mortos e exigindo que a liderança *runakuna* continuasse a encaminhar os documentos e os eventos registrados neles. Esses estavam "aos olhos deles", na frente deles: aqui e agora conectados aos corpos de *runakuna* e outros-que-humanos que estavam em-*ayllu*. Quando perguntei sobre esquecimento, a resposta de Mariano foi: "*Como eu poderia esquecer o que estava na minha frente? O que está na sua frente está lá até que te abandona. Aí então é difícil de lembrar, ninguém lembra.*"[233]

Visto assim, o que a geração de Mariano recebeu não foram apenas documentos históricos passados adiantes como informação ou evidência que provava que eventos passados haviam ocorrido. Eles também receberam um evento em-*ayllu* permanente, a própria *queja* se acumulava nas gerações, de que os documentos não apenas representavam. Nesses papéis, escritos na língua do

---

[233] Para aqueles que leem quíchua, vale transcrever sua resposta: "*Imaynataq qunqayman ñawpaqniypi kaqta. Ñawpaqniypi kajqa, chayllapiyá qhepan. Manan qunqawaqchu, saqenasuyki kama. Chayña mana yuyankichu.*"

Estado, estavam as transgressões do estado de direito que os *runakuna* experienciavam; e essas transgressões eram também a substância das relações que faziam os *runakuna* e os *tirakuna* estar em-*ayllu*. Isso contemplava o que estava antes e a partir do qual os documentos *eram*, pois foi a partir daquelas relações que eles surgiram. Descrevendo uma situação análoga na Bolívia, Olivia Harris escreve: "Documentos não apenas representam a cristalização de conhecimento através da escrita, mas também algo muito mais imediato: uma comunicação direta dos ancestrais que primeiro os obtiveram e que os confiaram a seus descendentes."[234] A explicação de Mariano era similar: os documentos e a *queja* não estavam destacados um do outro, e conectadas a eles também estavam as entidades intrarrelacionadas em-*ayllu*. Era a partir daqueles documentos, o local que o *ayllu* e o Estado compartilhavam (ainda que cada um à sua maneira) que cada nova geração de líderes recebia o comando para encaminhar a *queja* e continuar a confrontação legal com o *hacendado*.

Arquivar os documentos – cuidar deles através de gerações, pois era a partir dessas gerações que eles emergiam – também era feito em-*ayllu*. Algumas dessas atividades eram práticas arquivísticas usuais; outras eram idiossincráticas desse arquivo. Por exemplo, documentos tinham de ser protegidos conforme viajavam para lá e para cá entre a cidade e o interior, especialmente por território controlado pelo *hacendado*. Eu não sei como esses papéis eram guardados antes de Mariano os receber, mas encontrei Nazario Chillihuani, o principal arquivista na época em que Mariano encaminhou a queixa. Ele era o sobrinho de Francisco Chillihuani (o iniciador, em 1920, da queixa, que morreu no exílio em Qusñipata) e o marido da irmã de Mariano, Justa Turpo. A

---

234 O. Harris, "'Knowing the Past': Plural Identities and the Antinomies of Loss in Highland Bolivia", 1995, p. 118.

relação de parentesco de Nazario Chillihuani com a *queja* levou o *ayllu* a escolhê-lo como guarda de Mariano. Ele explicou:

> *Uma vez que eu moro com a irmã dele, fui alocado para caminhar com ele, 'porque você é da família dele, você vai se preocupar com ele', todos eles me disseram, 'como o seu tio, ele vai ser, talvez ele morra'. Eu não podia deixá-lo, [se eu fizesse isso] ele poderia ir para a cadeia [e nós não teríamos ficado sabendo].*

O comando do *ayllu*, como no caso de Mariano, era inevitável; Nazario Chillihuani não tinha como escapar e não importa que perigos ele enfrentasse, era imprescindível ser a sombra de Mariano. Seguindo laços em-*ayllu* (e não apenas unidos em nome de uma causa política, como uma análise de movimentos campesinos diria), Mariano Turpo e Nazario Chillihuani se moviam juntos pelo território da *hacienda*, sempre evitando os postos de controle do proprietário de terra. Os dois homens normalmente se separavam quando chegavam a Urcos – a boas oito horas a pé de Lauramarca –, ponto no qual Mariano tomava um ônibus ou o trem para Cusco, ou para Arequipa, se ele estivesse a caminho de Lima. E, inevitavelmente, a ligação a Mariano também significava que Nazario Chillihuani fazia a guarda dos papéis:

> *Eu tinha o papel, nosso papel que tínhamos apresentado aos doutores [advogados]. Era por isso que estavam atrás de mim, se me achassem com ele, me matariam – lá com o pukara de Mariano os papéis estavam se escondendo... O pukara fez o papel desaparecer. Era assim que o papel se escondia. Eles nunca o encontraram lá.*

Somente pessoas especiais como Mariano têm *pukara*, um ser-terra. O leitor deve se lembrar do aviso de Nazario a mim: Eu não poderia conhecer *pukara*. Reconhecendo essa limitação, penso sobre o *pukara* de Mariano como um ser-terra que animava sua vida. Uma tradução frequente para *pukara* no dicionário quíchua-espanhol é *fortaleza*, e talvez ela seja apropriada: abrigada no *pukara* de Mariano, os documentos estavam protegidos de potenciais predadores humanos.

Os papéis que Nazario Turpo, filho de Mariano, estava usando para acender seu fogo foram importantes em determinado momento. Participando em-*ayllu* através de gerações e protegidos por *runakuna* com laços de parentesco com os líderes da *queja*, os documentos estavam abrigados em condições atípicas para um arquivo: dentro do *pukara* de Mariano (e talvez de outros seres-terra), os casebres em que os *runakuna* viviam, ou até mesmo escondidos em uma pilha de *ichu* (a grama que cresce em altas altitudes e que é utilizada para alimentar alpacas, lhamas e ovelhas). Protegidos dessa forma, os documentos foram capazes de escapar da vista do *hacendado*, ao mesmo tempo compondo a coleção que estou chamando de arquivo de Mariano. Era clandestino enquanto estava sendo produzido e, ironicamente, surgiu como um arquivo para uso (relativamente) público quando os papéis já tinham perdido as relações em-*ayllu* que outrora tiveram. De outra forma, nunca teríamos sido capazes de obtê-los. Quando os *runakuna* encaminharam a *queja*, os papéis estavam com o coletivo para o qual existiam; como tais, eram inseparáveis dele. Quando o coletivo socionatural não estava mais ameaçado – quando a *hacienda* Lauramarca se tornou uma cooperativa e o *hacendado* foi forçado a ir embora –, os laços dos documentos com o *ayllu* foram enfraquecidos, seu propósito se encerrou. Eles se tornaram papel, que Nazario podia usar para alimentar seu fogo. Nessa altura, também poderiam vir para as nossas mãos – primeiro as de Thomas Müller, então as de meu cunhado, e, depois, temporariamente, para as minhas. Em razão de nossas práticas disciplinares, a composição dos documentos mudava e, mesmo que permanecessem os mesmos fisicamente (em termos de papel, tinta e conteúdo), eles adquiriam uma valência diferente e se tornavam apenas um arquivo histórico, documentos sobre um passado distante para serem interpretados no presente e servirem a um propósito diferente daquele para o qual foram criados.

Mas, quando ligados em-*ayllu*, os documentos eram sempre mais do que um, já que seus conteúdos e a própria *queja* ocupavam fronteiras e eram compostos de conceitos distintos parcialmente conectados. É o que explico a seguir.

AYLLU E PROPRIEDADE: O A-HISTÓRICO- -HISTÓRICO MAIS UMA VEZ

Lauramarca estava conectada a seus habitantes por dois regimes relacionais: em um deles, conhecido como a *hacienda*, Lauramarca era uma unidade territorial, uma extensão de terra. Mantida por sucessivos grupos de indivíduos, ela era uma propriedade. O outro regime era aquele do *ayllu* – havia vários *ayllus* locais dentro do território ocupado por Lauramarca, e cada um estava aninhado em um *ayllu* maior até que alcançassem a jurisdição de Ausangate – o maior *ayllu* e uma conglomeração de *ayllus* menores – que não coincidia com nenhuma demarcação estatal, porque, em vez de territoriais, as fronteiras do *ayllu* eram marcadas por laços entre *runakuna* e *tirakuna*.[235]

---

235 Em Sonqo, onde trabalhava, Allen (2002, p. 85) descreve a qualidade aninhada dos *ayllus*: "*Ayllus* de ordem mais baixa [estão] aninhados dentro de *ayllus* de uma ordem mais alta. Luis [um homem de Sonqo] explicou

Em histórias anteriores, expliquei que, em-*ayllu*, seres e lugar não são distintos. Pelo contrário, à medida que seres emergem através de relações em-*ayllu*, eles ocupam lugar [*take-place*]; seu ser relacional no tempo é também seu situar-se em lugar [*emplacement*]. Por meio de práticas em-*ayllu*, *runakuna* e *tirakuna* tomam lugar [*take-place*]; já utilizei essa expressão para frisar o colapso de tempo e espaço transcorrido em-*ayllu*. Consequentemente, quando a prática é a da relacionalidade *ayllu*, a noção de território não existe sozinha. Em vez disso, o território – ou, melhor, o lugar –, surge com as relações que aproximam seres humanos e outro-que-humanos, e ele não pode ser separado delas.

Normalmente, *hacienda* e *ayllu* são comparados pela distinção entre propriedade coletiva e individual, o que não está de todo errado. De fato, o *ayllu* não pode ser uma posse individual, ao passo que a *hacienda* pode. Entretanto, essa distinção ignora que propriedade e *ayllu* são concebidos por regimes relacionais diferentes. Enquanto propriedade como relação é uma conexão *entre* entidades que, aparentemente, existem fora da relação – por exemplo, um território e alguém para deter sua posse –, *runakuna* e *tirakuna* existem em-*ayllu*; eles são *dentro* do *ayllu* como relação. Relações *ayllu* não podem ser representadas; a separação que essa representação requereria – entre sujeito e objeto, significante e significado – a cisão do caráter inerentemente relacional de seres em-*ayllu*. Como escreve Roy Wagner, "quando pontos relacionais são tratados como representacionais... a relação integral é negada

que, juntos, os *ayllus* vizinhos compõem o *ayllu* Sonqo. De modo similar, Sonqo está agrupado com outros *ayllus* de nível de comunidade, compondo o *ayllu* Colquepata, o distrito; que, por sua vez, é parte de Paucartambo, a província que, por sua vez, é parte do *ayllu* de Cusco, o departamento, e assim por diante".

e distorcida."²³⁶ Em contraste, uma das qualidades da propriedade é o seu potencial para ser representada. Dado que a representação é essencial em dinâmicas legais, a *queja* foi descrita em termos de propriedade. E, através da representação como ferramenta de entendimento (epistemicamente falando), os documentos legais traduziram *ayllu* como uma instituição na qual humanos coletivamente eram donos do território onde produziam seu sustento. Essa transformação implicava um movimento por meio de regimes relacionais (de *ayllu* para propriedade), que efetuava traduções ontológicas entrelaçadas: seres-terra se tornavam características geográficas: montanhas, rios, lagos, lagoas, caminhos, rochas e cavernas: marcadores de um território dos quais os habitantes eram os campesinos indígenas, os únicos membros do *ayllu*. A separação entre *runakuna* e *tirakuna*, bem como sua tradução em "humanos" e "território", permitiu que "terra" emergisse como uma preocupação legal central a ambos, *colonos* indígenas e proprietário de terra. Os atores (humanos e outro-que-humanos) inscritos nos documentos legais eram desprovidos de relações inerentes, esvaziados do tempo e espaço nos quais relações *ayllu* transcorrem. Eles se tornaram entidades independentes e, logo, capazes de participar do regime relacional de propriedade.²³⁷ Contudo, estar em–*ayllu* não desapareceu dos documentos, pois era sua condição, uma relação a partir da qual a manifestação legal da *queja runakuna* também emergia. Produzidos por ambos os regimes, os documentos eram o conduíte pelo qual o mundo

---

236 R. Wagner, "The Fractal Person", 1991, p. 165.
237 John Law e Ruth Benschop (1977, p. 158) explicam: "Representar é performar divisão... [É] performar, ou recusar-se a performar, um mundo de pressuposições espaciais populadas por sujeitos e objetos. Representar, assim, torna outras possibilidades impossíveis, inimagináveis. É em outras palavras performar uma política, uma política da ontologia."

letrado legal e o mundo aletrado do *ayllu* podiam transbordar um no outro. Assim, quando um documento contemplava os nomes dos lugares em disputa, o entendimento pode ter sido duplo: tanto o *ayllu* relacional, incluindo o ser como lugar, quanto uma extensão de terra em disputa entre dois grupos de pessoas. Porém, o transbordamento entre mundos era assimétrico, como também era sua relação. Dessa forma, embora *runakuna* possam ter sido capazes de escrever e de ler ambos *ayllu* e propriedade nos documentos, para o restante – aliados e inimigos, igualmente –, a linguagem da propriedade era o que importava. Aparentemente, então, o conflito inscrito nos documentos não era apenas sobre terra. Pelo contrário, o fato de que nós o interpretamos dessa forma é parte da política ontoepistêmica que requeria a tradução de estar em-*ayllu* (e a relacionalidade inerente entre *runakuna* e *tirakuna* que *evitava* "lugar" como objeto distinto) como "relações sociais de propriedade" (conectando entidades fora da relação: um dono com um território). Nessa tradução, a *queja* foi narrada e analisada como uma "luta campesina por terra", que ela foi, mas *não apenas.*

Em 1982, Eric Wolf escreveu um livro que estendia a história europeia para povos que pensadores do século XIX – inclusive aqueles centrais, tais quais Hegel e Marx – tinham julgado como sem história. No nascente tom pós-colonial da época, Wolf (1997, p. 19) escreveu:

> Talvez tenha-se designado assim a etno-história para separá-la da "verdadeira" história, o estudo dos supostamente civilizados. Porém o que fica evidente, do estudo da etno-história, é que os objetos dos dois tipos de história são os mesmos. Quanto mais

etno-história conhecemos, mais claramente a história "deles" e a "nossa história" emergem como parte da mesma história.[238]

De fato, lendo o arquivo de Mariano pela noção de propriedade – um conceito essencial para o autoentendimento sobre formas europeias de domínio e crucial para o Estado moderno[239] –, a história dos *runakuna* aparece como nossa história e confirma a relevância da proposta de Wolf. Também cruciais para essa história eram as práticas a-históricas que tornaram o arquivo de Mariano possível.

A enérgica rejeição dos documentos por parte de Mariano enquanto eu tentava estudá-los com ele parecia ir contra propostas como a de Wolf, e esse fato me desconcertou. Ia contra minha disposição – alinhada, *grosso modo*, com a antropologia pós-colonial defendida por Wolf e outros (tais como Fabian,[240] Price,[241] Rosaldo,[242] e Sahlins)[243] – "historicizar" eventos, práticas, instituições, relações e subjetividades e, assim, evitar o essencialismo, um dos maiores fantasmas da antropologia. Meu desconcerto com a rejeição de Mariano foi um momento etnográfico importante. Também era coerente com o momento em que os documentos foram encontrados: quando Nazario estava prestes a queimá-los. Empregando-os como momentos de aberturas conceituais em potencial, compreendi que havia mais no arquivo de Mariano do que a história nacional ou política que compartilhávamos. Claro que aquele

---

238 E. Wolf, *A Europa e os povos sem história*, 2005, p. 43.
239 K. Verdery e C. Humphrey, *Property in Question: Value Transformation in the Global Economy*, 2004.
240 J. Fabian, *Time and the Other: How Anthropology Makes Its Object*, 1983.
241 R. Price, *First-Time: The Historical Vision of an African American People*, 1983.
242 R. Rosaldo, *Ilongot Headhunting, 1883-1974: A Study in Society and History*, 1980.
243 M. Sahlins, *Islands of History*, 1985.

compartilhamento era importante. Contudo, algo que "nossa história" (nos termos de Wolf) não podia reconhecer havia tornado o arquivo de Mariano possível *e* havia também o tornado insuficiente: os documentos na caixa que Thomas Müller encontrou eram incapazes de conter seres-terra. Como documentos históricos poderiam registrar *pukara* – o ser-terra que Nazario disse que eu não poderia conhecer? Aqui estava a questão: a escrita era importante para registrar os abusos do *hacendado* contra os *runakuna*, mas era inútil para convocar o *pukara* de Mariano, o ser-terra que manteve a salvo os registros escritos. Eu não podia desprezar nenhuma dessas práticas; entrelaçadas, elas produziram esse arquivo, tornando-o ao mesmo tempo necessário e insuficiente para narrar sua história. Os documentos eram objetos históricos – porém, como tais, eram também objetos de fronteira colaborativamente produzidos por comunidades de práticas parcialmente conectadas que não estavam cientes de boa parte das práticas umas das outras. Fazia-se necessária uma leitura histórica simetricamente interessada naquilo que conceituo como o acontecimento do a-histórico. Não posso provar por métodos históricos que o *pukara* de Mariano protegeu os documentos. As práticas de *pukara* são a-históricas, mas isso não as torna um não evento. Negar seu acontecer requereria remover as práticas arquivísticas de Nazario Chillihuani do mundo do *ayllu* e dos seres-terra e traduzi-las para o mundo da natureza e da humanidade, em que o regime epistêmico da História requer evidências para certificar a realidade. Uma vez nesse circuito, em vez de provocar desconcertamento, a rejeição de Mariano aos documentos como fonte de sua história, bem como seu uso, por parte de Nazario Turpo, como material para alimentar o fogo, "fariam sentido" como resultado da incompletude *runakuna*, sua falta de senso histórico – algo ainda a ser alcançado. Simplificada dessa forma, nossa narrativa estaria de volta ao rumo histórico, e a diferença radical de práticas que participaram da produção do arquivo seria considerada "culturalmente significativa" e a realidade que elas convocavam estaria cancelada. O *pukara* de Mariano que protegia os documentos seria traduzido como crença: meu desconcerto, assim, teria fim, assim como a simetria entre narrativas. Levar a história de Nazario Chillihuani a sério – tomar literalmente suas palavras, no lugar de fazê-lo simbolicamente – exigia considerar como possível o acontecimento do *pukara* de Mariano protegendo os documentos. Esse arquivo havia funcionado por meio de conexões parciais e de práticas históricas e a-históricas que implicavam, entre outras condições, a colaboração de regimes de propriedade e *ayllu*. Não era uma questão de um ou outro: contradizendo lógicas ou-ou, ambos estavam inscritos nos documentos, ainda que por práticas de mundificação que eram apenas parcialmente comuns a todos aqueles que levavam a propriedade e o *ayllu* para dentro dos documentos.

ESFORÇOS EM-*AYLLU* PARA COMPRAR TERRA: PRÁTICAS PARCIALMENTE CONECTADAS PRODUZEM DOCUMENTOS PARCIALMENTE CONECTADOS

Em um documento datado de 1925, dirigido ao presidente Augusto Leguía e escrito antes do evento de Qusñipata, os *runakuna* argumentam a legitimidade de sua posse baseados no fato de que eles não haviam comprado a terra. Ela era deles desde o tempo dos incas, seus antepassados, e eles usavam-na para sua subsistência – não para vender seus produtos. Apenas títulos antigos – *desde antigua* – podiam confirmar a posse equivalentemente legítima do *hacendado*. Lauramarca foi oficialmente registrada nos nomes dos irmãos Saldívar em 1904,[244] que os *runakuna* podem ter julgado recente em comparação à sua posse já antiga da terra. A linguagem da propriedade não está clara nesse documento, no qual a noção de posse está mais fortemente expressa. A seguir estão excertos do documento:

> Terras de [tempos] antigos não é vendida/ é comunidade própria dos indígenas de [tempos] Antigos/ própria dos avós Incas de nós isso/ todos os cidadãos de Colcca nós vivemos de terras possuídas nas *punas*[245]/ nós sustentamos com os animais/ os animais são para nosso sustento apenas... Señor Presidente da República do Peru/ nós pedimos posse [a] você Señor Presidente da República do Peru/ nós reivindicamos terras *puna* do proprietário/ nós pedimos [pelos seus] títulos de [tempos] Antigos/ se ele tem títulos ele deveria apresentar [eles im]ediatamente/ três anos se passaram ele está atrasado/ nós esperamos já muito.[246]

A tensão entre a posse ancestral do *ayllu* e os regimes de propriedade aparece mais claramente em documentos posteriores. Em 1930, em comunicação com o presidente Luis Miguel Sánchez Cerro (o líder militar do golpe que tirou Leguía do poder), os *runakuna* escreveram:

> Nós tivemos o infortúnio de que alguns senhores favorecidos pela fortuna, Ismael Ruibal e Ernesto Saldívar, compraram

---

244 W. Reátegui, *Explotación agropecuaria y las movilizaciones campesinas em Lauramarca Cusco*, 1977.
245 *Puna* é um termo de origem quíchua que hoje designa o bioma andino de pastagens. É também a palavra utilizada no Peru para descrever as regiões andinas habitáveis com maiores altitudes. (N.R.T.)
246 CD, 1925, doc. 295.

algumas propriedades e incluíram dentro de suas fronteiras os *ayllus* que representamos e, intitulando-se donos, nos tiraram nossos animais e lotes e nos expulsaram de nossas residências, casas que possuímos desde nossos ancestrais [sic], desapropriando-nos de tudo que já tivemos e usamos desde [os tempos de] nossos ancestrais, forçando alguns de nós a escapar para lugares onde apenas fome, miséria e morte nos esperam.

A menção explícita de *ayllu* (ou *ayllus*, neste caso específico) podia convocar para o documento humanos, animais, plantas e *tirakuna* (inclusive o que chamamos de solo ou terra) – todos integralmente relacionados por laços produtores de lugar [*place-making bonds*]. E quero propor que mesmo nos casos em que "*ayllu*" não esteja explicitamente escrito nos documentos que li, poderia estar subentendido quando a noção de pertencimento ancestral ao lugar estava expressa (assim também incluindo, mesmo que silenciosamente, todos os seres que o compunham).[247]

Contudo, junto com a linguagem da "posse ancestral", os *runakuna* também utilizaram a linguagem da propriedade. Em 1933, depois de um representante do Congresso sugerir a possibilidade de "expropriar a *hacienda*" para vender a propriedade a "seus habitantes indígenas", os *runakuna* persistentemente

---

247 Posso especular sobre quem eram os dois escreventes dos documentos e atribuir as diferenças a seus graus de letramento: o primeiro documento parece ser escrito por um indivíduo menos letrado do que o segundo e o terceiro. Isso, eu poderia dizer, explica as diferenças na presença de *ayllu* nos documentos, que, também poderia dizer, diminui à medida que a linguagem da propriedade se torna prevalente no país através dos processos de modernização. Para completar minha interpretação, poderia dizer que os *runakuna* persistiram em reivindicar a posse do *ayllu* ancestral e em argumentar contra a propriedade. Entretanto, essa linearidade não funciona em ambas as direções, pois a noção de *ayllu* aparece quando o escrevente seria letrado e, embora seja utilizado contra o proprietário, o *ayllu* não aparece contra a propriedade indígena.

buscaram a possibilidade de comprar Lauramarca.[248] Adentrar uma relação que o Estado pudesse reconhecer parecia ser seu bilhete para se libertarem do proprietário. Comprar Lauramarca parecia um sonho, mas também representava o fim do trabalho não remunerado e da obrigação de vender sua lã para a *hacienda*. Esse era o aparente raciocínio em 1945, quando Manuel Quispe era *personero* (e Mariano Turpo era seu jovem assistente). Em um documento ao Inspector Regional de Assuntos Indígenas en el Sur del Perú, Quispe explica que, dada a proposta de expropriação, eles queriam saber o preço da *hacienda*, pois gostariam de comprá-la:

> Nós não queremos causar nenhum dano... e [você deveria] entendendo [sic] que nós somos obrigados a viver com nossas numerosas famílias e nossos pequenos rebanhos de animais, considerando o dano que infligiria a nós nos desconectar de nossas posses ancestrais de costumes antigos que temos com o latifúndio em questão.

Comprar a *hacienda* significava adquirir direitos legais à "terra", e isso permitiria aos *runakuna* ficar onde eles sempre estiveram:

> para confrontar a situação para legalmente adquirir de seus respectivos donos, [os *runakuna* fariam] qualquer coisa para resolver a condição de não serem capazes de deixar seus lotes na qual minhas [pessoas] representadas se encontram porque sempre foi seu costume desde os tempos primitivos.[249]

---

248 CD, 1950, doc. 42.
249 CD, 1945, doc. 31.

Alguns meses depois, sem qualquer resposta das autoridades e depois de ouvir rumores de que Lauramarca havia sido vendida, "nós não sabemos para quem", Manuel Quispe fez o mesmo pedido novamente: os *runakuna* queriam *comprar as terras*. Ele escreveu: "Nós não podemos abandonar estas terras que sempre estiveram e estão em nossa posse em nossa condição de *colonos* e... nós temos numerosas famílias a quem devemos atenção e cuidado necessários para sua subsistência."[250]

Comprar decididamente mudaria as relações socioeconômicas em Lauramarca; de fato, isso poderia ser lido como um projeto campesino modernizante. Porém, há uma ressalva: não havia intenção de substituir o estar em-*ayllu* – não era necessário. Escrevendo em espanhol no último documento citado, os *runakuna* mencionam que queriam comprar *tierras* (terras) e, embora esse termo pudesse significar terras agrícolas, também poderia ser traduzido como *tirakuna*, lugares que "estiveram e continuam a estar para sempre em nossa posse... que usamos para o cuidado de nossas grandes famílias". Não seria impossível pensar que tal expressão poderia abarcar práticas de nutrir relações intra-*ayllu*, bem como uma economia de produção de subsistência, mesmo que o roteiro legal pudesse ler apenas esta última.

---

250 CD 1945, doc. 309.

29 de mayo de 1998.
Sr. de Compañeros en Jatunpujo. Seción de
Aulamayo todos Compañeros vamos a
ablamos en el dia de Sabado nicicitan plata
en el Lunes nicicitan S/. 700 Cuentos soles
troctora i Mariano Villaluma Collar en plata
porque no pensar asta tiempo corso pasar
i notificación cumpre expreción cada uno
50 soles asta compobado Hacienda de Jauramu
en de echo anspreocupación sacamos
S/. 7.000.00 soles Ayudan cinador
i debotado Compañeros bolsten torenos
en 6 Hailes i comprados compren cicitan el
Compañeros para los gastos en el Cuzco
nicicitan plata umgrados para proctos cumpren
nicicitan conjuro i plata para
corimo nicicitan el proctos porque hasta
tiempo no pensar ne un oveja ne un plata
nicicitan pronto i plata corimo saludamos
todos los Compañeros aspitosamente Julian
Crispin Alejandro Jauraman Mariano
Gonzalo 29 de mayo de 1998.

Mariano Turpo Condori

Do arquivo de Mariano: "uma ovelha para o advogado." Cortesia de Mariano Turpo.

Os esforços dos *runakuna* para comprar a *hacienda* aumentaram entre o fim dos anos 1950 e o início dos anos 1960 – o período de atividade mais intensa de Mariano. Comprar era seu primeiro e principal objetivo, ele me disse, e diversos outros *runakuna* confirmaram seus esforços. Também durante esse período, a aliança entre *runakuna* e seus parceiros de esquerda ficou mais forte. O projeto conjunto era comprar *tierras* – e isso produziu um intrigante conjunto de documentos, no qual a linguagem da propriedade, classe e *ayllu* aparecem. Entre eles está uma carta escrita por Emiliano Huamantica, secretário-geral da Federación de Trabajadores del Cuzco (FTC) e lendário membro do Partido Comunista. Escrevendo em fevereiro de 1958, ele contou aos *colonos* que Laura Caller, "*vuestra abogada*" (vossa advogada), tinha dois pedidos. Primeiramente, ela precisava de 3 mil *soles* (à época, aproximadamente 700 dólares) "para continuar trabalhando na sua questão", visto que aquele trabalho envolvia despesas. Depois, Caller queria que Huamantica transmitisse a mensagem de que os *runakuna* precisavam coletar entre eles 1 milhão de *soles*, para ser utilizado na "expropriação" da *hacienda* – expropriação na verdade significava que os *runakuna* estariam autorizados a comprar a *hacienda*. A FTC que Huamantica representava recomendou que os *runakuna* seguissem as sugestões de Caller:

> Se vocês não coletarem essa quantia... a expropriação vai ser difícil, mas é a única esperança dos Campesinos de alcançar calma e independência da exploração do *gamonalismo*... vocês deveriam sacrificar qualquer coisa para recolher a quantia de dinheiro indicada.[251]

---

251 CD, 1958, doc. 204.

Ao final, ele expressava o seguinte: "nossa solidariedade de classe."[252]

Apenas três meses depois daquela carta, o companheiro de caminhada de Mariano Turpo, Mariano Chillihuani, estava em Lima – possivelmente para trabalhar com Caller, provavelmente depois de ter pagado o que ela pediu. Ele escreveu uma carta em bom espanhol, que também estava salpicada com a linguagem de classe (talvez com a ajuda de alguém):

> Eu comunico a você que dr. Coello fez o Senado aprovar uma lei para dedicar 7 milhões de *soles* anualmente para a expropriação de terras na Sierra. Assim, a expropriação da *hacienda* Lauramarca vai ser possível e os campesinos todos unidos vão ser capazes de ser os donos de nossa terra, retornando o preço da *hacienda* aos *hacendados*. Tudo depende da união de todos os campesinos da *hacienda* e da ajuda que a Federação de Trabalhadores de Cusco pode nos oferecer.[253]

Suas tarefas como *personero*, que havia assumido como parte de estar em-*ayllu*, por sua vez, obrigavam o *ayllu* a cuidar de sua família; portanto, na mesma carta, pedia aos *runakuna* que ajudassem sua esposa com os animais, com sua casa decadente e com a colheita.

A carta de Mariano Chillihuani viajou relativamente rápido de Lima até a região de Ausangate. Em 29 de maio, três semanas depois do envio, Mariano Turpo respondeu com uma carta de Cusco – onde provavelmente estava encaminhando a *queja* também. A carta era endereçada aos *runakuna* nos vilarejos; ele dava ordens para se reunirem "no sábado" para falar sobre

---

252 Idem.
253 CD 1958, doc. 282.

dinheiro. Também transmitia que Chillihuani e Caller, *la troctora* – a forma local para o espanhol *doctora* –, precisavam de dinheiro para despesas legais. Além disso, o Senado havia aprovado o orçamento de 7 milhões de *soles* para a expropriação de Lauramarca; isso ajudava, mas não era o suficiente, escreveu. Para alcançar o valor de venda da *hacienda*, Turpo disse aos *runakuna* para se organizarem e recolherem dinheiro entre eles:

> [...] cada um deveria ajudar com 30 *soles* até que [nós] compremos a *hacienda* Lauramarca completamente" (*ayudar cada uno 30 soles asta compobada* [sic] *hacienda de Lauramarca de echo* [sic]). Ademais, demonstrar *cariño* (cuidado) ao doutor em Cusco (um advogado diferente) era necessário; eles, *runakuna*, deveriam enviar a ele uma ovelha ou dinheiro. Fazia tempo desde que eles haviam feito isso, dizia: "Nós precisamos [enviar] cuidado para o doutor, porque faz algum tempo que vocês não pensam sequer em uma ovelha, ou uma moeda" (*para cariño nicitan el troctor porque hasta tinpo no pinsas ne un oveja ni un plata*).[254]

Os esforços para recolher dinheiro devem ter continuado por todo aquele ano; aparentemente, Turpo e Chillihuani viajavam frequentemente e enviavam cartas entre seus vilarejos, a cidade de Cusco e Lima. Em 21 de setembro de 1958, Mariano Chillihuani enviou uma carta de Cusco para Mariano Turpo, que estava, na ocasião, em seu vilarejo. A carta era escrita à mão, provavelmente por um dos advogados, uma vez que o espanhol não tinha nenhum sinal de quíchua. As coisas não estavam indo bem. O Estado (por meio de seu Conselho de Assuntos Indígenas) decidira a favor do *hacendado*, mas os *runakuna* tinham

---

254 CD 1958, doc. 239. Ver imagem na página 273.

de perseverar. Como parte de seu esforço para comprar a *hacienda*, a carta sugeria organizar a coleção de lã de alpaca e ovelha entre os *runakuna*. Vendê-las juntas seria melhor, porque para

> [...] obter preços altos, é claro que o peso tem de ser exato em relação à quantidade ou peso dos produtos com que cada pessoa contribui, e também anotar a qualidade ou classe do produto e é claro o nome e o *ayllu* ao qual cada pessoa pertence, tentando que todas as pessoas tenham fé e confiem em você, e [tenham] certeza de que ninguém as vai trapacear ou roubar.

Chillihuani lembrava a Turpo, uma vez mais, para enviar uma ovelha ao advogado, e finalizava dizendo:

> Se você vier, traga dinheiro para comprar uma câmera fotográfica barata, custaria 200 *soles* mais ou menos, para que o Dr. (o advogado) possa nos ensinar a tirar [fotos] e então quando houver um abuso nós podemos tirar a foto e enviá-la para Lima.[255]

Um excerto do texto (em espanhol) pode ser lido acima.

---

255 CD 1958, doc. 285.

Parte cortada de um documento do arquivo de Mariano: "traga dinheiro para comprar uma câmera para tirar fotos dos abusos." Cortesia de Mariano Turpo.

Os *runakuna* queriam ter a posse da propriedade – os termos que empregavam eram modernos. Para isso, coletaram lã entre eles e buscaram vendê-la pelos preços de mercado mais altos; também fizeram *lobby* junto a senadores e pensaram em comprar uma câmera para documentar os abusos do *hacendado*. Mas, com o mesmo propósito, as práticas também eram executadas no modo da relacionalidade *ayllu*: esperava-se dos *runakuna* que ajudassem as famílias dos *personeros* enquanto eles estivessem fora trabalhando em nome do *ayllu*; os laços de parentesco de Nazario Chillihuani com a *queja* o deixavam em relação de obrigação com Mariano Turpo e com os documentos; juntamente com ele, o *pukara* de Mariano protegia "os papéis" do *hacendado*; e gerações de líderes mortos que tinham iniciado a *queja* continuavam a participar no processo e tinham laços com o arquivo histórico, que, assim, também estava em-*ayllu*. Claramente, os documentos não eram apenas motivados por noções modernas de propriedade; tornando-os possíveis estavam as relações inerentes entre seus membros, *runakuna* e outros-que-humanos, que produziam o *ayllu* – o lugar inscrito no arquivo *e* a partir do qual o arquivo emergia. Não era apenas terra que os *runakuna* estavam defendendo; estavam defendendo o que chamavam de *uywaqninchis* (nosso criador; o que nos faz) (ver também Allen).[256] Os *runakuna* não podiam abandonar as *tierras* ou *tirakuna*, as terras ou a terra que sempre estiveram em sua posse. Aquelas eram as provedoras de suas famílias, aqueles eram o lugar que eles eram; e vice-versa, as terras eram *ayllu* também. Ao mesmo tempo, Mariano Turpo e seu grupo de líderes, tal como as gerações à frente deles, partilhavam o tempo do Estado nação – tal como seu projeto. Eles estavam se defendendo de gerações de proprietários de terras que os escravizaram. Queriam liberdade, talvez um projeto moderno, pela qual lutavam em-*ayllu*, inerentemente relacionados às terras e uns aos outros, sendo o lugar que todos produziam e que os produzia. Alcançadas por práticas em-*ayllu*, alianças políticas com a esquerda e interações legais com o Estado para comprar Lauramarca, o projeto por liberdade que Mariano e outros narravam pode ter coincidido com um projeto liberal ou socialista. Mas ele também excedia ambos os projetos, de uma maneira que, arrisco, era análoga ao modo como o arquivo de Mariano excedia a história: liberdade era concebida em-*ayllu*; era a liberdade dos *runakuna com* os *tirakuna*. Volto a este comentário depois de uma curta discussão da questão a seguir.

---

256 C. Allen, op. cit., p. 84 e 85.

UMA QUESTÃO À ESPREITA: COMO *RUNAKUNA* "ILETRADOS" ESCREVIAM?

Escrever e ler eram práticas que os *runakuna* buscavam dominar, incansavelmente exigindo campanhas de alfabetização e até mesmo contratando professores que eram cruelmente castigados pelo proprietário de terra. De forma tão obstinada quanto suas reivindicações por alfabetização, e contra a vontade do *hacendado*, o arquivo de Mariano foi escrito.[257]

Como uma tecnologia específica ao arquivo de Mariano, a escrita (e, por extensão, a alfabetização) não era um ato individual, mas uma prática corporificada, compartilhada; uma relação entre pessoas que se conheciam. Nessa relação, conversar era tão importante quanto escrever. De acordo com Nazario Chillihuani (o guardião do arquivo durante o período de liderança de Mariano): "Aqueles documentos, o doutor sempre os fazia conversando com Mariano; [juntos] eles os faziam" [*Chay papeltaqa ducturpuniya ruwarqan Mariano Turpowan parlaspaya/rimaspaya chaytaqa ruwanku.*] Os advogados sozinhos não poderiam ter composto os registros escritos; eles requeriam o texto oral para que os documentos se tornassem tais. Portanto, *rimay* (a palavra oral) era tão importante para esses documentos quanto a escrita; na verdade, ela também era a escrita.

Às vezes, escrever era uma atividade paga – no arquivo de Mariano há vários recibos que ilustram isso. Em um deles, lê-se: "por serviços de datilografia na produção de uma carta ao gerente de Lauramarca da seção de Andamayo."[258] Porém, parceiros de escrita também poderiam ser um grupo de vizinhos, pessoas

---

257 Frank Salomon e Mercedes Niño Murcia (2011) escreveram um livro maravilhosamente documentado sobre os esforços dos campesinos em apropriarem-se do letramento nas terras altas de Lima.
258 CD 1960, doc. 58.

vivendo em pequenas cidades rurais próximas ou em postos comerciais. Um exemplo disso é uma missiva assinada por "Alicia". Em um pedaço de papel comum, ela escreveu ao seu pai contando que os *runakuna* estavam esperando por ele (outro aliado de escrita) para escrever o "*memorial*", um documento oficial a ser enviado às cortes: "Se você não puder [vir neste sábado para escrevê-lo], nos diga quando [você pode vir] para que possamos ter as bestas [mulas ou cavalos] esperando por você em Ttinqui."[259] Alicia gerenciava a pequena loja da família Rosas, que ainda existia durante a primeira parte de meu trabalho de campo, localizada no meio do caminho entre Pacchanta (onde Mariano vivia) e Ocongate (a capital do distrito, onde o pai dela, Camilo Rosas, vivia). Ele era membro do Partido Comunista e, como Mariano me relembrou, alguém que frequentemente datilografava e dava conselhos sobre os conteúdos de documentos legais de que *runakuna* precisavam. Um mensageiro deve ter levado a nota a pé (uma viagem de talvez duas horas), conduzindo-a do escritor até seu destino.

Coescritores como o pai de Alicia Rosas normalmente se viam como aliados políticos, servindo à "causa indígena". Ajudando os *runakuna*, eles coescreviam documentos oficiais e cartas pessoais, que eram necessárias para a comunicação enquanto os *runakuna* encaminhavam a *queja* e passavam tempo fora de casa. Um exemplo aqui é a carta que Mariano enviou de Lima à Modesta Condori, sua esposa. Nela, dizia que não havia razão para estar triste; pelo contrário. Ela deveria estar feliz, pois "aqui [em Lima] nós recebemos... a estima e simpatia dos trabalhadores e amigos que sempre nos ajudam... cuide de nossos animaizinhos e de nossas crianças".[260] Mariano prometia retornar

---

259 CD 1958[1], doc. 252.
260 CD 1957[2], doc. 289.

até o meio de novembro, depois do *comparendo* – seu comparecimento no tribunal. Ele assinou a carta em 21 de outubro de 1957, em sua caligrafia. Escrita em espanhol urbano e com uma caligrafia mais formal, essa carta foi redigida por Laura Caller, uma das advogadas dos *runakuna*.

Uma intrigante característica dessa colaboração, os documentos expressavam estilos e técnicas de escrita heterogêneas. Alguns são datilografados em espanhol simples, mas sem acentos (talvez um artefato da máquina de escrever utilizada?), enquanto outros são escritos à mão em um espanhol muito bom, com acentos e uma escrita bonita e bem pontuada. Outros, quer em caligrafia desajeitada, quer em uma bela escrita à mão, recebem textura pela presença do espanhol e do quíchua – sintaxe e vocabulários. As misturas incluem os registros oral e o escrito, que (tal como o quíchua e o espanhol) se combinam em muitos documentos a ponto de não poderem ser separados, complicando assim noções simples de fronteiras que separam alfabetismo e analfabetismo ou quíchua e espanhol.

Híbridos intrincados, os documentos ocupavam uma interface expansiva habitada pelos *runakuna* e pelo mundo jurídico, constantemente se misturando e se excedendo. Para além da sua complexidade, o arquivo de Mariano revela um campo parcialmente conectado, habitado pela cidade letrada e pela vizinhança aletrada de Ausangate. É nesta que residem os *runakuna*; na minha interpretação, o lugar que se tornam em-*ayllu*. Mas esse lugar é também povoado pelas práticas letradas de advogados, políticos, policiais, professores, estudantes universitários, antropólogos e outros personagens variados. Da mesma forma, práticas aletradas também emergem em escritórios de advogados, universidades, restaurantes urbanos, hotéis, trens, estradas, mercados e até mesmo no Congresso Nacional. Pois todos esses são locais de conversação constante entre mundos letrados e aletrados, que uma biopolítica de Estado-nação trabalha continuamente para separar em unidades discretas letradas e iletradas.

HISTÓRIAS PÓS-COLONIAIS E O ACONTECIMENTO DO A-HISTÓRICO

> *Na verdade, o que entendemos por África é algo fechado sem história, que ainda está envolto no espírito natural, e que teve que ser apresentado aqui no limiar da história universal.*
>
> GEORG WILHELM FRIEDRICH HEGEL EM
> *FILOSOFIA DA HISTÓRIA*[261]

Na História 2, seguindo Michel Trouillot,[262] fiz uma analogia entre revolucionários haitianos e líderes indígenas peruanos, visto que intelectuais modernos (nos séculos XVIII e XX, respectivamente) haviam negado sua realidade – até mesmo sua possibilidade. Apesar das muitas distâncias (temporal, espacial, ideológica e outras que me escapam), em ambos os casos a negação estava sustentada por práticas ontoepistêmicas que – como ilustrado pela citação de Hegel acima – classificavam esses grupos nos escalões mais baixos de humanidade devido à sua suposta distância da consciência histórica, que, por sua vez, resultava de sua proximidade da natureza. Entrelaçada a tal classificação estava a prática que concedia à História (e aos povos dentro de suas

---

261 Georg Wilhelm Friedrich Hegel, *Filosofia da História*, trad. Maria Rodrigues e Hans Harden, 2008.
262 M-R. Trouillot, *Silencing the Past: Power and the Production of History*, 1995.

fronteiras) o poder de discernir entre o possível e o impossível. Suas consequências foram grandes: ela cancelou o potencial de criação de mundos das práticas que escapavam à divisão natureza-humanidade e criou um arquivo do qual grupos marginalizados foram (e continuam sendo) excluídos.

Acadêmicos pós-coloniais – tanto antropólogos quanto historiadores – já trilharam um longo caminho desafiando esse arquivo. Wolf – que menciono nesta história – esteve entre os primeiros desses acadêmicos. Talal Asad se juntou à conversa, questionando – em uma inversão do título de Wolf – "existem histórias de pessoas sem Europa?" Seu principal argumento era que a história que Wolf havia escrito – aquela do capitalismo ocidental, na medida em que incorporava outros povos – não era a única. Havia histórias locais, cuja escrita tinha suas próprias lógicas culturais e não poderia "ser reduzida a formas de gerar lucro, ou de conquistar e governar outros".[263] De modo semelhante, Ranajit Guha[264] oferecia métodos para leituras alternativas de arquivos históricos indianos. Assim também o fazia Marshal Sahlins,[265] ainda que de uma perspectiva teórica diferente. O trabalho de Trouillot[266] questionava especificamente os métodos do poder histórico que silenciava o passado. Alguns anos mais tarde, Dipesh Chakrabarty[267] se preocupou com passados subalternos e histórias de minorias – ou talvez com histórias menores – afirmando que, embora indispensáveis, os conceitos políticos ocidentais também são inadequados para pensar sobre realidades em que, entre outras coisas, deuses e espíritos não são precedidos pelo social.

---

263 T. Asad, "Are There Histories of Peoples without Europe?", *Society for Comparative Study of Society and History*, v. 29, n. 3, 1987, p. 604.
264 R. Guha, "The Prose of Counter-Insurgency", 1998.
265 M. Sahlins, *Islands of History*, 1985.
266 M-R. Trouillot, *Silencing the Past: Power and the Production of History*, 1995.
267 D. Chakrabarty, *Provincializing Europe: Postcolonial Thought and Historical Difference*, 2000.

Alargar a história ocidental aos "povos sem" ela, bem como o reconhecer a heterogeneidade das histórias locais, foi uma conquista pós-colonial; ultrapassando a classificação hierárquica de humanidade, incluiu humanos marginalizados como pensadores, como produtores da História e do mundo. Esse processo acadêmico foi equiparado na América Latina pela vigorosa emergência de "intelectuais indígenas" reivindicando um lugar como políticos e recuperando memórias que arquivos de elite haviam negligenciado completamente ou mesmo cancelado.[268] A determinação desses processos inspirou intelectuais como Aníbal Quijano a reescrever seus próprios roteiros (ver Histórias 2 e 3) e a contribuir para o enfraquecer projetos de construção biopolítica regionais *mestiza* de nação por meio dos quais a indigeneidade deveria desaparecer. Não se pode negar que a revisão acadêmica pós-colonial da história e as propostas e o ativismo intelectuais indígenas que a equipararam na América Latina foram importantes política e epistemicamente. Porém, elas continuaram a transcorrer dentro da visão de "uma natureza e muitas culturas" do mundo que havia sustentado a História Universal. O corolário não é insignificante: ao falhar em provincializar a divisão entre natureza e humanidade enquanto específica do projeto civilizatório europeu, a história pós-colonial, como sua predecessora, potencialmente mantém o poder dessa separação para negar (e, assim, colonizar) regimes de realidade que transgridem a divisa e, logo, escapam à modernidade. Embora Marx tenha virado Hegel de cabeça para baixo, ambos concordavam em certos pontos: a natureza é não histórica; os produtores de história são seres humanos e, resultando de sua capacidade de raciocinar, alguns humanos são mais históricos do que outros.

---

268 Em 1983, intelectuais indígenas da Bolívia fundaram o Taller de Historia Oral Andina – uma instituição não governamental dedicada à escrita de histórias orais indígenas.

A razão também separa humanos, enquanto sujeitos, da natureza, enquanto objeto, e assim articula a possibilidade de uma tecnologia central de história: a evidência, ou a composição razoável de fatos como índices de eventos.[269]

Enraizada nas escrituras epistêmicas da razão (ou habilidade-razão), a evidência legitimiza o poder da história moderna – em sua encarnação acadêmica, legal e cotidiana – para discriminar o real e o irreal. Esse poder da história sobreviveu à crítica pós-colonial: consequentemente, a entidade social (ou evento) que não fornece evidência razoável é irreal. A antropologia pode chamá-lo de crença cultural e, para não o naturalizar, nós, antropólogos, o historicizamos. Assim, podemos explicar como a composição da crença cultural (incluindo as suas razões!) mudou ao longo do tempo histórico – a cultura é histórica, e inclui as crenças, que todavia continuam a ser crenças: ao fim e ao cabo, irreais. Com a ressalva de que as histórias de Mariano não eram sobre o sobrenatural, meu argumento encontra eco na seguinte citação de Chakrabarty: "Historiadores concederiam ao sobrenatural um lugar no sistema de crenças ou práticas rituais de alguém, mas atribuir a ele qualquer agência em eventos históricos iria contra as regras da evidência que dá ao discurso histórico procedimentos para resolver disputas sobre o passado."[270]

Um aviso importante, embora possa parecer redundante para alguns leitores: meu comentário não tem a intenção de cancelar a historicização da cultura. Mais do que um objetivo, a minha crítica é motivada pela preocupação de que a rica

---

[269] L. Daston, "Marvelous Facts and Miraculous Evidence in Early Modern Europe", *Critical Inquiry*, v. 18, n. 1, 1991.
M. Poovey, *A History of the Modern Fact: Problems of Knowledge in the Sciences of Wealth and Society*, 1998.
[270] D. Chakrabarty, *Provincializing Europe: Postcolonial Thought and Historical Difference*, 2000, p. 104.

revisão pós-colonial da história que tanto inspirou a antropologia possa ainda estar contida na, e até mesmo contribuir para a, colonialidade da História. Esmiuçando minha preocupação: a crítica pós-colonial que estendeu a História àqueles que Hegel concebeu como desprovidos dela teve uma virada irônica: ela também estendeu àqueles povos e aos seus mundos a *exigência* do regime de realidade da História, e o fez mesmo enquanto reconhecia a heterogeneidade da... *História*. Desfazer essa colonialidade pode, por sua vez, exigir eventualização do poder concedido à história para certificar o real (paradoxalmente), historicizando-o:[271] localizando-o no espaço e tempo, assinalando assim os *limites* para além dos quais sua inquestionável capacidade de discernimento da realidade se torna, bem, questionável.[272] Para *além* desses limites, podem emergir eventos que não podem ser conhecidos historicamente, pois, estabelecidos com práticas que ignoram o mandamento moderno de separar natureza dos humanos, eles não existem historicamente. Porém, isso não significa que tais eventos *não existam*; seguindo a crítica da colonialidade da história, a hegemonia de seu regime de realidade se torna uma questão política segundo a qual eventos a-históricos são possíveis. Abrir essa possibilidade pode também exigir que se considere que aquilo que conhecemos como "natureza" pode não ser apenas isso, e que "crença" não é a única opção que resta como uma relação com o que emerge quando a natureza não é apenas natureza (e, portanto, o sobrenatural também não é uma opção). Desfazer a colonialidade da história demandaria recordar tanto a história como um regime ontológico generalizado quanto a "crença cultural" como mediadora da possibilidade daquilo que não pode fornecer provas. A partir

---

271 M. Foucault, "Questions of Method", 1991.
272 R. Guha, *History at the Limit of World History*, 2002.

dessas retomadas, eventos podem não precisar ser ou históricos ou crenças para serem possíveis. Em outras palavras, o a-histórico pode ser memorável [*eventful*], sem se traduzir numa perspectiva cultural (uma crença) sobre coisas inanimadas.

PENSANDO COM O ARQUIVO DE MARIANO: O ACONTECIMENTO DE OUTRO MODO

Certamente, tanto a divisão entre natureza e humanidade quanto a restrição de atuação dos humanos têm sido desafiadas. Algumas versões da teoria ator-rede, preocupadas com a assimetria entre sujeitos e objetos (sobrepondo-se à divisão entre humanidade e natureza), incluíram não humanos como agentes de práticas científicas, particularmente experimentos que podem, por sua vez, ser definidos como eventos históricos. Tome essa citação de Bruno Latour como um exemplo: "Definir um experimento como evento *traz consequências para a historicidade de todos os ingredientes, inclusive os não humanos,* que constituem as circunstâncias desse experimento."[273] Essa afirmação tem similaridades – até mesmo continuidades – com a historiografia pós-colonial: se a última estendia a História àqueles humanos que (supostamente ou não) não a possuíam, considerando coisas como atores, Latour estende a História àquilo que de outro modo é julgado inanimado (e, portanto, fora da História). Mas meu dilema permanece: essa nova imaginação, que concede história ao não humano, assim cancelando um aspecto importante da divisão entre humanidade

---

273 B. Latour, *A esperança de Pandora: ensaios sobre a realidade dos estudos científicos*, 2001, p. 349, grifo da autora.

e natureza, continua a restringir o acontecimento ao histórico. Um evento (para ser considerado como tal) tem de habitar o tempo cronológico e ser reconhecido como se desenrolando nele. O que é incapaz de se revelar – de produzir autoevidência – no tempo cronológico é a-histórico e permanece um não acontecimento e, assim, não real [*unreal*].

Segundo essa perspectiva, a missão pós-colonial continua a se historicizar, expandir os arquivos já existentes de forma a incluir neles as vozes subalternas. Mas esse arquivo, cujo princípio permanece inalterado, continuaria a ter o poder de excluir, ou de avaliar como menos real, aquilo que não atende aos requisitos da História. O arquivo de Mariano atendia àqueles requisitos, é claro – mas as práticas que o tornavam possível não atendiam. (E, apenas para deixar isso muito claro, embora possa ser desnecessário: eu não posso utilizar a manobra de Latour e estender História aos outros-que-humanos que eram parte da história de Mariano, porque aqueles não são coisas – são seres em um regime de realidade diferente daquele dos laboratórios de Latour e seus actantes.) Sugerir a historicidade de seres-terra seria fora de lugar, literalmente; eles não residem no regime da História, pois são entidades a-históricas. A recusa de Mariano de considerar os documentos como fonte suficiente de sua história me apresentou um enigma intrigante: práticas e atores a-históricos possibilitaram um objeto histórico, o seu arquivo, e um importante processo histórico, a reforma agrária.

Expandir o arquivo pós-colonial (sem alterar o seu princípio histórico) não conseguiria incluir as práticas a-históricas que convergiram no arquivo de Mariano. A evidência que Ausangate (Guerra Ganar) deixou de sua vitória na guerra contra os espanhóis (os buracos ao redor de Yanacocha, a lagoa à qual Ausangate levou os conquistadores para afogá-los) não é histórica. Também não posso provar que Ausangate participou na *queja* contra o *hacendado* e, claro, essa não é minha intenção. Ao contrário, minha intenção é uma noção alternativa de arquivo – uma que, em vez de inclusão liberal, abrigaria uma vocação para conexão parcial com aquilo que ele não pode incorporar, mas que também o torna possível. Minha proposta é semelhante à de Elizabeth Povinelli, que se inspira nos seus amigos aborígenes da Austrália, bem como em Derrida e Foucault. Ela escreve:

> Se "arquivo" é o nome que damos ao poder de criar e comandar o que aconteceu aqui ou ali, neste ou naquele lugar, e, portanto, o que tem um lugar de autoridade na organização contemporânea da vida social, o arquivo pós-colonial de novas mídias [um projeto no qual ela e seus amigos indígenas australianos colaboram] não pode ser meramente uma coleção de artefatos digitais que refletem uma história diferente e subjugada. Em vez disso, o arquivo pós-colonial *deve abordar diretamente o problema da persistência do outro dentro – ou distintivamente – dessa forma de poder*. Em outras palavras, a tarefa do arquivista pós-colonial não é meramente coletar histórias subalternas. É também investigar a lógica de composição do arquivo como tal: as condições materiais que permitem que algo seja arquivado e arquivável.[274]

Imaginar o arquivo de Mariano como um objeto de fronteira, produzido por coletivos socionaturais que compartilhavam alguns interesses contra o proprietário de terras, *e* cujas práticas de produção de mundo (incluindo algumas das práticas que produziram o arquivo) eram radicalmente diferentes também, oferece o potencial de abrir o arquivo histórico para aquilo que era de outro modo; isto

---

274 E. Povinelli, "The Woman on the Other Side of the Wall: Archiving the Otherwise in Postcolonial Digital Archives", *Difference*, v. 22, n. 1, 2011, p. 153, grifo meu.

é, para as práticas em-*ayllu* a-históricas que contribuíam para a produção desse arquivo, um objeto histórico que, recursivamente, contribuía para a permanência das práticas em-*ayllu*. Conceituei essas práticas como a-históricas para sublinhar a forma como elas aproximam mundos ontoepistêmicos diferentes. As histórias que ouvi, enquanto narravam práticas em-*ayllu* e eventos que estavam fora dos requisitos da História, todavia se uniam com a história – políticos de esquerda e a lei, por exemplo – para fazer as coisas acontecerem. *A-histórico* como conceito frisa a conexão parcial com a História – a forma como eles estão juntos e *também* permanecem diferentes. A noção de evento que utilizo tem alguma similaridade com a noção de Latour, que parafraseei anteriormente. Como em suas histórias de laboratórios, vejo o evento emergindo na relação entre outro-que-humanos e humanos. A diferença é que, no lugar de estender a historicidade para incluir não humanos em eventos, seguindo as histórias de Mariano, estende-se o acontecimento aos seres-terra, entidades cujos regimes de realidade e as práticas que os fazem surgir, diferentemente da História ou da Ciência, não requerem prova para afirmar sua realidade. Certamente eles não podem nos persuadir de que existem; contudo, nossa incapacidade de sermos persuadidos sobre sua participação na produção do arquivo de Mariano não autoriza a negação de seu ser. Emergindo de práticas em-*ayllu* e do Estado, o arquivo de Mariano era ontologicamente complexo – um objeto histórico que não teria existido sem o a-histórico. E essa complexidade pode sugerir que embora, os *runakuna* compartilhassem nossa história, suas vidas também a excediam. Esse excesso também era um evento, ainda que um de tipo a-histórico. O arquivo de Mariano nos pressiona a reconhecer o acontecimento do a-histórico; também nos pressiona para além do tempo e espaço arquivístico do Estado moderno, inclusive o Estado pós-colonial, se ele viesse a existir.

Nazario Turpo, 2007. Trilhando Ausangate e soprando *k'intu*.

INTERLÚDIO DOIS

NAZARIO TURPO:
"O ALTOMISAYOQ[275] QUE TOCOU O CÉU"

---

275 Embora o termo apareça redigido, e explicado, pela autora como *altumisayuq*, em quíchua, uma pequena variação na grafia é localizada quando a palavra aparece grafada em textos na língua espanhola, como é o caso da revista, de onde saiu a citação deste subtítulo. (N.R.T.)

"Se ele não tivesse encaminhado a queixa contra a hacienda, teria trabalhado a chacra [lote]; se ele tivesse cuidado dos rebanhos, poderia ter tido mais para vender. Ele não deveria ter desperdiçado o dinheiro dele lutando contra o hacendado*. Ele caminhava em vão, quando as pessoas não davam a ele suas cotas [para sustentar suas caminhadas]; ele matava seus animais, vendia sua lã. Ele teve que usar o seu dinheiro para o julgamento, teve que pagar por suas viagens. Se ele não tivesse lutado contra o* hacendado*, poderia ter comprado terra na cidade – era isso que minha mãe queria."*
NAZARIO TURPO, DEZEMBRO DE 2006

MARIANO TURPO TEVE QUATRO FILHOS – nenhuma filha. Nazario era o mais velho e devia ter sete anos quando seu pai começou a encaminhar a queixa. Suas memórias das atividades políticas de seu pai começam quando ele era criança: "[A polícia] sempre vinha e fazia buscas na nossa casa a qualquer hora, sempre, sempre" [*siempre wasiykuman, ima ratupas chayamullaqpuni*]. Mariano, já sabemos, frequentemente precisava se esconder. Para as cavernas e ao interior dos rasgos nas imensas montanhas que eram os lugares de esconderijo de seu pai, Nazario levava comida – batatas cozidas, quase sempre, e sopa, às vezes – que sua mãe tinha preparado. Ele também lembrava que as pessoas organizavam suas reuniões políticas naqueles mesmos lugares para evitar a polícia e outras pessoas da *hacienda*. "[*Runakuna*] também faziam [sua] assembleia lá; escondendo-se à noite, todos eles se reuniam" [*anchillapi asanbleata ruyaq; pakallapi tuta unchay aqnallapi huñukunko*].

Porém, perturbando meu desejo liberal por heroísmo indígena, Nazario desejava que Mariano não tivesse encaminhado a queixa do *ayllu*. Para que ele o fez? O proprietário de terras tinha ido embora e, contudo, nada mais havia mudado. Eles continuavam a ser *runakuna* pobres e *sonsos* (estúpidos), os quais ninguém respeitava. Não sabiam ler nem escrever. Não conseguiam encontrar empregos; vender lã de seus rebanhos nunca fornecia dinheiro suficiente para se sustentarem. Eram obrigados a trabalhar em condições extremas: as temperaturas mais frias nos picos cobertos de neve onde mantinham seus animais, as temperaturas mais quentes na selva em que trabalhavam no garimpo manual do ouro, as condições mais sujas e miseráveis na cidade onde construíam casas ou trabalhavam como servos e dormiam como animais – ou até pior que isso.

Abandono. Essa é a condição que melhor descrevia a vida de meu querido amigo Nazario, mesmo em sua felicidade. Sim, ele era feliz; seu novo emprego no turismo como "xamã andino" o tornou extraordinário entre os *runakuna*. Mas, como sabia Nazario, ter sorte no vilarejo não o protegia de ocupar o espaço de (in)existência evolucionária implicitamente reservado pelo Estado-nação para os *runakuna* no Peru andino. Seu desaparecimento projetado e, assim, sua inclusão legal apenas através de sua exclusão resultavam de um poder estatal composto de um sentido de benevolência e inevitabilidade. Incontáveis vezes me disseram, "Estamos fazendo nosso melhor, o que mais pode ser feito com *essas pessoas*?". A (in)existência evolucionária dos *runakuna* é normalizada como um problema (nessa declaração e em outras similares) por duas presunções biopolíticas entrelaçadas com contornos éticos. Uma é a percepção hegemônica dos *runakuna* como inferiores e, portanto, em profunda necessidade de assimilação – e auxílio, é claro (se estivermos falando de bons cidadãos liberais). A outra é a compreensão ansiosa de políticos de centro de que essa assimilação é difícil, senão impossível. A ansiedade é às vezes acalmada pelas lutas políticas de esquerda por mudanças nas quais *runakuna* são imaginados como seguidores, nunca como líderes. Mariano foi um participante-chave em uma dessas transformações – porém, apenas *runakuna* e os poucos *mistis*[276] que estiveram em contato direto com ele compreendiam sua centralidade. Nazario estava atento a tudo isso. Mas sua busca por uma vida em-*ayllu* também concordava com propostas de esquerda; ele estava motivado a ir a protestos públicos na cidade de Cusco, bem como às reuniões indígenas interandinas em Quito, La Paz e Lima, que se tornaram frequentes nas regiões desde o fim dos anos 1980. Porém, Nazario

---

276 Relativo aos *mistikuna*, como mencionado anteriormente. (N.R.T.)

não estava engajado na política de esquerda moderna da mesma forma que o pai estivera. Seu ceticismo acerca da política organizada tinha raízes na história de sua família; nesse sentido, não era diferente dos filhos e das filhas da geração de lutadores urbanos de esquerda à qual pertencia Mariano.

Quando Mariano encaminhou a queixa, a construção de uma escola era um dos pontos mais importantes na agenda *ayllu*. Contra a ferrenha oposição do *hacendado* – ele tinha até queimado vários casebres que os *runakuna* tinham levantado para funcionar como salas de aula – e sob a liderança de Mariano, o *ayllu* conseguiu exigir uma resolução oficial que requeria a presença de um professor de escola primária que serviria, entre outros, ao vilarejo em que os Turpo viviam. Ironicamente, mas não de forma surpreendente, Nazario não podia frequentar as aulas: "*Durante o tempo da* hacienda*, não tinha tempo. Tínhamos que fazer as chacras, que arrebanhar os animais. Meu pai não vivia lá* – [*ele viajava para*] *Cusco, Lima, Sicuani*".

Nazario sabia ler e escrever, mas de um jeito que qualificava como "só um pouco". Quando estávamos juntos na cidade de Cusco (e houve muitas dessas ocasiões), normalmente parávamos e líamos placas comerciais; algumas delas em espanhol, e outras em quíchua. Quando líamos as primeiras, eu o corrigia; com as segundas, ele me corrigia. Então, ele conseguia se virar; também conseguia contar em espanhol, assinar seu nome, levar receitas à farmácia e pedir o remédio certo. Ainda assim, ficava triste por não ter ido à escola e se ressentia de Mariano por isso: "*Ele era inútil para nós; para as pessoas ele foi útil, não para nós.*" E Nazario se lembrou de uma discussão entre seus pais. Sua mãe queria que Mariano cortasse sua relação com o *ayllu*, vendesse os animais que eles tinham – não era um rebanho pequeno na época, lembrava Nazario – e, com o dinheiro, se mudassem para a cidade de Cusco, comprassem por lá um lote (terra não era cara naquele tempo) e começassem uma nova vida. Já contei a versão de Mariano dessa mesma história: quando o *ayllu* exigiu que ele encaminhasse a queixa, Modesta, sua esposa, implorou para ele que não aceitasse e propôs que eles fossem embora. Mariano respondeu que não tinham lugar nenhum para onde ir, que o *ayllu* de outros lugares não os aceitaria. Modesta estava certa, Nazario pensava, como também pensava seu irmão, Benito; eles não tinham ganhado nada lutando contra o *hacendado*.

Nem mesmo o *ayllu* havia ganhado; os governos nunca cuidaram dos *runakuna*. A reforma agrária era prova disso. Nas palavras de Nazario: *"Juan Velasco nos satisfez um pouco, estava conosco."* Velasco foi o presidente que declarou a reforma agrária, um momento no qual, segundo Nazario, os *runakuna* puderam *parar de andar à noite como se fosse de dia*. A cooperativa era um sonho realizado; mas ela desandou muito rapidamente:

> *Naquele ponto, nós, runakuna, nos organizamos sozinhos. A cooperativa entrou... nós cuidávamos das sementes, dos pastos, das aveias. O arame farpado* [que costumava manter os runakuna para fora da terra da hacienda], *os canais de irrigação, as ovelhas. Nos deram tudo aquilo, veio para nossas mãos. Mas o Ministério da Agricultura também aprendeu* [os comportamentos do hacendado]. *Chegavam e roubavam ovelhas, também vendiam a moraya e o chuño. Nós produzimos queijo para vender, mas eles vinham e levavam embora. Diziam: estamos supervisionando vocês, cuidando de vocês, nós gerenciamos tudo, estamos do seu lado. Os mistikuna se tornaram donos da cooperativa. Ficavam bêbados, vendiam as ovelhas e o gado sem nossa autorização. Foi assim que tudo ficou negligenciado.*

Porque era uma cooperativa, os *runakuna* eram parte da *directiva* (o conselho de diretores). Em 1980, Nazario se tornou presidente do conselho e, simultaneamente, os *runakuna* argumentaram pela distribuição da propriedade entre todos os *ayllus* que a reforma agrária tinha transformado em membros da cooperativa e oficialmente nomeado Comunidades Campesinas.[277] Nazario lembrava sobre os membros *runakuna* da cooperativa: *"me indicaram [a presidente] porque meu pai tinha lutado pela terra."* Eles o encarregaram da desafiadora tarefa de desfazer legalmente a cooperativa para possibilitar a distribuição de terra, dos animais e dos bens entre seus membros – os *ayllus*, sob sua designação oficial como Comunidades Campesinas. Tais procedimentos envolviam papelada e negociações com autoridades estatais regionais. Não surpreendentemente, a burocracia estatal se opôs fortemente ao projeto dos *runakuna* e, em várias ocasiões, oficiais tentaram subornar Nazario para que ele se voltasse contra a ordem do *ayllu* de desfazer a cooperativa. Sob a pressão de ambos os lados, Nazario renunciou à sua posição como presidente do conselho. Atribuiu seu fracasso político à falta de letramento: *"Eu não conseguia ler; eles liam por mim. Seu conseguisse ler, talvez pudesse ter lutado melhor."* Alguns anos mais tarde, unindo-se a um forte movimento regional anticooperativa, os *runakuna* conseguiram distribuir entre eles tudo o que um dia pertencera à *hacienda*. Toda a terra foi distribuída para cada *ayllu* (ou, melhor, à Comunidade Campesina) de acordo com o número de famílias que os compunham. Nos anos subsequentes, a terra foi ainda mais dividida à medida que o número de famílias crescia. *"Agora não tem mais terra para distribuir. Nossos filhos também querem terra, mas não tem terra para aqueles que estão vindo depois."*

---

277 A palavra *ayllu* foi empregada de uma forma similar à que *"ayllu"* aparecia nos documentos legais no arquivo de Mariano.

Alguns membros da família de Nazario preparando comida para *tirakuna* e *runakauna*. Os adultos são, da esquerda para a direita, Rufino (filho mais velho de Nazario), Nérida (esposa de Rufino), Vicky (uma das filhas de Nazario), Liberata (esposa de Nazario), Benito (irmão de Nazario) e Nazario. As crianças são de Rufino e Nérida: José Hernán, neto querido e mais velho de Nazario; e Marcela, à época com dois anos de idade. Agosto de 2005.

"TEMOS TANTOS PROBLEMAS QUE MORRERÍAMOS ANTES DE TERMINAR DE FALAR SOBRE TODOS ELES"

A crítica em relação a seu pai não significava que Nazario era indiferente à miséria da vida *runakuna*. Ele era conhecido por ser *liso* como seu pai: incansavelmente ousado quando confrontava representantes locais do Estado e denunciava seus abusos. Em uma ocasião, ele e alguns parentes passaram várias semanas lutando contra a *posta médica* (a clínica de saúde pública local), a delegacia de polícia e a justiça de paz – ao mesmo tempo. Todos eles tinham conspirado para absolver um assassino em um conflito com os *runakuna*. Os médicos na estação assinaram uma autópsia declarando morte "natural", a polícia fingiu não ter visto o cadáver ferido por um machado e o juiz concordou com todos eles. Sim, representantes locais eram a causa de importantes infortúnios locais, mas a culpa era amplamente distribuída; ia muito além do Estado local porque, na visão de Nazario, *"não existe lei, nunca, jamais, para nós, em lugar nenhum"*. As condições de vida dos *runakuna* eram extremas na análise de Nazario, e a razão para tal era que o Estado os havia abandonado:

> *Aqui, as pessoas e todo o resto estão esquecidos, abandonados, sozinhos. Nossos animais morrem porque não há pasto, nossos rebanhos não conseguem crescer. Vivemos vidas tristes, comemos muito pouco, vivemos na imundície. Não tem água, a água que temos é suja. Aquela água suja não é boa para nós nem para os animais, nós bebemos aquela água e ficamos todos doentes.*

E, é claro, Nazario queria aquilo que o Estado inclui em sua noção de desenvolvimento: uma estrada de verdade em vez de um trilho de terra batida que é levado embora pela água a cada estação chuvosa, irrigação para as pastagens, um prédio para a escola com janelas de verdade e mesas nas quais as crianças pudessem de fato estudar. E ele queria essas coisas para todos que viviam nas *alturas* (locais com altitude) – todos os *runakuna*, não apenas ele próprio ou aqueles em Pacchanta [*mana chay Phacchantallapichu, pasaq alturanpiqa*]. Em minhas palavras: o desejo profundo de Nazario era substituir a biopolítica do abandono por uma que, em vez de deixar os *runakuna* morrerem (e lentamente, ainda por cima, quase como se por extinção biológica), reconhecesse que suas vidas importam, mesmo que o reconhecimento fosse apenas em termos político-econômicos. A preocupação imediata era a sobrevivência material: os invernos eram muito frios e as secas, uma ameaça iminente todo ano. Ser reconhecido nos termos do Estado-nação, que eram e continuam a ser aqueles de uma inclusão social benevolente, era melhor do que morrer ignorado – melhor do que aguentar o abandono imposto a eles pelo Estado.

É claro, os termos que o Estado poderia utilizar para oferecer aos *runakuna* alguma inclusão na verdade ignoravam seu mundo (por exemplo, o *ayllu* como existência relacional dos *runakuna* e daquelas entidades outro-que-humanas, os importantíssimos seres-terra). Porém, essa era uma preocupação diferente – uma que, em 2004, quando estávamos tendo esta conversa, não era tão urgente quanto a materialidade de temperaturas abaixo de zero e secas que deixava faminto o solo e, com ele, os humanos, animais e plantas. Os *runakuna* conseguiam sobreviver sem o reconhecimento estatal do seu mundo. Eles não faziam isso havia tantos anos? Nazario me convenceu, então, de que *"Ausangate, Wayna Ausangate, Sacsayhuaman* não vão morrer se o governo não os saudar. [*Mas*] os runakuna vão morrer se o governo não nos ajudar com água para as plantas e animais e remédios".

Porém, dois anos mais tarde, quando uma corporação mineradora expressou seu interesse em prospectar ouro na cadeia de montanha por sobre a qual preside Ausangate, nós dois entendemos que o descaso oficial pelos seres-terra havia se tornado um motivo de preocupação [*matter of concern*] – eles não estavam a salvo das consequências do abandono da política estatal.[278]

Os *runakuna* tinham conversado com o Estado colonial – o do início da modernidade e o moderno – por séculos. Por todo o século XX, o Estado peruano reconhecia os habitantes indígenas da nação como peruanos coletivos, rurais e analfabetos; podemos pensar sobre esses como termos do Estado. As Constituições mais antigas, de 1920 e 1933, reconheciam direitos indígenas andinos à propriedade agrícola coletiva. A reforma agrária em 1969 e seu *slogan* de "Campesino, o *patrón* não se alimentará mais de sua pobreza!" culminou nesse processo, que também mudou os termos de reconhecimento de "indígena" para "campesino". Em 1979, um decreto constitucional estendeu o direito de eleger oficiais nacionais à população iletrada, o que significava que muitos *runakuna* agora podiam votar. Esse reconhecimento mudou significativamente a participação *runakuna* na vida política oficial, e a mudança foi sentida regional e nacionalmente.

> *Antes eram os* mistikuna *que elegiam presidentes, só eles tinham uma* libreta electoral [*carteira de identificação nacional*].[279] *Agora nós também votamos, somos mais, somos a maioria. Agora os campesinos têm uma vontade* [*ou têm poder*] *mesmo que sejamos sonsos e analfabetos; agora somos os que podem eleger, temos* libreta.

278 M. de la Cadena, "Indigenous Cosmopolitics in the Andes: Conceptual Reflections beyond 'Politics'", *Cultural Anthropology*, v. 25, n. 2, 2010.
279 No Peru, a *libreta electoral* funciona como título de eleitor e documento de identificação nacional. (N.T.)

Libreta: Nazario usava a palavra em espanhol. Importa notar que não há equivalente em quíchua para essa palavra, que se refere ao título de eleitor, um documento que indica cidadania plena e o direito de participar em eleições nacionais, regionais e locais.

Nazario Turpo tinha participado de diversas eleições nacionais, mas, quando o encontrei em 2002, ele estava muito esperançoso quanto às oportunidades que o recém-eleito presidente potencialmente oferecia. Alejandro Toledo chegara ao poder em 2001 e, de acordo com a propaganda eleitoral, era *runakuna-hina* (como um *runakuna*), e uma escolha local óbvia para presidente. Em Pacchanta, Nazario organizava encontros para discutir a oportunidade de eleger alguém que poderia finalmente escutar as reivindicações *runakuna*. Porém, alguns anos mais tarde, estava preocupado com a possibilidade de as coisas darem errado:

> *Não demos nosso voto a ele para que ele nos abandonasse como [os outros presidentes] fizeram; nós o elegemos para que cuidasse de nós. Se ele vai mudar tudo que disse, se não vai seguir o que disse que faria, se vai negar os campesinos [kampesinuta niganqa], nós não vamos elegê-lo novamente.*

Na verdade, a decepção era profunda porque as esperanças foram incomumente altas. O Peru se juntou à tendência neoliberal global nos anos 1990. Em 1993, uma nova Constituição demarcou posses familiares dentro de propriedades coletivas e inaugurou a possibilidade da privatização de terras de posse comunal. Ao mesmo tempo, estendia "direitos étnicos" a cidadãos marcados como outros; como consequência, aqueles que eram "culturalmente diferentes" tinham o direito à sua cultura e à sua diferença (dentro dos limites do que o Estado podia reconhecer como cultura e como diferente, claro). A eleição de Toledo representava uma potencial renovação das políticas do multiculturalismo, e também poderia significar uma nova possibilidade de utilizar a ideia de "direitos étnicos" para contrapor as políticas do abandono. Para alguns peruanos (inclusive Nazario e eu), esse poderia ser um momento nacional histórico e potente. Quando Alejandro Toledo tomou posse, a Comunidade Andina de Nações emitiu a Declaração de Machu Picchu sobre a Democracia, os Direitos dos Povos Indígenas e a Luta contra a Pobreza, que foi assinada pelos presidentes de todos os países membros. Naquele mesmo dia, Toledo presidiu um extraordinário evento em Machu Picchu, a cidadela inca. (Nazario compareceu à cerimônia e falarei muito mais sobre ela na história seguinte.) Contudo, logo ficou claro que a afinidade do novo presidente com os *runakuna* era apenas física; ao cabo, ele não abordou o abandono deles. O Estado continuou a "negar campesinos" [*kampesinuta niganqa*], como Nazario expressou numa frase em que ele usava palavras em espanhol (*campesino* e *negar*) com sufixos quíchua. A sentença não precisa de explicação; Nazario deixou claro para mim que estava falando sobre a negação do reconhecimento dos campesinos em termos de seus óbvios direitos como humanos – termos que o Estado deveria ser capaz de reconhecer. Ele nem sequer estava falando de "direitos étnicos", que, embora reconhecíveis pelo Estado, também poderiam manifestar uma discordância. Assim, teria sido politicamente tolo pensar que o Estado reconheceria os termos do *ayllu*. Nazario percebeu que eu provavelmente não concordava, mas ele (e os *runakuna*) estava muito convencido de que, se eu tivesse uma opinião diferente, não deveria insistir; e, para o meu constrangimento, esse foi o fim daquela conversa.

Ademais, Nazario se engajava com o Estado nos próprios termos deste porque aqueles termos, insuficientes e inadequados como eram para discernir o mundo em-*ayllu* radicalmente diferente, eram *também* termos *runakuna*. De fato, foi utilizando aqueles termos que os *runakuna* tiveram certas demandas atendidas por meio de lutas políticas: por alfabetização, terra, trabalho remunerado e acesso direto ao mercado de lã. A vida de Mariano se dera em torno daquilo; tinha se engajado com o Estado para mudar seus preceitos e, necessariamente, dentro das possibilidades epistêmicas e ontológicas do Estado. Contudo, os *runakuna* também estavam cientes de que sua vida, o mundo que suas práticas criam, estava para além dos termos do Estado – excedendo-os a todo momento. E, durante a primeira década do século XX, desafiar aquelas concepções se tornara historicamente urgente, de modo tal que o desafio poderia se tornar evidente para não *runakuna*. Também era explícito que o vigor político e o material conceitual para tal desafio só poderiam vir do mundo dos *runakuna* e, mais precisamente, daquele excesso que o Estado moderno por definição (isto é, resultando de sua ontologia histórica) é incapaz de reconhecer. Os *runakuna* estão certamente familiarizados com as diferenças entre eles e o Estado; sua incomensurabilidade é óbvia para os *runakuna*, e até recentemente eles nem sequer se davam ao trabalho de buscar reconhecimento em qualquer um dos termos do Estado. Que essa forma de reconhecimento se resuma à negação (ou trivialização, no melhor dos casos) das práticas que produzem o mundo dos *runakuna* está claro em Pacchanta; e é também uma fonte de raiva e de sentimentos de inferioridade. Nazario incansavelmente repetia que os *runakuna* eram *sonsos* e analfabetos, e utilizava esses adjetivos para descrever a si mesmo. Essa inferioridade é um sentimento irrefutável; mas é apenas relativa aos termos do Estado, que, embora dominante, não ocupa a existência *runakuna*:

> *Aqueles de nós que leem e escrevem possuem a vontade com seu conhecimento. Nós, os campesinos, também estamos cuidando dos animais, trabalhando os lotes, fazendo o k'intuyuq*

para os Apukuna, *fazendo nossas roupas – nós somos, nós temos conhecimentos. Nós somos iguais* [igual kashanchis]. *Nós não temos muitas palavras, não temos muita* instrucción [escolaridade], *mas dentro dos campesinos há outros saberes. Eles* [*não* runakuna] *não têm nossas coisas. Somos iguais.*

E eu estava incluída nessa condição, uma em que habilidades diferentes nos tornavam quites, ou iguais, como Nazario disse: "*Você não sabe como ler coca; nós não sabemos como ler livros. Somos iguais.*" Ele usava a palavra em espanhol *igual* como se quisesse contrariar os termos do Estado – aqueles que faziam dos *runakuna* inferiores e dos quais o letramento e um diploma universitário fazem parte. Tudo isso é óbvio: o Estado reconhece a leitura de livros e menospreza a leitura de folhas de coca (ou considera a prática como folclore). E Nazario também estava ciente dos poderes históricos que organizavam essa assimetria, é claro.

Um lembrete: como expliquei na História 1, Cusco é uma região indígeno-mestiça socionatural e geopolítica. Ao invés de uma "mistura de duas culturas produzindo uma terceira" (indígena e espanhola resultando em *mestizo*), indígenas e não indígenas são partes integrais uma da outra; emergem uma na outra. Mas isso não anula as práticas cotidianas que distinguem uns dos outros através de hierarquias que coincidem com uma taxonomia racial-cultural, segundo a qual os *mistis* são superiores aos *runakuna*. Estes últimos aparecem na estrutura de sentimento[280] regional como "índios", a corporificação da miséria. O sentimento de ser menos frente a não índios era intrínseco à vida de Nazario. Sua experiência de igualdade relativa quando deixou o Peru foi para ele uma surpresa. Sentiu isso durante sua primeira visita a Washington, quando estava

---

280 Raymond Williams, *Marxism and Literature*, 1977.

indo se juntar à equipe de curadores da exposição *Comunidade quíchua* no Museu Nacional do Índio Americano. "*No avião, permitiram que eu sentasse como todo mundo, me deram a mesma comida que deram a todos*", e, como disse, sua vida mudou daquele ponto em diante. Essa mudança significou a possibilidade de ganhar um salário para pagar por remédios e cadernos para seus netos, ser capaz de comprar frutas das terras baixas para sua família – mas não muito mais do que isso.

MULTICULTURALISMO NEOLIBERAL: O MERCADO RECONHECE A CULTURA ANDINA

Em dezembro de 2011 – quatro anos depois da morte de Nazario –, fiz uma busca pelo seu nome na internet. Mais de cinquenta entradas apareceram. Algumas incluíam sua foto, outras a vendiam. Algumas forneciam detalhes precisos sobre sua vida, outras inventavam títulos para ele, como "Guardião das Águas Sagradas da Montanha Sagrada, Asangate [sic], e membro de uma Delegação Peruana Indígena do Smithsonian visitando Washington DC".[281] Outras calorosamente refletem sobre sua amizade e seus ensinamentos.[282] Incluí algumas citações dessas páginas da web aqui. Não havia dúvidas de que meu amigo estava no epicentro de uma explosão turística que propagandeava a "cultura indígena *cuzqueña*" com mais sucesso do que jamais antes visto. Considerada o berço do Império Inca, "Cusco pré-colonial" é uma atração turística e uma fonte de renda urbana na região desde a metade do século XX;

---

281 0540: Nazario Turpo, Peruvian Paqo (Shaman), Prayer Vigil Photo History 1993–2011. Disponível em <http://oneprayer4.zenfolio.com/p16546111/h31474EA1#h31474ea1>. Acesso em 10 jun. 2024.
282 Where I've Been: Peru. Disponível em <http://invisionllc.com/whereivebeen.html>. Acesso em 10 jun. 2024.

contudo, investir em e propagandear a presente "cultura andina" se tornou um negócio lucrativo somente no Peru pós-Sendero Luminoso.[283] Embora talvez contraintuitivo, a comodificação de coisas julgadas étnicas não deveria surpreender ninguém; é uma prática que apenas está de acordo com os tempos. Se nos séculos XIX e XX a missão civilizatória do liberalismo exigia univocidade cultural e propunha criar cidadãos e assimilar populações via educação, no século XXI o neoliberalismo continua a proposta de assimilação, mas já não exige homogeneidade cultural. Consequentemente, a educação deixou de ser o caminho crucial para a cidadania como uma vez havia sido. A expansão da civilização, dizem alguns, atualmente depende da expansão dos direitos de propriedade e do acesso a mercados financeiros capitalistas.[284] A diferença cultural já não é mais um obstáculo biopolítico. Pelo contrário, é uma vantagem política (que Estados exibem como prova da atualidade de suas democracias representativas) tanto quanto uma vantagem econômica – para "grupos étnicos", para o Estado, corporações e indivíduos também. Libertar a cidadania da exigência de uma homogeneidade cultural – e liberar o Estado de sua obrigação de educar suas populações – era uma condição importante para a expansão de um mercado no qual o multiculturalismo neoliberal era um instrumento e uma consequência.

---

283 A expansão da indústria turística preocupa antropólogos; muitos de nós discutimos como ela transforma quase tudo em produtos. Memórias da revolução são produtos desejados pelos turistas no México, na Nicarágua e no Peru (Babb, 2011); Na África do Sul, chefes abastados promovem a preservação da tradição como um futuro no qual vale a pena investir (Comaroff e Comaroff, 2009); no México e no Peru, antropólogos, pessoas adeptas ao *New Age* e indivíduos indígenas locais unidos inventaram uma religião tanto para o terceiro milênio quanto para o mercado turístico (ver Galinier e Molinié, 2006).
284 Um disseminador persistente dessas ideias é Hernando de Soto (s.d.), um economista peruano reconhecido internacionalmente por seu trabalho com governos em países em desenvolvimento.

DON NAZARIO TURPO CONDORI

"Don Nazario Turpo Condori era o filho do conhecido e respeitado Alto Misayoq [sic] Don Mariano Turpo, da grande Montanha Ausangate no sul do Peru. Ambos trabalhavam dedicados [sic] a compartilhar a sabedoria da tradição andina, tanto no Peru quanto viajando no exterior. Don Nazario carregava o coração e a sabedoria desse lugar mágico da Mãe Terra, onde condores voam e o contato entre céu e terra está tão perto, que o raio cai [sic] desde o lago sagrado Azul Cocha (4.700 metros) até os céus acima."[285]

O negócio turístico de Nazario era um resultado do multiculturalismo, mas seu envolvimento com o mercado não era novo. Quando mais jovem, Nazario vendia lã para ajudar na renda da casa dos pais. Naquela época, os rebanhos dos *runakuna* eram maiores, havia mais pastagem para alimentá-los e eles tinham mais lã para vender, o que não era insignificante, pois os preços para lã eram mais altos. Agora, os rebanhos e as pastagens encolheram, provavelmente devido às secas e ao crescimento populacional, e o turismo substituiu os onipresentes comerciantes de lã; em seu lugar, centenas de viajantes de diferentes partes do mundo alcançam cantos remotos dos Andes e da Amazônia – lugares como Pacchanta – para consumir o que veem como cultura indígena. Devido à reputação de Mariano como *yachaq*, sua casa (como as páginas da web comentam) ocupa um lugar de destaque no circuito turístico, que os têm como herdeiros de um legado xamânico único. Os Turpo estão entre os sortudos;

---

285 De Ayni Summit, "The Paqo", Alchemy of Peace. Disponível em <www.aynisummit.com/?= content/paqos>. Acesso em 21 nov. 2013.

singularidade é o que o mercado turístico compra, e a maior parte dos *runakuna* é vista como pessoas comuns. Nazario foi capaz de reconhecer sua boa sorte: *"Desde que fui a Washington, estou assim"*, pelo qual ele quis dizer que era mais feliz. Sua nova carreira foi uma boa surpresa. Ela o colocou em uma posição melhor para suportar as duradouras políticas de abandono estatal que nem mesmo a tenacidade de seu pai tinha conseguido abater.

NAZARIO TURPO, *PAQO* (XAMÃ) *PERUANO* [SIC]

"Um *paqo* [sic] é a pessoa que aprendeu como conversar com os *apus*, as forças remexendo nas montanhas e vales, dominando a vida cotidiana. Nazario podia ler a geografia sagrada que está sempre interferindo decisivamente na paisagem humana familiar. Ser um *paqo* é um dom, um chamado que pouquíssimos recebem. Nazario levou tempo até seguir o caminho de seu pai como um *paqo*. Isso só aconteceu depois que fez quarenta anos, quando um raio o deixou inconsciente em uma trilha andina. Tal evento extraordinário é interpretado como um sinal favorável dos *apus*, e a vida de Nazario mudou. Seu pai, Mariano, levou-o depois daquilo para o alto das montanhas por uma semana e iniciou os rituais de purificação e treinamento que gradualmente transformariam Nazario em um *paqo*."[286]

286 De "Nazario Turpo, Peruvian Paqo (Shaman)", *Prayer Vigil for the Earth*. Disponível em <http://oneprayer4.zenfolio.com/p16546111/h31474EA1#h31474ea1>. Acesso em 2 jun 2024.

Aparentemente, é o mercado, em vez do Estado, o responsável por reconhecer a diferença – ou o Estado delegou a tarefa ao mercado, promovendo a troca de dinheiro por objetos e práticas culturais. Enquanto estava em Pacchanta, costumava conversar sobre isso com um querido amigo que os Turpo e eu tínhamos em comum e que é um sacerdote jesuíta, Padre Antonio. Nós não gostávamos desse arranjo de mercado, mas por razões diferentes. Ele pensava que trocas mercantis desautentificariam as práticas indígenas. "Mariano não teria feito o que Nazario está fazendo", costumava me dizer. "Quando as pessoas fazem por dinheiro, não é mais real." Sim, era óbvio que Nazario precisava do dinheiro, mas eu discordava: Mariano teria feito o mesmo que Nazario. Na verdade, ele o fazia, embora não com a frequência que o trabalho de Nazario exigia, mas a frequência não tornava a prática de Mariano inautêntica. Era impossível fazê-lo: quando alguém com *suerte* – como Nazario ou Mariano – se envolve nas práticas com seres-terra, essas práticas são sempre carregadas de consequências diversas, com ou sem a mediação do dinheiro. Seres-terra não exigem "autenticidade" ou crenças humanas para estabelecer sua realidade: eles *estão* em relações com *runakuna*, e qualquer coisa que *runakuna* façam e digam a seu respeito tem consequências – cria a ligação e faz surgir todos os seus componentes.

Disso Padre Antonio duvidava, provavelmente devido ao seu treinamento em teologia moderna ou como praticante do catolicismo. Ele argumentava que aquelas práticas eram espúrias; não derivavam de uma crença verdadeira em seres-terra. "Eles fazem por dinheiro, não é real", repetia teimosamente. Mas, para Nazario, crenças são uma exigência com Jesus e a Virgem. São parte da fé, ou *iñi*, uma palavra quíchua (e um neologismo do século XVI).[287]

---

[287] Curiosamente, *iñi* é composta de duas palavras: *i*, que era a maneira de dizer "sim" em quíchua, e *ñi*, que significava "dizer". *Iñi* é, assim, "dizer sim" a Deus. Minha fonte para essa informação foi a erudição de Cesar Itier sobre quíchua colonial. Eu agradeço a ele.

Fé, ele explicava, não é necessária com seres-terra; eles exigem *despachos*, folhas de coca e palavras e estão presentes quando convidados respeitosamente a participar da vida dos *runakuna* – sempre. Eles são diferentes, sempre lá e agindo com plantas, água, animais. Seu ser não precisa ser mediado por fé, mas o de Jesus precisa. E, assim como Padre Antonio e eu conversávamos sobre Nazario, Nazario e eu comentávamos sobre como nosso querido padre achava que práticas com seres-terra eram como a religião, como crença ou *kriyihina* – outra combinação de um verbo espanhol (*kriyi* é a forma quíchua do espanhol *creer*, "crer") e um sufixo quíchua (*hina* ou "como"), usada para expressar uma condição que o quíchua sozinho não consegue exprimir. Nazario achava que seres-terra e Jesus eram diferentes, mas não tinha certeza de que Antonio estivesse errado: poderiam eles ser iguais? E, finalmente, Nazario e eu não estávamos certos de que a relação de Padre Antonio com seres-terra era *apenas* como sua relação com Jesus. Especulávamos que, tendo estado na religião por tanto tempo, e tendo sido um amigo próximo de Mariano, Padre Antonio deve ter aprendido com as relações de Mariano com seres-terra. Ainda acho isso; Padre Antonio é um homem religioso complexo, e assim também o são outros jesuítas que moram na região. Algumas de suas práticas católicas podem ter se tornado parcialmente conectadas aos *despachos* e, portanto, menos do que muitas e ainda assim diferentes. Eu gostava, e ainda gosto, de ter esses padres como amigos.

Uma coisa com a qual nós três concordávamos era que práticas com seres-terra mudaram significativamente devido ao turismo e a seu poder material-semiótico na região, bem como sua influência sobre o mundo *runakuna*. Interagir com seres-terra no mercado turístico adicionou cenários e atores inesperados, que alteraram paisagens e suposições socionaturais regionais de longa data. Significativa entre essas está a agora onipresente visibilidade das relações entre seres-terra e leituras de coca e a notável heterogeneidade de seus praticantes. Atualmente, em Cusco, indivíduos que se identificam como *mestizo* ou brancos têm (graças ao turismo) se despido da vergonha associada a tratar com seres-terra e agora abertamente se envolvem com *despachos*. Já mencionei essa prática, mas um rápido lembrete pode ser interessante. *Despacho* é uma prática indígena através da qual os *runakuna* enviam produtos (dinheiro, comida, sementes, flores, animais, remédios) a seres-terra. (Explico mais sobre *despachos* na História 6, mas "enviar" é uma palavra apropriada para descrever a prática; de fato, é isso que o verbo *despachar* significa.) Nazario havia conhecido muitos desses indivíduos e tinha até ensinado alguns deles o que o *despacho* e as relações apropriadas com seres-terra implicavam. Alguns dos autores das páginas da internet que menciono aqui começaram sua relação com seres-terra como turistas. Eles traduzem interações com seres-terra a partir de várias gramáticas e materialidades locais com as quais aprenderam sobre eles em suas próprias gramáticas e em seus mundos materiais locais. E eu arriscaria apostar que, se um *despacho* é realizado em tradução, o que resulta disso é uma conexão parcial: não a mesma prática, mas também não uma prática totalmente diferente. Nazario era crítico em relação a alguns desses praticantes não *runakuna*. Eles não estavam aprendendo bem, só se tornavam *activosos*, dizia ele, inventando uma palavra em espanhol que poderia significar em português algo como "desnecessariamente ativos". Acho que ele queria dizer que eles tentavam demais, fazendo muitas coisas inúteis, dizendo palavras demais ou adicionando ingredientes ineficazes ao *despacho*. Outras vezes, estava preocupado que eles não saberiam como enviar um *despacho* adequadamente, ou que mentiriam e diriam que podiam fazer coisas que não podiam. O que o preocupava nesses casos era que erros ou mentiras poderiam afetar as relações desses remetentes com os seres-terra. Mas a noção de um *despacho* "inautêntico", implicando um desvio de um original de tal forma que tornasse um *despacho* irrelevante (o que era uma preocupação de turistas, agentes de viagem e de alguns moradores urbanos de Cusco), não foi algo que ouvisse dele. Havia *despachos* bons e *despachos* ruins – e estes poderiam ter consequências graves. Havia também *despachos* ineficazes – depois que eram enviados, nada de bom ou ruim acontecia como consequência. Porém, em nenhum caso eu o ouvi criticar um *despacho* como não tendo autenticidade.[288]

Padre Antonio com Mariano, Nazario e Luz Marina (neta de Nazario) soprando *k'intu*. Novembro de 2003.

288 Esse termo pertence à epistemologia do Estado e à sua lógica de reconhecimento; fora dessa lógica, autenticidade não é necessariamente uma questão.

"Durante minhas viagens, conheci um *Illa Paccu*, ou guia espiritual, chamado Nazario Turpo. Um líder comunitário e produtor agrícola humilde e sábio do qual me aproximei. Ele já fez sua passagem, mas continuo a experienciar sua orientação e sua mão amorosa em minha vida. Ele me ensinou muitas coisas: a ver o interno, não o externo; a testemunhar o que é comunicado através do espírito; a observar a partir de meu coração, não com meus olhos; a abrir mão de apegos; a deixar o *wyra* [vento] soprar através de mim; a seguir meu chamado, mesmo que eu não me sinta preparado; que eu tenho tudo de que preciso para fazer a diferença; a ser meu próprio professor; a ouvir meus instintos; e que eu já tenho as respostas."[289]

O que eu acho? Eu sigo Nazario, mas apenas até certo ponto, porque minha própria relação com seres-terra, embora mediada pela amizade com ele, é diferente da dele. Não tenho os meios para acessá-los como ele o fazia; não conheço os *tirakuna* e não posso performá-los. Ao contrário, conheço – e posso performar – montanhas, rios, lagos ou lagoas. Mas também posso reconhecer a complexidade dessas entidades enquanto seres-terra/natureza (ao mesmo tempo diferentes uma da outra e a mesma) que cruzam o mundo dos *runakuna* e o mundo com o qual estou mais familiarizada. Seres-terra/natureza se tornaram notoriamente públicos nos Andes como resultado de sua participação em eventos econômicos, políticos e culturais na região e no país. O turismo é um desses eventos, especialmente proeminente em Cusco; alguns outros são a mineração corporativa, os movimentos sociais indígenas, a eleição de Evo Morales como presidente da

---

[289] Heather Kaye, "Where I've Been: Peru". Disponível em <http://invisionllc.com/whereivebeen.html>. Acesso em 2 jun 2024.

Bolívia e o aquecimento global. Em todos esses circuitos, práticas com seres-terra/natureza são uma miríade e heterogêneos – podem ser mediados por *despachos* ou não, e os *despachos* podem ser de todo tipo. E essas práticas, bem como os seres-terra/natureza, são também frequentemente coordenadas (muitas vezes controversamente) por uma singularidade complexa em que o que não é o mesmo (isto é, o que diverge de uma univocidade) é explicado como crença – relevante ou irrelevante, mas subordinada à realidade da natureza. Essa singularização é efetuada através de interações e técnicas heterogêneas: boca a boca regional, instituições culturais, mercado turístico, antropologia, páginas na internet e outras mídias, discussões políticas e assim por diante. Essa lista pode ser infinita, e ela é diversa em propósito e técnica.[290] Seres-terra/natureza igualmente mobilizaram o ex-presidente do Peru, Alan García, a negar sua realidade em 2011, bem como levaram os autores das páginas da internet que mencionei aqui a afirmar sua presença, mas normalmente como entidades espirituais.

Em sua disparidade, ambas as posições envolvem e produzem a complexidade de seres-terra/natureza. Essas entidades forçaram o ex-presidente (contra sua vontade) a desacelerar o desenvolvimento da mineração corporativa no Peru – mesmo que de forma efêmera, sua relação com seres-terra/natureza teve consequências. É claro que os circuitos que traduzem as práticas com essas entidades também podem levá-las para um outro lugar, desvinculá-las de sua coordenação em-*ayllu* e transformá-las em um evento

---

[290] Esse processo é similar à análise de Annemarie Mol (2002) da aterosclerose: uma doença tornada múltipla pelas diferentes práticas biomédicas através das quais ela é tratada e coordenada em uma singularidade também pela biomedicina e suas instituições. E há diferenças, é claro: os requisitos das práticas que coordenam seres-terra na singularidade da natureza transcorrem através da divisão natureza-humanidade; assim, eles divergem dos requisitos das práticas que produzem seres-terra que ignoram tal divisão.

diferente – uma prática que, com seguidores próprios, poderia ser uma invenção capaz de gerar consequências. Contudo, de qualquer maneira – quer através das tentativas de um presidente de coordenar os seres-terra dentro de uma singularidade de natureza universal, quer sejam traduzidos em uma prática diferente –, a realidade que pode resultar de relações com seres-terra/natureza não exige a *afirmação* da crença. Ironicamente, a incredulidade de García, simultaneamente poderosa e ineficaz, é exemplar nesse aspecto: a descrença furiosa do ex-presidente se somou ao conjunto que *produz* a entidade complexa seres-terra/natureza, e, ainda por cima, a tornou pública. Não conversei com Padre Antonio desde o comentário infame de García, mas talvez eu o tivesse convencido de que, quando se trata de seres-terra, acreditar não é a única coisa que importa, pois a descrença também tem consequências; são dois lados da mesma moeda. Apesar de nossas diferenças, Padre Antonio e eu compartilhamos sentimentos sobre o reconhecimento superficial que os *runakuna* recebem nas interações mercadológicas. Seus artefatos culturais e suas práticas têm um preço, mas suas vidas não têm valor; essa certeza era o assunto de muitas conversas intensas que tivemos na casa do padre em Ocongate. O mercado turístico não conserta estradas – que dirá as estradas que os *runakuna* usam – ou controla a condição dos veículos de transporte público que circulam nelas. Não aumenta o salário dos professores, tampouco. A confluência de todos esses fatores – estradas ruins, veículos sem manutenção e uma greve de professores públicos – resultou no acidente de trânsito que matou Nazario. O mercado turístico ignora e, assim, continua as políticas estatais seculares de abandono; o multiculturalismo neoliberal também não está preocupado com essas políticas. O reconhecimento cultural que o mercado turístico concede é apenas uma transação, uma relação econômica efêmera que continua a ignorar a existência dos *runakuna* enquanto consome suas práticas com o que, para os turistas, são insignificantes trocas de dinheiro e talvez alguma emoção sincera.

> **EDUCAÇÃO CONTRA SUPERSTIÇÃO, UMA PROPOSTA PRESIDENCIAL**
>
> Extremamente irritado pela presença pública de seres-terra, Alan García (presidente do Peru entre 2006 e 2011) decretou: "[O que nós precisamos fazer é] derrotar essas ideologias absurdas e panteístas que acreditam que montanhas são deuses e que o vento é deus. [Essas crenças] significam um retorno àquelas formas primitivas de religiosidade que diz 'não toque naquela montanha porque ela é um Apu, porque ela está repleta de espírito milenar"... e coisas do tipo... Bem, se é aqui que estamos, então não façamos nada. Nem mesmo minerar... nós retornamos às formas primitivas de animismo. [Para derrotar isso] precisamos de mais educação."[291]

O FIM DA VIDA DE NAZARIO

Quando Nazario morreu, ele provavelmente era o único *runa* falante monolíngue de quíchua bem conhecido no Peru – e também tinha amigos no exterior. Jornais e revistas luxuosas – em Lima, bem como em Cusco – publicaram a notícia sobre sua morte. Reproduzi uma matéria com a notícia na página 29; dela, tomei emprestado o título deste interlúdio. Não precisei esperar pela notícia publicada: vários amigos de Cusco me enviaram mensagens assim que ficaram sabendo do ocorrido.

---

291 Jornal *La República*, 25 de junho de 2011.

Padre Antonio me enviou a mensagem abaixo – posso ter perdido a qualidade de seu carinho austero nessa tradução ao inglês, mas ele vai me perdoar. Na linha do assunto, lê-se: "Saudações com tristes notícias", e a mensagem continuava:

SAUDAÇÕES COM TRISTES NOTÍCIAS...

Querida Marisol,
Antes de mais nada, um oi caloroso depois de um silêncio tão longo. Espero que você e sua família estejam bem. O motivo desta mensagem é dar notícias tristes. Na segunda-feira, perto das 22h, um ônibus vindo de Ocongate se envolveu em um acidente, perto de Saylla, quase chegando em Cusco. Treze pessoas morreram, e cerca de 25 ficaram feridas. Nazario Turpo está entre os mortos. Não menciono a você os outros nomes porque você pode não conhecê-los. Hoje ao meio-dia ainda havia cinco corpos aguardando identificação no necrotério – entre eles, o de Nazario. Rufino [filho mais velho de Nazario] chegou um pouco depois das 13h com sua esposa. Alguns parentes e pessoas de Pacchanta estavam lá esperando. Havia também pessoas de Cusco que queriam levar o corpo de Nazario para o Colegio Médico [a associação profissional de médicos] para fazer um velório. Elas diziam que, porque muitas pessoas o conheciam, queriam lhe dizer adeus. Amanhã, vão levá-lo até Pacchanta. Iam alugar um micro-ônibus para membros da comunidade em Cusco – não sei o que acabaram decidindo. Fui embora. Além do excesso de velocidade, o acidente aconteceu porque o ônibus bateu em algumas pedras que tinham sido deixadas no meio da estrada, como parte de um bloqueio organizado pela greve dos professores da escola pública. Isso foi o que o assistente do motorista me

contou; ele está machucado e no Hospital Regional. A greve continua hoje, e tudo sugere que vai continuar amanhã. O transporte está paralisado; todo mundo, incluindo os turistas que chegaram no aeroporto, está se deslocando a pé, caminhando de lugar a lugar. Espero que mais tarde, ainda hoje, eu possa dirigir até Ursos, para amanhã, no primeiro horário da manhã, subir até Ocongate, onde teremos o funeral e o enterro. Peço a você uma oração por Nazario e pelos outros mortos e pelos feridos e todos os familiares. Ontem, havia muitas pessoas no necrotério. Hoje também, como já mencionei. Se tiver qualquer coisa que você queira saber, me diga; agora estou com pressa.

Um abraço apertado,
Antonio

Em abril de 2007, apenas três meses antes da morte de Nazario, eu o acompanhei em uma trilha turística com viajantes norte-americanos por Ausangate. O tour era salpicado de *despachos*, leituras de coca e traduções que articulam o que eu chamaria de misticismo do Sul global. No primeiro dia de trilha, de manhã cedo, nós chegamos ao que o itinerário descrevia como "o altar de Mariano Turpo". Eu já tinha estado lá antes: é um lugar de beleza espetacular – um pequeno pedaço de superfície plana em meio a picos gigantescos, em frente a um pequeno lago glacial verde-azulado, localizado a mais de 4.500 metros acima do nível do mar. Antes de começar uma das cerimônias listadas no itinerário, Nazario disse a seu chefe, o dono da agência de turismo, que também estava conosco:

> Doctor, *Víctor Hugo, Rufino, Aquiles*, eles me acompanham [quando eu trabalho], assim, eles aprendem o que eu faço, como fazer nossos pedidos aos seres-terra. Eles aprendem como fazê-lo. Posso ficar doente ou viajar, ou posso estar trabalhando com outros grupos. Víctor Hugo sabe e ele pode me substituir. Assim, nosso grupo não vai ficar preocupado e Auqui [a agência de turismo] não será envergonhada.

Ele continuou, descrevendo onde estávamos – na *mesa* de seu pai, o lugar do qual Mariano preferia enviar *despachos* para Ausangate – e como turistas inicialmente vinham a esse local remoto e como aprendeu com seu pai:

> Doctor, esta era a mesa de meu pai. Eu continuo aqui. Muitos anos atrás grandes grupos vinham e meu pai os recebia, com [Juan] Víctor Núñez del Prado e Américo Yábar, eles vinham. Isso acontecia quando eu era pequeno; eu ajudava meu pai. Eu era como Aquiles, que está me ajudando agora. Quando eu era seu ajudante, perguntava a ele: "O que devo fazer, quanto devo fazer?" Agora, Aquiles está fazendo a mesma coisa, ele está me acompanhando.

Juan Víctor Núñez del Prado é um antropólogo muito conhecido; Américo Yábar é o filho de um proeminente proprietário de terras. Juntos, foram os pioneiros do agora florescente negócio de *turismo místico* em Cusco, e foi visitando Mariano que eles começaram – conto mais sobre isso na História 5. Porém, de qualquer forma, essa conversa foi premonitória. Quando da morte de Nazario, ambos, sua família e Auqui Mountain Spirit – a agência para a qual trabalhava –, precisavam de um sucessor: a família necessitava recuperar a renda de Nazario e a agência precisava continuar atraindo turistas. À época da fala, a preocupação de Nazario era concernia pragmaticamente à renda: seus filhos poderiam se beneficiar de um salário para suas famílias. Para que isso acontecesse, ele precisava convencer tanto seu empregador quanto seus futuros sucessores. Era imprescindível persuadir o dono da Auqui de que os filhos de Nazario – incluindo seu cunhado – podiam fazer o trabalho. E a Nazario cabia convencer Víctor Hugo, Rufino e Aquiles de que, embora trabalhar como xamã andino fosse difícil, o risco que a ocupação implicava poderia ser controlado; era uma questão de fazer as coisas apropriadamente frente aos turistas e aos seres-terra. Víctor Hugo, Rufino e Aquiles precisavam acompanhá-lo e observar o que ele fazia e não fazia; tinham de aprender como fazer as coisas adequadamente, como faziam em casa, mas também conforme o ritmo e a estética do turismo. O que estava em jogo na relação com os seres-terra era o bem-estar de sua família: plantações, animais, negócios, crianças e adultos. Os turistas também tinham de estar em boa situação com os seres-terra. Quando Nazario morreu, o dono da agência de turismo aceitou o seu pedido de contratar seus parentes, tanto porque ele era – e ainda é – um empreendedor dinâmico e inteligente, que entendia a aura que as circunstâncias criaram em torno de Nazario, quanto porque, como um cusquenho criado no interior (como muitos moradores atuais da área urbana), também participava na relação com seres-terra, mesmo que somente a mencionasse na intimidade da amizade.

O que eu chamaria de "pedra grande" é descrita aos viajantes como "o altar de Mariano". Abril de 2005.

Víctor Hugo olhando sua *mesa*. Esses objetos – alguns deles seres-terra e outros apresentados a ele por seres-terra – tornam possíveis tanto seus *despachos* quanto sua função como um xamã andino. Setembro de 2007.

Contudo, convencer seus parentes não foi fácil. Quando conheci Nazario em 2002, Víctor Hugo, seu genro (um homem de um vilarejo vizinho), já tinha aprendido a enviar *despachos* com seu próprio pai, mas não queria enviá-los para turistas. O caso de Rufino era similar: não queria trabalhar para turistas, embora, tendo observado Mariano e Nazario desde criança, soubesse como enviar *despachos*. Nazario me disse:

> Rufino não está aprendendo como trabalhar com turistas. Ele fica assustado. Nunca me pergunta sobre isso. Eu pergunto a ele: "Talvez você pudesse fazer [despachos]?" [Ele diz:] "Não, pai, você faz, vou só ficar com você." Acho que se ele não quer essa coisa, não é a sorte dele. Nem mesmo um filho meu vou forçar. Talvez haja outra sorte para ele. Talvez a esposa dele tenha um pensamento diferente; talvez meu filho tenha um pensamento diferente. Se eu forçar [ele] não seria bom – mesmo que eu esteja querendo... pode não ser bom. Talvez mais tarde as coisas não saiam tão bem. Qualquer coisa pode sair errado quando ele estiver trabalhando como eu: talvez os animais dele fiquem doentes, talvez a esposa dele fique doente. [Fazer o que eu faço] não é fácil [anchay, manan facilchu]. Se ele me pedisse eu ensinaria com prazer.

O que seus filhos faziam era acompanhar Nazario e aprender com suas conversas com turistas. Às vezes, informavam os turistas sobre suas atividades agrícolas e pastorais, e, mais frequentemente, respondiam a perguntas sobre seus costumes supostamente atemporais: *"Eles já sabem como contar sobre nossas roupas, ruínas, nossos lotes... Nós todos trabalhamos nos lotes, então eles sabem."* Mas eles não queriam enviar *despachos* ou ler folhas de coca. Contudo, as coisas mudaram durante o tempo em que nos conhecemos. Atraído pela perspectiva de ganhar um salário, em dezembro de 2006 Víctor Hugo já estava trabalhando com turistas, lendo folhas de coca e enviando *despachos*. Ocasionalmente, a depender das demandas do grupo de turistas, ele e Nazario trabalhavam juntos. Rufino foi consistente em sua recusa, provavelmente porque, tendo apoio econômico de seu pai, a cuja família imediata pertencia, podia se dar ao luxo de fazer essa escolha. Nazario o havia ajudado a comprar cavalos e mulas (seis animais no total) que Rufino alugava para agências de viagem quando traziam turistas a Ausangate; além disso, ganhava um salário diário como tropeiro, guiando os animais que carregavam os pertences dos turistas.

A vida parecia próspera para a família de Nazario no ano antes de sua morte. Na alta temporada de 2006 – entre os meses de junho e setembro –, três grupos diferentes de turistas chegaram a Pacchanta, e seu pacote de viagem incluía passar um dia (e uma noite ou duas) na casa de Nazario. Um dos grupos tinha nove turistas; o segundo, quatro; e o último tinha apenas dois. Eles pagavam pela estada da noite e pelas atividades de Nazario como xamã. Além disso, durante cada uma das visitas dos turistas, a família vendia tecidos que haviam preparado para a ocasião – e Nazario e Liberata (sua esposa) convidavam Benito (irmão de Nazario) e Octavio Crispín (amigo de Nazario) para vender os tecidos de suas famílias também. O primeiro grupo pagou 600 *soles* (quase 200 dólares) para os nove passarem duas noites com os Turpos, e isso não incluía os *despachos* que Nazario enviou ou a renda das vendas dos tecidos. A quantia era certamente pequena pelos padrões do dólar, mas, para uma economia campesina que de outra forma contabiliza 600 dólares ou menos como sua renda anual, a família de Nazario sentiu-se como se tivesse sido atingida por um raio – eles se consideravam muito afortunados.

Quando os visitei no fim de setembro daquele mesmo ano, Nazario tinha decidido construir uma pequena casa para servir de alojamento para turistas. Eram quatro quartos com camas – todas com colchões feitos comercialmente, travesseiros e cobertores. Ele sabia que as pessoas do Norte, quer fossem da Europa, quer fossem da América do Norte, viajavam com sacos de dormir, então não comprou lençóis. Um pequeno pátio no centro do lugar, uma torneira com água corrente e um sanitário externo completavam as acomodações. Tudo foi construído muito rápido, e Nazario pagou 5 mil *soles* ao construtor – aproximadamente $ 1.7 mil dólares considerando a cotação da época. Alugou uma caminhonete e contratou o motorista para trazer postes de madeira e pedras de Cusco até Pacchanta; levou três viagens. O tijolo de adobe foi contratado localmente. Ele contratou um pedreiro porque, embora famílias locais soubessem construir, a casa que Nazario havia projetado era grande demais para qualquer pessoa em Pacchanta tentar construir. Quando a casa ficou pronta, Nazario disse que, enquanto eles estavam celebrando, "*laaaaaq [som da casa caindo], a casa virou de cabeça para baixo, como em um terremoto* [t' iqrakamun terremoto hina], *laaaaaq ela veio abaixo.*" Ele perdeu 1.700 dólares – tudo que guardara em quatro anos trabalhando como "xamã andino".

As riquezas recém-descobertas de Nazario não eram apenas pequenas; elas também eram tão precárias quanto a vida em Pacchanta. Explicações sobre por que a casa caiu eram muitas. A sua própria era que ela foi construída muito rápido: o pedreiro contratado em Ocongate não tinha tempo para ficar em Pacchanta – ou não queria ficar lá – e, portanto, não deu o intervalo suficiente para o adobe assentar adequadamente. Octavio, seu amigo, afirmava que a casa era muito grande e não tinha apoio suficiente – Liberata, esposa de Nazario, concordava. Minha interpretação: o turismo em Pacchanta é uma tentativa desesperada de sobreviver. A

Liberata e Paulina convidando seres-terra durante uma visita ao túmulo de Nazario – à esquerda, estão as comidas e bebidas de que ele mais gostava. Tirei essa foto em setembro de 2007 – ainda estávamos sofrendo muito.

paisagem local, infértil e incapaz de sustentar economias campesinas, tornou-se uma atração turística, uma potencial fonte de renda – sua aridez é atrativa àqueles que não têm de extrair um ganha-pão da terra, àqueles para quem ela é uma paisagem. Nazario era individualmente afortunado porque tinha "cultura" para vender. Porém, o fiasco com a casa o lembrava de que não importa quão invejável ele parecesse localmente, ainda era muito pobre. O turismo pode ter melhorado sua vida, mas não a mudaria.

Em julho de 2007, menos de um ano depois do desabamento da casa, Nazario morreu. Para alguns em Cusco e em Pacchanta, a morte de Nazario confirmava que seu destino havia virado;

ele não era mais afortunado. Ausangate o havia punido. "Ele o havia comido" foram as exatas palavras usadas: *se lo comió el Apu*. Aquilo podia acontecer. Eu tinha ouvido a expressão antes, do próprio Nazario: "*Ausangate phiñakuqtinqa runatan mikhun*" [quando Ausangate fica muito bravo, ele come pessoas].

Poderia ter acontecido com ele? Sua família rejeitava a possibilidade veementemente, dizendo que as pessoas que faziam esses comentários sobre Nazario tinham inveja. Tristes e indignadamente, diziam, "*envidiosos son*". Seu chefe – o dono da Auqui Mountain Spirit – estava bravo também; alguns dos que teciam comentários até apareciam na agência tentando substituir Nazario! A agência não trabalhava com ninguém além de Víctor Hugo e Rufino; eles tinham acompanhado Nazario e aprenderam com ele. Eles se revezavam com os grupos – Rufino indo com um grupo, Víctor Hugo indo com o próximo –, Auqui Mountain Spirit devia isso a Nazario. Nós não falamos sobre as palavras premonitórias de Nazario, nem eu mencionei a relutância anterior de seus filhos em trabalhar com turistas. Aparentemente eles a tinham superado. Mais tarde no mesmo ano, uma turista com quem fiz amizade em uma das expedições de trilha me contou que ela havia retornado a Cusco depois da morte de Nazario e participado de um *despacho* performado por Rufino: ele tinha invocado Ausangate, Picol, Sacsyhuaman e Salqantay (todos seres-terra) e em sua invocação mencionou seu pai como seu predecessor. Acompanhei Víctor Hugo quando ele estava prestes a se juntar a um grupo em Machu Picchu; fiquei em Cusco e, depois que ele retornou, nós fomos comer *pollo a la brasa* (frango assado) em memória de Nazario. Ele amava fazer isso. A causa exata da morte de Nazario continuava a ser debatida, com a maioria o defendendo, dizendo que ele temia *tirakuna* o suficiente, ele respeitava Ausangate; ele não o teria matado. Enquanto isso, Víctor Hugo e Rufino assumiram o lugar de Nazario e seguem suas instruções de respeitar os seres-terra e sempre dizer as coisas como elas são. Espero que eles tenham mais sorte que Nazario.

Trabalhar como *chamanes* é um emprego perigoso; e não apenas por conta da ira dos seres-terra. Trabalhar com turistas requer estar naquelas estradas perigosas muito frequentemente, aumentando a probabilidade de acidentes, ainda mais com o transporte público, que é precário ao extremo. Como dito, o reconhecimento de mercado da "cultura andina" não conserta estradas ou anula o abandono estatal das vidas *runakuna*. Ele intensifica esse abandono, mas o faz tão agilmente, pelas práticas benevolentes, que projetam o sentimento de igualitarismo e até mesmo de democracia. Diferentemente de formas liberais anteriores – de inclusão por meio de civilização – e seu requisito de hierarquias culturais-raciais, o mercado liberal multicultural tardio (que também pode ser um mercado político) oferece uma apreciação aos *runakuna* por sua "diversidade cultural" e seus "costumes". Ele também dá aos turistas o sentimento de que estão melhorando as condições indígenas com sua presença e dinheiro. Contudo, o mercado é indiferente à precariedade que condiciona as vidas dos *runakuna*; sempre senti que ele tem de as ignorar se quiser ser "neoliberalmente livre". O reconhecimento multicultural objetifica o que é identificado como indígena e pode promover sua circulação por meio de transações econômicas ou políticas; eventualmente estabelecendo uma diferença que não produz nenhuma diferença na vida dos *runakuna*.

Políticas multiculturalistas influenciaram os últimos anos da vida de Nazario, como as próximas histórias descrevem: ele se tornou um "xamã andino" e participou do time curatorial da exibição Comunidade Andina no Museu Nacional do Índio Americano em Washington. Essas atividades ofereceram a ele uma rotina para além de arrebanhar e plantar e o ajudaram a prover para sua família mais dinheiro do que jamais antes. Como disse anteriormente, isso fez Nazario feliz e deu a ele alguma paz de espírito. Obviamente, as novas oportunidades não anularam sua consciência sobre os limites do reconhecimento do Estado ao mundo *runakuna*.

HISTÓRIA 5

XAMANISMO ANDINO NO TERCEIRO MILÊNIO

O MULTICULTURALISMO ENCONTRA OS SERES-TERRA

QUANDO ALEJANDRO TOLEDO ASSUMIU A PRESIDÊNCIA DO Peru em 2001, eu estava em Cusco me preparando para dar início ao trabalho de campo: melhorando meu quíchua com aulas particulares, entrando em contato com pessoas da vasta rede de amigos e conhecidos de Mariano e tentando acessar o máximo de informação possível antes de viajar a Pacchanta. Nos trinta anos que tinham se passado desde a reforma agrária em 1969, mudanças importantes ocorreram no Peru e ao redor do mundo. Em âmbito nacional, em 1980, o Sendero Luminoso – um grupo maoísta liderado por um filósofo especialista em Kant – deu início a uma guerra que ocupou o país por mais de uma década. Essa guerra foi especialmente prejudicial para a zona rural, em que tanto o exército quanto o Sendero Luminoso destruíram vilarejos campesinos. Paralelamente à guerra, e como consequência dela, o resto da esquerda organizada (conhecida como "esquerda legal") se tornou uma força eleitoral de impactos variados. Depois de 1989, com a retórica marxista da luta de classes perdendo espaço ao redor do mundo, o multiculturalismo neoliberal e de esquerda acabou ocupando o debate político no Peru. Orientando-se pela nova retórica e seguindo a administração corrupta de Alberto Fujimori, Alejandro Toledo, um homem que em sua política flertava com sua possível ancestralidade indígena, foi eleito presidente do país. Durante sua campanha eleitoral, sua esposa – Eliane Karp, uma cidadã belga – se dirigiu à população em quíchua e trajou vestimentas em estilo andino, adicionando, assim, uma qualidade distintamente pró-indígena ao momento.

Toledo assumiu como presidente com a cerimônia usual em Lima, no Congresso Nacional, em 28 de julho de 2001. Dois dias depois, ocorreu uma segunda cerimônia em Machu Picchu

– ícone do turismo peruano –, onde o novo presidente inaugurou a nova era multicultural. A cerimônia era para membros do governo nacional e de governos internacionais, e, apesar de meus intensos esforços, não consegui um convite. Não considerei isso um problema; meu trabalho de campo, pensei, não tinha nada a ver com Toledo ou sua esposa. Comecei a suspeitar do quão errada estava quando, meia hora após o início da cerimônia, recebi uma ligação de Thomas Müller, o fotógrafo alemão que se tornara amigo de Mariano nos anos 1980 e encontrou seu arquivo. Thomas também era jornalista e, em razão do posto, havia se tornado amigo do novo casal presidencial. A sua voz no telefone soava muito animada: "Você sabia que Nazario Turpo vai realizar um *despacho* em Machu Picchu? Prom Perú [a instituição oficial do estado para a promoção da exportação e do turismo] entrou em contato com ele – conheciam-no de alguma forma". Não, eu não sabia – e quem é Nazario Turpo, afinal? Thomas me contou que Nazario era o filho mais velho de Mariano, o que trabalhava para Lauramarca depois de ela se tornar uma cooperativa e antes de ser dissolvida. "A cerimônia vai passar na televisão – talvez você até consiga ver Nazario", ele disse, e concluímos nossa conversa. Eu encontraria Nazario pela primeira vez seis meses depois, em janeiro de 2002.

Nazario Turpo durante a cerimônia de posse de Alejandro Toledo em Machu Picchu. Fotografia de *Caretas*, edição 1739, setembro de 2001.

O MUNDO OBSERVAVA A PODEROSA MAJESTADE DE MACHU PICCHU

"A história de um povo poderoso, o passado e o presente do Peru, convergiu ontem em uma cerimônia andina transcendental que mostrou ao mundo a riqueza de nossa cultura e as maravilhas de nossa terra. As invocações aos *Apus*, as divindades dos Andes adoradas nesse ritual, foram aceitas, segundo os especialistas, porque fizeram [com que] a neblina [se dissipasse] e a chuva cessasse, dando lugar a um Sol radiante que forneceu o contexto adequado para o desenrolar desse ato.

"Atrás da cerimônia andina na qual o presidente Alejandro Toledo tomou o posto mais alto de comando, a *Hatun Hayway* [grande oferenda] na praça principal da cidadela inca de Machu Picchu deu oportunidade aos olhos do mundo de observarem um acontecimento sem precedentes na história da república. O ritual começou antes da chegada do chefe de Estado, da primeira-dama e da comitiva de dignitários, que foi anunciada com o som dos *pututos* [instrumento de sopro indígena feito com uma concha].

"Desde o início da manhã, o *altomisario* [sic][292] Aurelio Carmona, e o *paq'o* [sic] Nazario Turpo Condori, sacerdotes andinos, prepararam a cerimônia religiosa para agradecer a *pachamama* (a terra) e aos *Apus* (os deuses das montanhas), graças a quem o solo provê alimento, abrigo e bem-estar às pessoas. À medida que realizavam o ritual e depositavam as oferendas ou *tinka* [sic] no fogo, os sacerdotes clamavam aos *Apus* pelo sucesso do governo que se inicia no Peru."[293]

---

292 A palavra em quíchua é "*altumisayuq*". Nazario e Mariano explicaram que o *altumisayuq*, que ambos consideravam não mais existir, era um indivíduo capaz de comunicar-se diretamente com os seres-terra. Mais abaixo na hierarquia, estava o *pampamisayuq*, o que meus dois amigos consideram ser.
293 Carlos Castillo Cordero, "The world observed the powerful majesty of Machu Picchu", *El Peruano*, 30 jul. 2001.

Com exceção do jornal oficial *El Peruano* (citado anteriormente), a imprensa hegemônica desprezou o evento. Tratava-se de demagogia, escreveram os repórteres, usando índios e sua parafernália ritual para dar força à afirmação ridícula de Toledo de ter raízes indígenas. Eu tinha minha própria interpretação crítica, é claro: o casal presidencial reciclava a retórica *indigenista* dos anos 1920 para estimular o turismo. Nada disso era novidade em Cusco, onde o turismo teve seu primeiro pico como indústria regional em 1950 e se especializou em explorar o passado inca; eu já havia escrito sobre isso.[294] Dessa vez, as diferenças estavam adequadas aos tempos. Uma delas era a evidente propaganda neoliberal do turismo: no passado, ela havia sido um esforço praticamente regional, mas agora parecia ser apoiada pelo Estado central e mais eficientemente global. Outra diferença era o multiculturalismo: diferente de celebrações anteriores, a inauguração de Toledo em Cusco não era uma representação da nobreza inca; em vez disso, apresentava práticas indígenas contemporâneas, traduzidas para a audiência nacional como rituais religiosos. Desse modo, a cerimônia era uma "cerimônia religiosa para agradecer" a "pachamama", traduzida como *tierra*, e os *Apus* se tornaram *dioses de las montañas*. Curiosamente, o jornal oficial previamente citado mencionou também que quem realizou o ritual foram o *"altomisario"* Aurelio Carmona e o *"paq'o"* Nazario Turpo Condori, ambos *"sacerdotes andinos"*. Isso era necessário, dando sequência à minha crítica, para estar de acordo com as palavras da primeira-dama quando ela invocou as montanhas ao redor, que, de acordo com uma revista popular, eram: "*Yaqtayay* [meu povo-lugar], apu Machu Picchu, apu Huayna Picchu, apu Salcantay, apu Ausangate... Hoje o círculo está se fechando, hoje os bons tempos da boa ordem retornarão."[295] Que grande demagogia (ou

---

294 M. de la Cadena, *Indigenous Mestizos: The Politics of Race and Culture in Cuzco, Peru, 1919-1991*, 2000.
295 "¡Apúrate! Decían los apus", *Caretas*, 2 ago. 2001.

esperança infundada, na melhor das hipóteses), pensei. Para mim, essa era sua tentativa de legitimar um projeto de desenvolvimento descrito como uma forma de "modernização capitalista que respeita as raízes andinas", enquanto o lucro do turismo, se houvesse algum, ficaria com a cidade.[296] O *indigenismo* neoliberal do casal presidencial me causou um sentimento de *déjà-vu*.

Ainda que com mais nuances, a minha interpretação do acontecimento não era muito diferente daquela que os jornais publicaram: a cerimônia se tratava de uma manobra política que usava a aparência indígena de Toledo e sua agenda neoliberal para aumentar seu apelo político entre pessoas de menor renda e para estimular o turismo de Cusco e do resto do país. Meu entendimento estava próximo às posições etnográficas recentes sobre colocar a "etnicidade" ou a "cultura indígena" em embalagens para o consumo de turistas (ver, por exemplo, Babb,[297] Comaroff e Comaroff,[298] Galinier e Molinié)[299]. Minha crítica era um tanto precisa: o multiculturalismo neoliberal era provavelmente o aspecto mais poderoso e óbvio do evento, mas ele também era mais do que isso. As práticas que compunham esse "mais" foram apresentadas e faziam parte da economia política do turismo, assim como também eram realizadas a partir de um mundo diferente (mas em conexão parcial). Essa história descreve essa complexidade, que não é única à inauguração de Toledo como presidente do Peru: um emaranhado parecido subjaz às práticas conhecidas como "xamanismo andino" que emergiram em Cusco, atraídas pela convergência do turismo global, práticas com seres-terra e a decadência do mercado regional da lã.

---

296 A expressão circulou oralmente entre políticos e intelectuais e foi mais tarde publicada por Karp, 2002.
297 F. Babb, *The Tourism Encounter: Fashioning Latin American Nations and Histories*, 2011.
298 Comaroff, John L.; Comaroff, Jean. 2009. *Ethnicity, Inc.* Chicago: University of Chicago Press.
299 J. Galinier e A. Molinié, *Les néo-Indiens: Une religion du IIIe millénaire*, 2006.

Três anos depois da cerimônia em Machu Picchu, Nazario Turpo descreveu sua participação no evento da seguinte forma:

Carmona mandou uma mensagem pela Rádio Santa Mónica; disseram que Toledo queria fazer um despacho, então fui a Cusco. Quando cheguei, nos disseram que não precisavam mais de nós; então, ligamos para o Museo Inka, e disseram que só queriam a mim. Mas eu tinha que trabalhar com Carmona, então falei para eles que ele tinha que vir. Em Machu Picchu, nos disseram que não podíamos fazer o despacho, que os Q'ero iam fazer. Fizemos um despacho para o pé do presidente – você lembra que [no dia da inauguração] ele estava mancando? Nos disseram que não podíamos fazer o despacho principal – mas fizemos um mesmo assim. Os Q'ero não fizeram um bom – não queimaram seu despacho e tinham trazido muito poucas coisas. De nossa parte, tínhamos muitas coisas: doces, milho, pão – muita comida. Levamos também incenso e chicha [cerveja de milho], e queimamos o incenso e espalhamos a chicha enquanto as pessoas ainda estavam lá – e depois nós, sim, queimamos o despacho. Isso foi a coisa mais importante que nós fizemos, e os Q'ero não – eles não queimaram nada. Eu disse para eles "Por que vocês não estão queimando o despacho? Isso não vai funcionar se vocês não queimarem". Eu os avisei. Mas foram eles que não queimaram e foram eles que foram escolhidos para fazer o despacho para o presidente. Não é nossa culpa; não nos deixaram fazer o despacho, fizemos um despacho para a perna de Toledo e ela melhorou. Não fizemos o despacho para o governo... deve ser por isso que vai indo tão mal. Não queimaram nada, então o deles [o despacho dos Q'ero] não teve efeito.

Nazario foi convidado para participar de um evento em Machu Picchu através das redes que Mariano Turpo, seu pai, havia construído. Como organizadora do evento, Prom Perú buscou o conselho de antropólogos para realizar o pedido do casal presidencial recém-eleito de encenar um *pago a la tierra* – expressão usada pelas agências de turismo para nomear práticas de *despacho*. Depois de entrar em contato com muitas pessoas, os funcionários da Prom Perú chegaram a Carmona, um dos dois antropólogos que haviam acompanhado Nazario ao Museu Nacional do Índio Americano em Washington. Um lembrete para o leitor: Carmona trabalhara em Lauramarca em 1970 (como funcionário da reforma agrária – falo mais sobre isso em seguida) e aprendeu a fazer *despachos* com Mariano Turpo. Nazario considerava que Carmona *definitivamente* sabia (*pay yachanpuni*; o sufixo *puni* indica a certeza do que qualifica, neste caso, o verbo *yachay*, "saber") como fazer *despachos*. Depois de negociações com os representantes de Prom Perú – provavelmente, imagino, quanto ao critério de "autenticidade" ao qual Carmona (um citadino que não "parecia índio") não correspondia –, ambos foram convidados para a cerimônia. Juntos, fizeram um *despacho* muito bom (com os melhores ingredientes que era possível encontrar localmente) e o queimaram. Pediram saúde para o presidente e, segundo Nazario, fizeram um ótimo trabalho – diferentemente de outros grupos de especialistas indígenas, que vinham do *ayllu* Q'ero. O convite destes à cerimônia deve ter seguido uma rede informal parecida com a de Nazario, pois os antropólogos os tornaram bastante conhecidos em Cusco como "o último *ayllu* inca".[300] Questionando sua aura de autenticidade – que talvez fosse a razão pela qual os Q'ero foram escolhidos como os especialistas para o ritual principal da cerimônia –, Nazario criticou a prática porque tinham deixado de queimar o *despacho*, desrespeitando, assim, os seres-terra do entorno. Na época de nossa conversa, em 2004, as coisas não iam bem para o governo de Toledo,

---

300 J.F. Ochoa, *Q'ero, el ultimo ayllu inka*, 1984.

e Nazario especulou que o *despacho* dos Q'ero poderia ter alguma coisa a ver com isso.

Aurelio Carmona e Nazario Turpo na Plaza de Armas, em Cusco. Fotografia de *Caretas*, edição 1739, setembro de 2001.

A narração de Nazario da cerimônia revelou uma faceta do evento que os críticos – inclusive eu – ignoraram, ainda que tivesse sido realizada diante dos nossos olhos. Nazario descreveu sua relação com os seres-terra e qual era o lugar do presidente nela. Os analistas e eu havíamos visto um presidente neoliberal, junto às instituições adequadas, trazendo manifestações culturais indígenas para um ritual moderno do Estado, a fim de promover o turismo. Seguindo o fluxo epistêmico do Estado, eu não percebera aquilo que seu arquivo moderno era incapaz de apreender: uma ocasião em que seres-terra e o Estado compartilhavam a mesma cena pública. Esses momentos – mais do que um mundo e suas histórias compondo o mesmo evento complexo – não são tão raros, mas geralmente o que importa é a história que o Estado é capaz de contar; o outro é ignorado ou desconsiderado como crença ou ritual, uma questão cultural sem verdadeira importância. Essa é provavelmente uma situação recorrente quando se trata da interação entre os *runakuna* e o Estado nos Andes. O início da reforma agrária em Lauramarca foi um evento análogo: funcionários do Estado representando o presidente peruano deram a Mariano um punhado de terra [*soil*] que representava a terra [*land*] pela qual os camponeses lutaram. Mariano – e, através dele, seu *ayllu* – receberam *pukara*, o ser-terra com o qual o processo de reconciliação então começaria. A narrativa pública dominante em ambos os casos foi um relato biopolítico de progresso econômico por intermédio da agricultura e do turismo, respectivamente. Também em ambos os casos, a narrativa indígena trouxe os seres-terra para os eventos. Mais que um e menos que muitos, esses acontecimentos estão inscritos na história, até mesmo a produzem e também a excedem. O arquivo de Mariano, discutido na História 4, ilustra esse processo. O que foi específico à inauguração de

Toledo em Machu Picchu foi a transmissão na televisão do evento para todo o país, atraindo uma audiência heterogênea. Enquanto o evento ocorria, algumas pessoas talvez estivessem prestando atenção nos *despachos* e seres-terra invocados ao palco presidencial, *assim como* às possíveis consequências econômicas para a região com a renovação da indústria do turismo. A economia política e os ritos estatais não precisam necessariamente ocultar os seres-terra, pois, quando a audiência é mais que uma, o acontecimento também pode sê-lo.

CUSCO, "ONDE OS DEUSES SE TORNARAM MONTANHAS": SERES-TERRA COMO MONTANHAS SAGRADAS

> *"Bom, eu cresci olhando para Ausangate durante minha infância, sabendo que é o pico mais importante que todos observam em busca de sinais para saber o que está acontecendo. A neve está profunda demais? Baixa demais? Observamos a relação da direção do Sol em épocas específicas do ano, desse jeito. Mas o mais importante é que ele é o Apu da região de Cusco e o dono de toda esta região...*
>
> *Gostaria de mencionar a crença dos pastores das terras altas conhecidas como puna. Para eles, Ausangate é senhor dos rebanhos de alpacas e lhamas. É ele quem controla os rebanhos."*
> JORGE FLORES OCHOA NO DOCUMENTÁRIO
> *AUSANGATE* (ÊNFASES MINHAS)

Como expliquei na História 1, em Cusco – e talvez em outras regiões andinas –, indígena e não indígena, urbano e rural, quíchua e espanhol emergem uns nos outros, formando um híbrido complexo, no qual os diferentes elementos que o compõem não podem ser separados, pois são *tão* distintos *quanto* partes uns dos outros.[301] De maneira mais precisa, em Cusco, pessoas socialmente classificadas como indígenas e não indígenas compartilham modos de ser *e* demarcam diferenças entre si – quase simultaneamente. Nas falas da página anterior, proferidas em um documentário, Jorge Flores Ochoa (o antropólogo que, junto com Carmona, foi com Nazario ao Museu Nacional do Índio Americano) concebe Ausangate como "o *Apu* da região de Cusco e o dono de toda esta região". Ao mesmo tempo, ele se distancia dos "pastores" – *runakuna* como Mariano e Nazario, os índios essenciais, em termos sociais, e aqueles no ponto mais abaixo da hierarquia social da região –, referindo-se à *sua* "crença" de que Ausangate é o dono dos rebanhos. Nazario não usaria a palavra "crença" para explicar sua relação com Ausangate, mas talvez reconhecesse que citadinos como Flores Ochoa se relacionam à posição de posse dos rebanhos de Ausangate como uma crença. Nunca perguntei especificamente a Nazario sua opinião sobre as citações que usei; especulo a partir da resposta dele quando lhe pedi que explicasse sua relação

---

301 Arriscando uma heresia teórica (a qual, porém, acredito que Antonio Gramsci teria entendido), às vezes até mesmo imagino a região como se articulada por duas hegemonias: uma óbvia, a hegemonia do não indígena – moderna, falante de espanhol, urbana e letrada; e outra menos visível, mais íntima, a hegemonia do indígena – afirmando o orgulho regional em oposição a Lima, fluente em quíchua, reivindicando a ancestralidade (e mesma origem) inca, ágil nos fazeres rurais e informada sobre os seres-terra e suas práticas. Sendo clara: não estou dizendo que o segundo é contra-hegemônico em relação ao primeiro. Pelo contrário, surpreende na região a ausência dos projetos políticos do tipo "*ou* não indígena *ou* indígena".

com Ausangate; ele disse que poderia ser algo "*como* crença" (*kriyihina*) para mim, mas que *não era* crença, já que Ausangate estava ali – eu não conseguia ver?

Em Cusco, "crença" – enquanto relação com seres-terra – talvez expresse a diferença na mesma medida que possibilita a convergência entre pessoas como Flores Ochoa e Nazario, letrados da cidade e *runakuna*. Por meio dessa diferença que permite a convergência, cusquenhos de todos os tipos são capazes de identificar os principais seres-terra da região – o que para mim são montanhas majestosas. Conceitualmente, não é absurdo dizer que Nazario e Flores Ochoa participam dos mundos um do outro e que estão familiarizados com as diferenças entre eles. Adaptando a conhecida expressão de Bruno Latour,[302] jamais se foi indígena, e o outro jamais foi não indígena. Em vez disso, eles emergem como tal a partir de uma prática de produção de fronteira na qual o que eles têm em comum se torna diferença por intermédio de práticas de tradução, que entendo funcionarem como os "efeitos de distanciamento" de Bertolt Brecht.[303] Produzindo uma espécie de impasse identitário, Flores Ochoa usa a palavra "crença", com a qual se distancia "deles, os pastores *puna*" (que recentemente também trabalham como xamãs andinos – como Nazario), ao mesmo tempo que coexiste com os seres-terra e as práticas que os manifestam. Cusco é um agregado indígena *e* não indígena – um circuito de conexões que não forma uma unidade homogênea, mas no qual os fragmentos que o compõem aparecem uns nos outros, ainda que sejam também diferentes, conforme Green[304] e Wagner.[305]

---

302 B. Latour, *We Have Never Been Modern*, 1993b.
303 B. Brecht, "The Street Scene: A Basic Model for an Epic Theatre", 1964.
304 S. Green, *Notes from the Balkans: Locating Marginality and Ambiguity on the Greek-Albanian Border*, 2005.
305 R. Wagner, "The Fractal Person", 1991.

Consequentemente, em Cusco, a distinção entre "sujeito colonial" e "outro colonizado" não anula suas similaridades, mesmo que essa distinção esteja cheia de diferenças de poder e hierarquias sociais violentas. "Onde os deuses se tornaram montanhas" era um *slogan* onipresente e foi criado em 2009 pela indústria de turismo peruana. Eu achava um *slogan* bem pensado. Aparentemente sugerindo o impossível, a expressão trazia uma mensagem que apresentava Cusco como uma atração turística: as montanhas de Cusco são uma maravilha, ambiguamente entre o natural e o sobrenatural. Situadas assim – por meio de uma tradução comercial que permitia o maravilhamento natural e espiritual –, as montanhas se tornaram destinos turísticos populares e adquiriram uma personalidade potencialmente lucrativa. Igualmente importante (e talvez menos óbvio), o fato de serem mais do que natureza se tornou público na região, encorajando cusquenhos de todas as esferas a compartilhar abertamente sua complexa univocidade (e diferença). Antigamente uma "intimidade cultural"[306] vergonhosa por suas conotações indígenas, interações com seres-terra/espíritos das montanhas, por intermédio de *despachos* ou da leitura de folhas de coca, hoje são realizados publicamente por cusquenhos, independentemente de sua camada social. Essa configuração está longe de ser irrelevante. Ela sugere a possibilidade de mudanças interessantes nas políticas culturais regionais, pois a indigeneidade poderia emergir como um traço inclusivo da região, estendendo-se aos habitantes da cidade que se denominam *mestizos* e até mesmo àqueles que se identificam como brancos. Essa complexidade – a colaboração pública entre indígenas e cusquenhos não indígenas,

---

306 M. Herzfeld, *Cultural Intimacy: Social Poetics in the Nation-State*, 2005.

seu compartilhamento do que faz o "outro" ser o que é (e que, portanto, faz de todos o "mesmo") – sustenta formas bem-sucedidas de turismo, em especial as que utilizam embalagens místicas ou ecológicas. Em vez de pura imposição, dominação e exploração, a comodificação bem-sucedida da "cultura indígena" em Cusco resulta do encontro das políticas multiculturalistas da indústria global do turismo (neoliberal e capitalista, é claro) com uma economia agrária regional em declínio. Nesse encontro, práticas com seres-terra – compartilhadas por *runakuna* e cusquenhos não *runakuna* – oferecem um modelo orgânico para organizar redes de colaboração que articulam a proliferação do que é conhecido atualmente como "*chamanismo andino*", o xamanismo dos Andes.

COLABORAÇÕES INESPERADAS: DAS *HACIENDAS* AO XAMANISMO ANDINO (ATRAVÉS DA ANTROPOLOGIA LOCAL)

Antes de se tornar um líder político, Mariano era bastante conhecido como um *yachaq*. Expliquei anteriormente que os cusquenhos urbanos geralmente traduzem essa palavra como "conhecedor". Viajando pela região presidida por Ausangate, ele curava relações entre seres-terra e humanos, animais, águas e cultivos, e era pago por isso, ainda que não muito. O pouco que recebia era gasto em bebida alcóolica, pois beber era indispensável para os procedimentos que realizava. Como dizia Nazario, *trabalhando para os* runakuna, *ele ganhava 1 ou 2 soles, trabalhar para eles não era por dinheiro. E quando trabalhava para os* runakuna *precisava beber*. Algo das características dessa atividade na casa dos Turpo mudaria nos anos 1990, e essa mudança chegaria pelos contatos de Mariano com os intelectuais urbanos, incluindo muitos antropólogos.

Na década de 1970, após a reforma agrária, quando Lauramarca já era uma cooperativa, um homem chegou ao vilarejo dos Turpo. O leitor já o conhece: seu nome era Aurelio Carmona. Embora naquela época ele fosse um funcionário do Estado, acabou sendo o primeiro de uma longa lista de antropólogos que os Turpo conheceram. Nazario relembrou:

> Primeiramente, o Doutor Carmona era um comerciante; isso foi durante a época da reforma agrária. Depois, costumava vir distribuindo dinheiro, emprestando dinheiro aos runakuna para que eles fizessem ponchos... [Ele dizia] "aqui [pega esse dinheiro], para fazer um poncho. Faz para a semana que vem, espera por mim e, então, vou completar teu dinheiro". Depois, ele virou antropólogo e começou a trabalhar na universidade. Ele implorou para o meu pai: "me ensina", dizia. E como o meu pai era amigo dele, ensinou tudo a ele. Agora, ele é professor na universidade; ele virou doutor porque aprendeu com meu pai. Então, Doutor Carmona virou antropólogo [porque] meu pai lhe ensinou.

"Ligações para o Peru e o resto do mundo" – uma cabine de internet em Ocongate oferece serviços para locais e turistas. Agosto de 2008.

Quando conversei com Carmona, ele riu da ideia de que Mariano o havia ensinado antropologia, mas lembrava com carinho de sua relação. A primeira vez que Mariano o viu, disse Carmona, falou: "você tem estrela" [*istrillayuqmi kanki*] – o que, como já expliquei, significa que ele poderia se tornar um *yachaq*. Eles desenvolveram uma amizade. Mariano ensinou Carmona o que sabia, e os dois se tornaram parceiros em sua relação com os seres-terra: Carmona era *lluq'i* e Mariano era *paña* – esquerda e direita, baixo e alto, prata e ouro, água subterrânea e água do rio, respectivamente. Tanto Nazario quanto Carmona concordam que essa parceria foi, de fato, poderosa. Anos depois, quando Carmona começou a ensinar antropologia na principal universidade da região, a Universidad Nacional San Antonio Abad del Cusco, levou seus alunos em saídas de campo para Ausangate, onde conheceram e trabalharam com Mariano.

Quando Mariano estava velho demais para trabalhar com os alunos de Carmona e fazer sua parte como parceiro nas práticas com seres-terra, Nazario o substituiu:

> *Meu pai visitou a universidade por causa do Dr. Carmona. Meu pai era seu professor, seu instrutor. Por isso que o Dr. Aurelio sempre o convidava para ir à universidade, dizendo "Você, querido Mariano, você é meu professor. Você sabe muito mais do que eu". É por isso que conheciam meu pai na universidade, porque Aurelio vinha todo mês de agosto a Ausangate. Mais tarde, também me ligava, dizendo "Venha, vou te apresentar a meus amigos". Naquela época, eu não conhecia a universidade; eu só ia à casa do Dr. Aurelio. Então, ele me levou à universidade e me apresentou a todos os seus amigos: "este é o filho de Turpo; ele é o filho do meu professor. Ele também vive em Ausangate"* [Paymi Turpuq wawan. Paymi prufesurniypa wawan. Paymi Awsangatepi tiyallantaq]. *E, então, um dia, me falou: "Seu pai sabe sobre remédios, com certeza você também sabe." Foi assim que passei a ser conhecido na universidade.*

É por isso que pensei: "Dr. Aurelio é a razão pela qual sei essas coisas, pela qual posso saber essas coisas."

Por Carmona e pelos Turpo, o circuito de práticas dos seres-terra chegou ao ensino dos cursos de Antropologia da universidade local. Mariano ensinou Carmona, e Carmona ministrou um curso chamado "Ritual Andino", no qual os estudantes precisavam viajar a Pacchanta e interagir com Ausangate. "*Doutor Carmona se tornou antropólogo [porque] meu pai lhe ensinou*", Nazario havia dito, e isso não está distante da realidade. Enquanto disciplina acadêmica, a Antropologia em Cusco é ensinada como um híbrido de estruturalismo euroamericano, marxismo e do legado regional do liberalismo *indigenista*; mas ela também conecta os antropólogos aos conhecedores como Mariano e aos seres-terra, que, por sua vez, curiosamente, se tornam parte do currículo da disciplina. A antropologia *cuzqueña* é uma prática multifacetada: enquanto para alguns antropólogos se trata de uma disciplina acadêmica, para outros, ela é a maneira de dar sentido a seu mundo, e outros ainda combinam ambas as práticas: ganham seu pão explicando os "outros" regionais, algo que também são.

Carmona não foi o único antropólogo local a ir a Pacchanta e aprender sobre e com as relações de Mariano com Ausangate. Juan Víctor Núñez del Prado, um antropólogo de Cusco, também o fez. Núñez del Prado usou sua intimidade pessoal com a indigeneidade, seu trabalho etnográfico com os vilarejos Q'ero e suas conversas com *yachaqkuna* (incluindo Mariano e Nazario) para criar um campo que chamou de "tradição Mística Andina", composta por práticas que nomeou de "sacerdócio andino", incluindo um vocabulário sofisticado e cada vez mais compatível com o *New Age* local.³⁰⁷,³⁰⁸ Em torno desse campo, estabeleceu-se um empreendimento turístico de sucesso, contribuindo para a expansão do turismo místico em Cusco.³⁰⁹ Juan Víctor – que ganhou seu nome em homenagem ao etnólogo andino John Victor Murra – é filho de Oscar Núñez del Prado, uma figura ativa na antropologia de Cusco nos anos 1950 e 1960. O pai era conhecido por seu trabalho etnográfico com os Q'ero, o *ayllu* do qual a indústria do turismo recruta a maioria dos *runakuna* que trabalham como *chamanes* andinos.

Núñez del Prado e Américo Yábar (membro de uma família que foi proprietária de terras em Paucartambo, região onde os Q'ero vivem) foram os primeiros a apresentar a família Turpo a turistas. Isso deve ter acontecido na metade dos anos 1990, quando a paz retornou à zona rural depois da guerra civil entre o Sendero Luminoso e o exército. Naqueles anos, Flores Ochoa, Carmona e Núñez del Prado trabalhavam todos no Departamento de Antropologia da Universidad Nacional San Antonio Abad del Cusco, e pode ter sido lá que tiveram a troca de ideias que levou à prática atual do xamanismo andino. Essas ideias, porém, podem também ter sido desenvolvidas nos caminhos rurais conectando Paucartambo e Ausangate, onde Yábar costumava fazer trilhas em sua juventude, com a companhia dos *runakuna* que trabalhavam na propriedade de sua família.³¹⁰ Quando os primeiros grupos

---

307 J.V.N. de Prado e L. Murillo, "El sacerdocio andino actual", 1991, p. 136.
308 Segundo Núñez del Prado (1991, p. 136), o sacerdócio andino é comparável às "grandes tradições místicas", dentre as quais enumera "shinto, yoga, meditações com mandala e a prática do tai chi chuan".
309 Núñez del Prado leva seu conhecimento e seus negócios pelo mundo. Suas atividades estão em conexão dinâmica com o que se pode definir vagamente como *New Age*, um movimento cujos membros ao redor do mundo leem seus trabalhos e alguns o visitam no Peru. Uma busca por seu nome na internet resulta em incontáveis *links*. Ver, por exemplo, Blackburn, 2010; Deems, 2010; Victor, 2010.
310 Américo Yábar, comunicação pessoal.

de turistas chegaram para visitar Mariano e possivelmente aprender algo com ele, Mariano ainda conseguia trabalhar pastoreando ovelhas e alpacas em Alqaqucha – um local afastado onde os pastos eram mais ricos; e também um dos lugares favoritos de Mariano para fazer *despachos*. Nazario relembrou:

> *Ele trabalhou com eles, e eles pagavam pouco a meu pai. Os turistas pagavam, mas meu pai não pedia dinheiro; por vontade própria, eles lhe davam algo, vinte ou 30 soles eles pagavam – na época isso era alguma coisa. Mas [meu pai] não foi para Cusco, ele não ia a qualquer lugar como eu; ele trabalhava com turistas somente aqui [em Pacchanta]. Se meu pai tivesse sido como eu, com a minha idade, teria ido naquela primeira viagem a Washington – nós dois teríamos ido. Mas quando viram que meu pai estava muito velho e não conseguia fazer direito as coisas... ele não foi, só eu fui. Foi assim que eu fui.*

A parceria entre *runakuna* (como Mariano) e filhos de antigos proprietários de terra (como Yábar) talvez parecesse impossível durante *hacienda timpu*, a época da *hacienda*. Todavia, hoje é uma associação frequente na indústria turística – o proprietário da Auqui Mountain Spirit, a agência que contratou Nazario como seu xamã andino, também era filho do dono de uma grande *hacienda*. A reforma agrária tomou a propriedade depois de duros confrontos com os *runakuna*. Eu costumava pensar bastante sobre isso: o filho de um latifundiário e o filho de um dos líderes mais combativos da oposição às *haciendas* trabalhando juntos para produzir o xamanismo andino! Ninguém teria previsto essa parceria na época da reforma agrária, que dirá antes disso. É irônico, realmente, mas faz sentido. O Estado expropriou os *hacendados* na década de 1970, e na década seguinte os *runakuna* se organizaram em movimentos campesinos para forçar a transformação das cooperativas agrárias em propriedades comunais, que foram, em seguida, divididas em lotes familiares campesinos. A escassez de terras devido ao crescimento populacional e os baixos preços dos produtos agrícolas forçaram as pessoas a trabalhar na cidade de Cusco como pedreiros, empregados e vendedores ambulantes; os mais desafortunados carregavam cargas no mercado (por 10 centavos de *sol*, ou 2 centavos de dólar, em 2006, por carga). Eles também passaram períodos nas terras baixas ao leste do país, onde homens garimpavam ouro com peneiras e mulheres trabalhavam como cozinheiras, e apenas na melhor das hipóteses. As grandes propriedades de terra desapareceram, e os *runakuna* adquiriram acesso direto a seus lotes familiares, mas ele não gerou renda suficiente, o que os levou a buscar trabalho em atividades não agrárias.

> A família de Nazario Turpo não era uma exceção à regra econômica. Antes de o turismo bater à sua porta, os filhos mais velhos de Nazario migraram para as terras baixas no leste do país ou *el valle* [o vale] e para a cidade para fazer dinheiro (um dos filhos mais velhos morreu de uma doença não diagnosticada depois de um período garimpando ouro). A comida que plantavam era sempre para seu próprio consumo; trocavam batatas por milho, mas não havia nada para vender. A família possui uma das maiores extensões de terra para plantio em Pacchanta: cinco *masas*, algo como oito hectares de terras não irrigadas.[311] Essa quantidade, porém, não é o suficiente para sustentá-los por um ano inteiro; eles precisam comprar batatas, milho e víveres básicos (macarrão, açúcar, arroz; e mesmo frutas, cebolas e cenouras em época de
>
> ---
> 311 Em Pacchanta, a extensão de uma *masa* varia a depender da qualidade e da inclinação do lote.

> abundância; e apenas velas e fósforos em tempos difíceis). Também têm um rebanho misto de alpacas e ovelhas, e a lã é outra fonte de dinheiro, mas a renda obtida com ela é escassa. Em dezembro de 2006, por exemplo, Nazario e seu filho mais velho, Rufino (que possui seu próprio rebanho), venderam juntos a lã do rebanho. Entre os dois, reuniram quase sessenta quilos de fibra de alpaca; a mais ou menos 20 *soles* o quilo, conseguiram 1.300 *soles*; por volta de 400 dólares na época. Dezembro, a estação chuvosa, é quando o preço da lã chega a seu preço máximo anual; o valor chega a 4 *soles* por quilo na estação seca (de maio a novembro). Em comparação, durante a alta temporada do turismo, Nazario conseguia ganhar 400 dólares em um mês trabalhando para a agência turística. Para a sorte da família, a alta temporada era de julho a setembro, quando os preços da lã estavam baixos.

Mudanças importantes na economia política da região tornaram possível a parceria de negócio anteriormente inimaginável entre antigos proprietários de terra e *runakuna*. Quando os *runakuna* "encaminharam a *queja*" durante os anos 1950 e 1960, a lã era a *commodity* principal, e a posse de terras era uma importante fonte de poder e prestígio. Hoje, a terra perdeu seu controle sobre o poder, e a lã de alpaca do sul dos Andes não é uma *commodity* cobiçada internacionalmente como no passado. Em vez disso, os sucessores da antiga classe latifundiária se voltaram para o turismo – uma indústria lucrativa para alguns – e tornaram a "cultura andina" uma *commodity* regional importante. Em vez de ser algo pré-pronto produzido para o consumo dos turistas, essa "cultura" é produzida por esforços marcados pela assimetria de poder, mas ainda assim colaborativos, entre os *runakuna* (especialmente aqueles que continuam a viver em áreas rurais remotas) e os membros da antiga elite proprietária de terras, hoje intelectuais urbanos que também são operadores de turismo (como Núñez del Prado, Yábar e o proprietário de Auqui Mountain Spirit). Suas colaborações se baseiam nas práticas indígenas regionais, que são compartilhadas pela elite urbana, e os *runakuna*, o que não impede que haja pronunciadas diferenças entre eles. Uma das principais diferenças, que sobreviveu à mudança da lã para o xamanismo andino, é a de que, embora os descendentes dos latifundiários precisem (e mesmo dependam) dos *runakuna* para vender "a cultura andina", eles ainda controlam o capital econômico e social necessário para organizar o negócio. Os *runakuna* continuam sendo seus subordinados.

NAZARIO: DE YACHAQ A CHAMÁN

Em seu famoso tratado sobre xamanismo no sul da Sibéria, Mircea Eliade escreveu que "os deuses escolhem o futuro xamã atingindo-o com um raio ou indicando-lhe sua vontade por meio de pedras caídas do Céu".[312] Ele ficaria feliz em saber que ser atingido por um raio também é como os *yachaqkuna* (plural de *yachaq*) são revelados nos Andes. No entanto, considerando sua interpretação de que o xamanismo é uma religião "arcaica", Eliade talvez ficasse desapontado ao descobrir que a interação entre uma economia agrária em decadência e uma dinâmica indústria global de turismo figura em uma posição importante entre as condições para a proliferação dos xamãs andinos atuais.[313] Segundo Nazario, *"já que dá para*

---

312 M. Eliade, *O xamanismo e as técnicas arcaicas do êxtase*, 2002, p. 32.
313 "Arcaico" é uma palavra tão central na obra de Eliade que até mesmo aparece no título de um de seus livros, *Xamanismo e as técnicas arcaicas de êxtase*.

ganhar dinheiro com isso, os jovens agora se interessam mais pelos despachos. Agora que podem trabalhar como chamanes, muitos jovens estão interessados em aprender... 'me ensina, me ensina', eles dizem". Eliade também afirma que a palavra "xamã" viajou de um lugar a outro com viajantes – mercadores ou sábios – que a adotaram para nomear aqueles que viam como "indivíduos dotados de prestígio mágico-religioso".[314] Atualmente, a palavra viaja de um lugar a outro, mas o faz com os turistas e seus guias locais socialmente heterogêneos. Eles transportam a noção de "xamã" por longas distâncias e, como antigamente, aplicam o termo para indivíduos cujas práticas são opacas aos modos de agir modernos. Em muitas partes da América Latina, a tradução é geralmente efetuada por meio de uma combinação de linguagens: a antropologia, espiritualidade *New Age*, ativismo cultural indígena e práticas de cura não ocidentais.[315] Em Cusco, uma tradução parecida é também nutrida na medida que circula no complexo circuito da indigeneidade, que inclui intelectuais urbanos que se tornaram empreendedores do turismo; além de recursos econômicos, eles utilizam tanto suas credenciais acadêmicas quanto seu conhecimento indígena para chancelar os pacotes de "cultura andina" que oferecem para o consumo dos turistas.

Enquanto as práticas xamânicas são amplamente disseminadas nas terras baixas da Amazônia e antropólogos escreveram

---

314 M. Eliade, op. cit., p. 3.
315 B. C. Labate e C. Cavnar, *Ayahuasca Shamanism in the Amazon and Beyond*, 2014.

sobre elas (ver Rubenstein,[316] Salomon,[317] Taussig,[318] Whitehead[319] e Whitehead e Wright,[320]), nas terras altas vizinhas dos Andes, a palavra "xamã" deve sua popularidade ao turismo. Na verdade, Nazario desconhecia o termo *chamán* ainda em 2002, quando o encontrei pela primeira vez. Naquele momento, ele estava recém-começando a trabalhar com turistas e preferia ser chamado de *yachaq runa*, uma pessoa que conhece, como seu pai. Além de ler a urina e as veias humanas (ele dizia não ser tão bom nessas práticas como Mariano), as pessoas o contratavam para ler folhas de coca e para fazer *despachos* para seres-terra para suscitar a felicidade de animais, plantações e lares; em retorno, ele recebia uma pequena quantia em dinheiro. Em razão do seu conhecimento especializado, era também conhecido como um curandeiro: *curandero* em espanhol e *hampiq* em quíchua.

Tornar-se um xamã andino – o que para Nazario significava receber dinheiro para realizar *despachos* e ler folhas de coca para turistas – foi uma surpresa para ele. Ele não esperava que suas práticas como *yachaq* ou *hampiq* fossem úteis para pessoas não *runakuna*. Tudo mudou quando ele voltou dos Estados Unidos de sua primeira viagem ao Museu Nacional do Índio Americano (NMAI). A agência de viagens que gerenciou os detalhes de sua viagem foi contatada pelo museu por meio da mesma rede de antropólogos que havia convidado Nazario para ser cocurador do NMAI. A agência comprou sua passagem de avião e lidou

---

[316] S.L. Rubenstein, *Alejandro Tsakimp: A Shuar Healer in the Margins of History*, 2002.
[317] F. Salomon, Frank. "Shamanism and Politics in Late-Colonial Ecuador", *American Ethnologist*, v. 10, n. 3, 1983.
[318] M. Taussig, *Shamanism, Colonialism, and the Wild Man*, 1987.
[319] N.L. Whitehead, *Dark Shamans: Kanaimá and the Poetics of Violent Death*, 2002.
[320] N.L. Whitehead e R. Wright, *In Darkness and Secrecy: The Anthropology of Assault Sorcery and Witchcraft in Amazonia*, 2004.

com a documentação necessária para seu visto; o proprietário da agência providenciou uma estada para Nazario em Lima enquanto ele estava em trânsito para Washington e lhe deu informações básicas sobre as diferenças entre o dólar americano e o *sol* peruano. Esse homem também convidou Nazario para passar a noite na agência antes de sua partida (de Cusco a Lima). Quando Nazario retornou dos Estados Unidos para Cusco, pernoitou na agência mais uma vez. O dono lhe perguntou sobre sua viagem: o que ele tinha feito, quem havia encontrado, o que aprendera? Nada de mais aconteceu, e Nazario voltou a Pacchanta. Vários meses depois, Nazario retornou a Cusco em uma viagem de rotina para comprar mantimentos para sua casa. Também queria ver seu filho Florencio (que estava trabalhando como pedreiro na cidade) e lhe pedir um empréstimo. Florencio não tinha dinheiro para emprestar, então Nazario foi à agência para passar a noite, mas também para ver se poderia ganhar algum dinheiro limpando o local e talvez conseguir um emprego temporário como *arriero* (um tropeiro), conduzindo cavalos e mulas para os visitantes que exploravam as trilhas no sopé de Ausangate. Ele tinha visto vários desses grupos, e pessoas de Pacchanta já trabalhavam para eles; como achava que essa agência também trabalhava com viajantes, pretendia pedir que o contratassem para esse tipo de serviço.

As coisas ocorreram melhor do que o esperado. Na noite que passou na agência antes de partir para Washington, Nazario lera folhas de coca para dois dos funcionários, um homem e uma mulher. Disse ao homem que ele compraria um lote para construir sua casa e, à mulher, que teria um filho. Agora, ambos os eventos estavam se realizando. Com a confirmação de que Nazario era um bom leitor de coca, o homem e a mulher lhe perguntaram se ele sabia fazer *despachos* e, quando ele disse sim, insistiram que ele falasse com seu chefe, o dono da agência. Eles disseram que o chefe o contrataria como o xamã da agência e, é claro, precisaram explicar o que isso significava. Então, Nazario confirmou que sabia fazer *despachos*, e o dono pediu que fizesse um para ele. Como um legítimo *cuzqueño*, o dono da agência sabia distinguir um bom e um mau *despacho*. *"Ele estava me testando* [chaykunapi pruebasta ruwawaran]", relembrou Nazario. Ele passou no teste e foi contratado. Na primeira vez que trabalhou como xamã da agência, Nazario e o dono da agência passaram dois dias com um pequeno grupo de turistas em uma laguna próxima. Nazario se lembra de receber 300 *soles* (100 dólares em 2002) para ler coca e fazer um *despacho* para Ausangate:

> *Aquele foi meu primeiro trabalho, em Wakarpay [o nome da laguna] – foi lá que fiz meu primeiro* despacho *para turistas; fiquei lá somente dois dias, ele me pagou 300 soles e também minha passagem – voltei feliz. Aquele foi meu primeiro trabalho para* gringos.

Quando morreu, em 2007, Nazario vinha trabalhando havia cinco anos para a agência; viajava de Pacchanta a Cusco quando os turistas solicitavam um xamã. O proprietário da agência e Nazario estavam satisfeitos com sua relação, e Nazario estava feliz em ser o único *runakuna hampiq* que trabalhava para eles: "*Na agência, sou o único que chamam de xamã, não tem outro xamã. Sou a única pessoa que faz a cerimônia do* pago."

Nazario pôde se tornar um xamã andino porque atendeu de maneira convincente aos critérios de "proximidade" que Walter Benjamin identificou com o que chamou de "aura de autenticidade"[321] – nesse caso, é claro, uma "aura indígena". Nazario era gentil e acessível com os viajantes, mas ainda assim

---

321 W. Benjamin, *A obra de arte na era da sua reprodutibilidade técnica*, 2012.

facilmente reconhecível como "outro" para euroamericanos de classe média (e limenhos de classe alta): vivia em um lugar remoto o suficiente, falava apenas quíchua e vivia da agricultura e da criação de lhamas e alpacas. Ser "o xamã da agência" era algo que cusquenhos urbanos, independentemente do quanto soubessem sobre assuntos indígenas, não poderiam fazer; sua indigeneidade era desprovida da aura de autenticidade que os estrangeiros viam em pessoas como Nazario. Empresários do turismo precisavam inevitavelmente de *runakuna*, que, por sua vez, não podiam ser xamãs sozinhos: faltavam-lhes o dinheiro, as conexões e as línguas ocidentais para entrar de maneira independente no mundo do turismo. Nazario, é claro, sabia disso: "*Essas pessoas que trabalham com turismo sabem fazer tudo [que eu faço], mas eles chamam os* runakuna; *nós somos o que os turistas querem.*"

Nazario ficava intrigado com as perguntas feitas pelos turistas e com a maneira que eles lhe concediam a habilidade de responder a todas elas corretamente. Talvez, Nazario disse, os turistas pensassem que ele simplesmente *lembrava tudo desde os tempos dos incas e espanhóis*. Acredito que pelo menos algumas das perguntas foram motivadas pelo que os turistas percebiam como uma atemporalidade de Nazario – o jeito como ele, segundo os turistas, habitava a "proximidade" entre passado e presente, incas e Cusco:

> *Eles me chamam porque querem saber sobre os feitos de nossos incas, é por isso que me chamam. Me perguntam: "como eram os incas antes de você? Quem fez essas ruínas? Você sabe – ou você não sabe? Foram os incas, os espanhóis? Ou pessoas como você? Ou talvez foram os* mistis *que construíram? Ou, ainda, talvez essas ruínas, templos e paredes simplesmente apareceram por conta própria?" Eu respondo:*

> "Os espanhóis não fizeram isso. Foram só os nossos incas, eles que construíram tudo: os pueblos, as casas, os templos, as ruas. Não fomos nós, nem os espanhóis", dizendo isso respondo [nispa chhaynata cuntestakuni].

E, é claro, havia turistas que perguntavam sobre a vida dos *runakuna* como camponeses, que às vezes imaginavam ser tão livre de mudanças quanto (imaginavam) as antigas construções que os recebia:

> Alguns deles querem [saber] sobre as roupas, quem fez, como foi feita. Quem ensinou à sua esposa [a costurar], e à mãe dela, ao pai, ao avô, quem ensinou? Como lhes ensinaram, fazendo o quê? Ou foi desenhando ou só pensando que fizeram? Querem saber sobre todas essas coisas.

Talvez os turistas ficassem decepcionados em saber que algumas das práticas de Nazario como xamã foram desenvolvidas em diálogo com o dono da agência de viagens, seu chefe. Por exemplo, ele pediu a Nazario que substituísse suas roupas de sempre – calças, camisa e suéter com gola V, feitos de poliéster – por roupas que criariam uma imagem de acordo com as expectativas de seus clientes sobre a aparência de um "índio de Cusco": um colete rosa ou verde com lindos bordados e botões, chapéu *chullo* e calças pretas até os joelhos feitas de lã de ovelhas locais – "roupas *runakuna* autênticas", que podem ser compradas no mercado local. Contrastando com a aura que essa imagem poderia projetar, Nazario nunca fingia ter um conhecimento atemporal quando respondia às perguntas dos turistas: "*Digo a eles o que eu lembro – o que me disseram ou o que ouvi.*" Ele não tinha a impressão de que sua contemporaneidade afetasse o que os turistas poderiam pensar sobre sua autenticidade. Na verdade, Nazario nunca me sugeriu alguma noção que eu pudesse traduzir como "autêntico", e ele, com certeza, não tinha preocupações quanto à transgressão de limites entre mercado e não mercado ou à "mistura" de categorias; afinal, o que consideramos ser misturas, para ele era o que compunha sua vida. No entanto, ele se preocupava – profundamente – em realizar as práticas de maneira respeitosa e usar as palavras certas para nomear as coisas: *Falo as coisas como elas são*. Essa era uma exigência de enorme importância, já que "falar as coisas" as invocava em sua vida e na vida dos turistas. Seu trabalho como xamã exigia de Nazario que encontrasse o caminho entre suas obrigações nas relações com os seres-terra e as exigências que o turismo – regulado pelo Estado, pelo mercado e pelas subjetividades de seus consumidores – lhe impunham.

FAZENDO *DESPACHOS* EM MACHU PICCHU: SATISFAZENDO SERES-TERRA E TURISTAS

Fazer um *despacho* em Machu Picchu é a prática que mais bem exemplifica a resposta de Nazario ao desafio de satisfazer aos seres-terra e aos turistas. Um observador leigo traduziria o *despacho* como um pacote contendo comida seca, sementes, flores e palavras gentis que os *runakuna* queimam para que alcance as montanhas. Em um olhar etnográfico mais próximo – evidentemente, ainda uma tradução –, o *despacho* enseja uma condição específica entre humanos e os seres-terra nela invocados; seu meio é a fumaça do *despacho* queimado. Desse modo, a queima do *despacho* é crucial para viabilizar o processo. Além disso, o lugar em que o pacote é queimado se torna parte da relação; por isso, é escolhido com cuidado e, após o *despacho*, recebe cuidados. Para evitar transgressões, ele é escondido de olhares. Quando Nazario e Carmona fizeram o *despacho* presidencial em Machu Picchu, queimaram o pacote; mas, ao fazê-lo, transgrediram as regras locais que proíbem (o que não surpreende) que se acenda fogo na antiga cidadela. Nessa ocasião, Nazario e Carmona não sofreram consequências; era parte da cerimônia presidencial e uma exceção poderia ser feita. Durante uma visita turística, um *despacho* não pode ser queimado em Machu Picchu. Para seguir as leis, xamãs e operadores de turismo concordaram em fazer *despachos en crudo* [*despachos* crus], o que significa não os queimar ou cozinhar. *Despachos en crudo* satisfazem aos turistas; eles têm a oportunidade de ver a demonstração colorida da feitura do pacote e de escutar as palavras do xamã em quíchua (traduzidas por alguém, geralmente para o inglês) enquanto ele convida os seres-terra do entorno à cerimônia. Os agentes de turismo têm orgulho do espetáculo, especialmente quando é encenado sob a Lua cheia em uma das "sete novas maravilhas do mundo".[322] Nazario achava que essa era uma performance difícil e arriscada: não queimar o *despacho* o deixa incompleto. Significa invocar seres-terra e oferecer algo que não é dado. Esse formato era perigoso; poderia causar sérios problemas para ele. Para evitar consequências negativas, continuava a cerimônia em outro lugar, geralmente levando o pacote à pequena cidade de Aguas Calientes, no pé de Machu Picchu, onde passava as noites quando trabalhava para a agência. Antes de dormir,

---

322 "Machu Picchu integra a lista das novas sete maravilhas do mundo", New 7 Wonders. Disponível em <www.new7wonders.com/. Acesso em mar. 2024.

queimava o pacote e pedia a Wayna-Picchu (o ser-terra local) que compreendesse a situação.

A POLÍTICA DO XAMANISMO ANDINO: NEGOCIANDO MUNDOS

O xamanismo andino emergente é uma situação complexa. É um trabalho para o qual há um novo mercado, e os *runakuna* são frequentemente contratados para fazê-lo em troca de um salário. Todavia, o xamanismo andino é composto de práticas de mundificação que engendram as entidades que são postas em cena por ele (os seres-terra, por exemplo), as quais a História é incapaz de representar. Nessas práticas, as palavras precisam ser enunciadas com cuidado, pois elas contam, têm consequências. Uma vez, quando estávamos caminhando pela cidade de Cusco, Nazario, um pouco irritado, questionou minhas perguntas sobre suas atividades como *paqu*, palavra que eu havia empregado como tradução de "xamã"; devia ter esquecido a lição que aprendera em minha conversa com Mariano e o irmão de Nazario, Benito. Ele disse: "*E você, Marisol, onde você aprendeu isso? Quem te falou sobre* paqu? Paqu *é um assunto difícil, é difícil de entender. É perigoso. Não é fácil ser* paqu" [*Sasa rimay sasa entendiy. Peligru. Mana facillachu paqu kayqa*]. Para ter certeza de que eu entenderia, ele falou "perigoso" com uma palavra vinda do espanhol: *peligru*. Assim, comecei a chamá-lo de "xamã"; os *runakuna* estavam rapidamente adotando essa palavra no lugar da palavra local *paqu*, pois aquela não tinha o poder de provocar a condição que esta (ou a palavra ainda mais perigosa, *layqa*) era capaz. Ao se identificar como xamã – que ainda era um neologismo em Pacchanta durante os anos de meu trabalho de campo e era uma palavra que Mariano não teria usado para identificar suas próprias práticas –, Nazario se protegia dos potenciais perigos representados por outros nomes que sua prática poderia receber: "Paqu, layqa, *quando te chamam assim, é perigoso*." Pensando nisso, gostei de especular que talvez uma necessidade similar de controlar os poderes das palavras locais (que não eram apenas palavras!) tivesse sido o motivo pelo qual a palavra "xamã" passou a ser aceita ao redor do mundo. Possivelmente, ela viajou o mundo, porque, após ser desenraizada, perdeu o poder que tinha nos locais e, ao se tornar inócua, permitiu conversas entre viajantes (incluindo aí os antropólogos) e aqueles que eram chamados de xamãs. Xamanismo e xamãs, continuando minha especulação, podem ter traduzido com segurança os nomes das práticas e praticantes, que, senão, poderiam ser perigosos.

Nazario e Aquiles queimam um *despacho* no pátio de casa. Ambos vestem jeans e suéteres de poliéster – e não suas *ñawpaq p'acha* ou "roupas de antes". Agosto de 2004.

Escutando Nazario, aprendi que ser um xamã andino e ser *yachaq* não são a mesma coisa – mas essas práticas tampouco são diferentes. Os turistas acessam as palavras e movimentos dos xamãs andinos atravessando muitas camadas de tradução. A interpretação das práticas realizadas em quíchua, feita em inglês pelo guia turístico *cuzqueño*, é seguida pela interpretação de cada turista acerca da prática do xamã e da interpretação do guia. Mediados por essa tradução complexa, os turistas entram em relações com os *tirakuna*, que, obviamente, não são as dos *runakuna*. No entanto, o engajamento invoca seres-terra, e isso pode ser perturbador para eles se feito por razões frívolas, como o turismo. Desse modo, os *runakuna* se preocupam constantemente com a maneira como o turismo afeta as relações em-*ayllu* nos vilarejos de onde os xamãs vêm. Para evitar problemas em Pacchanta, Nazario não revelou muito sobre seu trabalho como xamã andino: "*Seja sobre a leitura de coca, seja sobre um* despacho *que eu faça, não quero falar sobre o assunto em Pacchanta. Com Auqui, a agência, tenho uma obrigação, é por isso [que faço os* despachos] *– mas quando estou aqui não digo nada; eles ficariam irritados.*" Os *runakuna* ficariam irritados – tão furiosos que talvez o culpassem por qualquer problema local: secas; doenças em humanos, animais ou plantas; acidentes de carro; aumento no crime – qualquer coisa. Poderiam até mesmo acusá-lo e denunciá-lo às autoridades estatais locais – estas também integram o circuito da indigeneidade e, portanto, suspeitam das consequências do trabalho dos xamãs andinos com os turistas. Mesmo seus amigos mais próximos, Benito e Octavio, estavam preocupados que Nazario estivesse praticando o xamanismo excessivamente – isso poderia fazer mal a ele. Para amenizar esse sentimento, com frequência Nazario usava nossas conversas para explicá-los – quando algum deles estava presente – que o que ele fazia não eram *despachos*, que ele também falava sobre os incas, agricultura e vestimentas, o que, de fato, era verdade:

> *Irmão Octavio, eu falei sobre nossos costumes em Washington. Não caminhei até lá só para fazer curas. Não fui lá para fazer* despachos, *mas para uma conversa, é isso que eu fui chamado a fazer. Aqui, o meu povo em Pacchanta pensa que só tenho caminhado como* paqu, *mas não foi dessa forma que caminhei lá.*

Há um protocolo para ser um xamã andino. Apesar de sua flexibilidade e independentemente de distinções entre o moderno e o a-moderno, o protocolo deve ser seguido sempre, tanto em relação aos humanos quanto aos outros-que-humanos. Nossas conversas realmente precisavam seguir tal protocolo. Nazario me instruiu sobre as circunstâncias apropriadas para se invocar os nomes dos seres-terra, e, é claro, eu não podia responder às suas instruções com descrença secular. Não se tratava apenas de dizer que não estava em uma esfera de crença ou descrença – que dirá uma questão da minha crença – o fato de que os seres-terra eram invocados se eu pronunciasse seus nomes. Mais do que isso, se eu mencionasse os seres-terra, eu *inevitavelmente* os invocaria em um espaço terrestre poderoso, composto de hierarquias que precisavam ser respeitadas e estavam completamente fora do meu controle: "*Não podemos simplesmente falar sobre os seres-terra; para falar deles, precisamos de coca, vinho, álcool ou* cañazo [*caninha*]. *Somente então podemos pedir permissão para falar sobre eles; isso é algo perigoso.*" Se pronunciados ou realizados nessas circunstâncias – que Nazario entendia como a maneira de fazer as coisas com respeito –, os *despachos* ou sessões de busca de coca estariam bem (*allinmi kashan, está bien*). Seguindo o protocolo, as palavras e ações de Nazario deviam ser precisas; ele devia nomear cuidadosamente a palavra e a ação certas: "*Sempre faço o que sei fazer – não adiciono o que não sei fazer. Posso errar.*" Isso não significa, porém, que as práticas não mudaram; Nazario testava coisas novas e experimentava novas invocações e ingredientes para melhorar seus *despachos* e agradar mais aos seres-terra: "*Se as ideias vêm por conta própria, eu adiciono. Sempre há coisas que podem ser adicionadas. Me pergunto: elas vão ser úteis? Ou não?*"

Ainda que Nazario preferisse trabalhar com Ausangate (eles tinham um parentesco inerente em-*ayllu*), como bom xamã andino, ele viajava com turistas por toda a Cusco, inclusive indo a lugares que ele não visitara antes; assim, havia conhecido muitos dos seres-terra da região e se tornado conhecido para eles: "É como quando você vem a Cusco e quer conhecer as pessoas, e as pessoas querem te conhecer. Também quero conhecer os tirakuna;

eles também querem me conhecer". Os *tirakuna* foram (é claro) pessoas; tratava-se de uma questão de bons modos para ele se apresentar aos seres-terra que não eram de seu *ayllu* original e lhes perguntar se aceitariam que se juntasse a eles:

> *Viajando, indo a Cusco, às ruínas, a Washington, estou falando e aprendendo, e adiciono [o nome que tem] aquele [lugar] onde estou. Com isso, adiciono [o ser-terra] que é [o lugar onde estou]. Às vezes penso "não vou fazer um despacho só para Ausangate. Agora vou [também] chamar Machu Picchu e Salccantay" [porque] esse respeito ajuda mais. Essas coisas também funcionam; tudo se encaixa [tudo funciona] quando os chamo, as pessoas que eu chamo em Pacchanta também começam a ser curadas quando eu chamo [esses outros seres-terra locais].*

O trabalho de Nazario como xamã andino não era apenas isso; executado com respeito, ser um xamã era também uma fonte de inovações que ele podia levar para casa como *yachaq* – ou *paqu* – para curar seus animais, plantas e sua família em Pacchanta.

Além de sua resistência a ser chamado de *paqu*, Nazario nunca se identificou como *altumisayuq* – o *yachaq* mais poderoso, capaz de falar com seres-terra e escutar suas palavras. De acordo com ele e seu pai, Mariano, esses *yacahqkuna* haviam desaparecido fazia muito tempo; Jesus Cristo os punira porque eles conversavam com seres-terra. Ele amarrou seus olhos, ouvidos e bocas, e agora ninguém ouve ou fala com seres-terra da maneira como faziam os *altumisayuq*. Duvidando desse fato, quando a mãe de Nazario estava doente, ele e Mariano viajaram para lugares distantes em busca de um *altumisayuq*, mas não conseguiram encontrar nenhum sequer. Relatos etnográficos contradizem a conclusão de Nazarios sobre esses praticantes. Xavier Ricard,[323] trabalhando com uma comunidade também sob a jurisdição de Ausangate, encontrou indivíduos que se identificavam como *altumisayuq*. E Tristan Platt[324] participou de um evento em Oruro (na Bolívia) no qual o praticante (que Platt identificou como um *yachaj* [sic], não *altumisayuq*) conseguiu interagir com sucesso com um ser-terra; este fez sua aparição como um condor na sala em que o evento estava acontecendo. Em Cusco, o turismo estimulou também o aumento dessas práticas entre a população local. Cusquenos de todos os tipos desejam os serviços de xamãs, e os que se identificam como *altumisayuq* ganhavam melhores salários do que simples *pampamisayuq* – aqueles que, como Nazario, sabiam fazer bons *despachos*, mas não eram capazes de ouvir ou falar com seres-terra. Perguntei a ele várias vezes sobre esse assunto, explicando que havia ouvido falar que os *altumisayuq* existiam, mas ele não mudou sua posição:

> *As pessoas simplesmente andam e dizem que sou um* altumisayuq. *Dizem também "você é um* altumisayuq *de Lauramarca – você vive em Ausangate, você vive na parte onde há um alto misa". Eu digo "não sou um* altumisayuq*". Seria uma mentira se eu afirmasse ser um. Não vou mentir, nem mesmo aos* mistis, *mesmo se puder cobrar mais deles. Eu digo a verdade; temendo os* apukuna, *eu falo dentro da legalidade. Se eu só fizesse coisas por fazer, então algo difícil aconteceria, para o grupo, para os turistas. Além disso, algo aconteceria comigo.*

---

323 X.L. Ricard, *Ladrones de Sombra*, 2007.
324 T. Platt, "The Sound of Light: Emergent Communication through Quechua Shamanic Dialogues", 1997.

Nazario não podia mentir sem arriscar criar uma má relação com os seres-terra, o que arruinaria não apenas o seu negócio, mas também afetaria sua vida. O dinheiro não valia a pena – ele respeitava os *tirakuna*.

TIRAKUNA OU AS MONTANHAS SAGRADAS DEVEM SER ERRADICADAS

> *"É impossível tirar-lhes essa superstição porque a destruição desses guacas exigiria mais força do que a de todo o povo do Peru para mover essas pedras e colinas."*
> CRISTÓBAL DE ALBORNOZ, 1584

> *"[Precisamos] derrotar essas ideologias panteístas absurdas que dizem [...]* "não toque naquela montanha porque ela é um Apu, porque ela está cheia com um espírito milenar ou seja lá o que for" *[...]. Ora, as almas dos ancestrais estão certamente no paraíso, não nas montanhas."*
> ALAN GARCÍA (CITADO EM ADRIANZÉN, 2011)

Nos Andes, as entidades, também conhecidas como montanhas, têm sido há séculos um espaço de conflito entre mundos, porque não são apenas montanhas e são importantes em todos os seus seres. As citações que abrem esta seção ilustram esse conflito entre dominantes e dominados. Não importa a distância cronológica; os autores das falas (Cristóbal de Albornoz, um extirpador de idolatrias do início do período colonial, e Alan García, um recente presidente do Peru) resolvem o conflito (ou tentam fazê-lo) afirmando que o entendimento das montanhas como "não apenas" é uma crença – e uma crença falsa: inspirada pelo diabo, na opinião de Albornoz, e é possível que um resquício desse mesmo entendimento se mescle à posição do ex-presidente. A tradução de *tirakuna* como "espíritos" também se sustenta na noção de que as montanhas serem outra coisa é uma crença, e, no caso de Cusco especificamente, uma crença indígena. Geralmente produzidas no âmbito turístico, como no chamativo *slogan* "Onde os deuses se tornaram montanhas", citado anteriormente, essas traduções feitas por viajantes e indústrias alocam tais crenças na esfera da "religião indígena", da qual o xamanismo andino talvez seja hoje a versão mais conhecida. Todavia, os políticos também podem protagonizar o mesmo movimento conceitual: as afirmações de García provocaram respostas em contraposição a lideranças da esquerda, que defenderam os direitos dos povos indígenas ao que eles chamaram de "crenças espirituais", acusando o ex-presidente de racismo evolutivo e intolerância religiosa (Adrianzén, 2011).[325]

O trabalho de Nazario como um xamã andino me colocava diante de um paradoxo: enquanto o entendimento das relações com os seres-terra como uma religião era óbvia para os viajantes, ela não o era para Nazario ou sua família. Pensar por meio desse paradoxo não resulta em respostas como "sim, é uma religião" ou "não, não é uma religião", mas talvez possa ser e não ser, simultaneamente, uma religião. Uma resposta ou-ou talvez seja incapaz de considerar que a concepção das relações com os seres-terra *como* práticas religiosas foi um efeito dos processos de conversão, primeiramente ao cristianismo (executada pela

---

[325] Alberto Adrianzén, "La Religión del Presidents", *Diario la República*, 25 jun. 2011.

Igreja colonial e seus representantes) e, depois, à modernidade secular (executada pelo Estado e seus representantes). Conversão implicava tradução,[326] e explorar a tradução talvez revele a complexidade ontológica dessas entidades – *tirakuna*, montanhas, entidades sagradas – e sua participação em formações socionaturais diferentes, mas parcialmente conectadas, em que elas são mais que uma, mas menos que muitas: as entidades distintas nomeadas acima aparecem de maneira complexa umas dentro das outras. Explico melhor.

Nos Andes, desde a fé do período inicial da colonização até as montanhas sagradas ou espíritos das montanhas atuais, a linguagem da religião funcionou como uma poderosa ferramenta para uma tradução ampla, que possibilitava a coabitação (mesmo que desconfortável) de mundos diferentes: mundos que fazem distinções ontológicas entre humanos, não humanos e deuses, assim como mundos que não fazem tais distinções. Especulo que aquilo que os cristãos que chegaram aos Andes encontraram não era *necessariamente* o que conhecemos como "religião", menos ainda o que poderíamos chamar hoje de "religião indígena". As divisões ontológicas entre Deus e o diabo, humanos e natureza, e corpo e alma – que os praticantes cristãos do começo da modernidade usavam para traduzir as práticas que eles viram como "idolatria" e "superstição" – não organizavam a vida nos Andes pré-colonização. Elas passaram a existir nos Andes por meio dos processos de tradução colonial (de palavras e práticas), que operaram como a fundação genealógica para a emergência posterior da "religião indígena" como prática e campo conceitual – talvez no século XVIII ou XIX, talvez depois. Traduções também converteram os seres outros-que-humanos em natureza e, de

---

326 V. Rafael, *Contracting Colonialism: Translation and Christian Conversion in Tagalog Society under Early Spanish Rule*, 1993.

forma correspondente, converteram as práticas que se engajavam com eles em práticas com natureza (crenças animadas pelo diabo) ou com supernatureza (crenças sobre a natureza produzidas pela cultura). No entanto, as traduções não anularam o mundo onde essas entidades (aqui, chamo-os de seres-terra aqui; de Albornoz os chamava de *guacas*) escaparam de ser definidas como natureza. Os mundos onde *guacas* ou os atuais *tirakuna* – que podem não ser os mesmos – não são crenças continuaram a existir ao lado das traduções desses seres como superstições de inspiração diabólica, espíritos da montanha ou religião indígena. Desse modo, o que no mundo dos viajantes, antropólogos, políticos e sacerdotes pode ser "religião" também *não* é religião, mas interações com entidades outras-que-humanas que não são naturais nem sobrenaturais, mas seres que *existem com* os *runakuna* em coletivos socionaturais que não são guiados por divisões entre Deus, natureza e humanidade.

Seres-terra nos Andes emergem não somente de crenças religiosas indígenas misturadas com a fé católica ou de espíritos ancestrais que habitam montanhas. Em vez disso, *tirakuna* e *runakuna* também emergem inerentemente relacionados em-*ayllu*. Correndo o risco de incorrer em um anacronismo, quero propor que, junto à impossibilidade de remover o ídolo, porque ele era uma montanha gigante, pode ter sido a relacionalidade em-*ayllu* que tornou a erradicação das idolatrias coloniais uma tarefa tão desafiadora. Sem que aqueles no comando soubessem, sua tarefa não exigia apenas substituir crenças infundadas por crenças legítimas. Ela também teria envolvido transformar o modo relacional do mundo em-*ayllu*, onde seres-terra não são objetos dos sujeitos humanos. Em vez disso, eles existem conjuntamente e, sendo assim, são um lugar. A forma da relação em-*ayllu* é diferente das relações de adoração ou veneração que exigem a separação entre humanos e montanhas ou espíritos sagrados.

De Albornoz e outros como ele não foram capazes de compreender que, em vez de adoração, o que eles viam eram pessoas *com* guacas (e vice-versa), ocupando lugar por meio dessa relação. Políticos contemporâneos como García e os representantes da esquerda que criticaram sua intolerância religiosa talvez tenham o mesmo problema.

Nazario com turistas em uma trilha em Ausangate, preparando-se para fazer um *despacho* e se divertindo. Abril de 2007.

Além disso, a maioria de nós acharia difícil imaginar *runakuna* e *tirakuna* se engajando e emergindo *tanto* de uma relação de crença (ou adoração) que separa humanos e seres-terra *quanto* de relações em-*ayllu* nas quais seres-terra (que existem) *com* pessoas ocupam lugar [*take-place*]. Parcialmente conectados, ambos os tipos de relação podem se sobrepor e se exceder de modos diferentes um ao outro. Práticas com seres-terra (incluindo o xamanismo andino) podem ser identificadas como religiosas, mas não podem ser reduzidas a isso, pois a noção de religião não é capaz de conter tudo o que elas são. Isso não significa que as práticas *também* não sejam religiosas – é o que concluiríamos se pensássemos por unidades (e com a lógica ou-ou com a qual estamos acostumados). Em vez disso, conexões parciais (e os corpos ou campos fractais que elas articulam) permitem uma descrição que pode ser religiosa e não religiosa ao mesmo tempo: um ser-terra jamais erradicado emergindo em práticas religiosas (normalmente católicas) e vice-versa. A efetividade da conversão e da oposição à conversão pode ser, possivelmente, mais bem visualizada através da incompletude de cada um desses processos. Considerar essas práticas como crenças religiosas sem considerar o que *não* são crenças religiosas e que essas práticas *também* o são simplifica essa complexidade. Viabilizada por um aparato epistêmico historicamente poderoso, tal simplificação é uma prática político-conceitual capaz de ensejar algumas realidades e negar outras. As palavras de Nazario foram claras: "*Ausangate* não é um espírito, você não vê? Está ali – não é um espírito." No entanto, a empresa turística para a qual ele trabalhava carregava as palavras *mountain spirit* [espírito da montanha] no seu nome, e Padre Antonio acolhia com sinceridade as práticas *runakuna* com seres-terra enquanto religião indígena. De maneira similar, como explico na próxima história, o Museu Nacional do Índio Americano, que recebeu Nazario como cocurador, traduziu suas práticas como religiosidade indígena. E, sim, elas são todas as opções acima – *mas "não apenas"*.

HISTÓRIA 6

UMA COMÉDIA DE EQUIVOCAÇÕES
A COLABORAÇÃO DE NAZARIO TURPO COM O MUSEU NACIONAL DO ÍNDIO AMERICANO

"*Aqui estou, vestido com as roupas de antes [Noqaq ñaupa vestidoy, ñaupa p'achakuy]*."
NAZARIO TURPO, 2002 (OLHANDO FOTOGRAFIAS DE SUA PRIMEIRA VISITA AO MUSEU NACIONAL DO ÍNDIO AMERICANO)

"*Espero que qualquer coisa que eu diga vai [fazer algo] aparecer para o campesino; espero, o que eu estou falando no Museu do Inca Americano [vai] também aparecer – ou será em vão, porque desaparece, que eu falei? É o que eu me pergunto.*"
NAZARIO TURPO, 2004

DE MANHÃ CEDO EM PACCHANTA, OS RÁDIOS DE transistores estão sintonizados na estação de preferência – Rádio Santa Mónica – para ouvir todos os tipos de notícia. As novidades políticas nacionais e regionais e informações mensais ou semanais sobre as festas de santos padroeiros preenchem o ar do nascer do dia no vilarejo. Notícias sobre parentes em Lima, Arequipa e Cusco também viajam de forma muito eficiente da origem ao destino pelos mesmos meios, às vezes com uma ajudinha da fofoca do vilarejo. Era por esses programas de rádio que a agência turística para a qual Nazario trabalhava o informava sobre os grupos de estrangeiros com os quais trabalharia. Em 2002, quando ele me contou sobre como a visita a Washington mudara sua vida, a casa de Nazario já vinha prestando uma atenção especial a essas mensagens de rádio havia três anos. E foi por esse mesmo programa de rádio, em 1999, que ele foi chamado a Cusco para discutir a possibilidade de viajar a Washington para servir de consultor aos curadores encarregados da mostra quíchua no Museu Nacional do Índio Americano (NMAI). Essas não eram as novidades matinais normais, e, quando o encontrei, Nazario ainda estava descobrindo qual seria seu papel no museu.

A segunda fala de Nazario que citei na abertura do capítulo reflete tanto sua desorientação quanto sua esperança em relação ao museu – ele estava realmente muito grato e feliz com seu ganho pessoal nessa relação (explico um pouco mais a seguir), mas, estando em-*ayllu*, também esperava que essa oportunidade não fosse apenas um benefício para ele. Caso contrário, problemas poderiam emergir. Ele sabia que havia sido convidado no lugar de seu pai, que estava muito velho e frágil para viajar. Mariano, dizia Nazario, tinha conexões "com doutores importantes". Esses doutores iam de advogados a políticos, com os quais Mariano

Nazario observando o painel que ajudou a produzir no Museu Nacional do Índio Americano. Setembro de 2004.

havia trabalhado durante o período em que "encaminhou a queixa", até diversos antropólogos na universidade local. Esses antropólogos eram fáceis de discernir entre os intelectuais peruanos devido a seu interrogatório apaixonado e exclusivo (às vezes excludente) sobre tudo que fosse relacionado a Cusco, da história regional – inca e atual – até o que é chamado amplamente de "pensamento andino", um campo importante da antropologia local. O contato do NMAI com Nazario passou por essa rede antropológica – foi um prolífico autor do "pensamento andino" e quem enviou a Nazario a mensagem de rádio que o convocava a viajar para a cidade de Cusco nos dias seguintes.

Nazario não sabia, naquele momento, o quanto aquela mensagem alteraria suas oportunidades na vida. Até então, como a maioria dos campesinos indígenas que falam apenas quíchua, sua experiência com viagens estava limitada à cidade de Cusco: jornadas para comprar bens de produção comercial para casa, vender lã e carne com seu irmão Benito, ir ao casamento de um parente e outros propósitos similares. Mas, com essa viagem, não se tratava de ir a um lugar ao qual não se pertence; muito pelo contrário, esse deslocamento fazia parte de sua rotina mensal. Nazario ficou impressionado com a possibilidade de deixar Cusco e ir para o exterior. O primeiríssimo contato entre os Turpo e o NMAI aconteceu quando, inspirado pela ideia de repatriação de restos mortais que faz parte da relação entre indígenas norte-americanos e o Estado nos Estados-Unidos, o museu decidiu devolver restos mortais que estavam em sua posse e que, dizia-se, eram originários de Cusco. Um dos especialistas trabalhando na seção latino-americana era um arqueólogo peruano que conhecia o grupo de antropólogos amigos de Mariano. Depois que o arqueólogo os consultou, o museu decidiu repatriar os restos para Pacchata, o vilarejo de Mariano. Isso aconteceu em meados dos anos 1990, e Mariano participou da cerimônia junto a Nazario e Carmona (lembre-se de que Carmona também fez parte da cerimônia de posse presidencial de Alejando Toledo em 2001, junto com Nazario).

Enquanto a repatriação de restos mortais ancestrais é uma questão conhecida (ainda que polêmica) entre os indígenas norte-americanos,[327](nos Andes, a ideia de repatriação é estranha – ou pelo menos esse era o caso quando se deu o acontecimento patrocinado pelo NMAI. Quando Nazario e Mariano narraram

---

327 A. M. Kakaliouras, "An Anthropology of Repatriation: Contemporary Indigenous and Biological Anthropological Ontologies of Practice", *Current Anthropology*, v. 53, 2012.

o episódio para mim, se referiram aos ossos como *suq'a* e traduziram "a repatriação de restos mortais ancestrais" como "enterrar *suq'a* em Pacchanta". Porém, é importante ressaltar, *suq'a* não se refere apenas a ossos, e ainda menos a ossos de ancestrais que precisam ser enterrados em seu lugar de direito, como é o caso na América do Norte. Na verdade, *suq'a* é o resto de seres de uma era diferente; a sabedoria popular em Cusco diz que esses seres foram queimados pelo sol, um episódio que marca a separação entre nossa era e a do *suq'a*. Seu contato hoje com seres vivos (quase sempre humanos, mas também plantas e animais) é capaz de causar doenças e até a morte. Nazario relembrou: "*O suq'a estava com seu corpo, com seus ossos; estava no museu, e trouxeram para cá.*" Ele não estava muito preocupado com esse *suq'a*, disse, porque acreditava que ele havia perdido seus poderes:

> Sabe, Marisol, [antes] não existia nada como o petróleo ou o gás, nem padres para rezar missas ou água benta. É por isso que os suq'akuna eram ousados. Mas hoje em dia – não sei se é porque foram abençoados ou por causa do gás – eles foram controlados, [já] não são tão maus.

Vindo dos Estados Unidos, esse *suq'a* devia ter enfraquecido. De todo modo, atentos às consequências que a presença do *suq'a* (ou "restos dos ancestrais", como diziam as autoridades do museu) poderia ter em Pacchanta, os Turpo organizaram muitos *despachos* importantes para impedir e minimizar os possíveis efeitos negativos de trazer o *suq'a* ao vilarejo. Os representantes do NMAI que visitaram Pacchanta nessa ocasião estavam animados em presenciar as cerimônias, que viam como a celebração da repatriação dos restos mortais dos ancestrais. Os *suq'akuna* (enquanto entidades potencialmente perigosas) se perdiam na tradução desse evento. Esse incidente é apenas um de uma longa série de equivocações[328] que estavam subjacentes ao processo intrigante de colaboração curatorial entre Nazario e o time de especialistas estadunidenses que resultou na mostra quíchua no NMAI.

EQUIVOCAÇÕES NÃO SÃO ERROS

"*Equivocação*", como mencionei anteriormente neste livro, é um termo usado pelo antropólogo brasileiro Eduardo Viveiros de Castro[329] para se referir aos ruídos de comunicação que costumam ocorrer entre mundos. Equivocações implicam o uso da mesma palavra (ou conceito) para se referir a coisas que *não são* as mesmas porque emergem de práticas de mundificação conectadas a naturezas diferentes. "Epistemologia constante e ontologias variáveis" é a maneira como Viveiros de Castro descreve as condições para a equivocação.[330] Viveiros de Castro desenvolveu sua teoria etnográfica trabalhando com coletivos socionaturais na Amazônia brasileira, que inspiraram o que ele chama de multinaturalismo, ou a teoria de que entidades compartilham a mesma cultura, mas habitam naturezas diferentes, o que lhes confere corpos diferentes que moldam o que (e como) eles veem. A natureza que a onça habita é diferente da natureza habitada pelo humano, e ambas são diferentes da habitada pelo papagaio. Todavia, as onças, as pessoas e os papagaios, todos eles, têm em comum a humanidade. Interagir uns com os outros de maneira segura requer aprender que o mesmo conceito pode não ter o

---

328 E.V. de Castro, "A antropologia perspectivista e o método da equivocação controlada", *Aceno*, v. 5, n. 10, 2018.
329 Idem.
330 Ibid., p. 252.

mesmo referente. Tomemos o conhecido exemplo de Viveiros de Castro que compara a onça e o humano: os conceitos de cauim e sangue existem em ambos os mundos, porém, em razão de suas diferenças corporais, aquilo que para a onça é cauim é sangue para o humano. É o corpo que determina o que é; a coisa não existe independentemente do corpo que define a perspectiva. Conversas entre posições perspectivais distintas são inevitavelmente equívocas, e o entendimento depende de controlar a equivocação; em outras palavras, ser explícito sobre de qual e para qual mundo estamos traduzindo para "evitar perder de vista a diferença escondida dentro de 'homônimos' equivocais entre nossa língua e a língua de outras espécies, já que nós e eles nunca estamos falando das mesmas coisas".[331] Viveiros de Castro chama isso de "tradução perspectivista", uma prática na qual, em troca de invocar um objeto (ou mundo) a ser conhecido, o tradutor competente invoca sujeitos que são como o conhecedor.[332]

Nas conversas entre Nazario e o time curatorial (ou entre Nazario e eu), equivocações não emergiam de uma condição de epistemologias compartilhadas e ontologias distintas, como na teoria do perspectivismo ameríndio de Viveiros de Castro. Em vez disso, a fonte mais óbvia de equivocações era o fato de que as "coisas" que ocupariam a exposição não eram *apenas* coisas que existiam distantes do sujeito relacionado – elas eram *também* coisas e entidades que vinham à existência por meio de relações e *com* aqueles que participavam delas. Assim, as equivocações eram resultado dos diferentes regimes relacionais que eram usados na conversa. O resto deste capítulo ilustra o que isso significa, mas já trago a seguir um breve exemplo.

---

331 Idem.
332 M. Strathern, *Property, Substance, and Effect: Anthropological Essays on Persons and Things*, 1999, p. 305.

Observando os painéis no NMAI, que Nazario havia ajudado a produzir, e relembrando sua participação em cada um deles, Nazario me contou como havia conseguido se conformar com a mostra. Dois itens nela, Ausangate e o *despacho*, "não eram Ausangate nem *despachos*". Enquanto processava esse comentário (por intermédio de minhas próprias traduções conceituais de *despacho* e Ausangate), entendi que a colaboração curatorial havia produzido algo diferente – uma representação, uma possibilidade epistêmica ausente da maneira como as entidades em questão *existem* em Pacchanta, na qual elas se tornam o que são através de relações que não separam palavra e coisa, significante e significado, e, às vezes, nem mesmo sujeito e objeto. No museu, a possibilidade de relações desse tipo era truncada, uma vez que as palavras de Nazario se tornaram uma descrição que aparecia como um objeto realizado, colocado atrás de um vidro ou em uma parede da exposição. Algo cotidiano em um museu, mas que era estranho para Nazario quando feito com suas palavras.

Ao chamar esta história de "Uma comédia de equivocações", quero enfatizar minha interpretação da colaboração que organizou a mostra da comunidade andina no NMAI como um processo de tradução inevitavelmente realizado com mal-entendidos – algo comum nas conversas entre mundos. O mal-entendido é um problema quando a intenção é um entendimento unívoco. No museu, o que ocorreu foi a própria tradução: um movimento entre mundos parcialmente conectados, cada um com um ponto de vista, que, mesmo reciprocamente incomuns, veio a coexistir com o outro por meio da conversa que compôs a tradução e organizou a colaboração que levou à mostra. Todavia, o processo estava marcado pela assimetria de poder, e prevaleceu o ponto de vista do mundo único, impedindo talvez a inevitabilidade do mal-entendido de ser representada na própria mostra. Uma pena, pois representar como o mal-entendido era parte do processo, e, em substituição a uma derrota, teria sido um feito da prática museal.

Por falar em equivocações: não estou afirmando que este capítulo representa as ideias de Nazario melhor do que os curadores do NMAI foram capazes de fazer. Não posso (nem quero) desfazer equivocações: por exemplo, a definição de *suq'a* é a equivocação que habito; é a ferramenta epistêmica que uso para dar sentido a esses ossos produtores de doenças. Como argumenta Viveiros de Castro, "[s]e a equivocação não é um erro [...] o seu oposto não é a verdade, mas o *univocal*".[333] Evitando o univocal, quero tornar a equivocação óbvia como um componente inevitável de conversas entendidas como acontecimentos nos quais mundos se encontram. Controlar equivocações evita o solipsismo e torna a conversa justamente isso – uma conversa. Esse panorama também é capaz de revelar as características de comédia de uma conversa e, como em nosso caso, talvez causar o riso, que é capaz de criar laços e diferenças ao mesmo tempo.

Os mal-entendidos eram recíprocos. Não se limitando aos objetos em exibição no museu, eles envolviam diferentes aspectos do encontro entre Nazario e suas contrapartes curatoriais. Por exemplo, segundo Nazario, antes de os curadores do NMAI o contratarem, eles queriam confirmar que ele era, como disse, "um campesino que vivia próximo a Ausangate". Visitaram Pacchanta para testemunhar que (de novo, nas palavras dele) "era verdade como eu vivia", que ele e sua família eram quem os curadores acreditavam que eles eram. Os visitantes gravaram algumas partes do encontro e, de volta a Washington, mostraram a gravação

---

[333] Ibid., p. 256.

a outros empregados do NMAI. Essa conduta, para Nazario, certificava para os outros que ele vivia em Ausangate e era familiar com as práticas da terra, tanto agrárias quanto relacionadas aos seres-terra (o que, em Pacchanta, costuma ser a mesma coisa, embora para os curadores talvez fossem duas coisas diferentes).

Lembranças de Nazario:

> *Em 25 de janeiro, mais ou menos, eles chegaram aqui. Subiram até aqui o alto, viram tudo – quem nós éramos, as coisas que tínhamos, que a minha esposa é quem fia e tece, que não estou mentindo. Viram que é verdade que vivo perto de Ausangate, se a água que bebo é suja ou não. Se meus costumes são como os de nossos incas, ou se a minha vida é como a dos espanhóis. Falei de todas essas coisas em Washington: sobre como cozinho, como durmo, como vivo perto de Ausangate, como coexisto com os runakuna como eu. Falei de tudo isso [quando] eles vieram para investigar, para ver tudo. Vinte e cinco pessoas vieram, um grupo grande, num ônibus.*
>
> *Antes [que eles viessem], nos reunimos em Cusco [e eles disseram]: Você precisa reservar um tempo [para nós], tudo [que] você [nos] contou em Washington você vai nos mostrar, suas roupas, sua comida, sua esposa, seu filho, toda a sua família, o jeito que você faz a celebração dos animais, tudo. Mandei uma mensagem [para minha família]: "Liberata, Rufino, Victor, preparem nosso curral, confirmem que a nossa casa também está pronta. Levem nossos animais para o curral, o grupo do museu vai chegar." Eles [o grupo do museu] me disseram, "Nós vamos dormir na casa, não vamos levar tendas; você tem que preparar a casa, todas as camas". Então, minha família se preparou para nossa chegada de Cusco. Agora, eles acreditam que sou um campesino, que celebro os animais, que tudo o que eu disse é verdade.*

Equivocações colaborativas no Museu Nacional do Índio Americano: seres-terra (minha tradução de *tirakuna*) se tornam *apus*, que, traduzido como "senhor" (no singular), insinua uma religião quíchua, montanhas sagradas, espiritualidade indígena, ou o tema da exposição, *Nossos universos*. Setembro de 2004.

De acordo com um dos curadores, o propósito da visita a Ausangate era documentar a vida de Nazario e tirar fotos que eles pudessem usar na mostra. Nazario estava certo; queriam documentar sua vida. Porém, ele também estava errado sobre as intenções dos visitantes. Talvez eles não precisassem confirmar quem ele era – ou ao menos não da maneira como ele pensou que precisassem. A tradução fluía nas duas direções e era atravessada por equivocações – algumas controladas, outras não. Nazario conheceu Emil Her Many Horses – um antigo padre jesuíta e artista que faz parte da nação Oglala Lakota –, e os dois (com alguns assistentes) eram responsáveis por organizar a mostra quíchua. Nem suas posições epistêmicas, nem seus interesses pelo museu eram equivalentes, o que não é uma surpresa. Eles se tornaram temporariamente equivalentes por uma relação tradutória para a qual se encenou um palco de comunicação. Nele, ambos os lados – Nazario e Her Many Horses – agiam para tornar a participação e os interesses um do outro possíveis.

COLABORAÇÃO NO MUSEU NACIONAL DO ÍNDIO AMERICANO: "O CURADOR NATIVO TINHA A ÚLTIMA PALAVRA"

Fundado em 1989 – com as políticas públicas multiculturais estadunidenses em vigor e a hegemonia das representações orientalistas em atualização –, o NMAI foi concebido com intenções pós-coloniais – até mesmo decoloniais; ele convidou curadores não especializados (selecionados a partir dos grupos que estariam representados em suas exposições) para colaborar com seus curadores, que, em sua maioria, eram indígenas norte-americanos. Parecia, diferentemente das representações usuais dos "outros", que o conhecimento indígena (em vez da antropologia) mediaria a maneira como os indígenas norte-americanos seriam retratados no museu.[334] O primeiro site do museu, hoje desativado, descrevia sua missão da seguinte maneira: "o museu trabalha em colaboração com os povos nativos do hemisfério ocidental para proteger e nutrir suas culturas, reafirmando tradições e crenças, encorajando a expressão artística contemporânea e empoderando a voz do índio." O NMAI não era apenas curado e dirigido por indígenas norte-americanos; além disso, o trabalho curatorial

---

334 I. Jacknis, "A New Thing? The National Museum of the American Indian in Historical and Institutional Context", 2008. p. 28.

era realizado em colaboração com curadores indígenas não especialistas. Todavia, a colaboração nunca está livre de conflitos. Os problemas subjacentes às relações colaborativas, assim como as diferentes noções de indigeneidade levadas ao museu, foram abertamente discutidos em muitos lugares por intelectuais, artistas e curadores – indígenas e outros –, que, de uma forma ou de outra, estiveram envolvidos na produção do NMAI (ver Chaat Smith[335] e Lonetree e Cobb).[336] Com propósito similar, um livro chamado *Museum Frictions* [Fricções museais] discute "o complexo contínuo de processos sociais e transformações que são gerados por e baseados nos museus, processos museológicos que podem ser multilocalizados e se ramificam para muito além do contexto do museu".[337] O reconhecimento dos conflitos que estão subjacentes nos museus parece ser um tema atual do debate público e, às vezes, até um aspecto crucial do próprio processo curatorial. Igualmente, a autorrepresentação indígena e a colaboração entre especialistas e não especialistas no processo curatorial se tornaram práticas museais frequentes.

A fricção – o que Anna Tsing, entre outras formulações, define como a colaboração de parceiros muito distintos – sustenta esforços com essas características. E o que resulta da colaboração são questões em contínuas negociações que excedem intenções, iniciais ou persistentes; elas se ramificam em processos mais amplos, que incluem agentes muito além dos participantes imediatos. Vistas assim, colaborações criam

---

[335] P.C. Smith, "The Terrible Nearness of Distant Places: Making History at the National Museum of the American Indian, 2007.
[336] A. Lonetree e A.J. Cobb (org.), *The National Museum of the American Indian: Critical Conversations*, 2008.
[337] I. Karp et al. (org.). *Museum Frictions: Public Cultures/Global Transformations*, 2006, p. 2.

alianças e conexões não intencionais entre povos e mundos diferentes; elas também produzem transformações. Nas palavras de Tsing, elas chamam atenção à formação de novas configurações culturais e políticas que mudam, em vez de repetir, antigas disputas.[338] Isso é intrigante. A colaboração que os curadores do NMAI iniciaram com suas contrapartes cusquenhas criou situações novas que puseram em contato indivíduos e instituições em Washington com pessoas e coisas dos Andes, e isso afetou a vida de Nazario de muitas maneiras. Sua participação na mostra quíchua "fez coisas acontecerem", coisas pelas quais ele não esperava. Analogamente, o NMAI colaborou com a produção de novas experiências para Nazario de maneiras que os curadores não esperavam e, talvez, não reconheceriam ou não gostariam de reconhecer como uma consequência de seu trabalho com ele. Como exemplo, tem-se o novo emprego de Nazario como xamã andino – uma consequência irônica, considerando que o xamanismo andino foi retratado na exposição como uma tradição dos tempos antigos.

---

338 A. Tsing, *Friction: An Ethnography of Global Connection*, 2005, p. 161.

FRICÇÕES DE REPRESENTAÇÃO: A "COMUNIDADE QUÍCHUA" NO NMAI

O NMAI tem três exposições permanentes, distribuídas no terceiro e no quarto andar de seu edifício. O terceiro andar abriga a exposição *Nossas vidas*, enquanto o quarto traz as exposições *Nossos universos* e *Nossos povos*. Cada uma delas teve um curador principal diferente e assistentes diferentes, todos trabalhando com curadores não especialistas oriundos de comunidades, vilarejos ou povos representados em cada mostra. O folheto que peguei no dia da inauguração descreve *Nossos povos* como apresentando a "história dos nativos".[339] No site do museu, os curadores descreveram a instalação como um ambiente em que "os nativos norte-americanos tecem suas próprias narrativas – contam suas próprias histórias – [e apresentam] novas percepções e perspectivas diferentes sobre a história". A mostra *Nossas vidas*, de acordo com o panfleto, aborda a "vida contemporânea dos nativos". De maneira similar, o site do museu explica que ela "revela a maneira como os residentes de oito comunidades indígenas... vivem no século XXI". Finalmente, *Nossos universos* é descrita como a representação das crenças dos nativos norte-americanos. Essa palavra, "crenças", me surpreendeu: ela põe em cena uma diferença (e uma subordinação) com o conhecimento que é frequente nas representações da indigeneidade, mas que eu não esperava encontrar neste museu. Por sorte, isso estava expresso de outra maneira na própria exposição, em que o letreiro na entrada descrevia que *Nossos universos* abrigava representações de "conhecimento tradicional". Mas uma fricção representacional ainda permanecia: o "conhecimento tradicional"

---

339 National Museum of the American Indian. "News", *Office of Public Affairs*, set. 2004.

e "a vida contemporânea dos nativos norte-americanos" estavam em duas exposições diferentes. Se tudo em um museu representa, então essa separação sugeria uma distinção que, em uma clássica negação de mútua contemporaneidade,[340] situava implicitamente o "conhecimento tradicional" no passado. Além disso, com a exceção de um grupo indígena da República Dominicana, *Nossas vidas* representa apenas coletivos indígenas norte-americanos. Por que a representação da vida indígena contemporânea não incluiria a América Central e a América do Sul? Por outro lado (e surpreendentemente), grupos desses continentes estavam presentes em *Nossos universos* – a exposição que estava, explícita ou implicitamente, designada para representar o passado. Desse modo, não apenas o conhecimento tradicional era uma coisa do passado, mas o hemisfério Sul não fora contemplado nas representações do presente indígena. Especulo que uma colaboração em fricção entre diferentes conceitualizações da indigeneidade deve ter permeado os processos internos do NMAI. Designar visões diferentes para cada exposição talvez não tenha aliviado esse tensionamento, mas tornou possível a representação de visões heterogêneas dos indígenas norte-americanos. "Visitantes encontram uma gama de perspectivas – até mesmo vozes conflitantes de um mesmo povo", informava o *release* para a imprensa feito na ocasião da abertura do NMAI. Eu adicionaria que essa gama de perspectivas veio do próprio museu; evitá-la poderia ter implicado a imposição de uma visão única, e a política da representação precisaria ser resolvida de outra maneira. Assim, o comentário que teço aqui não busca uma solução diferente. Meu propósito ao observar que entendimentos diversos da indigeneidade também vieram de dentro do museu, em vez de apenas dos colaboradores convidados, é destacar que o processo

---

340 J. Fabian, *Time and the Other: How Anthropology Makes Its Object*, 1983.

de colaboração entre curadores especialistas e não especialistas também deve ter variado, dependendo do curador principal. A escolha dos colaboradores, a seleção dos temas e objetos, a língua usada para descrevê-los e a forma de apresentar as próprias exposições – em tudo isso, a relação de colaboração não era independente da visão de indigeneidade de cada um dos curadores principais.

Nazario colaborou com a exposição da comunidade quíchua – uma das oito mostras incluídas em *Nossos universos*.[341] Foi assim que Her Many Horses, o curador principal, descreveu essa seção em uma das placas da exposição:

O CONHECIMENTO TRADICIONAL MOLDA NOSSO MUNDO

Nesta galeria, você descobrirá como pessoas indígenas entendem seu lugar no universo e organizam sua vida cotidiana. Nossas filosofias de vida vêm de nossos ancestrais. Eles nos ensinaram a viver em harmonia com os animais, as plantas, o mundo espiritual e as pessoas à nossa volta. Em *Nossos universos*, você vai encontrar pessoas indígenas do hemisfério ocidental que continuam a expressar sua sabedoria em cerimônias, celebrações, línguas, artes, religiões e no cotidiano. É nosso dever passar adiante esses ensinamentos para as

---

341 Além da mostra quíchua, *Our universes* traz comunidades de Pueblo de Santa Clara (New Mexico, EUA), Anishinaabe (Canadá), Lakota (South Dakota, Estados Unidos), Hupa (California, Estados Unidos), Q'eq'chi' [sic] (México, Guatemala e Belize), Mapuche (Chile) e Yup'ik (Alaska, Estados Unidos).

próximas gerações. Pois essa é a maneira de manter vivas as nossas tradições.[342]

Filosofias de vida, línguas, artes, religião: uma classificação moderna do conhecimento organiza a apresentação da tradição ancestral (também esta uma noção moderna). O tempo linear (expresso pela continuidade do conhecimento vindo dos ancestrais para as gerações futuras) e a distinção entre natureza e cultura, assim como o destaque do mundo "espiritual", completa o entendimento de indigeneidade representado por *Nossos universos*. A exposição é sobretudo visual, embora inclua algumas gravações sonoras; a falta de cheiros ou elementos táteis é imediatamente óbvia.

Concebida com excelente gosto estético e apoiada em conceitos da antropologia, da História e da religião, essa exposição, dentre todas as do NMAI, foi talvez a que menos desafiou o imaginário comum sobre os indígenas das Américas. Além de ter escutado os comentários de Nazario, a minha visita à mostra quíchua – e o que gostei e não gostei nela – foi influenciada pelo fato de eu ser peruana e uma etnógrafa de Cusco.[343] Essas condições também tingiram minhas interpretações da tradução

---

342 O site fez algumas pequenas mudanças no texto. Na seção "Nossos universos: o conhecimento tradicional molda nosso mundo", lê-se: "*Nossos universos* se concentra nas cosmologias indígenas – visões de mundo e filosofias relacionadas à criação ou à ordem do universo – e a relação espiritual entre a humanidade e o mundo natural. Organizada em torno do ano solar, a exposição apresenta os visitantes a povos indígenas do hemisfério ocidental que continuam a expressar a sabedoria de seus ancestrais em celebrações, na língua, na arte, na espiritualidade e na vida cotidiana". Disponível em <https://americanindian.si.edu/explore/exhibitions/item?id=530>. Acesso em 30 mar. 2024.
343 M. de la Cadena, *Indigenous Mestizos: The Politics of Race and Culture in Cuzco, Peru, 1919-1991*, 2000.

por meio da qual a heterogeneidade da colaboração curatorial se tornou uma representação única e unificada.

TRADUZINDO "ÍNDIO"

A palavra "índio" deve ter produzido um nó de tensão tradutória. Enquanto o termo *indian* adquiriu um valor positivo nos Estados Unidos, o mesmo não pode ser dito sobre a América Latina. Em Cusco, e eu diria também no Peru como um todo, a palavra "índio" é um insulto; ela denota uma condição social miserável, da qual aqueles que podem vir a ser categorizados dessa maneira – como Mariano e Nazario – se distanciam. Reconhecendo essa associação, a mostra quíchua não usa a palavra "índio", mas esse termo está no nome do próprio museu. Curiosamente, Nazario sempre o chamou de *o Museu do Inca Americano*, evitando a conotação negativa de "índio". Em movimento semelhante, ele sempre empregou a palavra *runa* para falar de todos os indivíduos indígenas das Américas: "*Somos todos* runakuna, *somo como incas aqui também*" [*Llipinchismi kanchis runakuna, inkakunallataqmi kanchis nuqanchispas chaypipas*], ele me explicou no dia da abertura, quando lhe perguntei como ele se referiria a todos os visitantes indígenas do museu.[344] Menciono esse episódio aqui para chamar atenção à tradução que Nazario faz de *indian* como

---

344 Em uma tendência parecida, ainda que não se trate necessariamente de um insulto, no Peru, *indígena* é uma identidade reservada para pessoas monolíngues e iletradas. Embora essa definição venha sendo desafiada, a contestação ainda é marginal. Na verdade, a predominância dessa definição (junto à reputação de Mariano e o fato de que os antropólogos o conheciam há muito tempo) pode ter levado Carmona e Flores Ochoa a sugerir o nome de Mariano quando o NMAI lhes solicitou um "consultor indígena" para a exposição.

inka e para destacar seu entendimento de inca como uma condição atual, não algo passado (como era a interpretação dos curadores do NMAI em *Nossos universos*).

Em 2007, seis meses após a morte de Nazario, falei com Her Many Horses. Ele reafirmou a filosofia colaborativa do NMAI. "Em todas as situações", disse ele, "o curador indígena tinha a palavra final." Talvez a situação fosse mais complexa do que isso, e, de todo modo, Her Many Horses teve a palavra inicial. Ele desenhou a visão representacional mais ampla, com a qual, posteriormente, cada curador indígena contribuiu. No caso de Nazario, esse contato foi uma fonte de fricção colaborativa: o desenho geral de *Nossos universos* exigiu a tradução da relacionalidade de Nazario com os seres-terra (ele vinha à existência com eles, e essa era uma condição mundana cotidiana) para o campo semântico da "espiritualidade", a maneira como a exposição havia decidido apresentar as "crenças nativas" ou o "conhecimento tradicional nativo".

Em um letreiro posicionado em uma parede perto da entrada da mostra quíchua, Her Many Horses descreveu o "povo quíchua" da seguinte maneira:

> O povo quíchua são os descendentes dos incas, um dos impérios mais poderosos das Américas. Atualmente, os líderes espirituais e curandeiros quíchua, conhecidos como *paqus*, continuam a praticar as antigas tradições inca, no alto dos Andes peruanos. Todos os anos, milhares de pessoas do povo quíchua realizam uma peregrinação a Qoyllu [sic] Rit'I, um local inca sagrado.

A imagem de Nazario na exposição estava justaposta com esse texto. Uma grande fotografia o apresenta ao visitante. Nela, Nazario está com sua família estendida (e seu melhor amigo, Octavio Crispín), todos vestidos com o que Nazario chamava de *ñaupa p'acha*, *ñaupa* vestido, ou "as roupas de antes". Uma flecha aponta para ele, e a legenda correspondente diz:

> Nazario Turpo Condori, um *paqu* – um *líder espiritual ou xamã*. Ele vive em Paqchanta, perto de Ausangate, a mais alta montanha ou Apu nos Andes centrais. Seguindo os passos de seu pai, ele é *devoto das práticas espirituais dos quíchua* (ênfases minhas).

Algo importante nessa colaboração é a exposição quíchua do NMAI ter retratado Nazario como um *paqu* e traduzido sua posição como "um líder espiritual ou xamã... devoto das práticas espirituais dos quíchua". Essa tradução foi específica dessa mostra – não se aplica necessariamente à antropologia andina. Xamã, como expliquei anteriormente, era uma palavra nova para uma posição nova: os *runakuna* que faziam *despachos* e liam folhas de coca para turistas em troca de dinheiro. Também mencionei que, em Pacchanta, um indivíduo (masculino ou, mais raramente, feminino) não se identifica nem fácil nem confortavelmente como um *paqu*, e nem mesmo a palavra apresenta um significado fixo. Em vez disso, *paqu* é a palavra que os *runakuna* usam para identificar uma "pessoa que sabe" (*yachaq*), depois que o vilarejo avalia (geralmente através de rumores) as consequências atribuídas às práticas daquela pessoa. No NMAI, *paqu* adquiriu seu sentido por meio de uma cadeia de significação diferente: os visitantes eram convidados a reconhecer a palavra através da lente da religião e de formas alternativas de espiritualidade que emergem de uma relação supostamente próxima com a natureza e, portanto, significam algo passado ou, mais positivamente, uma tradição que não passou por mudanças. Seguindo a mesma atitude, outro texto na exposição transcreve as palavras de Nazario da seguinte maneira: "Eu, irmãos e irmãs, vim falar sobre tudo que diz respeito à nossa vida, a vida dos campesinos desde o tempo dos incas." Não há dúvida de que a exposição do NMAI relacionou a tradição espiritual quíchua com o passado, identificando-a com uma herança pré-colonial e definindo-a como inca. Her Many Horses parece ter se afastado das posições de seus colaboradores de Cusco – os antropólogos Flores Ochoa e Carmona – ou eles haviam mudado de opinião, pois a maior parte da pesquisa andinista reconhece na "religiosidade indígena" (raramente chamada de "espiritualidade indígena") uma combinação de práticas cristãs e não cristãs.[345] Um exemplo dessa combinação é precisamente a peregrinação a Quyllur Rit'i, que é, se pode dizer, um dos eventos regionais mais significativos no sul dos Andes, e um evento em que práticas cristãs e não cristãs emergem umas nas outras, tornando-se inseparáveis, ao mesmo tempo que mantêm uma distinção que permite que comunidades de vida socionaturais diferentes participem nele de um modo que tanto as distingue quanto as conecta na composição do evento.[346] Essa complexidade se perdeu na exposição, com a maneira como o evento foi purificado e se tornou uma tradição espiritual inca. Se por um lado a exposição foi o resultado da colaboração entre uma "comunidade quíchua" heterogênea de curadores, composta de dois antropólogos, dois políticos e um "xamã", por outro, é curioso que a tradução das práticas deste último como "espiritualidade inca" tenha homogeneizado essa mesma comunidade quíchua e

---

345 O que, no meu entendimento, pode ser religião indígena, *mas "não somente"*, como expliquei na história anterior.
346 Para mais informações sobre Quyllur Rit'i, ver D. Gow, 1976; Poole, 1987; e Sallnow, 1987.

parecido situar seu significado mais importante – quase sua essência – nas (supostas) práticas tradicionais. Destilando essa tradição, o "xamã" fala de longe. A temporalidade e a geografia se dobram uma sobre a outra na distância de Nazario. Assim, Nazario é retratado dizendo: "Os *Apus* (espíritos das montanhas) falaram aos *altumisas* (altos sacerdotes) as seguintes palavras: 'Sou um homem e uma mulher. Sou também *paña* e *lloq'e'*. *Desde então, os altos sacerdotes sabem como falar de paña e loq'e*, sobre Leste e Oeste" (ênfases minhas). Esse texto acompanha uma fotografia de Ausangate que vai do chão ao teto e dá as boas-vindas aos visitantes da exposição.

Quando traduzi a legenda para Nazario (do inglês para o quíchua), curiosa com sua reação às equivalências feita pelos curadores entre *Apu* e espírito da montanha e *altumisa* e altos sacerdotes, eu retraduzi literalmente as palavras em inglês para essas duas entidades. Para a primeira, disse *orqo espiritun*, e para a segunda *hatun sacerdote*. *Orqo* significa "montanha", e *hatun*, "alto". Usei duas palavras em espanhol (*espiritun* e *sacerdote*) porque não consegui encontrar uma tradução possível para elas em meu vocabulário quíchua relativamente limitado. Então, começamos a conversar sobre a montanha como espírito, e Nazario disse: "*Espírito... talvez tenha sido antes, não sei se antes era, agora são apenas* Apu." Quanto aos *altumisas* serem altos sacerdotes, Nazario deu boas risadas e me disse que a tradução – ao menos a minha – irritaria o Padre Antônio (nosso amigo jesuíta). Nazario explicou: "*Os* altumisas *eram capazes de falar com os* Apu *– é por isso que eram chamados de* altumisas *porque tinham um alto* misa. *Eram insolentes e desobedeceram às ordens de Jesus de parar de falar com os* tirakuna *– Jesus ordenou-lhes que desaparecessem.*" Como eles poderiam ser sacerdotes, como Padre Antonio? Jesus tem sacerdotes, padres; não Ausangate. Ele achou muito engraçado. De modo similar, quando expliquei a ele que a mostra quíchua o representava como alguém que seguia os passos do pai, Nazario disse que não o era, que não tinha nenhuma vontade de fazê-lo. Diferentemente de Mariano, ele não era um *yachaq* para as pessoas de Pacchanta; ele trabalhava somente para sua família e, mais recentemente, para os turistas. Além disso, embora participasse da política regional, não queria caminhar politicamente em-*ayllu*, como seu pai havia feito. Não gostei dessa resposta, ela me deixou triste. Querendo transformá-la em outra coisa e tentando suscitar uma conversa na qual ele se posicionasse de outra forma, eu disse: "Bom... os tempos exigem um tipo diferente de líder político." Nazario não respondeu; me olhou, talvez em concordância, mas era possível que discordasse. Talvez ele não quisesse ser um líder local como seu pai, ponto final. De qualquer modo, com essa conversa, concluí que os seres-terra não eram espíritos e disse isso a ele. Representá-lo como um praticante espiritual – ainda mais um líder espiritual – significava colocá-lo em uma posição que ele não reconhecia. Nazario concluiu que Her Many Horses talvez não o tivesse entendido bem; afinal, ele era muito ocupado. Ou ainda, especulou, "*a tradução estava errada, talvez esse fosse o problema*". Na verdade, a representação de suas práticas como "espirituais" incomodou mais a mim do que a ele, então deixamos isso para lá e continuamos nossa visita à exposição.

NAZARIO DESCREVE SUA COLABORAÇÃO, E EU TRADUZO

Quando conheci Nazario em 2002, ele já havia visitado Washington três vezes e era um veterano em se orientar em aeroportos e hotéis. Ele ria quando se lembrava de sua primeira vez usando um banheiro em um avião (eram tão pequenos que ele tinha medo de ficar trancado dentro deles) e de caminhar na rua em Washington segurando a embalagem de um chocolate; ele não podia só jogá-la na rua e havia sido instruído a encontrar uma lata de lixo. Receber instruções não o incomodava – ele as recebia com prazer –, exatamente como quando ele ensinava pessoas como eu a caminhar nas montanhas, pular riachos e assoprar folhas de coca para os *tirakuna* – eu não ficava feliz quando alguém me guiava em Pacchanta? Então, ele também ficava quando cuidavam dele em Washington; essa troca deixava as relações equilibradas, na opinião dele. Essa horizontalidade se limitava a interações cotidianas; no museu as coisas eram diferentes, e Nazario era claramente um subordinado – pelo menos era assim que se sentia:

> *Vamos deixar tudo bem arrumado para que eles [os curadores principais] não fiquem bravos. Vamos deixar [as coisas] bem arrumadas. Quem sabe... talvez algum dia alguém diga a eles: "Essas coisas estão erradas." [E então eles diriam:] "Ele [Nazario] foi quem sabia [como fazer essas coisas], ele arrumou as coisas assim, chamamos ele para nos aconselhar e pagamos [sua passagem de avião e estada]. Ele veio três vezes e deixou as coisas mal arrumadas." A outra pessoa que eles chamaram arrumaria as coisas, [e eu] passaria vergonha. Me comprometi a fazer isso e vou fazer direito.*

A colaboração parecia ser concebida hierarquicamente no museu. Desse modo, Nazario era cocurador em uma linha de comando em que, muito naturalmente, os especialistas estadunidenses estavam no topo, seguidos dos especialistas peruanos – todos eles aparentemente ordenados de acordo com suas capacidades. A exposição que os visitantes podiam ver era o resultado visual dessa colaboração – não um simples compartilhamento de informação, mas uma tradução articulada por camadas de subordinação e sua bem-intencionada justificativa.

Nazario passou a integrar um processo colaborativo que tinha dois papéis preconcebidos para ele. Um deles era (com todo o respeito aos produtores da exposição) o de indígena americano (ou índio) para quem uma caixinha de representação "espiritual" havia sido criada; o outro papel era mais diretamente o de um informante que encarnava o conhecimento dos índios quíchua. Na interpretação de Nazario sobre sua participação no NMAI, ele havia sido convidado para responder a perguntas que ajudariam os curadores a aprender sobre os Andes: *"Eles me chamaram para que soubessem, porque queriam saber mais. Eles perguntavam e perguntavam."* Eles mostraram a Nazario objetos da coleção – roupas, cordas, rodas de fiar, instrumentos musicais – para lhe pedir conselhos sobre como cuidar deles e preservá-los:

> Eles desenterraram coisas que tinham com eles havia muito tempo, [perguntaram] se essas coisas podiam ser lavadas ou não, como limpá-las, como guardá-las – tudo isso. Eles me fizeram ver as coisas que tinham. Escolhi entre aquelas roupas, olhando muitas vezes e perguntando: "está bom ou não?" [Disse a eles o que] precisava ser jogado fora, o que podia ser substituído: "essas estão velhas, remendadas, vamos trocar", eu disse. O que sobrou precisava ser consertado porque não estava bom. As cordas, as tecelagens, os estilingues, os teares, as caixas, os pinkuyllus [flautas], tudo precisava ser consertado.

Nazario até mesmo se ofereceu para consertar o que acreditava que precisava de reparos. Imagino os curadores rejeitando a sugestão com diplomacia, pois Nazario estava preocupado por não ter consertado nada: *"Me ofereci para arrumar todas aquelas coisas, mas o tempo passou rápido e não terminamos. O que fizemos não ficou pronto, mas foi assim que ficou no Museu Inca de Washington.*" (Expliquei a ele que não seria possível ele consertar os objetos que ajudou a classificar – que as coleções de museu são itens à parte, que eles na verdade não estão disponíveis para uso, e que objetos quebrados também possuem valor.)[347]

Também era esperado de Nazario que escolhesse coisas que pudessem fazer parte da exposição, porém, o princípio-guia, de acordo com o qual Nazario incluía algumas coisas e excluía outras, havia sido estabelecido antes de sua chegada: "*tudo que vinha dos espanhóis foi retirado* [españulmanta tukuy chayta retirachipurayku], *e tudo que era natural permaneceu* [natural kaqtataq chaypi seguichipurayku]".

Minha interpretação das palavras de Nazario: *Nossos universos* tinha a missão de representar a tradição quíchua *sem misturas, apenas coisas* runakuna poderiam estar presentes – um objetivo grandioso e bastante difícil de alcançar nos Andes. Dadas a política colonial da conversão cristã, a biopolítica nacional da *mestizaje* e todo tipo de processo econômico e geográfico ao longo de séculos, a história da indigeneidade nos Andes é uma narrativa de fusões entre diferentes coletividades. Purificar a indigeneidade dá trabalho, e, neste caso, um trabalho que os curadores da mostra *quíchua* realizaram.

Não estou reivindicando uma "representação mais exata da vida indígena". Em vez disso, meus comentários estão relacionados ao uso da tradução na construção da mostra quíchua no NMAI e sua visão idiossincrática sobre a indianidade. As palavras do curador

---

347 Curiosamente, Her Many Horses entendia ter seguido as sugestões de Nazario. Em uma conversa sobre ele, Her Many Horses me disse: "Ele achava que a roda de fiar precisava ter lã nela para ser o que é, e assim fizemos."

indígena foram incluídas na colaboração, mas elas não eram a última palavra, apesar das intenções do curador principal. Na verdade, ninguém tinha a última palavra. Colaborações são composições que emergem de projetos múltiplos, e as coincidências não anulam as diferenças – certamente não as diferenças históricas – e hierarquias geopolíticas. Anos atrás, apresentando sua posição sobre como a produção do conhecimento foi moldada pelo poder diferenciado das línguas, Talal Asad escreveu: "línguas do Ocidente produzem e expõem o conhecimento desejado mais diretamente do que línguas do Terceiro Mundo."[348] Não há nada que eu contestaria nessa frase, apenas gostaria de adicionar que, quando se trata de processos de colaboração e tradução, a palavra final pode ser fugidia. Uma vez iniciado, o processo colaborativo toma vida própria, conjurando novas possibilidades, cada uma criando novos nós tradutórios – todos com suas fricções colaborativas e novas produções concomitantes. A tradução do NMAI das práticas de Nazario usava um léxico que distinguia o espiritual do material, o sagrado do profano. Em sua casa, em Pacchanta, Nazario não usava essas oposições para conceitualizar suas relações com seres-terra, e podemos até mesmo dizer que Her Many Horses "representou mal" as práticas de seu colaborador. Todavia, nem mesmo a avaliação simplificada do processo poderia implicar que a colaboração foi infrutífera. Expressa em uma linguagem que os visitantes do museu podiam reconhecer, a tradução criou um novo público para Nazario. Seus membros o viam, presume-se, como um xamã, uma figura tornada popular pelas culturas de consumo e a comodificação de coisas relacionadas aos nativos norte-americanos: arte, artesanato e, também, o espiritualismo, processos intensificados pela indústria de viagens e turismo.

---

348 T. Asad, "The Concept of Cultural Translation in British Social Anthropology", 1986, p. 162.

Surpreendentemente, até o *The Washington Post* colaborou com o processo de traduzir Nazario como xamã, o tipo de líder espiritual que uma audiência estadunidense era capaz de reconhecer: um artigo intitulado "O homem invisível" foi publicada no suplemento dominical do jornal.[349] Escrito por um antropólogo cuidadoso, o texto narra alguns elementos da saga do recém-cunhado xamã andino à medida que este experimenta os públicos estadunidenses.

Em uma sucessão de eventos que os curadores do NMAI da mostra quíchua talvez não esperassem, o retrato de Nazario feito por Krebs ajudou a criar a imagem de um xamã andino, pela qual Nazario se tornou famoso no Peru e fora dele. O leitor deve se lembrar que Nazario conseguiu seu trabalho como xamã andino após sua primeira visita a Washington, onde havia começado sua colaboração com o NMAI. Em contradição com a exposição, na época, a persona de Nazario como um xamã não era somente o resultado da simples continuidade da tradição; tratava-se também de uma nova emergência, o resultado da colaboração entre práticas museais, a antropologia, redes globais heterogêneas de espiritualidade e turismo. Colaborações podem criar interesses e identidades, assim como novas configurações culturais e políticas que mudam a arena do conflito, em vez de apenas repetir velhas disputas.[350] No entanto, como expliquei na história anterior, a emergência de Nazario em uma nova conjunção não fez com que ele fosse "menos autêntico" em sua prática – que, como disse, ele descrevia como sendo de um *yachaq*. Embora depois de suas viagens a Washington as suas práticas precisassem satisfazer a novas circunstâncias, as mudanças foram alimentadas por sua intimidade com o eminente

---

349 E. Krebs, "The Invisible Man", *Washington Post*, 10 ago. 2003.
350 A. Tsing, *Friction: An Ethnography of Global Connection*, 2005, p. 161, p. 13 e 161.

ser-terra Ausangate, a montanha que os turistas queriam visitar, sobre a qual queriam aprender e com a qual queriam se relacionar. Se suas práticas como *yachaq* consistiam em curar a relação entre os *runakuna* e Ausangate, para que a vida desse os melhores frutos, como xamã andino ele apresentou viajantes a Ausangate, abrindo-lhes respeitosamente o território guardado por este. Ao visitar Washington, Nazario não apenas se deslocou por uma grande distância; ele cruzou muitas zonas epistêmicas. Os curadores do NMAI também o fizeram – mas não se expuseram às diferenças atravessadas tanto quanto Nazario. Diferente dos curadores que facilmente substituíram a palavra "*paqu*" [sic] por "líder espiritual" e "xamã", Nazario não substituiu uma expressão que não conhecia por uma que conhecia; em sua prática, xamã não significava necessariamente *paq'u* (ou *yachaq*), ainda que ambos os campos de práticas estivessem conectados e pudessem até ser os mesmos: "Paqu *é diferente, xamã é diferente, mas eu faço as mesmas coisas*" [*Paqu huqniray, chaman huqniray, ichaqa kaqllatataqya ruwani*]. Expliquei o porquê disso na história passada, mas em resumo: ainda que os públicos fossem diferentes, as coisas que ele fazia sempre incluíam os seres-terra, e, portanto, ambas as práticas e suas consequências exigiam cuidado. Os curadores do NMAI ignoraram as consequências da presença de um *paqu* no museu, onde a língua dominante representava a realidade em vez de produzi-la, como era o caso nas "práticas xamânicas" de Nazario. (E isso – a possibilidade do que ele fazia, do que podia ser tornar – o fazia refletir.)

Nazario e os outros curadores convidados da comunidade quíchua não eram somente colaboradores do NMAI. Na verdade, a própria exposição quíchua era parte de uma vasta rede de colaboração, na qual foram contra culturas de consumo estadunidenses, praticantes de medicinas alternativas e indústrias turísticas, todos interessados no xamanismo andino. Os curadores de *Nossos universos* ajudaram a tornar público e acessível para os visitantes uma nova ocupação de Nazario que ele nem havia imaginado que existia e que o ajudou a resolver algumas de suas necessidades financeiras. Ele gostava de conhecer pessoas e fazer novos amigos, e sabia que ele era uma parte importante do sucesso da nova fase do turismo em Cusco. Os locais o cumprimentavam pelas ruas de Cusco e, quando fomos juntos ao museu durante a inauguração, pessoas que ele havia conhecido como turistas em Ausangate ou Machu Picchu foram falar com ele. Ele já não se lembrava da maioria deles, mas ser reconhecido era agradável. Nazario com certeza estava ciente de que ocupava os escalões mais baixos na cadeia econômica do turismo em Cusco. Ainda que os turistas com quem ele tinha boas relações – benevolentes e também ricos em comparação a Nazario – lhe oferecessem ajuda econômica, a vida de Nazario continuava a ser precária no sentido mais absoluto do termo. Como disse, ele morreu indo para o trabalho em um dos acidentes de trânsito que ocorrem às centenas nas estradas por onde viajam os turistas, ainda que estes o façam em condições muito mais seguras. Um trágico posfácio à primeira visita dos funcionários do NMAI a Pacchanta, essa morte foi algo que os curadores jamais teriam imaginado quando chegaram ao vilarejo. Retrospectivamente, porém, que talvez seja como essa história emergiu, aquela visita foi o início da carreira de Nazario como um xamã andino, e é possível que ele tenha sido um dos mais reconhecidos internacionalmente, ou até o mais reconhecido.

"AQUI ESTOU EU, VESTIDO COM AS ROUPAS DE ANTES"

Em 20 de setembro de 2004, fui ao aeroporto em Washington, aonde Nazario chegaria em breve de Cusco para participar da inauguração do NMAI. Seus companheiros de viagem – Flores Ochoa e Carmona – chegaram mais cedo naquele mesmo dia; Nazario fora retido pelas autoridades de imigração devido a algum problema com seu visto, que (supusemos) uma ligação ao museu havia resolvido, permitindo que ele embarcasse no voo seguinte. Quando estava no vilarejo ou em Cusco resolvendo tarefas de casa – comprando alimentos, remédios para familiares e animais ou visitando amigos ou advogados –, as roupas de Nazario eram discretas: jeans, camiseta, um blusão e um boné de fibra sintética. Ele também vestia sandálias de borracha [*ojotas*]; calçados fechados, até esportivos, eram muito desconfortáveis para ele. Quando o encontrei no portão de chegadas, Nazario estava usando seu jeans de sempre e um par de botas de trilha, do qual reclamou. Não me surpreendi quando ele disse que tinha sido muito desconfortável usá-las no voo. "Por que você as usou?", perguntei, e a resposta era óbvia (por que perguntei?). As sandálias de borracha que costumava usar chamavam a atenção das pessoas em Lima; revelavam o fato de que ele era um índio. Mas eu insisti: "Você vai usar essas botas aqui? Está quente demais para botas". Nazario respondeu que ele passaria calor de qualquer forma, mas não por causa das botas – que ele trocaria por sandálias –, e sim por causa das *ñawpaq p'acha*, as "roupas de antes", que ele sempre usava durante suas visitas a Washington. Adequadas para os Andes, elas são feitas de lã espessa tecida à mão; disseram-lhe que sempre as vestisse quando estivesse trabalhando com os curadores do NMAI, mesmo no dia a dia e longe do olhar do público. Nunca perguntei o motivo, mas especulo que o propósito fosse marcar visivelmente seu papel como colaborador indígena; afinal, a visão, como o sentido consagrado na tecnologia museal, não precisa estar restrita somente ao público que visita as instalações. Teria sido ideia de Nazario? Uma história que ele me contou sugere que vestir as *ñawpaq p'acha* foi uma ideia colaborativa: o resultado de conversas com os curadores do NMAI.

Então esta é a história: depois de repatriar o *suq'a*, o time curatorial visitou Cusco várias vezes antes da inauguração do museu. Todos trabalharam juntos: faziam perguntas a Nazario, e ele respondia. Os assuntos iam do passado inca a mitos quíchua populares, práticas agrícolas e composição familiar. Na minha interpretação da explicação de Nazario, tratava-se de um trabalho de campo clássico para reunir informações para a exposição. Em uma ocasião, depois trabalhar muitas horas, Nazario ficou cansado. Ele era o único informante, e o time (incluindo Nazario) decidiu trazer mais um colaborador nas sessões seguintes:

> As pessoas do Museu Inca [me disseram para trazer] um velho, eles só queriam runa da área rural. Disseram: "traga um velho, alguém que já concluiu seus deveres comunais, mas ninguém que vista roupas de espanhol". Quando disseram isso, levei um runachata – Cirilo Ch'illiawani, eu o trouxe.

Ao pedir para Nazario que trouxesse alguém que não vestisse roupas de espanhol e que "tivesse concluído seus deveres comunais", o time curatorial lhe fizera um pedido muito específico. Em Pacchanta, *ñawpaq p'acha*, quando usadas como vestimentas cotidianas, indicam pobreza extrema, e apenas são usadas por *runakuna* que não conseguem comprar jeans, camisetas e blusas de poliéster, as roupas que Nazario chamava de "roupas de espanhol", que eram o que a maioria dos *runakuna* vestia. A palavra quíchua *runachata*, em seu sentido literal, significa "homem pequeno", mas "pequeno" nesse caso remete a pobreza e isolamento, não a altura física. Nazario a usou para descrever o homem a quem ele pediu ajuda com os curadores. Ch'illiwani correspondia à descrição solicitada pelos curadores, mas ele não tinha como atender às exigências do trabalho. Ele estava velho e podia até ter realizado suas obrigações na comunidade, mas não era capaz de responder às perguntas sobre "práticas rituais" da maneira como elas eram feitas a ele: ele precisava de mais tradução, e Nazario a fornecia. Ao fim, Nazario decidiu responder a todas as perguntas ele mesmo; afinal, ele estava traduzindo as palavras de Ch'illiwani, depois que as palavras de outra pessoa haviam sido traduzidas para ele, Nazario, do inglês para o quíchua. O pedido dos curadores não havia feito muito sentido para Nazario, e por isso ele me contava sobre essa situação. Um *runachata* não tinha como ajudá-lo muito, como acabou por ficar claro. Quando ele teve novamente a oportunidade de contratar um assistente, Nazario recrutou seu melhor amigo, Octavio Crispín, para trabalhar para ele. Octavio comprou novas roupas *ñawpaq* no mercado e ficou feliz em colaborar com Nazario; ganhou dinheiro e se divertiu no processo. Essa troca de roupas não era enganosa, Octavio e Nazario explicaram, porque era isso o que o museu estava buscando – e o museu havia confirmado que Nazario era a pessoa certa para o trabalho.

Dando continuidade à tradição estabelecida pelo museu, sempre que Nazario trabalhava em Cusco com turistas, ele vestia as *ñawpaq p'acha* (era uma exigência da agência de viagens para a qual ele trabalhava). A colaboração fluía em muitos sentidos: Nazario ajudou os curadores do NMAI com a exposição, e eles o ajudaram a criar um novo emprego e uma nova imagem para ele, até mesmo sugerindo ideias para sua autorrepresentação quando trabalhando com turistas. As roupas tradicionais que ele vestia eram com certeza diferentes das de um *runachata*.

AUSANGATE E *DESPACHO* NO MUSEU

Ao ver a fotografia que ia do chão ao teto do pico nevado da montanha que recebia os visitantes na entrada da exposição da Comunidade Quíchua, eu disse a Nazario: "Olha, é Ausangate!". Ele elucidou: *"Isso é uma foto de Ausangate, não é Ausangate"* [chay futuqa Ausangatiqmi, manan Ausangatichu]. Nazario tinha uma câmera e sabia tirar fotos; esse comentário não indicava falta de familiaridade com a fotografia. Em vez disso, o seu comentário sobre a imagem de Ausangate (e não, por exemplo, sobre as fotografias de sua família que também constavam na mostra) estava relacionado especificamente a entidades que não poderiam ser trazidas ao museu – traduzidas para dentro dele – sem passar por alguma transformação.

Para explicar com mais detalhes o que quero dizer, vou voltar atrás e repetir a segunda fala de Nazario na abertura deste episódio. Ele se perguntou em quíchua o que eu traduzi, bastante literalmente, da seguinte maneira: *"Espero que qualquer coisa que eu diga vai [fazer algo] aparecer para o campesino; espero, o que eu estou falando no Museu do Inca Americano também [vai] aparecer – ou será em vão, porque desaparece, que eu falo? É o que eu me pergunto."* Uma tradução menos literal, mas ainda adequada, seria: "As palavras de Nazario – ou seu trabalho com o NMAI – beneficiaram de qualquer modo as pessoas de Pacchanta? Talvez esse trabalho fosse inconsequente para seu vilarejo ou sua família". As traduções são parecidas – ambas são possíveis e adequadas –, mas também são diferentes, e à medida que passo a fala de Nazario de uma tradução para a outra, também a faço atravessar dois regimes epistêmicos. No primeiro, palavras e coisas são unas e indivisíveis. Sem distinção entre significante e significado, as palavras não existem de maneira independente daquilo que nomeiam; pelo contrário, a enunciação é a coisa, ou as coisas, pronunciada.[351] Usando a expressão de Nazario, as coisas *aparecem* através da palavra (e esse evento pode ser bom ou ruim). No segundo, a conexão entre palavra e coisa – sua relação como significante e significado – precisa ser estabelecida pela representação (como prática e noção). E, quando se trata de práticas com seres-terra, nem a separação entre significante e significado, nem o vínculo entre eles que resulta na possibilidade da representação são condições que existem. Portanto, a imagem de Ausangate não é Ausangate; Ausangate e sua representação são duas entidades distintas, mesmo que também estejam conectadas.

Anos depois, Nazario me explicaria algo parecido sobre a noção de *pukara*; discuti esse momento na História 1, e o recapitulo brevemente a seguir. Quando insisti no pedido por uma definição de *pukara*, Nazario se recusou a fornecê-la. Ele disse: "Pukara é pukara. *Qualquer coisa que você escrever não será* pukara *– é um jeito diferente de falar.*" No meu entendimento, *pukara* é um lugar com o qual pessoas como Nazario nutrem conexões profundas. Porém, essa definição (como a imagem de Ausangate) é uma representação – ela não é a *pukara* da fala de Nazario. De maneira parecida, Ausangate não deve ser definido, pois uma definição seria uma representação e, portanto, uma outra coisa (uma *representação* de Ausangate – era o que Nazario estava me dizendo). Definições ou fotografias, enquanto representações, *traduzem* – e com isso também quero dizer que *movem* – Ausangate para o regime epistêmico em que palavras e coisas estão separadas umas das outras. Esse movimento transforma Ausangate em – por exemplo, na minha tradução – um ser-terra, uma pessoa outra-que-humana. Em minhas conversas com Nazario,

---

351 M. Foucault, *As palavras e as coisas: uma arqueologia das ciências humanas*, 1999.

Ausangate passava constantemente por essa tradução: um movimento cruzando dois regimes epistêmicos e que, às vezes, pode acontecer na mesma enunciação.

O NMAI, como noção e instituição, é uma tecnologia moderna completa de representação – não há dúvidas disso. Museus organizam exposições estabelecendo cuidadosamente relações de representação dentro e fora de suas paredes (quando as têm). E ainda que museus possam decidir não representar, esse não foi o caso no NMAI. Desse modo, as traduções com as quais os curadores oficiais do NMAI e seus colaboradores se engajaram tinham uma rota muito específica: mesmo que Nazario tivesse a última palavra, como talvez Her Many Horses quisesse, todas as palavras, objetos e práticas passavam pelo regime de representação do museu. No NMAI, a representação era o que alguns pesquisadores chamam de um "ponto de passagem obrigatório".[352] – o espaço, ou, nesse caso, a prática em que se faz os interesses de todos os atores convergirem ou falarem em coro (apesar de suas diferenças). Esse ponto de passagem obrigatório – representação, a prática que tornou possível a mostra Comunidade Quíchua – foi criado por meio de uma série de traduções que deslocaram os interesses, a língua ou as intenções originais, produzindo um objetivo compartilhado entre diferenças que não se anulavam no processo. Além disso, os deslocamentos que as traduções efetuavam eram de diferentes tipos: físicos (de Cusco a Washington); linguísticos (do quíchua ao inglês, às vezes através do espanhol); e epistêmicos (de um regime que não necessariamente opera através da representação a outro em que a representação é *o*

---

[352] M. Callon, "Some Elements of a Sociology of Translation: Domestication of the Scallops and the Fishermen of St. Brieuc Bay", 1999; B. Latour, *The Pasteurization of France*, 1994a.

ponto de passagem).³⁵³ Passando pela representação, as entidades originais eram transformadas – e, em uma bela ironia, também eram certificadas como "autênticas" pelo peso conceitual-institucional inscrito na noção de museu. Essa noção era desconhecida para Nazario, não empiricamente – ele havia visitado museus em Cusco –, mas como prática conceitual. Ele precisou aprender a noção de uma "coleção" – que, no caso do NMAI, eram objetos agrupados de acordo com acontecimentos históricos, "crenças" ou "tradições" culturais que a coleção devia "representar". E, segundo nossa conversa diante da fotografia de Ausangate, a ideia de que seres-terra poderiam *ser representados* era algo que ele queria debater. Diferentemente de mim, ele pensava ser necessário explicitar a distinção entre Ausangate e sua representação. Além disso, sua resposta deixou explícita que nem tudo que compunha suas práticas poderia ser representado, dando destaque, assim, aos limites da representação. Talvez, por meio desses limites, seja possível indicar com mais clareza o ponto de partida da prática museal. Como com qualquer tradução, as representações do museu podem deixar a entidade original para trás, representá-la parcialmente ou transformá-la em outra coisa – uma unidade significante na cadeia de significação que uma coleção pode representar. É claro que essas "coisas andinas" que compõem um regime não representacional (e não estou dizendo "todas as coisas andinas", é evidente) também podem permanecer relativamente estáveis ou não ser muito afetadas quando movidas

---

353 Como uma tecnologia de tradução, o ponto de passagem obrigatório funciona como o que Latour chama de uma *fortaleza*. Ele escreve "seja o que as pessoas façam e seja aonde forem, elas precisam passar pela posição do adversário e ajudá-lo(a) a avançar seus interesses – também possui um sentido linguístico, de modo que uma versão do jogo de linguagem traduz todas as outras, substituindo-as com 'como quiser. Isso é o que você na realidade quis dizer'" (1993a, p. 253).

para um museu. Os *suq'akuna* abrigados no Museu Inca em Cusco são um desses casos: eles podem ser perigosos. Margaret Wiener[354] faz um comentário parecido sobre adagas de Bali guardadas em um museu holandês: elas contêm um poder nocivo que só é evidente para alguns visitantes. No entanto, como Nazario explicou, algumas coisas no NMAI foram profundamente afetadas pela tradução e não tinham como ser o que elas eram em Pacchanta ou fazer o que elas faziam lá.

Então, depois de aprender sobre Ausangate, fiquei curiosa para saber o que mais havia sido ontologicamente transformado. A outra prática importante que identificamos que havia se tornado algo diferente por ação das práticas museais foi o *despacho* (*haywakuy* é a palavra quíchua – que também constava nos materiais do museu). Como já mencionado na História 5, o *despacho* é um processo: um embrulho de comida e objetos (pétalas, fios, conchas, um feto de lhama bem pequeno) envolto em papel que as pessoas queimam para transformar em fumaça e, assim, aproximar-se dele, oferecê-lo ou enviá-lo a um ser-terra específico ao qual o *despacho* se destina. (De fato, "aproximar-se", "servir" ou "oferecer" são traduções de *haywakuy*; assim como a palavra em espanhol *despacho* também significa "algo enviado".) O processo de embrulhar os objetos que serão queimados para se aproximar de seres-terra exige um protocolo por meio do qual essas coisas são respeitosamente convocadas à prática. O protocolo inclui preparar um *k'intu* (um arranjo de três folhas de coca que os participantes oferecem uns aos outros) e compartilhar tanto coca quanto álcool com os seres-terra; a coca é compartilhada soprando no *k'intu* em direção ao ser-terra, enquanto o álcool deve ser virado no chão (também um ser-terra). Todos os três atos – mascar e assoprar folhas de coca,

---

354 M. Wiener, "The Magic Life of Things", 2007.

beber e virar o álcool e queimar o pacote – não poderiam ser realizados dentro de um museu sem quebrar regras de segurança. Os limites para o processo do *despacho* no interior do museu eram claros, e aí começava sua vida como representação. O maior impasse ontológico-conceitual que o *despacho* apresentava para o NMAI era que, embora o *despacho* seja composto de coisas, ele é uma prática relacional, uma situação em que *runakuna* e *tirakuna* se veem juntos ou ocupam lugar juntos (no sentido que expliquei em histórias anteriores) no ato do *despacho/haywakuy*. Separado dessas conexões e práticas que o torna possível, o *despacho* é um objeto: um pacote de coisas que *será* um *despacho/ haywakuy* e que pode ser comprado no mercado em Cusco.

Uma representação do *despacho* (ou, à la Magritte, "Isto não é um *despacho*"). Setembro de 2004.

O mostruário que traz o *despacho* na exposição *Comunidade Quíchua* ocupava um lugar importante no centro da mostra. A ficha de descrição dizia: "*Haykuy/Despacho* (oferenda). Feito em honra de Pachamama para garantir o equilíbrio e a harmonia (2000)." Depois de traduzir as fichas (escritas em inglês) para Nazario, perguntei: "Então esse é um *despacho* para Pachamama?" Há tipos diferentes de *despacho*, e eu estava simplesmente perguntando de que tipo era aquele. Sua explicação foi mais longe: "*Eu fiz esse só para o museu porque eles não conheciam* [eles não têm familiaridade] Apus. Somente preparamos dentro do museu, mas não fizemos a cerimônia – ninguém quis". Preparando-o "só para o museu", "porque eles não conheciam" os *apukuna*, Nazario criou uma representação de um "*despacho* muito bom", mas ele também sabia que aquilo não era um *despacho*. Ele não seria enviado a lugar nenhum; não colocaria em cena qualquer relação; era "só para o museu".[355] Em 2007 (quatro anos depois da inauguração e da minha visita com Nazario), aconteceu uma coincidência curiosa (e engraçada): um funcionário do NMAI me disse que o *despacho* no mostruário "não era real". No entanto, o que ele queria dizer não era o mesmo que Nazario, pois o funcionário estava se referindo ao próprio objeto. Era uma réplica, ele explicou: os elementos orgânicos (os fetos de lhama, as folhas de coca, as sementes) que compunham o *despacho* eram todos de plástico. É claro! De que outra maneira ele seria preservado? Nazario e eu nunca falamos sobre isso, e tenho certeza de que ele sabia porque foi ele quem preparou. Presumo que para ele não era problema: como não havia a intenção de queimá-lo, o objeto no mostruário não seria um *despacho*, mesmo se preparado com ingredientes orgânicos. O *despacho* como processo – uma relação da qual *tirakuna* e *runakuna* emergem – não poderia ser aceito no museu. Desse modo, diante do dilema de não poder queimar o *despacho* dentro do espaço, Nazario e Carmona levaram o embrulho para fora do museu. Eles nos reuniram no pátio na parte da frente, ofereceram cerveja a

---

[355] Há uma similaridade entre esse *despacho* e os que Nazario fazia para turistas em Machu Picchu. Como expliquei anteriormente, queimar é proibido no santuário, portanto ele faz "*despachos* crus" que não são *despachos* até que ele os queime onde é permitido fazê-lo.

nós e à terra, fizeram *k'intu* com uma pequena quantidade de folhas de coca que alguém havia dado a Nazario e, então, escondidos dos olhares institucionais, queimaram o *despacho*. Ainda que aceito na forma de representação, a prática do *despacho* era "outra" para o museu – que, para preservar suas próprias práticas, precisava barrar o *despacho* em sua porta.

Enterrando o *despacho* do lado de fora do Museu Nacional do Índio Americano. Setembro de 2004.

Em um artigo sobre cegueira e museus, Kevin Hetherington[356] explica que a identificação histórica do "escópico" com o "ótico" resultou no privilégio do sentido da visão como mecanismo de

356 K. Hetherington, "The Unsightly: Touching the Parthenon Frieze", *Theory, Culture & Society*, v. 19, n. 5-6, 2002.

acesso a museus. Uma consequência não propositai, mas factual, é que pessoas cegas são "outras" para as práticas museais. Embora não possam ver, pessoas cegas podem acessar o escópico (podem olhar) por meio do háptico, o sentido do tato. Todavia, na maioria dos museus não é possível tocar; o toque contradiz a função de conservação da coleção atribuída a essas instituições – talvez com a exceção de museus interativos de ciência. Hetherington diz: "Nenhum museu seria capaz de responder totalmente ao desafio de associar o escópico e o háptico sem se tornar outro em relação à ideia do que o que define um museu."[357] Dar acesso por meio de fichas em Braille pode incluir pessoas cegas nos termos que definem o que é um museu; contudo, essa prática de leitura não resolve o desafio que essas pessoas representam para a prática museal como um todo. Museus, no modo como são atualmente concebidos, não são capazes de acomodar nenhum sentido do escópico que possa ocorrer por meio do tato, e não dos olhos, o que indica os limites da definição predominante do próprio museu.[358]

Além do argumento evidente de que o "outro" dos museus não é apenas o culturalmente diferente, há mais dois aspectos que me interessam no debate de Hetherington: o primeiro é o argumento que ele apresenta de que a especificidade sensória da cegueira desafia os limites do que é um museu. O segundo argumento, conectado ao primeiro, é que a tendência de um museu específico de incluir ou excluir "outros" pode ser independente da vontade das pessoas que integram a equipe da instituição.

---

[357] Ibid., p. 199.
[358] A solução que o British Museum adotou – que foi o ensejo da discussão de Hetherington – foi de tornar possível o acesso através dos modos de visão do Braille. Isso substitui um modo de ver (com os olhos) por outra forma de ver (com a mão), mas não permite um acesso háptico ao escópico. Com esses métodos, uma pessoa "ganha acesso ao texto, não aos objetos representados pelo texto" (Hetherington, 2002, p. 202).

(Nazario estava incluído no trabalho curatorial de *Nossos universos*; porém, mesmo que o time talvez quisesse seguir algumas de suas sugestões, elas precisavam ser traduzidas para se adequar às necessidades do NMAI.) As condições de possibilidade históricas e ontoepistêmicas do museu estabeleciam os termos para a inclusão ou exclusão. Quando práticas que são "outras" a essas condições entram no museu, elas podem interromper o que é um museu e talvez traduzi-lo em algo diferente – ou mesmo afetar a noção e a prática predominante de "museu". Por outro lado, como aconteceu no caso do *despacho*, práticas "outras" podem ser barradas na porta – com o acesso negado, simplesmente não se permite sua presença no museu: a prática preserva a si mesma.

As condições de acesso ao museu não somente limitam a entrada de pessoas, como também se impõem sobre os elementos que os próprios museus convidam para compor as exposições. No caso do NMAI, para que os objetos aparecessem em seus mostruários, eles deviam ser passíveis de representação. Analogamente à outridade do háptico discutida por Hetherington, a não representação ou a irrepresentabilidade era "outra" em relação à mostra quíchua do NMAI. Assim, quando os curadores do museu convidaram Ausangate e o *despacho* para a exposição, eles estabeleceram, sem saber, uma tarefa impossível para eles mesmos, pois essas entidades *não existiam* sem as práticas das quais emergiam. Ausangate e o *despacho*, na forma de representações, eram objetos disponíveis para serem livremente observados por sujeitos, uma prática museal que permitiu a entrada de uma imagem de Ausangate e o *despacho* inorgânico como significantes da "montanha sagrada" e da "oferenda a ela" – o(s) significado(s) que *também* não podia ser significado(s), e, assim, Ausangate e o *despacho* permaneceram longe das portas do museu, resistentes à representação. Para explicar uma última questão: não estou dizendo que a prática da representação "falsificava" Ausangate ou o *despacho*

– nem estou sugerindo que suas representações não tinham significado algum. Pelo contrário, as representações do NMAI – tanto de Ausangate quanto do *despacho* – tiveram consequências: contribuíram para a carreira de Nazario como xamã andino e para a criação do que é conhecido nos Andes como turismo místico. E foi na forma de representações que Ausangate e o *despacho* viajaram pelas Américas e pela Europa, expandindo o circuito *New Age*, no qual se juntaram e talvez transformaram outras práticas, assim como a si mesmas. Tudo isso também estava parcialmente conectado, ainda que por articulações geopolíticas e econômicas diferentes, aos seres-terra e às práticas por meio das quais eles vêm a ser com os *runakuna*. O processo coincidiu com a política do multiculturalismo e pode ter sido potencializado por ele. A cultura se tornou uma mercadoria, e o reconhecimento concedido aos *runakuna* era frequentemente mediado pelo turismo e seu mercado. Nazario estava entre os poucos xamãs andinos com um bom reconhecimento no mercado turístico multicultural; junto com seu sucesso, ele se deparou com momentos tristes de falta de reconhecimento [*misrecognition*] pessoal. A seguir, trago uma história de um desses falta de reconhecimento.

NAZARIO TURPO CONHECE ELIANE KARP, PRIMEIRA-DAMA DO PERU

Durante a cerimônia de posse de Alejandro Toledo como presidente do Peru em Machu Picchu, a primeira-dama Eliane Karp invocou os seres-terra em quíchua, uma língua que ela havia aprendido na Universidade Hebraica de Israel, na qual se graduou em Estudos Latino-Americanos. Quando falei com ela em 2004, ela me contou que fez um mestrado em Estudos

Latino-Americanos em Stanford. Ela disse que tinha uma inclinação pela investigação da vida e cultura indígena. Esse interessado ficou claro durante seu primeiro mandato como primeira-dama, quando ela estabeleceu uma secretaria oficial dedicada à promoção do desenvolvimento multicultural neoliberal. Como parte de sua agenda, viajou pelo país, salpicando os jornais com fotos suas com acompanhantes indígenas sempre diferentes. Nazario nunca era incluído nessas ocasiões dignas de fotografias – à exceção de uma festa na embaixada peruana em face da inauguração do NMAI em Washington.

Era setembro de 2004. O presidente do Peru e sua esposa estavam presentes. Como cocurador da mostra quíchua, Nazario era convidado da embaixada, e eu consegui também um convite. Quando o NMAI foi inaugurado, Nazario já havia visitado Washington várias vezes, e decidiu usar essa ocasião para fazer um pedido especial para Pacchanta. Ele trouxe uma carta oficial, assinada pelas autoridades do seu *ayllu*, complementada por dois selos e os números de identificação de todos os signatários. A carta explicava que um grupo *runakuna* queria construir um canal de irrigação para atender aos pastos de várias famílias durante a estação seca e fornecer água potável – todos eles estavam bebendo água com *puka kuru* (minhocas vermelhas), o que fazia mal aos humanos e igualmente aos rebanhos. Um esboço rudimentar do canal e da zona que ele irrigaria completava o documento. A carta estava endereçada a Richard West, o diretor do NMAI, que, com gentileza, rejeitou recebê-la.

Como parte dos eventos de inauguração, convidados indígenas do museu receberam um convite para uma atividade no Banco Mundial – e Nazario decidiu tentar a sorte com alguns dos representantes oficiais que encontraria lá. Ele novamente falhou. Na festa na embaixada peruana, ele ainda tinha o documento consigo – o evento no Banco Mundial havia sido no mesmo dia. Portanto,

Nazario decidiu abordar a primeira-dama e se apresentou em quíchua. Alguém traduziu e disse a ela que ele estivera na cerimônia em Machu Picchu. Lembrava-se dele, a primeira-dama disse, e a conversa prosseguiu. Eu estava com Nazario no momento que ele entregou o documento a ela. Ela confirmou o recebimento e disse a seu secretário que guardasse o documento; disse ainda que com certeza visitaria Pacchanta. Nazario ficou ao mesmo tempo com esperanças e dúvidas. Era muito importante que suas visitas a Washington, além de viagens divertidas pagas para ele, resultassem em algo mais – estava preocupado que até aquele momento ainda não tinham.

Por coincidência, antes de ser tornar uma figura oficial, Karp havia passado um breve período em Ocongate, a pequena cidade, mas com um comércio dinâmico, a poucas horas de Pacchanta. Embora as pessoas não se lembrem do que ela fazia, onde ou quanto tempo ficou na época, durante seu período como primeira-dama, ela visitou a cidadezinha várias vezes. Em uma de suas visitas, Nazario foi convidado para estar ao seu lado; ele achou que havia uma relação com o documento que ela recebera na embaixada peruana. Ficou desapontado quando soube que havia sido chamado por suas relações com seres-terra, que também resultara no seu convite para a cerimônia de posse do presidente. A primeira-dama não indicou tê-lo encontrado na embaixada em Washington, muito menos ter recebido qualquer documento de suas mãos – talvez tivesse se esquecido de Nazario? Nas palavras dele:

> *Eu a tinha visto duas vezes desde que ela veio a Ocongate, eu estava em Cusco em um encontro campesino. Ela não me reconheceu. Eu disse "Acho que você me conhece, meu nome é Nazario Turpo, da comunidade de Pacchanta, distrito de Ocongate"* [Yaqa riqsiwan, nuqa suti Nasariyu Turpu Kunduri, kumunidas Phaphchanta, distritu Uqungati].

Ela não se lembrava dele ou não teve tempo de confirmar que lembrava. Nazario estava certo de que ela o achava um Q'ero, o *ayllu* que o turismo multicultural havia tornado famoso como o lar do "misticismo andino" e dos recém-criados xamãs andinos. Embora Nazario fosse um xamã, ele não era de Q'ero. "*Ela acha que todos os* runakuna *que fazem* despachos são Q'ero. *E se ela acha que sou* Q'ero, *ela não sabe quem eu sou.*" Ele a havia conhecido na embaixada, assim como eu. "*Ela se lembrou de mim?*", ele perguntou. Eu respondi: "Acho que não." Comentamos ainda que ela também não teria interesse em aparecer numa foto comigo. Diferentemente de Nazario e de todos os *runakuna*, não sou um símbolo do projeto de Estado multicultural no qual ela estava interessada. Eles ofereciam a ela uma boa imagem para que ela avançasse sua agenda de reconhecimento multicultural. A ironia profundamente reveladora, porém, é que ela não era capaz de reconhecer Nazario em uma situação cotidiana. O que Nazario mais lamentou sobre a memória fraca da primeira-dama foi que os animais em seu *ayllu* continuariam a tomar água contaminada com *puka kuru*. Mas não estava entre os interesses do reconhecimento multicultural saber sobre eles ou cuidar deles.

Com o presidente Alejandro Toledo na embaixada peruana em Washington, celebrando a inauguração do Museu Nacional do Índio Americano. Setembro de 2004.

E, ainda assim, as coisas podem ter sido mais complexas do que a memória fraca de Karp. Talvez ela se lembrasse dele e se importasse com ele. Quando eu estava procurando ocorrências do nome de Nazario na internet, encontrei um livro recém-publicado, lançado na ocasião as eleições nacionais de 2010 no Peru, chamado *Toledo vuelve* [Toledo volta]. Uma de suas passagens descreve um ex-presidente nostálgico, observando uma fotografia da cerimônia em Machu Picchu em que uma das pessoas retratadas era "Nazario Turpo, legendario *altomisayoq* de la comunidad de Q'uero" [Nazario

Turpo, lendário *altomisayoq* [sic] da comunidade Q'uero].[359] Ele também descreve a tristeza da ex-primeira-dama com a notícia da morte de Nazario. Ela o havia conhecido, diz o livro, "nos altos de Salccantay",[360] e, sempre que estava em Cusco, "a primeira coisa" que a primeira-dama fazia era perguntar "aos seus bons amigos da Federação dos Camponeses de Cusco" sobre o paradeiro de Nazario.[361] Talvez Nazario também estivesse certo: Karp lembrava seu nome porque ele havia conduzido a cerimônia de posse do presidente em Machu Picchu em 2001, mas ela não sabia quem ele era.

A ronda campesina reunida. Abril de 2006.

359 J. M. Guimary, *Toledo vuelve: Agenda pendiente de un político tenaz*, 2010, p. 47.
360 Ibid., p. 49.
361 Ibid., p. 50.

HISTÓRIA 7

MUNAYNIYUQ
O DONO DA VONTADE
(E COMO CONTROLAR ESSA VONTADE)

"Apu Ausangate é o más poderoso. Apu Ausangate é munayniyuq [o dono da vontade]. Ele dá ordens aos outros Apus. Ele é kamachikuq [literalmente, aquele com as ordens; o chefe]; Salqantay vem em seguida. São esses. Salqantay, Ausangate, esses são os dois maiores Apus. Eles são atiyniyuq [com a capacidade de fazer, ou a capacidade de fazer coisas ficar dentro deles]. São eles que colocam a batata e a fazem crescer. Dirigimos despachos a eles; com o despacho, o granizo não vem, e as batatas crescem e ficam bonitas. Já que eles existem com a capacidade de fazê-lo, [com os despachos] eles não soltam [coisas ruins]."

MARIANO E NAZARIO TURPO, 2003, PACCHANTA

MUNAYNIYUQ É UMA NOÇÃO QUE MARIANO E NAZARIO usavam para qualificar pessoas dotadas da capacidade de tomar decisões sobre as vidas *runakuna*. Mencionei essa palavra antes, na História 2, quando narrei as conversas de Mariano com líderes políticos urbanos, o Estado e seus representantes. Essa palavra quíchua tem duas partes principais: *muna*, uma raiz verbal que traduz uma vontade, um desejo ou amor e *yuq*, um sufixo que indica posse ou o lugar onde algo tem origem.[362] Cesar Iter – linguista francês e especialista em quíchua que citei várias vezes até aqui – traz essa palavra em seu dicionário (ainda não publicado) com o significado de "poderoso, pessoa que dá ordens". Discutindo uma tradução (do quíchua para o espanhol e depois para o inglês) que capturasse a força da palavra, Nazario e eu concordamos na formulação em espanhol "*dueño de la voluntad*" [dono da vontade]; aqui, *vontade* se refere a uma capacidade de comandar a vida que, é claro, pode ser violenta.

Na abertura desta história, Nazario e seu pai explicam que Ausangate é o ser-terra no topo da hierarquia; sendo o mais poderoso, ele é *munayniyuq*, o dono da vontade, dotado da qualidade de comandante (ele é *kamachikuq*) do resto dos seres-terra – e dos *runakuna*, é claro. Por ser *munayniyuq*, os seres-terra são capazes de mandar ou impedir trovões e granizo, dificultando ou facilitando, assim, as vidas de plantações, animais e humanos. Eles são *atiyniyuq*: eles têm a capacidade de fazer coisas. Da mesma maneira, como disse anteriormente, Mariano e Nazario – assim como a maioria dos *runakuna* com quem conversei – também se referiam ao *hacendado* como *munayniyuq*. Para que eu entendesse a dimensão do poder do humano dono da vontade,

---

362 A. Cusihuamán, *Gramática quechua: cuzco-collao*, 2001, p. 216-217.

Nazario explicou: "*Gustunta ruwachisunki munayniyuq nisqa*". "*Gustu*" vem do espanhol "*gustar*" [gostar]. Uma tradução possível seria: "aquele que nos faz fazer o que é do seu gosto, o chamamos de *munayniyuq*." Nesse sentido, o *hacendado* punia fisicamente os *runakuna* quando queria; podia até mesmo matá-los se quisesse; mandava que trabalhassem quando queria; dava-lhes apenas a quantidade de terra que queria. Além disso, ninguém podia contradizê-lo; ele tomava as terras de quem se opunha a ele, estuprava suas esposas e queimava suas casas. A voz do *munayniyuq* era uma ordem: "Qualquer coisa, e pronto, tudo que ele dizia devia ser feito – era só ele dar a ordem" [*Rimarinalla, simillamanta ima ruwanapas kamachinpas*]. Nem tudo em sua voz era destrutivo: ele comprava tratores e animais, boas vacas. Ele estendia as cercas de arame [*yaparan alambrekunata*]; construía os silos; ele era capaz de dar essas coisas aos *runakuna*, mas também era capaz de tirá-las deles, e o fazia.

Traduzida conceitualmente (e não somente em seu aspecto linguístico), *munay* é uma noção que os *runakuna* usam para nomear a vontade que tem a capacidade de moldar suas vidas. As entidades que originam essa capacidade são *munayniyuq* – a vontade reside nelas. Nas conversas acima, os *munayniyuqs* (ou *munayniyuqkuna*, no plural quíchua) estão inscritos nas paisagens socionaturais: o poder que molda as vidas *runakuna* emerge dos seres-terra e do proprietário de terras – eles comandam. Em 1969, o antropólogo John Earls, que hoje vive e ensina no Peru, fez uma observação parecida: "Tanto *mistis* quanto *Wamanis*[363] são *munayniyuq* (em quíchua, 'os poderosos') para os campesinato quíchua. Ambos possuem o poder de vida e morte sobre as pessoas

---

[363] *Wamani* é a palavra mais comum para se referir aos seres-terra superiores em Ayacucho, região onde Earls trabalhou. É equivalente a *Apu* em Cusco, a região com a qual estou familiarizada.

comuns".³⁶⁴ (Nesse caso, a palavra *"mistis"* se refere tanto ao *hacendado* quanto ao presidente e ao governo.) Earls segue explicando: "não é nem um pouco fácil desemaranhar os aspectos puramente físicos e econômicos da dominação política de aspectos que estão profundamente incrustados no sistema religioso dos índios quíchua."³⁶⁵ Eu concordo, mas com uma ressalva baseada na explicação que apresentei na História 5: os *runakuna* não necessariamente elaboram os seres-terra *somente* como entidades religiosas. Sigo elaborando minha concordância com Earls: *"munayniyuq"* é uma noção complexa, na qual formas ontologicamente diferentes de vontade, ou fontes de poder, se encontram, de maneiras que – para manter a fecundidade da análise – não valem a pena de se distinguir porque, ainda que excedam umas às outras, elas devem a sua qualidade de entidades poderosas às características que compartilham. *"Munayniyuq"* se refere àqueles que representam o Estado, ao *hacendado* e a outros; e também se referem aos seres-terra mais importantes. A vontade onipotente e arbitrária tem origem em todos eles; em alguns âmbitos, não há como evitá-los, só é possível negociar. A prática da negociação entre *runakuna* e *munayniyuq* humano e outro-que-humano é também parecida e diferente – ao mesmo tempo.

Ausangate e Salqantay, os seres-terra no topo da hierarquia, comandavam, eu aprendi, porque, estando em-*ayllu*, eles eram lugar,³⁶⁶ com mais autoridade do que o resto das entidades que produziam lugar com eles. Eu perguntei: "por que o *hacendado*

---

364 Earls, 1969, "The Organization of Power in Quechua Mythology." *Journal of the Steward Anthropological Society*, v. 1, n. 1, 1969, p. 67.
365 Ibid., p. 71.
366 Enquanto lugar, também se utiliza a expressão *ruwalkuna* para se referir aos *tirakuna*. *Ruwalkuna* é o plural de *ruwal*, uma transformação fonética de *lugar*, no espanhol, e é usada alternadamente com *tirakuna* (que traduzi, lembrando, por seres-terra). Cesar Iter (s.d.) a inclui em seu léxico como "lugar, luwar, ruwal" e a traduz por "espírito do monte".

é um dono de vontade?" A resposta também estava conectada ao lugar, mas em uma relação diferente. Na época, Nazario e Mariano explicaram:

> *todo o Peru era uma* hacienda. Os hacendayuq [*aqueles que têm* haciendas] *eram senadores e deputados, eles eram os donos da vontade* [senador, diputado kaspankuya munaniyuq karqanku]. *É por isso que criaram a lei; a lei, portanto, estava em seu favor. A lei era o que os ricos queriam* [Qhapaqllapaq ley munasqa karqan]. *É por isso que eles agiam seguindo apenas sua própria vontade, que era como a lei* [chayraykuwan munasqanta leyman hina].

O que os *hacendados* queriam se tornava lei; não havia diferença entre sua vontade e a lei, já que a vontade transgredia a lei com impunidade. Mesmo a noção de transgressão não se sustentava, pois o limite dos *munayniyuqkuna* humanos parecia residir neles mesmos – não havia poder externo a eles. Localmente, habitavam o Estado; eles não somente o representavam, eles eram o Estado – e o "local" era um território imenso.

Em mais de um sentido, vem ao caso aqui a interpretação de Pierre Bourdieu do "poder absoluto" – uma noção que ele usa para identificar o poder do Estado sobre aqueles que define como seus súditos. Ele o descreve como "o poder de se tornar imprevisível e de impedir aos outros qualquer antecipação razoável, de lançá-los na incerteza absoluta sem lhes dar nenhum pique à sua capacidade de prever".[367] *Munayniyuqkuna*, tanto seres humanos quanto outro-que-humanos, também são imprevisíveis, caprichosos nas maneiras como afetam os eventos. Diferentes e também habitando a mesma noção (na qual ambos

---

367 P. Bourdieu, *Meditações pascalianas*, 2007.

excedem um ao outro e, assim, se excluem mutuamente), seres-
-terra e donos humanos da vontade compartilham algumas
características, outras não. Entre esses traços compartilhados
estão: os *munayniyuqs* tornam a vida possível; em troca, exigem
coisas dos *runakuna*. Seu comando é também inevitável e arbi-
trário; seu *munay* obriga e não obedece a razão nenhuma. As
fontes das vontades caprichosas de humanos e seres-terra, no
entanto, são diferentes. Enquanto lugar, seres-terra se dão através
da água, do solo e da vitalidade, e pedem de volta aquilo que
os tornam possíveis: plantas, animais, comida e respiração
humana. Os *runakuna* conseguem se engajar com esse *munay*;
estabelecem e mantêm relações com ele cotidianamente. Às
vezes, podem precisar de especialistas, aqueles entre eles com
a habilidade de se relacionar melhor com os seres-terra. Os
munayniyuqkuna humanos são diferentes: eles impõem obrigações
sobre os *runakuna* através do exercício de um regime de leis
caprichosamente personalizado e completamente extrativo; sua
vontade tem origem no Estado.

Munayniyuq, quando se refere a humanos, aproxima o que
a pesquisa peruana já conhecia, provavelmente desde a década
de 1920, como *gamonal*[368] e o regime de poder chamado *gamonalismo*. Deborah Poole, há muito tempo envolvida com a análise
do *gamonalismo*, o define como uma

> [...] forma de poder local altamente pessoalizada cuja autoridade
> está fundamentada quase na mesma medida em seu [do *gamo-
> nal*] controle dos recursos econômicos locais, acesso político
> ao Estado, inclinação para o uso da violência e o capital simbólico
> fornecido pela associação com importantes ícones da

---

368 O termo *gamonal* em espanhol da região andina se refere historicamente a alguém que possui poder, importância e/ou riqueza. (N.T.)

masculinidade tais como animais de produção, casas e uma estética da boemia regional.[369]

O *gamonal*, ela explica, habita a fronteira escorregadia entre o privado e a lei estatal, em que a separação ideal das funções entre os dois âmbitos é anulada. Essa figura, portanto, representa tanto "o Estado quanto as principais formas do poder privado, extrajudicial e mesmo criminoso do qual o Estado supostamente busca tomar o espaço por meio da lei, da cidadania e da administração pública".[370] O objeto de crítica dessa conceituação do *gamonal* é a consistência da não separação entre o poder público e o privado, entre práticas legais e ilegais, separação essa que o Estado existe para se sustentar. Essa separação se torna concreta na realidade; verdadeira e enganosa, sua prática é igualmente legítima e ilegítima, e, de todo modo, está recoberta de afetos pessoais. Assim, a separação também não é uma separação.

A noção *runakuna* de *munayniyuq* em minha tradução conceitual se sobrepõe a essa crítica: donos da vontade corporificam uma prática do Estado que mantém e transgride a distinção entre o legal e o ilegal. No entanto, ela também vai além do conceito de *gamonal*, pois o objeto da crítica dentro da noção de meus amigos de *munayniyuq* (e muito explicitamente na de Nazario) é o próprio Estado moderno, e, mais especificamente, sua rejeição dos *runakuna* como sujeitos políticos com seus direitos. Tendo origem em sua classificação oficial como analfabetos, e, portanto, fora do *logos* do Estado moderno, essa rejeição é efetuada por meio de projetos biopolíticos de melhoria dos *runakuna*, uma busca por sua tradução em sujeitos estatais modernos e alfabetizados. Num paradoxo intrigante, o conceito de *munayniyuq* usado

---

[369] D. Poole, 2004. "Between Threat and Guarantee: Justice and Community in the Margins of the Peruvian State", 2005, p. 43.
[370] Ibid., p. 45.

pelos *runakuna* para debater o poder inevitável e, assim, irracional dos seres-terra não modernos é também uma crítica ao Estado moderno e sua rejeição do mundo *runakuna*. E uma afirmação evidente desata o nó desse paradoxo e o transforma e um mero fato: um Estado moderno que se engaja em uma conversa política com mundos de montanhas com vontades não seria moderno, nem a conversa seria política. Mas o leitor não deve se esquecer de que conversas de fato acontecem entre essas realidades radicalmente diferentes. Elas são também parte umas das outras – mesmo que estejam em um desacordo tão assimétrico que o Estado detenha o poder de negar a realidade dessa conversa, que, entende-se então, pode acontecer sem um público moderno.

A VONTADE LOCAL E O ESTADO MODERNO

> *"Todos conhecem a escrita e a utilizam quando necessário, mas de fora, e por um mediador estranho com o qual se comunicam por métodos orais. Ora, o escriba é raramente um funcionário ou um empregado do grupo: sua ciência se acompanha de poder, a tal ponto que o mesmo indivíduo muitas vezes reúne as funções de escriba e de usuário; não só porque precisa ler e escrever para exercer sua indústria, mas porque se torna, por dupla razão, aquele que exerce um domínio sobre os outros."*
> CLAUDE LÉVI-STRAUSS, *TRISTES TRÓPICOS*[371]

O proprietário de terras partiu em 1969. A reforma agrária substitui a propriedade privada de terras pela pública e a administração

---

[371] C. Lévi-Strauss, *Tristes trópicos*, 1996, p. 317 e 318, grifo do autor.

do *hacendado* pela de funcionários públicos que gerem a propriedade. Anos depois, uma aliança renovada entre *runakuna*, políticos campesinos e partidos de esquerda desmontou a propriedade estatal de terras e as distribuiu entre famílias *runakuna*. Eles teriam individualmente os direitos de usufruto de lotes, pastagens e territórios de propriedade coletiva que a reforma agrária havia nomeado oficialmente como *comunidades campesinas* em 1969.[372] Segundo Nazario, isso tornou os *runakuna libres* [livres]:

> As terras são nossas agora, não estão mais nas mãos do hacendado; não somos mais punidos sem razão, não somos mais presos quando nos queixamos. Temos agora um presidente que vem de nós [noqayku uhupi kan presidente], temos uma assembleia, uma directiva que vem de nós. Nós, com nosso acuerdo, com nossa assembleia, fazemos nossos lotes. Comandamos a nós mesmos.

Todavia, se a propriedade de terras parecia ser a fonte do *munay* do *hacendado*, acabou que essa não era a origem final da vontade do estado local. Deslocados do controle das terras de *haciendas*, o acesso ao Estado – ou melhor, "o acesso legal à lei", como Nazario diria – continua a escapar dos *runakuna*, mesmo que agora eles "comandem a si mesmos" no que diz respeito às terras. Os donos da vontade humanos, novos *munayniyuq*, habitam atualmente as instituições estatais locais e agem como o *hacendado* agia no passado. Nas palavras de meu amigo: "*Fazem a lei segundo sua vontade*" [paykuna munasqankullamanya leyita ruwanku].

É conhecida a afirmação de Walter Benjamin[373] de que a violência e a razão do Estado compartilham sua origem. Os

---

372 E. Mayer, *Ugly Stories of the Peruvian Agrarian Reform*, 2009.
373 W. Benjamin, *Reflections*, 1978.

runakuna concordaria; porém, talvez insistissem em traduzir "razão" por *munay*. Dessa maneira, indicando sua arbitrariedade, enfatizariam o fato de que essa razão inevitavelmente nega seu mundo. Aceitando a razão do Estado – pois não o fazer seria impossível – eles tentam, então, voltar o Estado local a seu favor dando ovelhas de presente: "*Somente quando damos ovelhas, nossos documentos são decretados [expedidos] com rapidez, somos ouvidos com rapidez. Essa é a utilidade das ovelhas.*" Presentear com uma ovelha os faz obter serviços legais; os *runakuna* dão ovelhas para ganhar "acesso legal à lei" – uma relação de troca que, à primeira vista, poderia ser chamada de corrupção. No entanto, interpretando criticamente essas transações como uma forma de transgressão, a razão do *munay* do Estado local permanece em seu lugar – longe das preocupações críticas de Nazario. Irritado e resignado, Nazario repetia com frequência a frase "a lei não é legal aqui" [*kaypi leyqa manan legalchu*]. E, na sua experiência, essa ilegalidade não negociável do regime das leis tinha origem na disjunção entre o letramento fundacional do Estado e a condição dos *runakuna* de iletrados. Com sua habilidade de ler e escrever, os representantes estatais locais monopolizam a habilidade de tornar localmente legível a vontade do Estado – mesmo quando ela parece ilegível para os próprios representantes (o que ocorre com alguma frequência). Nas palavras de Nazario:

> O hacendado *sai*, e as autoridades continuam as mesmas... Somos enganados porque somos runakuna sonsos que não leem nem escrevem. O Estado está na papelada, nos recibos, o Estado precisa da nossa assinatura, quer que assinemos. Quando assinamos, porque não conseguimos ver [*ler*], as autoridades nos roubam... Não há vida para nós, vivemos com medo. Tememos o juez, o gobernador. Se temos uma reclamação, deixamos que eles ganhem alguma coisinha. Eles são

> munayniuq, *se tornaram como os* hacendados. *O juez pede uma ovelha, o gobernador pede uma ovelha. A pessoa que lhes dá uma ovelha, que os alimenta, lhes dá álcool para beber – essa é a pessoa que eles vão escutar, com boa vontade. Nesse momento, as coisas vêm* [*acontecem*] *legalmente* [legal hina hamun]. *As autoridades são como os* tankayllu [*um inseto parasita*] *que chupa o sangue dos* runakuna. *O Estado não é para nós, não sabemos ler.*

A conceituação *runakuna* de Estado como *munayniyuq*, como fonte da vontade arbitrária que os considera *sonsos* (estúpidos ou burros), funciona como comentário sobre as condições que tornam possível a zona de indistinção entre o legal e o ilegal que abriga, quase sempre, as relações dos *runakuna* com o Estado. Esse comentário ilumina a relação histórica entre o Estado-nação moderno e os *runakuna* e, mais especificamente, revela a vontade do Estado de definir o mundo *runakuna* como algo que só deve ser levado em conta enquanto destinado ao seu melhoramento futuro. Tomando emprestados os termos de Jacques Rancière, pela vontade do Estado moderno, os *runakuna* não têm *logos*, portanto eles *não são*: "'A desgraça de vocês é não serem', diz um patrício aos plebeus, 'e essa desgraça é inelutável.'"[374] Na minha história, pensem no Estado moderno como o patrício que fala aos *runakuna*, os plebeus. Ou, melhor, falando ao mundo dos plebeus, pois aqui a relação não é com sujeitos individuais, mas sim com práticas de mundificação que atribuem qualidades similares a montanhas e instituições humanas. Esse é um mundo, portanto, que o Estado não pode reconhecer sem traduzi-lo conforme suas próprias convicções, um processo que inclui o dever do Estado de modernizar o interior do país e, dessa maneira,

---

374 J. Rancière, *O desentendimento: política e filosofia*, 1996, p. 39.

destruir o que é incapaz de reconhecer, pulando a etapa de reconhecer sua existência. Essas condições compõem a vontade do Estado, a razão arbitrária do *munayniyuq*, o dono da vontade que impõe condições de existência sobre os mundos *runakuna*, começando com a negação desses mundos no presente e continuando com o adiamento para o futuro da possibilidade de que eles sejam outra coisa. A missão biopolítica do estado *munayniyuq* é deixar morrer os *runakuna* para fazê-los viver como cidadãos modernos. Essa vontade é incubada (não apenas inscrita) na escrita: trata-se do mediador estranho obrigatório que Lévi-Strauss menciona na citação acima, o usurário incontornável que "exerce um *domínio*" sobre as vidas *runakuna*.

A VONTADE QUE FAZ OS *RUNAKUNA* ESPERAR

A leitura de *O processo*,[375] de Franz Kafka, inspirou a noção de Bourdieu de poder absoluto como aquilo que é capaz de libertar seu detentor "da experiência do tempo como impotência", na medida em que lhe confere a capacidade de fazer os outros esperarem arbitrariamente e sem previsão. O romance, segundo ele, retrata o que poderia ser simplesmente "o limite de inúmeros estados ordinários do mundo social ordinário ou de situações particulares no interior desse mundo, como aquela de certos grupos estigmatizados – os Judeus do lugar e da época de Kafka, os Negros dos guetos americanos ou os imigrantes mais destituídos em diversos países."[376]

---

375 Franz Kafka, *O processo*, trad. Modesto Carone, 2005.
376 P. Bourdieu, *Meditações pascalianas*, 2007.

Bourdieu poderia incluir os *runakuna* em sua lista de "minorias". Como em *O processo*, nos arredores de Ausangate, representantes do Estado manifestam sua propriedade da vontade mais efetivamente por meio de seu controle do tempo burocrático: eles podem fazer os *runakuna* esperar infinitamente.

Segundo Nazario, a espera – e tudo que se desenrola durante esse período – ocorre porque "[os runakuna *são*] *pessoas burras que não leem nem escrevem*". Esse comentário, em vez de ser simplesmente autodepreciativo, reflete sobre a posição dos *runakuna* fora do Estado letrado. Tornar-se parte dele – aprender a ler e escrever – é uma alternativa que o Estado propõe a pessoas como Nazario, e essa proposta inclui a anulação de seu mundo. A espera burocrática local pela qual passam os *runakuna* pode ser entendida como um processo incluído na evolução (no tempo) que o Estado moderno espera dos *runakuna*, na medida em que estes passam a integrar um modo de vida que pode de fato contar como existente. A tecnologia transformadora é o letramento moderno, visto como um projeto biopolítico adequado à evolução total dos necessitados – isto é, aqueles que ainda não alcançaram o presente. Ler e escrever são os fundamentos sobre os quais o Estado moderno constrói o que Dipesh Chakrabarty chamou de "sala de espera da história".[377] O mundo do *ayllu* é convidado para a sala; os *runakuna* podem deixá-la individualmente depois de cumprir os requisitos do sujeito moderno – a saber, a consciência histórica de indivíduos seculares capazes de distinguir crenças culturais e conhecimento racional. O significado que o Estado moderno atribui ao *iletramento* vai além de não saber como ler e escrever. Ele inclui o coletivismo, o paganismo, a não separação entre fato e mito, o a-historicismo e, "consequentemente", a falta de

---

377 D. Chakrabarty, *Provincializing Europe: Postcolonial Thought and Historical Difference*, 2000, p. 8.

sincronicidade (e, portanto, incompatibilidade) com a política moderna. A espera dos *runakuna* cessa – e se torna a mesma do cidadão comum – uma vez que eles abandonam o mundo do *ayllu*. Seus presentes de ovelhas para os burocratas locais podem acelerar a papelada, mas não fazem nada para acabar com sua espera biopolítica – pelo contrário, os presentes capazes de diminuir a espera fazem parte da provação dos *runakuna*, a experiência de quem eles são segundo a vontade do Estado moderno. Para os *runakuna*, sua total despossessão do tempo do Estado e a do tempo necessário para sua melhoria são idênticas – esta justifica aquela, emergindo juntas do *munay* do Estado. A espera biopolítica dos *runakuna* constitui uma voz imperativa, uma "palavra de ordem" que carrega "uma pequena sentença de morte" com ela.[378] Pierre Clastres chamou essa prática de "etnocídio" – a aniquilação humanitária da diferença e a construção otimista da univocidade, um processo que ele definiu como o "modo normal de existência do Estado" [civilizado].[379] Habitando essa normalidade, muitos de nós estamos cegos a esse processo ou damos de ombros, com impotência analítica diante dele.

Os *runakuna* tanto rejeitam *quanto* aceitam o comando biopolítico de esperar; sua relação com o Estado é complexa. Aumentando essa complexidade, enquanto o decreto historicista torna a espera inevitável, o mundo dos *runakuna* (e *tirakuna*) excede as instituições que exigem essa espera. Tudo isso – rejeição e aceitação, inevitabilidade e excesso – está presente nas dinâmicas cotidianas entre Estado e *runakuna*. As rondas campesinas, instituições por meio das quais os *runakuna* se engajam com o Estado, são compostas a partir dessas dinâmicas.

---

378 G. Deleuze e F. Guattari, *Mil Platôs: capitalismo e esquizofrenia 2*, 2011, p. 13.
379 P. Clastres, *Arqueologia da violência: pesquisas de antropologia política*, 2014, p. 85.

RONDAS CAMPESINAS: TORNANDO A LEI LEGAL

Eu já era uma presença relativamente familiar em Pacchanta quando meu pedido para participar de uma reunião da *ronda campesina* foi aceito. As rondas não estão limitadas à região em que meus amigos vivem. Pelo contrário, elas são controversas instituições sociais conhecidas nacionalmente por sua tarefa autoconcedida de controlar abusos locais, grandes e pequenos – desde infidelidade conjugal até roubo de gado e corrupção estatal. Iniciadas na costa norte e nas terras altas do Peru, particularmente em Piura e Cajamarca, as rondas se espalharam pelo país desde seu começo nos anos 1970.[380] Normalmente descritas como instituições para a aplicação da lei comum, sua história legal já perambulou bastante desde sua primeira aparição pública. Porém, em 2003, seu papel central na derrota do Sendero Luminoso e a pressão política que elas exerceram resultaram naquilo que advogados, políticos e especialistas peruanos chamam de "reconhecimento oficial das rondas campesinas".[381] O que esse reconhecimento significa em termos dos limites e possibilidades das rondas ainda não está claro e talvez assim continue. Por mais de um ano, começando em junho de 2012 e continuando até o momento em que escrevo este texto, em março de 2014, as rondas em Cajamarca – seu lugar de origem – têm sido cruciais na organização de protestos contra a intenção

---

380 C. I. Degregori et al, *Las rondas campesinas y la derrota de Sendero Luminoso*, 1996. T. Rojas, *Rondas, Poder Campesino, y el Terror*, 1990. O. Starn, *Nightwatch: The Making of a Movement in the Peruvian Andes*, 1999. R. Y. Fajardo, "Hacia un reconocimiento pleno de las rondas campesinas y el pluralismo legal, 2002.
381 *Ley de Rondas Campesinas, Ley 27908*, 1º de junho de 2003. Algo que possivelmente contribuiu para a legalização das rondas foi sua eficiência na organização da resistência contra o Sendero Luminoso em 1992, assim como os vários abaixo-assinados que os *ronderos* – como são conhecidas as autoridades da ronda – apresentaram às autoridades estatais.

de uma mineradora de destruir várias lagoas para extrair ouro. Essa atividade política certamente vai além dos limites concedidos pelo reconhecimento oficial das rondas e continua a complicar sua relação com o Estado.

Quando cheguei a Pacchanta em janeiro de 2002, apesar de não ter ainda sido reconhecida oficialmente, a ronda na região de Lauramarca existia havia dez anos. Promovida por padres da teologia da libertação (meu amigo, Padre Antonio, estava entre os organizadores), ONGs e organizações campesinas regionais, no início dos anos 1990, a ronda local começou a conglomerar comunidades campesinas (a maior parte delas também coletivos em-*ayllu*) nos arredores do município de Ocongate. Um número crescente de animais roubados, violência relacionada e, de modo bastante marcante, a impunidade de representantes locais do Estado envolvidos em crimes e corrupção motivaram os *runakuna* a criar a ronda local. De maneira pouco surpreendente, nos anos iniciais da organização, as relações entre ela e as autoridades locais eram extremamente tensas e ocasionalmente confrontadoras. Talvez o mais memorável desses conflitos iniciais tenha sido aquele envolvendo um oficial do Distrito de Lauramarca relativamente conhecido, que a assembleia da ronda – a reunião de todos os seus membros (um para cada unidade familiar), que representa a autoridade final da organização – acusou de apoiar um grupo de ladrões de gado. Ele foi açoitado como punição. O oficial, pessoa que sabia ler e escrever e também tinha algum treinamento legal informal, retaliou denunciando o presidente da ronda às autoridades legais locais. Esse caso foi resolvido legalmente e o presidente da ronda foi absolvido, mas, durante o período em que visitei Pacchanta, as relações entre a ronda e as autoridades estatais locais seguiam tensas. As rondas não apenas interrompem a cumplicidade ilegal entre *munayniyuq* humanos e criminosos, mas também interferem com a reivindicação do Estado a um monopólio sobre o exercício da violência legítima. Assim, no tocante a esse aspecto, as práticas da ronda – nas quais *runakuna* se engajavam "para tornar a lei legal" (para citar uma vez mais a frase de Nazario) – por si só eram ilegais, porque usurpavam a autoridade soberana da lei. Para evitar denúncias legais – e para contornar *munayniyuq* locais –, as assembleias da ronda eram mantidas longe do alcance do Estado. Durante o tempo em que visitei a área, reuniões enormes (das quais participavam de mil a 4 mil indivíduos, a depender dos assuntos tratados) ocorriam em lugares considerados remotos até mesmo pelos padrões locais, fora da visão de autoridades estatais da região. Na verdade, eu fui expulsa da ronda uma vez, da primeira vez que cheguei e tentei, de forma bastante ignorante, ir a uma reunião que havia encontrado por acaso. Assim, fiquei surpresa quando mais tarde me foi permitido ir à assembleia da ronda que descrevo a seguir. Consistia em uma reunião de cerca de quinhentos indivíduos – em sua maioria homens, apesar de também haver muitas mulheres.

UMA ASSEMBLEIA DA RONDA: PUNINDO UM LADRÃO DE CAVALO CONTRA A VONTADE DA POLÍCIA

A reunião começou. Depois de cantar o hino nacional e erguer a bandeira peruana, os temas foram discutidos. A principal questão para a assembleia era punir um ladrão que havia roubado cavalos. Membros da ronda o capturaram, mas, em vez de exigir sua liberdade, o ladrão exigiu ser entregue à polícia. Ele não queria encarar a justiça comunal; encará-la pode ser duro, o ladrão sabia

– tratos com o Estado local eram muito mais fáceis.[382] A seu pedido, dois policiais tinham vindo de Ocongate para levá-lo em custódia oficial e de fato protegê-lo do julgamento e da punição da assembleia. Enquanto membros da ronda ficavam de guarda contra o ladrão, os policiais impunham sua autoridade: "Vocês não têm direito nenhum de manter esse homem, vocês não podem puni-lo. Apenas a polícia pode punir. Ele poderia reclamar, poderia acusá-los para o juiz." A assembleia murmurava alto e o presidente da ronda respondeu:

> Vocês dizem que não é nosso direito, mas quando ele for para a delegacia de polícia vocês o libertam, e ele dá alguma coisa a vocês... Vocês não o punem. Vocês só querem o que ele pode dar a vocês. é a mesma coisa com o juiz... Vocês ficam do lado dos ladrões e nós, aqueles que temos interesse [de parar isso], seguimos preocupados, apreensivos.

A polícia insistia, mas sem sucesso; a assembleia gritava em apoio ao presidente da ronda e, com esse poder, as autoridades da ronda ordenaram às autoridades estatais que fossem embora. Uma vez que tinham ido e que a assembleia se acalmara, a ação continuou. Primeiro aqueles membros da ronda que haviam encontrado o homem descreveram como e onde o encontro havia acontecido; então, o dono dos animais roubados trouxe testemunhas para se certificar de que os cavalos encontrados em posse do suposto ladrão eram seus animais. O homem confessou e foi obrigado a pagar por seu erro: ele teve de devolver os cavalos e pagar ao dono (não consigo lembrar quanto) para compensar os dias que havia ficado com os cavalos e assim

---

382 Para saber mais sobre histórias de punições das rondas, que se aproximam muito das definições oficiais de tortura, ver Starn, 1999.

impedido o dono verdadeiro de usá-los para o trabalho. Ele também pagou os custos de sua busca e captura. Então, o homem recebeu castigo físico. Mandaram tirar sua camisa e calça, ele foi açoitado e forçado a fazer uma série de exercícios físicos fortes – provavelmente do tipo que os *runakuna* aprendem durante seu serviço militar – e finalmente ordenaram que ele mergulhasse nas águas extremamente frias da lagoa. Uma vez fora, e ainda vestindo apenas a roupa íntima, o homem prometeu não voltar a roubar. Nunca ouvi sobre ele novamente durante os anos em que fui e voltei de Pacchanta.

Para chegar ao local da reunião da assembleia, Nazario, seu filho Rufino (também um chefe de família) e eu caminhamos três horas montanha acima desde Pacchanta. No caminho, eles me contaram sobre algo que acontecera muitos anos atrás. Era 1989 e Rufino tinha nove ou dez anos de idade. Seu irmão e suas irmãs estavam com Mariano em Pacchanta; Rufino estava com seus pais, cuidando dos rebanhos perto de sua casa em Alqaqucha, que ficava mais no alto do que sua residência principal e também era isolada do resto do vilarejo, mas tinha bons pastos para a alpaca (antes da explosão do turismo, a família ganhava a maior parte de sua renda da venda de lã). Era a estação chuvosa, que coincide com as férias escolares no Peru; assim, Rufino, como outros garotos de sua idade, estava ocupado como pastor de sua família. Nazario estava consertando cercas de pedra e Liberata estava na casa. O Sol brilhava; ainda era cedo – provavelmente antes do meio-dia – quando uma tropa de ladrões de gado veio. Primeiro, atacaram Nazario, amarrando seus pés e mãos com o arame que encontraram na casa e estufando sua boca com *pariation* – a palavra local para paratião, um pesticida venenoso para humanos –, de forma que ele não pudesse gritar para avisar ao pastor, seu filho. Então, foram atrás de Rufino, amarram-no com uma corda e encurralaram os animais que eles mais tarde levariam (32 alpacas, seis ovelhas e oito cavalos). Então, seguiram para a casa, onde estupraram Liberata e reuniram todos os produtos que a família havia trazido de Pacchanta (batatas desidratadas, batatas e açúcar), suas roupas e camas (feitas de cobertores e peles de ovelha) em uma pilha. Finalmente, antes de irem embora, borrifaram querosene na casa e atearam fogo nela. Levou um longo tempo até que Nazario e Liberata conseguissem se libertar e encontrar Rufino. Quando o fizeram, tremendo com frio e medo, caminharam até Pacchanta. Não ousei sequer perguntar se tinham ido às autoridades; eles tinham, mas sabiam que nada aconteceria. Depois daquele ocorrido, e quando conseguiram começar um novo rebanho, não o levaram para Alqaqucha, ainda que o pasto fosse melhor lá; eles tinham muito medo de estar sozinhos naquele local remoto. Muitas outras famílias eram limitadas dessa maneira – e aquelas que possuíam itens de valor (rádios, gravadores de fita e fogões a gás) os levavam para a casa de algum parente em uma cidade próxima, onde ladrões teriam mais dificuldade de roubá-los. As condições eram diferentes agora: rebanhos pastam em lugares remotos e as pessoas podem manter seus objetos de valor em casa. As rondas efetivamente frearam os roubos. As pessoas dizem que as autoridades não estão felizes: agora há menos ladrões para suborná-las – ou... eram as autoridades que subornavam os ladrões? Este poderia ser o caso; como donas da vontade, elas podiam decidir enviar os ladrões de gado para a cadeia se não colaborassem com elas. Esse era o modo ilegal da lei na região.

Punição da ronda. Abril de 2006.

Com esse evento fresco em nossas mentes, chegamos ao local da reunião, uma lagoa que delimitava vários distritos. Remota e alta, ela foi selecionada justamente porque era difícil de alcançar. Minha presença tinha sido aceita, disseram-me, porque eu era uma amiga de confiança dos Turpo. Mesmo assim, tive de jurar em frente à assembleia que esse era o caso. Nazario disse a eles que eu tinha uma câmera e um gravador de fitas, e tive de oferecer ambos ao presidente – eles não queriam suas ações gravadas. Todas as pessoas presentes também eram participantes, responsáveis por qualquer coisa que ocorresse, para o bem ou para o mal, e eu também o era. Grata por terem me permitido participar, aceitei todas as condições. Quando perguntada sobre meus motivos, disse que a ronda era reminiscente da liderança coletiva em-*ayllu* que muitos anos atrás havia "encaminhado a queixa" com Mariano Turpo e contra o proprietário de terras, contra o dono da vontade. É claro, poucas pessoas me escutaram – a multidão era enorme. Porém, aqueles que estavam perto de mim concordaram de certa forma, e também me corrigiram: as rondas eram como o *ayllu* em que Mariano trabalhou, no sentido de que eles todos revezavam, estavam todos envolvidos e trabalhavam para todo mundo. Contudo, eram também diferentes. A terra não estava mais em jogo. As autoridades estatais não gostavam da ronda porque eram contra a lei – tornavam a lei ilegal.

Caminhando de volta a Pacchanta, enquanto conversávamos sobre como a assembleia tinha forçado os policiais a irem embora, Nazario e seu melhor amigo, Octavio, explicaram porque os *runakuna* apoiavam a organização: as rondas vinham controlando as autoridades estatais, estavam tornando a lei legal. Eles me contaram a história *de como as rondas nasceram*, como eles diziam.

A VONTADE DOS *RUNAKUNA* DE CONTROLAR O *MUNAYNIYUQ*: COMO AS RONDAS NASCERAM

Naqueles tempos, as autoridades ficavam do lado do ladrão; não queriam nossa organização. O juiz não queria a organização. Nós o convidamos para a assembleia. "Eu não vou ir", [ele disse]. "Não é seu direito" [mana qankunaqa dirichuykichischus]. Nós convidamos os policiais; eles vieram para a assembleia. "Nós vamos estar com vocês, nessa coisa justa nós estaremos juntos", eles disseram. Mas então, no fim, a polícia não [nos ajudou]; eles tinham apenas falado da boca para fora. A polícia sempre, sempre escutava os ladrões quando eles iam ao seu posto.

Os runakuna *na assembleia aprovaram: "Quando nós vamos ao juiz, nós sempre precisamos de dinheiro, precisamos de ovelhas; a queixa leva muito tempo, ela leva dias demais para ser resolvida. Na ronda nós não [vamos] precisar de ovelhas; as pessoas que ofendem [vão] pagar uma multa por seu crime. A multa [será] de 60 soles". A assembleia aprovou. Então, dizendo isso nós enviamos oficios [cartas oficiais] às autoridades para dizer: "Vocês querem ovelhas, dinheiro; portanto, vocês favorecem aqueles que dão dinheiro a vocês". Com isto, nós silenciamos o juiz, o governador e o posto policial; eles não disseram mais nada contra a ronda. O juiz, também um runa, ficou brabo com a ronda, ele disse: "Vocês nunca obedecem ao que eu ordeno, então façam o que quer que vocês queiram, façam suas próprias leis". Assim, com essas coisas [as rondas] nasceram* [Chayqa aqnapi, chaykuna nasirqan].

As rondas que eu vim a conhecer não tentavam substituir um Estado ausente. Pelo contrário, conforme a história de Nazario e de Octavio, acima citada, elas estavam miravam um Estado familiar e muito presente: os burocratas, donos locais da vontade – os *munayniyuq* – e suas exigências arbitrárias de trocar lei e desenvolvimento por ovelhas e dinheiro: "É verdade, nós fizemos as rondas para parar brigas e roubos, queremos ter uma vida pacífica" [thak kayman chayapuyta munaspa]. Outros *runakuna* concordavam com eles: o Estado não trouxe paz, mas as rondas o fizeram. E a ronda não apenas organizava em nome dos *runakuna*; a organização também beneficiava os *mistikuna* da região: "*Os ladrões não tinham medo dos* mistis; *eles também roubavam suas vacas, cavalos, suas mulas. É por isso que eles [os* mistis] *respeitavam as rondas*". As rondas também colocaram as estradas sob seu controle, de modo que as pessoas pudessem viajar em segurança, protegidas não apenas contra ladrões, mas também contra os representantes do Estado que eram seus aliados: *"Antes das rondas, ônibus eram emboscados, dizendo que eles [os passageiros] eram terroristas, os ladrões os paravam – as autoridades recebiam dinheiro deles e os protegiam. Esses, as rondas fizeram desaparecer"*. E, para a minha surpresa, as rondas não puniam apenas *runakuna*; elas podiam castigar não *runakuna* na região, também:

> *Nós respeitamos os* misti *porque eles leem e escrevem, eles são estudados, mas mesmo se forem, se eles roubarem tem de haver justiça. Eles não deveriam se apoiar em outros doutores que são mais poderosos. Mesmo se o ladrão for um* misti *com muito dinheiro, nós não deveríamos temê-lo. Nós deveríamos ser capazes de dizer, "Pague por isso, reconheça seu crime". Nós deveríamos obrigá-lo.* Embora a ronda não tivesse punido muitos não *runakuna*, seu poder demonstrável fez com que os *munayniyuq* locais ficassem insatisfeitos: *O Juiz, o governador, eles estão odiando a ronda* [ronda paykuna llakisqa karanku].

As rondas tiveram a habilidade de rejeitar a prática local do Estado e limitar o *munay* que obriga os *runakuna* a fazer das ovelhas presentes em troca de tornar a lei legal. Essa possibilidade tem uma condição geográfica: ela funciona onde os *ayllus* ocupam lugar [*take-place*] e implementam práticas próprias, muitas das quais complicam – e às vezes excedem – práticas estatais, incluindo a reivindicação pelo exercício de representação política.

O PODER DA RONDA NÃO É O PODER DE REPRESENTAR

Minha conversa com Nazario e Octavio, registrada anteriormente, aconteceu logo depois de o Estado legalizar as *rondas campesinas*, tornando-as "interlocutores legítimos do Estado", com a capacidade de "coordenar suas ações com representantes estatais" e de controlar "projetos de desenvolvimento dentro de sua jurisdição comunal".[383] Ilustra essa relação nova e relativamente aprazível o fato de que, em 2004, o juiz de paz do distrito de Ocongate coordenou suas ações com a ronda. Conforme explicou Nazario, "*o próprio juez enviou um homem, dizendo, 'Esta pessoa é assim, nós resolvemos a questão no escritório, agora vocês dentro da ronda deem a ele uma punição'*".

Aparentemente, seu reconhecimento oficial apaziguou – pelo menos teoricamente – as relações das rondas com autoridades estatais locais. Contudo, efetuado nos termos do Estado, esse reconhecimento não perturbou a relação fundamental entre Estado e *runakuna*, por meio da qual o primeiro negava o mundo destes por meio da exigência de sua transformação, precisamente nos termos do Estado. O reconhecimento também não afetou a organização da ronda; ela continuou a se apoiar na relacionalidade em-*ayllu*. De forma bastante interessante, como o modo relacional em-*ayllu* interfere nas dinâmicas da ronda, surge uma situação intrincada na qual a colaboração entre autoridades estatais e *runakuna* – que pode até mesmo ser lida como a participação das rondas em atividades estatais – também transcorre *sem o* Estado, e em muitos casos contra suas práticas centrais também.

---

383 Ley de Rondas Campesinas, 1º de junho de 2003, art. 6, 7 e 8.

Conforme pontuado em histórias anteriores, seres em-*ayllu* – *runakuna* e *tirakuna* – são entidades com relações inerentemente implicadas. Isso significa que tal ser não é um sujeito individual em relação a outros. Pelo contrário, um indivíduo em-*ayllu* é análogo a um nó em uma rede: uma confluência em que conexões com outros "nós" emergem e *com os quais o indivíduo é*. Composta por conexões heterogêneas, uma pessoa em-*ayllu* aparece (em posições diferentes e hierárquicas) sempre inerentemente relacionada a outras. Um dos requisitos para o exercício da liderança da ronda é ser *aylluruna*, e essa delimitação não é apenas uma forma de excluir as pessoas urbanas mais poderosas (potenciais *munayniyuq*) do comando da ronda. Tão importante quanto isso, estar em-*ayllu* limita o modo como líderes da ronda podem praticar autoridade, especificamente no tocante a "representar" seu coletivo. Permita-me explicar por que uso aspas aqui.

Representação – legal e política – é a relação esperada entre o Estado moderno e seus cidadãos: uma líder democraticamente escolhida representa o eleitorado, e essa não é uma condição arbitrária. Pelo contrário, ela ocorre como resultado de um pacto – oficialmente chamado de eleição – que firma a relação entre a líder escolhida e aqueles que a (ou o) elegeram. Consequentemente, estes últimos concedem à primeira o poder de falar por eles. Líderes da ronda também são eleitos, mas eleições em-*ayllu* não resultam em representação; porém, a representação também não está ausente. Foi assim que Nazario explicou a autoridade da ronda:

> *Do meio de nós, nós nos comandamos* [nuqayku pura kamachinakuyku]. *Aqueles* [*que comandam*] *estão com credenciais* [*eles são autorizados pela assembleia da ronda*], *eles* [*seus nomes*] *estão nas* actas [atas]. *Escolhendo com nosso voto* [vutuwan churayku aqllaswan], *nós os alocamos. E então eles são quem obedecemos, eles comandam* [anchiman hina kasuyta,

kamachikun]. *[O presidente] da directiva dá ordens por um ano. Ele se relaciona com todas as instituições [estatais]; tem que ir falar sobre a estrada, a água, qualquer coisa. Nós o respeitamos, não podemos discutir quando ele nos dá ordens, e se não obedecemos, eles nos multam. Se ele for um bêbado, ou se ele não soluciona as coisas direito, ou se tem um problema, nós [a assembleia] o fazemos pagar uma multa* [machasqa mana allintapas huq nata prublemanta mana allinta alchawanku, payta multata pagachillaykutaq]. *Assim, nós respeitamos a directiva, e eles nos respeitam* [anchikunawan, directivata respetayku y directivapas respetallawankutaq].

O "nós" ao qual se refere Nazario é a assembleia de todos os *ayllus* que compõem a ronda; essa assembleia inerentemente constitui as autoridades da ronda, que, portanto, *nunca existem fora dela*. A ronda é composta de indivíduos que já estão sempre com outros, sempre em "uma assembleia". Isso inclui autoridades cuja vontade individual está restrita à aprovação do coletivo *a partir* do qual – não pelo qual – *ronderos* (todos aqueles que formam a ronda, incluindo as autoridades) agem e falam. Falhar em não falar ou não fazer *a partir da* ronda não apenas resulta em remoção do sujeito da posição de autoridade, mas também implica punição, que pode ser uma multa, castigo físico ou negação de acesso à terra coletiva e a direitos de pastagem, vergonha cotidiana e ostracismo social e econômico. *Não existe um fora da assembleia* a ser ocupado por qualquer um dos membros, e, portanto, a prática da representação da ronda por parte das autoridades é a vontade coletiva de todos os presentes na assembleia. Diferentemente de formas liberais de representação, a significância das autoridades da ronda – seu poder de significar – continua a se apoiar na assembleia. Assim, não é difícil encontrar um paralelo entre a ronda e o requisito zapatista de "comandar obedecendo".[384] Invertendo a direcionalidade da autoridade contratada em eleições democráticas liberais, as eleições da ronda colocam sob obrigação os líderes eleitos desde o primeiro instante em que são escolhidos para comandar. A frase de Nazario foi ambígua enquanto ele narrava sua versão do sucesso da ronda: *Nós fizemos Julián Rojo voltar, nós o escolhemos por mais dois anos.*

Rojo era um dos fundadores da ronda à qual pertencia Pacchanta. Ele fizera um bom trabalho e não havia ninguém como ele. Embora não quisesse retornar, ele precisava voltar, e seu retorno foi insistentemente defendido em uma eleição da assembleia. Isso, de fato, lembrava a história de Mariano: ele também foi escolhido para liderar e, embora não quisesse, precisou fazê-lo. Contei essa história anteriormente, e já a tinha escutado do próprio Mariano quando Nazario e Octavio me falaram sobre Rojo. O oposto de *munayniyuq* – porque é a vontade da assembleia que articula sua autoridade, em vez de sua própria *munay* –, ambos Julián e Mariano também correspondem ao que disse Clastres sobre chefes em sociedades sem Estado: eles são chefes sem poder, e no lugar de possuir o poder de seu eloquente discurso, eles precisam utilizar tal eloquência para o coletivo.[385]

Assim como era com os líderes *runakuna* durante o auge da atuação de Mariano, a autoridade que a ronda concede a seus líderes emerge de relações em-*ayllu*. Embora baseada nas habilidades desses indivíduos, ela transforma as capacidades destes em obrigação para com o coletivo e inibe seu poder individual – sem necessariamente anulá-lo. Diferentemente de Mariano, Julián Rojo sabia ler e escrever – pelo menos em certa medida,

---

384 Comandanta Ester, "Words of Comandanta Ester at the Congress of the Union", 2002, p. 186.
385 P. Clastres, *A sociedade contra o Estado: pesquisas de antropologia política*, 2003.

provavelmente como Mariano Chillihuani, *puriq masi* de Mariano, seu companheiro no encaminhamento da queixa. Porém, algo que Mariano Turpo e Julián Rojo de fato tinham em comum era o fato de ambos "saberem como falar". O discurso é uma qualidade exigida em um líder – Clastres também concordava; isso parece ser uma característica normal na política, inclusive na política liberal moderna. Contudo, ao contrário de políticos liberais, a quem o eleitorado concede o poder de falar em seu nome, as autoridades da ronda (e Mariano, anteriormente) dependem do coletivo para seu discurso. É a assembleia que decide o que a autoridade dirá, sem necessariamente conceder a essa pessoa o poder de representá-los como um significante representa o significado. Eles são líderes sem seguidores, pois a separação entre esses dois, que seria necessária para torná-los tais (líderes *e* seguidores, distintos um do outro) não existe. A assembleia nunca é passiva ou muda; pelo contrário, ela está sempre falando e fazendo suas autoridades falarem. Por sua vez, é tarefa dos oficiais da ronda, enquanto membros em relação de obrigação com a assembleia, coordenar as ações que por fim vão resultar em seu discurso. Em um caminho similar, a teórica mexicana e ativista política Raquel Gutiérrez[386] sugere que, no caso dos coletivos bolivianos que ela conhece, o limite da atividade de representantes comunais é a vontade coletiva, formulada em mecanismos através dos quais indivíduos negociam um acordo entre eles, em vez de entregar sua vontade – delegá-la – em troca do controle do bem comum. Assim, quando seus líderes "representam" a ronda – por exemplo, quando eles se envolvem com instituições estatais, ONGs ou partidos políticos – essa relação também é uma prática não

---

386 R. Gutiérrez, *Rhythms of Pachakuti: Indigenous Uprising and State Power in Bolivia*, 2014.

representacional: eles estão em-*ayllu*, nunca agindo sem o coletivo, que é onde reside seu poder.

Esse processo não está livre de conflitos. A conexão parcial entre representação e não representação também é um local em que discussões infindáveis ocorrem. Elas podem ser violentas, pois, embora as autoridades não representem a assembleia, há a possibilidade de que o façam (e não apenas em benefício coletivo, mas também em seu próprio). Elas podem fazer a assembleia falar o que elas julgam ser as palavras mais convenientes. Esse procedimento, porém, não é tão simples quanto uma manipulação, pois convencer uma assembleia de ronda que emerge a partir de relações em-*ayllu* requer trabalho diário e exige que o sujeito ocupe uma posição de um respeito de longa data, o que também pode causar uma hábil estratégia de alianças, suborno e poder abusivo. O líder que emerge em tais condições seria identificado como *munayniyuq*, com sua autoridade em risco de ser eliminada pela assembleia da ronda.[387]

Rondas são instituições complexas. Engajadas em "tornar a lei legal", elas incorporam o Estado em suas dinâmicas. Porém, o poder que torna as rondas possíveis é diferente do (às vezes até mesmo outro em relação ao) poder do Estado, o qual *runakuna* como Nazario veem como um dono inevitável da vontade e, nessa inevitabilidade, análogo ao poder de seres-terra. Diferentemente deste último, contudo, para *runakuna*, o poder do Estado está separado de, e frequentemente até mesmo antagônico em relação a, condições em-*ayllu*. Pelo contrário, o poder que torna as rondas possíveis está em-*ayllu*, é inseparável dele; o poder

---

387 Estou ciente do gênero que estou empregando nessas formulações. Não se trata de um acidente: as autoridades da ronda são homens, com as mulheres ocupando posições subordinadas, nas ocasiões em que elas estão presentes. Isso, é claro, não descarta uma participação feminina decisiva nas rondas. No entanto, não tratarei desse assunto.

reside no coletivo, que não pode conceder poder representativo (potencialmente equivalente à vontade individual ou *munay*) a seus líderes sem desfazer a si mesmo enquanto um coletivo. O surgimento de um *munayniyuq* a partir do interior da ronda – o que é bastante frequente – age contra esse coletivo e resulta em violência. É o tipo de poder local que ofusca os laços relacionais obrigatórios que estar em-*ayllu* implica, e é debilitante tanto para o comando da ronda quanto para o *munayniyuq*, uma figura local inquietante cuja *munay* individual a ronda trabalha para cancelar, recorrendo à violência se necessário.[388] Outras vezes, como no caso que discuto a seguir, a vontade violenta de um indivíduo pode ser controlada por um apelo ao Estado – o mesmo Estado que nega o modo de vida em-*ayllu* que sustenta a ronda e que a ronda busca tornar legal.

RONDAS CONTRA O ESTADO LOCAL A PARTIR DE DENTRO DO ESTADO

Durante os anos em que visitei Pacchanta, somente *runakuna* em-*ayllu* podiam ser eleitos para autoridades da ronda, mas ser membro da ronda estava aberto a *mistis* – em sua maioria comerciantes das cidades – que também encontravam recurso contra criminosos e *munayniyuq* graças aos *ronderos*. A ronda

---

[388] Em seu sutil trabalho etnográfico sobre poder, guerra e segredos em Sarhua, um vilarejo andino em Ayacucho – um departamento vizinho de Cusco –, a antropóloga Olga González (2011, p. 111 e 198) debate o caso de uma autoridade comunal rica e poderosa, identificada localmente como *munayniyuq*, que foi morto por uma multidão em decorrência de seus abusos. O fato de assassinos específicos nunca terem sido identificados talvez diga algo também sobre a impossibilidade de individuação que emerge da relacionalidade em-*ayllu*.

tinha sido um sucesso, considerando padrões locais. Nazario estava entusiasmado:

> *Agora tem menos [presentes] para os advogados, menos para a polícia. A ronda está fazendo julgamentos do tribunal desaparecerem. Os advogados estão tristes; antes eles pelo menos ganhavam ovelhas, a polícia também. Nós fizemos as coisas darem uma acalmada; [com] a organização da ronda não tem pagamentos.*

Os relativos feitos da ronda em desafiar a polícia e o sistema legal local inspiraram discussões sobre estender o monitoramento da ronda para incluir representantes estatais – todos eles, não apenas os visivelmente corruptos.

> *Nós começaríamos em Ocongate – [o representante do] Ministério da Agricultura está em Ocongate. Nós perguntaríamos a ele: "Quanto dinheiro chegou do Ministério para o distrito? E como você gastou aquele dinheiro?" Todas aquelas coisas seriam declaradas, eles teriam que dizer a verdade. Haveria justiça. Porque nós não os verificamos, não tem justiça; se nós o fizéssemos, haveria justiça, qualquer ordem que eles nos dessem seria legal. Com isso, da ronda, os decretos, todos os documentos estatais, se eles estivessem bem, seriam monitorados a partir do nosso interior [da ronda]. De dentro da ronda nós sancionaríamos [nós diríamos]: "Aquelas pessoas que trabalham naquela instituição estão bem" ou "Elas não estão bem." Se elas não estivessem bem, nós as demitiríamos. É assim que nós aprovaríamos; supervisionaríamos o que eles fazem.*

Nazario propôs as ideias acima em uma pequena assembleia em seu vilarejo. Ele havia sido mais imediatamente motivado pelo fato publicamente conhecido de que o prefeito de Ocongate (um estrangeiro ao distrito que tinha estabelecido residência na região como professor da educação primária) estava roubando grandes quantias em dinheiro do orçamento destinado a distritos. Um membro da ronda fora morto depois de denunciar o prefeito em uma assembleia; ele era suspeito da morte, mas quem poderia condenar uma autoridade local? O prefeito havia se infiltrado na ronda, era o rumor, subornando *runakuna* com trabalhos assalariados no município. As pessoas sussurravam: a ronda tinha que ser mais cuidadosa acerca de quem participava das assembleias e apenas pessoas bem conhecidas deveriam ser aceitas como membros. De acordo com Nazario, a ronda tinha provado seu sucesso – ela havia assustado os ladrões e sido capaz de controlar aqueles que os protegiam – e era hora de começar a supervisionar todos os representantes estatais, começando com os municípios. Então, ele continuou a falar ao pequeno grupo de pessoas que havia se reunido: "*Aquele Víctor Perez [o prefeito] está roubando o dinheiro da nossa cidade. É por isso que o estão denunciando. Se não falarmos [publicamente] sobre aquele dinheiro, outro prefeito vai ser escolhido em seguida e ele também vai roubar.*"

Eu aprendera com Mariano que assumir uma liderança em-*ayllu* era oneroso; implicava arriscar a vida e não ganhar algo em troca. E, enquanto escutava a conversa na reunião do vilarejo, percebi que nada havia mudado. Nazario continuou:

> *Alguns de nós estão calados; alguns de nós falam e lutam com ele, o prefeito nos observa, odeia alguns de nós. [Mas aqueles que estão calados deveriam perceber que] o dinheiro sobre o qual estamos reclamando não será para as pessoas que estão encaminhando a queixa, ele será para todos. Nós temos medo de caminhar nas ruas; ele está mandando pessoas para nos seguir. Aquela pessoa que morreu não estava*

reclamando sobre o prefeito porque ele tinha roubado seus animais ou seu dinheiro. Ele estava reclamando sobre o dinheiro que pertencia à cidade, e ele foi morto. Enquanto alguns estão felizes, outros encontram a morte.

A violência estava aumentando e parecia que a única maneira de parar o prefeito era tornar sua corrupção conhecida no contexto mais amplo da política regional – para além da *munay* do Estado local. Reunidos pela ronda e apoiados por meu amigo Padre Antonio (em seu papel como *párroco*, líder da paróquia local), um grupo de vinte *ronderos* se abrigou no prédio da igreja local e começou uma greve de fome. Eles convidaram representantes dos principais veículos de mídia regionais e denunciaram o prefeito em uma conferência de imprensa local. Após um cabo de guerra político curto, mas violento, a ronda ganhou: o prefeito foi obrigado a renunciar e foi para a prisão. Ele ficou lá por vários meses, talvez anos – nunca foi visto na região novamente. Durante minha última visita, em 2009, algumas pessoas ainda temiam retaliação. Todas as ações tinham sido direcionadas contra o prefeito corrupto; contudo, elas podiam implicitamente reverberar contra as autoridades regionais, cuja corrupção era a norma (e, portanto, *não* corrupção!). A greve de fome dos *ronderos* foi obviamente uma ação, senão necessariamente contra o Estado, contra sua prática local, certamente.

A vitória contra o prefeito criminoso também significou a derrota de uma ampla rede de seus bandidos, que incluía muitos *runakuna* dispostos a arriscar suas relações com o coletivo. Essa derrota reafirmava possibilidades em-*ayllu* e encorajava as rondas a expandirem suas tentativas de controlar autoridades estatais locais – a proposta de Nazario lentamente se concretizou. A assembleia discutiu se poderia até mesmo ser melhor se eles escolhessem candidatos eleitorais para os postos políticos a partir do interior do coletivo. Quando o período de eleição municipal seguinte chegou, a ronda decidiu caminhar dentro do Estado e ocupá-lo com práticas da ronda de votar em eleições democráticas, assim seguindo práticas estatais. Eles começaram pela escolha de candidatos a prefeito a partir "do seu interior" – "[*os candidatos são*] *de dentro de nós*", foi como Nazario explicou. Decidiu-se em uma assembleia de ronda que cada *ayllu* deveria escolher dois candidatos; então, "dentre eles" a assembleia geral escolheria um como o candidato da ronda.

Participação em eleições democráticas não uma novidade para os *runakuna*. Eles haviam elegido representantes estatais desde 1979, quando a nova Constituição peruana – unindo-se a outras políticas multiculturais no continente – concedeu a "cidadãos iletrados" o direito de votar em eleições nacionais e locais. Nos anos 1990, políticas para aprofundar o neoliberalismo – das quais o multiculturalismo fazia parte – implementaram a assim chamada descentralização da administração do Estado. Uma das medidas implementadas era a determinação de que autoridades municipais (prefeitos e conselhos municipais) anteriormente apontadas por autoridades centrais deveriam ser eleitas localmente.[389] Em muitas partes do país, residentes de cidades e alguns *runakuna* correram para adentrar a porta aberta pela chamada descentralizadora para participar de instituições estatais locais. Porém, quando passaram pela entrada, os "cidadãos iletrados" encontraram as práticas letradas do Estado os empurrando de volta para a rua. Em Cusco, um caso que pessoas de todo tipo sempre mencionam é o de Zenón Mescco, um *runakuna* que foi eleito prefeito de um povoado rural chamado Chinchaypuquio, a três horas de carro a oeste da cidade de Cusco

---

[389] Como desdobramento relativamente recente dessa medida, *municipalidades menores* se proliferaram em vilarejos que não eram a capital de seu distrito (ou grandes municipalidades), mas que cumpriam o requisito demográfico de existir em uma administração periurbana independente. Ver Ricard *et al.*, 2007.

(provavelmente a oito horas de Ocongate). Ele foi acusado de fraude e colocado na prisão. Ele era analfabeto, explicou em uma entrevista mais tarde: seu contador o havia feito assinar documentos que não conseguia ler. Ele foi considerado culpado e passou quatro anos na prisão; seu *ayllu* não foi capaz ou não quis defendê-lo.[390]

Os *runakuna* em Ocongate conhecem o caso de Mescco; sabem que certo grau de instrução é um requisito quando se pensa em candidatos viáveis para eleições municipais. Quando estávamos falando sobre possíveis candidatos da ronda para prefeito, perguntei a Nazario sobre Rojo, o organizador da ronda que meus amigos admiravam – o que eles haviam feito voltar como líder da ronda. O que diziam sobre ele ser candidato? Nazario foi rápido em responder: "*Não, ele não pode, ele tem pouca instrução. Não... ele não teria apoio*" [Julian mana atinmanchu, pisi istrukshunin mana... manan apuyankumanchu]. E continuou: "*No fim, não tem um único com alto ensino [escolar]... não tem nenhum dentro da assembleia dos runakuna... dentre nós, não tem ninguém.*" Na verdade, Perez, o prefeito corrupto, fora eleito porque tinha educação secundária; embora não fosse um candidato de "dentro da ronda" [*ronda uhupi*], na época da eleição, ele ganhara um favor da assembleia porque havia ajudado a interpretar os documentos legais sobre a organização da ronda, os quais circularam antes de seu reconhecimento oficial. Talvez ele tenha aprendido como enganar *runakuna*; ele percebeu que podia dizer a ele o que quisesse, pensava Nazario.

---

390 Wilber Rozas, comunicação pessoal. Para mais sobre Zenón Mescco, ver Ricard et al., 2007.

CIDADÃOS "ILETRADOS" DE UM ESTADO LETRADO

Em 1979, um decreto constitucional suspendeu formalmente a normativa que proibia a "população analfabeta" de participar das eleições nacionais e locais. Alguns anos depois, uma infinidade de *municípios menores* foi criada em vilarejos campesinos, assim abrindo potencialmente as portas para que os *runakuna* participassem da vontade do Estado. Entretanto, a alfabetização é ainda necessária para conduzir os negócios do Estado local. Quem poderia imaginar um Estado liberal tardio que não colocasse o *logos* moderno (história, ciência e política) em seu centro? E se essa pergunta representa um desafio ao conhecimento hegemônico (a esfera da qual as possíveis respostas poderiam emergir), a ideia de um Estado não alfabetizado é ainda pior, é absurda. Ela expressa o impensável: aquilo que perverte todas as respostas porque desafia os termos a partir dos quais a pergunta é formulada.[391] E o outro lado do impensável é o que nem mesmo se exige pensar ou dizer – nesse caso, a exigência de letramento entre os representantes eleitos do Estado, mesmo que eles não saibam ler e escrever. Essa imposição ilógica não é um problema que precisa ser considerado porque, sendo o outro lado do impensável, é "como as coisas deveriam ser". Em uma época em que os Estados podem se orgulhar do multiculturalismo – se o alcançarem –, o letramento moderno (e tudo o que ele engloba em seu campo semântico) continua a estabelecer os limites da diferença aceitável ou a tolerá-la por sua própria conta e risco e até sua esperada falência. O "índio permitido",[392] ou o índio cuja cidadania é autorizada pelo Estado, é o índio letrado como sujeito secular e individual. O outro índio

---

[391] M-R. Trouillot, *Silencing the Past: Power and the Production of History*, 1995, p. 82.
[392] C. R. Hale, "Rethinking Indigenous Politics in the Era of the 'Indio Permitido'". *NACLA*, v. 38, n. 2, 2004.

("analfabeto" e em-*ayllu*) não tem acesso direto ao Estado: ele precisa esperar, usar intermediários ou arcar com as consequências, como Mescco. Não há nenhuma medida legal contra essa condição, pois não existe qualquer direito liberal ao analfabetismo.

No entanto, também existem projetos alternativos de alfabetização habitados por práticas decoloniais heterogêneas. Perto de casa (ou de uma das casas deste livro), a luta por escolas na qual a geração de líderes de Mariano se envolveu incorpora um desses esforços; e projetos políticos semelhantes existem hoje. A leitura e a escrita nesses projetos fortalecem a diferença radical – não a anulam –, mesmo que muitas vezes a leitura e a escrita sejam praticadas somente em espanhol.

A RONDA HABITA O ESTADO: UM CANDIDATO (ALFABETIZADO) VENCEDOR

A gama de escolhas de candidatos para a ronda estava restrita a seus membros capazes de ler, que geralmente eram não *runakuna*; de maneira contraintuitiva – a meu ver, pelo menos –, a assembleia decidiu escolher candidatos para a ronda dentre os membros que não tinham experiência no governo. Nazario explicou que o envolvimento prévio com o governo poderia ter criado maus hábitos:

> *Queremos alguém limpo, alguém que não tenha tido cargos, como em algum escritório* [do Estado]. *As pessoas aprendem a roubar; trabalhando como funcionário do governo* [directivo], *também se pode aprender a roubar. Um* runa *limpo, com uma experiência linda, alguém assim vai cuidar do nosso lugar, assim decidimos* [Huq limphiw runaqa, sumaq ixpirinshawan runata, llaqtata qhawarinqa nispa].

Depois de muitas tentativas fracassadas, nas quais os *ronderos* perderam para outros candidatos locais, o candidato da ronda finalmente venceu as eleições municipais de 2008. Graciano Mandura, nascido em Pacchanta, é filho de um lar em-*ayllu*. Ele não só lê e escreve em espanhol como tem um diploma de criação de animais e estava trabalhando em uma ONG de desenvolvimento quando foi eleito prefeito de Ocongate. Alguém de fora não o veria como um "indígena campesino" – ele era diferente daqueles que o haviam elegido. Tampouco ele cumpriria qualquer de suas obrigações em-*ayllu*; quando atingiu a idade de se juntar ao coletivo, escolheu se mudar para Cusco para realizar seus estudos. Atualmente, ele não tem acesso a recursos *ayllu* em Pacchanta, onde ainda tem família. Quando o conheci, sua esposa era professora em uma escola de ensino médio da região; seus filhos estavam no ensino fundamental em San Jerónimo, um distrito urbano conectado à cidade de Cusco pelo transporte público. (Na verdade, eu o conheci por causa de seu trabalho; enquanto amigo de Mariano e de sua família, ele me ajudou muito em minhas primeiras visitas a Pacchanta, assim como sua esposa.) Capaz de ler e escrever, com diploma universitário e uma casa em Ocongate e ganhando um salário de uma ONG: tudo isso qualificaria Mandura como *misti* ou não *runa*. Mas como Nazario e, mais enfaticamente, Benito, seu irmão, também disse:

> *Ele é como nós, da classe* runa, *ele tem sangue* runa. *Alguns* runakuna, *quando sabem ler e escrever, não querem ser vistos como* runa, *querem ser respeitados como os* misti; *eles não respeitam os* runakuna. *Graciano não tem medo dos* misti *e nos respeita, ele é como nós, ele tem sangue* runa, *roupas* runa, *classe* runa [runa yawar, runa p'achayuq, runa clase]. *Agora, alguém da classe* runa *é prefeito; a ronda venceu.*

Graciano Mandura era o candidato da ronda para a prefeitura de Ocongate. A pá na fotografia é o símbolo da Acción Popular, um partido político nacional que apoiou sua candidatura. Setembro de 2007.

De fato, as coisas eram assim. Mandura era um prefeito da ronda e, dessa maneira, seu desempenho era supervisionado pela assembleia da ronda. Ele me explicou a situação da seguinte maneira: "*Preciso tomar cuidado, eu não pergunto toda hora, mas preciso estar atento para não ofender ninguém. Não posso ficar rico; essa é a parte mais importante. Preciso servir; a ronda precisa me ver servindo.*" Aparentemente, portanto, nem sendo servidores do Estado membros da ronda têm o poder de representar, em termos democráticos e liberais. A autoridade permanece na organização. Os membros da ronda capazes de ler não são apenas sujeitos modernos individuais que o Estado pode reconhecer como representantes dela – sujeito ao coletivo, sua posição como representantes estatais não é uma soma que resulta em um (mas tampouco seu resultado é muitos).

De complexidade parecida, Mandura encarna um projeto alternativo, ainda que implícito, de letramento. Talvez haja similaridades com a proposta de Mariano na década de 1950 e em nome da qual ele encaminhou a queixa de Pacchanta a Cusco e Lima: um projeto que permitiria aos *runakuna* ler e escrever sem abrir mão de sua mundificação relacional em-*ayllu* que, junto de outros, produz a vida na região de Ausangate. Gavina Córdoba, uma falante nativa de quíchua que também escreve fluentemente em espanhol e trabalha em uma ONG internacional localizada em Lima, chama esse processo de *criar la escritura*. Podemos entender sua formulação em espanhol como "nutrir a escrita", e a intenção que subjaz a ela é se opor ao letramento como projeto nacional homogeneizante. "Você se apropria da escrita ou cria sua própria escrita, você a torna diferente, como você, não permitindo que ela mude você: você a muda quando ela se torna sua", explica ela.[393] Nesses projetos alternativos de letramento, os *runakuna* que leem e escrevem não traduzem a si mesmos conforme o regime representacional de leitura e escrita do Estado letrado – e, dessa maneira, desafiam sua posição como donos da vontades, ou *munayniyuq*. Esse desafio, no entanto, é parcial: as práticas modernas da representação política (as que pertencem à esfera do Estado) estão hegemonicamente presentes, sempre se impondo sobre as práticas não representacionais, as quais, no melhor dos casos, precisam negociar com as práticas modernas de maneiras implícitas e explícitas. Dando um exemplo que revela bastante,

---

393 Gavina Córdoba, comunicação pessoal.

Mandura também era o candidato do Acción Popular – que se traduz literalmente como "ação popular". Um partido político populista de alcance nacional com leve inclinação à direita, o Acción Popular apoiou a campanha eleitoral de Graciano, tornando o custo monetário para a ronda mínimo. Diferentemente da ronda, o partido deu a seu candidato – que também era candidato da ronda – o poder de representá-lo nas eleições locais. Para o Acción Popular, isso significava a possibilidade de contar com Ocongate como um dos lugares onde o partido mantinha influência e, desse modo, poderia implementar (e, se obtivesse sucesso, expor em uma vitrine) seus planos de "desenvolvimento rural". Essa influência, porém, que fluía em formas modernas de representação política, ainda precisava ser negociada com a ronda: dentro dela, Graciano não tinha a liberdade de, como indivíduo, representar – e assim comandar – "seus eleitores", como o Acción Popular esperaria. Além disso, o coletivo da ronda não era "um eleitorado" separado de Graciano; ele era inerentemente parte dela.

Como no caso de Julián Rojo, as circunstâncias de Graciano Mandura me lembraram de histórias que Mariano me havia contado – sobre como seus advogados ou aliados da esquerda queriam que ele assinasse papéis, algo que ele não podia fazer antes de consultar o *ayllu*. É curioso que, localmente, o Estado absorve muitas práticas não estatais do *ayllu* ou da ronda e os coletivos absorvem muitas práticas estatais. A relação entre as duas esferas é tensa: o Estado pode forçar as rondas e *ayllus* a aceitar regras da democracia representativa ao mesmo tempo que se nega a reconhecer práticas não representacionais – ou precisamente porque nega esse reconhecimento, indicando assim os limites da democracia, inquestionáveis e historicamente legítimos (e, portanto, não entendidos como limites).

Em vez de duas lógicas desconectadas, em Ocongate, onde Mandura era prefeito, e possivelmente em outros lugares do país, a participação da ronda nas eleições municipais (lançando e supervisionando seus candidatos) revela um governo local complexo, no qual os regimes não representacionais do *ayllu* (ou da ronda) coabitam com modos de representação que são a norma para o Estado moderno. Desse modo, quando se trata de debates políticos que incluem as noções de democracia "dos analfabetos", as eleições podem se tornar espaços de equivocação empírica e conceitual:[394] elas podem se referir ao mesmo tempo a práticas radicalmente diferentes (representacionais e não representacionais), as quais, no entanto, quando realizadas, não podem ser separadas umas das outras. Desafiando pensadores liberais, que julgariam impensável a simultaneidade da obrigação com um coletivo e com a democracia, as eleições de líderes nas rondas e em-*ayllu* podem ser tanto democráticas quanto uma obrigação – o resultado da conexão parcial entre formas distintas de autorização do poder de um líder. Talvez essa seja a maneira como o "comandar obedecendo" ganha sentido nas rondas e em-*ayllu*. Como disse há pouco, Rojo, *aylluruna*, que conseguiu implementar com sucesso a ronda no começo dos anos 2000, precisou servir por dois mandatos. Repito as palavras de Nazario: *Fizemos Julián Rojo voltar, escolhemos ele por mais dois anos.*

O mesmo poderia ter acontecido com Graciano Manura, mas não aconteceu.

---

394 E.V. de Castro, "A antropologia perspectivista e o método da equivocação controlada", *Aceno*, v. 5, n. 10, 2018.

Prefeito Graciano Mandura em seu escritório na prefeitura de Ocongate. Outubro de 2009.

O PREFEITO QUE DEIXOU A RONDA

Graciano foi um prefeito popular; seu mandato foi um sucesso. Entre outras coisas, ele apoiou uma mobilização em defesa de Ausangate, o principal ser-terra na região, contra uma possível mina que havia sido projetada para cruzar pelo meio dele. Tendo participado das dificuldades dos *runakuna* quando ainda era candidato, ele concordava com muitos na região sobre como minerar Ausangate seria equivalente a destruir o ser-terra, algo que o próprio Ausangate não toleraria. Quando a notícia sobre a iminente prospecção para a mina se espalhou, Mandura foi um dos líderes que se opôs a ela; a municipalidade contribuiu com dinheiro para alugar um ônibus e encorajou os locais a viajar para um protesto na Plaza de Armas na cidade de Cusco. Em uma série de eventos que a descentralização neoliberal do Estado não poderia prever, além de o *ayllu* e os modos de representação liberal estarem emaranhados de maneira complexa um com o outro, mais impressionante ainda, através do prefeito de Ocongate, seres-terra haviam adentrado a lógica do Estado local, mesmo se representantes centrais do Estado ignorassem ou repudiassem esse evento como superstição indígena.[395] A complexidade, contudo, não para por aí – nem a história política de Graciano. Ser um prefeito distrital eleito pela ronda o colocou em uma posição intrincada: ele era um representante estatal cujo poder não era seu próprio, pois sua autoridade advinha da obrigação com a assembleia da ronda. Consequentemente, seus atos de governo municipal não eram de cima para baixo; ele devia a si mesmo para o eleitorado da ronda. Contudo, sua posição também levava à popularidade para além do alcance da ronda e do *ayllu* e o levava para longe de suas obrigações para com essas instituições. Em abril de 2010, Graciano foi eleito prefeito de Quispicanchis, a província a qual pertencem o distrito de Ocongate e seu vilarejo, Pacchanta. A jurisdição da ronda que o elegeu está limitada a Ocongate e, ao representar Quispicanchis, Graciano não apenas se tornou um prefeito de escalão mais alto: enquanto prefeito provincial, e assim fora da jurisdição da ronda, estava agora livre para obedecer *somente* às regras da democracia representativa. Ele não precisava mais obedecer ao coletivo. Ainda assim, como um representante moderno de seu distrito eleitoral, seguia práticas que o Estado moderno tem dificuldade em reconhecer – ou o faz apenas enquanto folclore.

Construída pela empresa brasileira Odebrecht, uma enorme rodovia (conhecida como Carretera Transoceánica porque conecta os oceanos Pacífico e Atlântico) atravessa a província

---

[395] M. de la Cadena, "Indigenous Cosmopolitics in the Andes: Conceptual Reflections beyond 'Politics'", *Cultural Anthropology*, v. 25, n. 2, 2010.

de Quispicanchis. Projetos para o desenvolvimento social local são parte da construção da estrada – talvez em cumprimento de políticas corporativas de responsabilidade social. Uma página online da empresa mostra uma fotografia de Graciano na inauguração de um desses projetos. Incluído na cerimônia de inauguração, a página explica, estava um *"Pago a la Tierra"* – traduzido como "Eu pago a Terra" – conduzido por "quatro líderes religiosos" que pediram a participação do prefeito de Quispicanchis. A página traduz para o inglês as palavras de Graciano na inauguração: "Nossos costumes tradicionais não podem ser esquecidos e nossas tradições devem ser preservadas. Mas nós precisamos estar organizados para transformar o que estamos recebendo em desenvolvimento para nossa comunidade."[396]

Essas frases aparecem na página em inglês; o artigo menciona que Graciano falou em quíchua. Eu não sei exatamente o que ele disse, nem sei o que ele quis dizer. Acho que sua fala invoca mundos parcialmente conectados, suas práticas e seus projetos. Quando li a página, a imagem que me veio à mente foi do papel principal de Graciano na campanha contra a mina e em defesa de Ausangate. Extrapolando a partir disso e de minha experiência etnográfica, acho que, muito provavelmente, a cerimônia inaugural a que a página se refere foi um *despacho* aos seres-terra que compõem o lugar do qual Quispicanchis é parte. Como fez quando foi prefeito de Ocongate, em Quispicanchis, o prefeito Mandura se envolve em relações com entidades que não são necessariamente reconhecíveis pela – ou compatíveis com a – democracia liberal e descentralizada que a municipalidade, enquanto uma instituição estatal, também prática.

---

[396] Marcio Polidoro, *A road and the lives it links*, texto publicado no site da Odebrecht.

É claro, outra interpretação é possível. Por exemplo, o prefeito de Quispicanchis, Graciano Madura, pode ter simplesmente realizado um ritual folclórico para agradar o eleitorado indígena que o elegeu. Nessa versão, ele é agora uma autoridade de um Estado provincial moderno e deixou o a-moderno para trás. Ambas as interpretações são concebíveis, e Graciano pode ter realizado qualquer uma delas, mas também mais do que uma. Nesse caso, suas práticas teriam interrompido umas às outras intermitentemente, mas nenhuma teria invalidado a outra. Conexões parciais são, afinal, aquilo em torno do que gira a vida em Cusco; elas também podem colorir as relações políticas entre os mundos que esses projetos de vida produzem.

Nenhuma das interpretações acima nega que Madura deixou o coletivo da ronda, atraído por promessas de uma vida melhor oferecida por um dos mundos que compõem os Andes. E ele saiu quando pôde, quando a ele foi garantido um caminho para fora de Ocongate e uma vida em Urcos – a cidade periurbana que é capital de Quispicanchis. Ele pode ter sido motivado pela escolha de uma vida urbana para seus filhos – e a escolha foi dada a ele porque sabia ler e escrever. Entretanto, deixar Ocongate e a ronda e se mudar para Quispicanchis não sugere de forma simplista que ele deixou o mundo *runakuna* para trás. Pode ter sido mais fácil deixar a política da ronda para trás do que cortar relações com seres-terra, que são centrais para a produção do mundo *runakuna*.

EPÍLOGO

COSMOPOLÍTICA ETNOGRÁFICA

ERA AGOSTO DE 2006, E EU TINHA ACABADO DE CHEGAR a Cusco para uma estada de dois ou três meses. Nazario me ligou para dizer que não poderia vir à casa onde eu estava; em vez disso, queria saber se eu poderia ir à Plaza de Armas. Seria difícil encontrá-lo, porque ele estava participando de um protesto; havia muitas pessoas lá. No entanto, ele me esperaria no El Ayllu, um restaurante frequentado por peruanos "esquerdistas" não cusquenhos – pessoas como eu. Estava curiosa com o evento que havia reunido pessoas na Plaza de Armas, o local de toda manifestação política em Cusco. Naquele dia, as pessoas que se reuniam vinham da região do vilarejo de Nazario. Uma empresa mineradora estava prospectando Sinakara, um ser-terra ligado a Ausangate, que era também um ícone do catolicismo regional e uma montanha, e, assim, um reservatório potencial de minerais, possivelmente ouro. Tal complexidade não é uma novidade nos Andes, onde túneis de mineração perfuraram as entranhas de muitos seres-terra importantes desde os tempos coloniais. Até agora, essas entidades foram acolhedoras o suficiente para permitir que máquinas de mineração e *despachos* se movam dentro delas com relativa facilidade. No entanto, prospectar ouro dos Andes no atual milênio é diferente, pois a nova tecnologia de mineração requer a destruição da montanha da qual os minerais são extraídos: a montanha é transformada em toneladas de terra que precisam ser lavadas com substâncias químicas diluídas em água, em um processo que separa os minerais úteis dos inúteis. Extremamente produtiva em termos econômicos, essa tecnologia também é extremamente poluente do ponto de vista ambiental e representa a maior ameaça possível para os seres-terra: as montanhas que eles também são e excedem estão diante de nada menos do que sua destruição, assim como o mundo no qual os *runakuna* estão diante dos *tirakuna*.

Dois anos antes, em 2004, Nazario defendera que a rejeição dos seres-terra por parte do Estado não os ameaçava realmente, pois eles não cessariam de existir – o leitor deve se lembrar dessa passagem no Interlúdio 2. Em 2004, Nazario havia se esforçado para que o Estado substituísse suas eternas políticas públicas de abandono dos *runakuna* por programas de desenvolvimento – pedindo, no mínimo, estradas, água potável, canais de irrigação, escolas e serviços de saúde pública. Nazario clamava pelo reconhecimento do Estado; a negociação para atingir esse objetivo podia ser feita em termos de política econômica, e esses eram conceitos com os quais o Estado sabia lidar. Depois, em 2006, o desenvolvimento, na forma de grandes projetos de mineração, estava batendo na porta dos vilarejos *runakuna*. No entanto, as características desse desenvolvimento ameaçavam destruir os seres-terra – e, por sua vez, os seres-terra ameaçavam destruir a mineração e todos ao seu redor, incluindo, é claro, os *runakuna*. Em nossa conversa anterior, nem eu, nem Nazario havíamos imaginado que o abandono estatal seria substituído pela destruição empresarial dos lugares *runakuna*. As coisas estavam, sem dúvida, piorando. Se as políticas de abandono anteriores estavam deixando morrer lentamente os corpos *runakuna* – e eu acreditava que o desenvolvimento (implementado ou não) estava fazendo o mesmo com as práticas *runakuna*, ainda que Nazario discordasse –, dessa vez estávamos ambos certos de que o desenvolvimento trazido pela mineração destruiria ativamente o *ayllu*, a localização por meio da qual os *runakuna* existem conjuntamente aos seres-terra. A ameaça era mais séria do que nunca: o regime de propriedade da *hacienda* tomava terras, empobrecendo assim os corpos *runakuna*, além de torturá-los. Porém, ele não tinha a capacidade tecnológica de destruir o lugar que emerge continuamente da relacionalidade *ayllu*. Desse modo, se na época de Mariano os *runakuna* haviam se organizado para defender a sua existência contra o proprietário de terras, na época de Nazario, uma discussão na cidade de Ocongate resultou em uma coalizão de pessoas (*runakuna* e comerciantes, professores e autoridades locais *mistikuna*) que decidiu proteger o ser-terra (*e* montanha *e* templo católico) da destruição trazida pela empresa mineradora.

A manifestação na Plaza de Armas foi o ato público que acompanhou uma visita de uma delegação de representantes da coalizão ao presidente da região. No cenário ideal, convenceriam a ele e ao restante das autoridades de que a montanha não era apenas uma montanha, e, por isso, não imediatamente traduzível, por meio de sua destruição, em minerais. Ausangate, Sinakara e todos os outros eram *tirakuna*, seres-terra. É claro, porém, que esses termos não eram de fácil aceitação pelas autoridades estatais (mesmo se alguns fossem capazes de entendê-los); debates acalorados já haviam acontecido em Ocongate sobre qual a melhor forma de apresentar essas demandas. Devido à insistência de uma ONG local, a decisão foi de subordinar a defesa dos seres-terra à defesa do meio ambiente; essa era uma causa que o Estado era capaz de reconhecer e talvez até mesmo aceitar como virtuosa. Os habitantes do vilarejo atingiram seu objetivo; a partir de agosto de 2014, não havia mais mina em Ausangate. A *montanha* venceu, a empresa mineradora perdeu; mas, para conseguir essa vitória, o ser-terra foi invisibilizado, sua presença política foi ocultada pela aliança que, ao mesmo tempo, o defendia. Além dos campos da ecologia e da economia política, essa disputa também se deu no campo da ontologia política, em dois sentidos entrelaçados desse conceito: como o campo em que práticas, entidades e conceitos produzem uns aos outros; e como a realização, nesse campo, da própria política moderna, moldando o que é e não é seu objeto. No entanto, a ontologia política foi uma parceira discreta na arena de disputa; à medida que a destruição de Ausangate e Sinakara se tornou uma questão de interesse para o público, o fato de que essas entidades eram também seres-terra – e não apenas montanhas – foi gradualmente silenciado. Enquanto atores no campo da política moderna, os *tirakuna* são crenças culturais e, sendo assim, questões de interesse político fracas perante os fatos oferecidos pela ciência, a economia e a natureza. Desse modo, para salvar a montanha de ser engolida pela empresa mineradora, os próprios ativistas – incluindo os *runakuna* – retiraram os *tirakuna* da negociação. Sua diferença radical excedia a política moderna, que não era capaz de tolerar que existissem como algo além de crenças culturais.

DIFERENÇA RADICAL NÃO É ALGO QUE "POVOS INDÍGENAS TÊM"

A diferença radical não deve ser entendida como uma qualidade da indigeneidade isolada, pois tal coisa não existe: como formação histórica, a indigeneidade existe *com* as instituições dos Estados--nação latino-americanos. Desse modo, em vez de algo que "os povos indígenas têm", a diferença radical é uma condição relacional que emerge quando (ou se) todas ou algumas das partes envolvidas em fazer uma realidade são equívocas – no sentido da noção de equivocação de Viveiros de Castro – em relação ao que está sendo feito. Não é incomum nos Andes que a diferença radical emerja como uma relação de excesso com as instituições do Estado. Um lembrete: conceituo o excesso como aquilo que está além do "limite" ou "a primeira coisa fora da qual não há nada a ser encontrado e a primeira coisa dentro da qual tudo pode ser encontrado".[397] Como apresentado por meio das histórias de Mariano e Nazario, esse nada *está* em relação com aquilo que se vê como tudo e, desse modo, excede-o – ele é algo, um real que é nem-uma-coisa [*not-a-thing*] acessível através da cultura ou do conhecimento da natureza (como de costume). O "limite" é ontológico, e estabelecê-lo pode ser uma prática político-epistêmica com o poder de anular a realidade de tudo que (des)aparece para além dele. Anteriormente neste livro, descrevi uma relação entre o presidente do Peru, Alan García, e os seres-terra que ilustra esse poder: ignorando habitar uma circunstância em que uma montanha era também um ser-terra, García anulou a existência deste. Contra a diferença radical (o ser-terra), ele exigiu com veemência a univocidade: se não era uma montanha, era superstição – e ele não tolera superstições.

Como um antídoto para práticas de "mesmização" [*same-ing*], Helen Verran propõe "cultivar o desconcerto epistêmico".[398] Esse desconcerto, segundo ela, é o sentimento que ataca os indivíduos – inclusive seus corpos – quando as categorias que pertencem às suas práticas de produção de mundo e suas instituições são perturbadas. O desconcerto epistêmico, no caso de que me ocupo aqui, poderia corresponder ao impensável de Michel-Rolph Trouillot:

---

397 R. Guha, *History at the Limit of World History*, 2002, p. 7.
398 H. Verran, "Engagements between Disparate Knowledge Traditions: Toward Doing Difference Generatively and in Good Faith", 2012, p. 143.

aquilo que quebra a ordem ontológica do que é (pensável) por meio da política ou da ciência moderna.[399] Assim, em vez de reconhecimento, o desconcerto epistêmico gera perplexidade e tem potencial para nos fazer pensar de um modo que desafia o que sabemos e como sabemos. Com bastante frequência, faz-se com que o desconcerto desapareça por meio de explicações; o que o provocou é renegado, tornado banal ou tolerado como crença. E ainda que essas atitudes não representem uma conspiração política, elas expressam a política ontológica que define o real (ou o possível).

POLÍTICA COMO DESENTENDIMENTO ONTOLÓGICO

> *"Já basta. Essas pessoas não são uma monarquia, não são cidadãos de primeira classe. Quem são 400 mil nativos para dizer a 28 milhões de peruanos que vocês não têm o direito de estar aqui? Isso é um erro grave, e qualquer um que pense dessa maneira quer nos leva à irracionalidade e ao primitivismo retrógrado."*
> ALAN GARCÍA, 5 DE JUNHO DE 2009

No fim das contas, Ausangate e Sinakara não eram os únicos seres-terra a ingressar no debate político praticamente ao mesmo tempo.[400] A expansão das concessões de mineração adentrando

---

399 M-R. Trouillot, *Silencing the Past: Power and the Production of History*, 1995.
400 Alan García, "Los indígenas peruanos no son ciudadanos de primera clase". Disponível em <https://youtu.be/m67Tkfh7oj4?si=4elz5YciGDvJKUPd>. Acesso em mar. 2024. Também citado em Bebbington e Bebbington, 2010.

territórios até então não mapeados – de 2 milhões de hectares em 1992 para 20 milhões em 2010[401] – provocou protestos que tornaram públicos vários outros seres-terra – não apenas o que conhecemos como montanhas, mas também rios e lagunas. O presidente Alan García precisou combater esses protestos ao longo de seu mandato. Ele foi a público muitas vezes – a primeira vez no início de 2007, e depois novamente em 2009, cuja fala citei na abertura desta seção. O comentário pretendia desarticular uma greve contra a tentativa do seu governo de abrir uma vasta região da Amazônia para a exploração de petróleo. O presidente estava, afirmavam os manifestantes, se desviando da regulação 169 da Organização Internacional do Trabalho (que exige o consentimento dos habitantes antes da mineração de seus territórios), eles também afirmavam que os rios (que seriam poluídos pela extração de petróleo) eram seus irmãos.[402] Em 2011, quando seu mandato estava terminando, García se manifestou publicamente uma terceira vez, determinado a

> [...] derrotar essas ideologias panteístas absurdas que dizem... não toque naquela montanha porque ela é um *Apu*, porque ela está cheia com um espírito milenar ou seja lá o que for". Sua solução era "mais educação" porque se o Estado prestasse atenção a esses absurdos, segundo ele, isso significaria "bom... não vamos fazer nada, nem mesmo minerar.[403]

---

401 Juan Aste, *¿Por qué Desplazar la Minería como eje de Desarrollo Sostenible?* (manuscrito inédito), 2011.
402 A greve se tornou um confronto violento quando o governo mobilizou tropas que foram combatidas pela população local. Relatado em *Los Sucesos de Bagua*.
403 Alberto Adrianzén, "La Religión del Presidents", *Diario la República*, 25 jun. 2011.

O leitor já está familiarizado com o conteúdo dessa citação e talvez também reconheça a esperança do presidente quanto aos efeitos benéficos da educação oferecida na sala de espera da história. A incapacidade do presidente e de muitos políticos de aceitar os termos *runakuna* do debate revela os limites do reconhecimento como uma relação que o Estado moderno, seja ele liberal ou socialista, estende a seus "outros". Reconhecimento é uma oferta de inclusão que – e isso não surpreende – pode ocorrer apenas nos termos da cognição estatal: pode existir apenas na medida em que não infrinja esses termos – isto é, o acordo moderno que "partilha o sensível"[404] em uma natureza única e em humanos distintos.[405] "Seja outro de um modo que não engessemos, mas de um modo que não nos desfaça";[406] essa é a condição que o Estado coloca para reconhecer seus "outros", e não desfazer o Estado requer seguir a partilha do sensível que ele reconhece. Desse modo, podemos entender a pirraça de García: seres-terra que se tornam atores políticos *não podem existir*. Eles são um não problema, politicamente falando, e um debate político moderno sobre sua existência é no mínimo aporético. Do ponto de vista tanto da esquerda quanto da direita, montanhas são natureza, e seres-terra – entidades que existem a-historicamente – são inconcebíveis como questões de interesse para a política, a não ser que existam por meio do que é tido como uma prática cultural. Um exemplo ilustrativo: na ocasião dos últimos comentários de García, um político de esquerda sincero acusou García de intolerância contra a religião indígena,

---

404 J. Rancière, *O desentendimento: política e filosofia*, 1996.
405 D. J. Haraway, *Simians, Cyborgs, and Women: The Reinvention of Nature*, 1991.
B. Latour, *We Have Never Been Modern*, 1993b.
M. Strathern, "No Nature, No Culture: the Hagen Case", 1980.
406 E. Povinelli, "Radical Worlds: The Anthropology of Incommensurability and Inconceivability", *Annual Review of Anthropology*, v. 30, 2001, p. 329.

posição que seria anacrônica na era do multiculturalismo.[407] Como resultado, irrompeu uma controvérsia, e García foi ridicularizado, ao mesmo tempo que ambientalistas saíram fortalecidos. Porém, nem os neoliberais intransigentes, nem os multiculturalistas tolerantes eram capazes de considerar montanhas como não apenas geologia, mas também seres-terra. Uma preocupação importante para a qual a vida de Mariano chamou atenção é que a política moderna *existe* dentro de um possível que pode ser reconhecido como histórico. Dessa maneira, o estabelecimento daquilo que não pode ser verificado historicamente não é um sujeito nem um objeto da política, porque sua realidade é duvidosa, para dizer o mínimo. Esse ponto de partida ontológico não deve ser investigado; não são questionados o ser histórico da política e a questão de que isso *não precisava ser uma condição*. Trata-se da posição inquestionada (cega) a partir da qual a realidade é estabelecida. Ocupar essa posição, a mesa-redonda discutida na História 2, estabelecia uma realidade que, por sua vez, negava a realidade das práticas políticas em-*ayllu* (que descrevi na História 3). "Des-cegar" essa posição, abrindo-a para debate, possibilita questionar a composição ontológica da política moderna, retirando sua autoevidência e, em vez disso, explorando tal composição como um acontecimento que não precisava ser assim – ou talvez *não apenas* assim.[408] Sugiro que a exigência de a política moderna ser histórica sustenta sua colonialidade e sua consequente partilha do sensível. Jacques Rancière[409] usa esse conceito para se referir à divisão do "visível" em atividades que são vistas e as

---

407 R. Adrianazén, op. cit.
408 Isso seria o que Michel Foucault (1991, p. 76) chamaria de acontecimentalizar – neste caso, a acontecimentalização da política moderna. Investigar as "evidências sobre as quais se apoiam nosso saber, nossos consentimentos e nossas práticas" para mostrar que a maneira como as coisas acontecem não era o único caminho possível.
409 J. Rancière, *O desentendimento: política e filosofia*, 1996.

que não são, bem como à divisão do "dizível" em formas de falar que são reconhecidas como discurso e outras que são descartadas como ruído. Lendo Rancière pelas histórias de Mariano e Nazario, a divisão entre o que é visto e ouvido na esfera da política (e o que não é ouvido nem visto) corresponde à divisão entre o histórico e o a-histórico, o que também implica uma distinção entre o que é e o que não é, o possível e o impossível. Parcialmente conectada a essa partilha, o desentendimento que as histórias de Mariano e Nazario produzem é ontológico – ele desafia as inevitáveis exigências históricas da política. Em sua aparência, a proposição resultante dessas histórias é impossível; no entanto, as histórias também narram como a política moderna e até mesmo a história *não existem* sem sua proposição.[410]

"A política", segundo Rancière, "existe devido a uma grandeza que escapa à medida ordinária",[411] e ela "é a introdução de um incomensurável no seio da distribuição dos corpos falantes."[412] Seres-terra com os *runakuna* introduzem um incomensurável tão grande – o coração que eles perturbam é o da divisão ontológica entre natureza e humanidade, que também separa o a-histórico do histórico e dá o poder a este último para ratificar o real. Os *tirakuna* junto dos *runakuna* apresentam um desafio impossível à ontologia histórica do sensível: de que maneira seria capaz o a-histórico – aquilo que não possui parte alguma do sensível

---

410 Ao introduzir a noção de desentendimento ontológico, estou adaptando a noção de Rancière de desentendimento. Da maneira como ela a conceitualiza, o desentendimento que define a política emerge de um "erro na contagem das partes *do todo*" (1999, p. 10, ênfase minha). Em vez disso, proponho que a política emerge quando aquilo que *se considera o todo* nega a existência àquilo que excede – ou não segue – o princípio que permite com que "o todo" se considere como tal. Essa negação é uma prática ontológica, assim como a política que discorda dela. Com essa ressalva, os termos de Rancière estão em consonância com os deste epílogo.
411 J. Rancière, *O desentendimento: política e filosofia*, 1996, p. 30.
412 Ibid., p. 33.

– re-partilhar o próprio sensível? Dada essa impossibilidade, no caso específico que testemunhei, de proteger Ausangate (e as relações em-*ayllu* associadas) da destruição, o desafio que o ser-terra apresenta foi retirado por aqueles que o propuseram, e, então, eles refizeram sua reivindicação, juntando-se àquilo que a política moderna era capaz de reconhecer: o meio ambiente.

O tornar-se público dos seres-terra é um desentendimento com a partilha do sensível predominante; ele provoca o "escândalo de pensamento" que, de acordo com Rancière, instaura a política.[413] A intervenção pública de entidades a-históricas apresenta à política moderna aquilo que é impossível sob suas condições. *Elas propõem uma alteração dessas condições*, causando, assim, um escândalo e a subsequente trivialização tanto do desentendimento *quanto* da profunda perturbação da partilha do sensível causada pela mera presença pública dessas entidades. Imanente a momentos como a disputa de Ausangate contra o projeto de mina, o desentendimento ontológico emerge de práticas que fazem mundos divergirem mesmo quando eles continuam a produzir conexões entre si. Compostos de algo quase irreconhecível além do espaço local, esses momentos viajam com dificuldade e são pouco cosmopolitas. Em vez disso, eles compõem momentos cosmopolíticos com a capacidade de irritar o universal e provincializar natureza e cultura, situando-as potencialmente, dessa maneira, em simetria política com o que não é nem cultura nem natureza. Investigando-os etnograficamente tanto dentro do cosmos – o desconhecido e o que ele é capaz de articular[414] – e dentro da "política como de costume",[415] podemos especular que esses momentos cosmopolíticos talvez proponham uma

---

413 Ibid., p. 14.
414 I. Stengers, "A Cosmopolitical Proposal", 2005a.
415 M. de la Cadena, Marisol, "Indigenous Cosmopolitics in the Andes: Conceptual Reflections beyond 'Politics'", *Cultural Anthropology*, v. 25, n. 2, 2010.

"alterpolítica"[416] capaz de ser algo outro em relação à política *apenas* moderna. Uma alterpolítica seria, por exemplo, capaz de alianças ou antagonismos com aquilo que a política moderna expulsou de seu campo. E essa capacidade não exigiria traduzir diferença em univocidade, complicando, assim, o acordo que a política moderna impõe sobre aqueles que ela inclui.

MUNDOS DIVERGENTES

Escrevi anteriormente: "o desentendimento ontológico emerge de práticas que fazem mundos *divergirem* mesmo quando eles continuam a produzir conexões entre si." A noção de divergência vem de Isabelle Stengers,[417] que a utiliza para conceituar o que chama de "ecologia das práticas". Ela a oferece como uma ferramenta para pensar a maneira como as práticas que dizem respeito a diferentes campos de ação – eu diria mundos diferentes – se conectam *e* mantêm vínculos com o que as faz ser o que são. Diferentemente da contradição, a divergência não pressupõe termos homogêneos – em vez disso, a divergência remete à coexistência de práticas heterogêneas que se tornarão algo outro em relação ao que eram anteriormente, enquanto continuam a ser as mesas – elas se tornam diferentes de si mesmas. Conceituando dessa maneira, o local onde as práticas heterogêneas se conectam é também o local de sua divergência, seu devir *com* o que elas não são, sem devir o que elas não são.[418]

---

416 Tomo emprestado o termo *alterpolítica* de Ghassan Hage (2015), embora minha conceituação possa ser diferente da dele.
417 I. Stengers, "Introductory Notes on an Ecology of Practices", Cultural Studies Review, v. 11, n. 1, 2005b.
418 Idem; I. Stengers, "Comparison as Matter of Concern", *Common Knowledge*, v. 17, n. 1, 2011.

Práticas divergentes rompem com a obrigação da univocidade – no entanto, tal rompimento não ocorreria sem conexões com instituições das quais as práticas divergem (por exemplo, o Estado e suas práticas e categorias associadas).[419] Talvez por causa dessas conexões – e até mesmo através delas – as práticas que produzem mundos em divergência com a univocidade propõem um desentendimento que pode ser capaz de afetar a políticas da própria política moderna.

UMA PROPOSIÇÃO COSMOPOLÍTICA ETNOGRÁFICA

> *"Como apresentar uma proposição cujo desafio não é o de dizer o que ela é, nem o que deve ser, mas de fazer pensar; e que não requer outra verificação senão esta: a forma como ela terá "desacelerado" os raciocínios cria a ocasião de uma sensibilidade um pouco diferente no que concerne aos problemas e situações que nos mobilizam?"*
>
> ISABELLE STENGERS, *A PROPOSIÇÃO COSMOPOLÍTICA*[420]

---

[419] As práticas que produzem mundos em divergência excedem a capacidade analítica da raça, da etnicidade ou do gênero. Essas categorias identificam diferenças que encontram seu lugar no mesmo fornecido pela noção de humanidade e em seu contraste com a natureza – cada uma tão fundamental e hegemônica quanto seu contraste com o outro.

[420] I. Stengers, "A proposição cosmopolítica", *Revista do Instituto de Estudos Brasileiros*, nº 69, 2018, p. 443.

A citação de Stengers acima e minhas conversas com Mariano e Nazario Turpo inspiraram a proposição que este livro abriga. A proposição é etnográfica na medida em que minha conceituação entrelaça em si o que chamo de empírico: aquilo que encontrei através de meus amigos. No entanto, esse empírico é também especulativo, porque inclui práticas e relações que existem em um modo que desconheço – por exemplo, as ativações de *runakuna* e seres-terra ou as ativações das mundificações em-*ayllu* e suas conexões parciais com outras mundificações, inclusive a minha. Pensando com a proposição de Stengers, e também torcendo-a, proponho que ao divergir (ou por meio do desacordo ontológico) da partilha do sensível estabelecida, práticas *runakuna* propõem uma cosmopolítica: relações entre mundos divergentes como uma prática política decolonial sem nenhuma garantia além da ausência da univocidade ontológica.

A proposição de Stengers certamente não é a proposição dos *runakuna*. Todavia, como a proposição *runakuna*, a sua é diferente de projetos que *sabem o que são* e o que querem e, portanto, na maioria das vezes, que exercem controle. Em vez disso, sua proposta cosmopolítica quer falar "na presença" daqueles que talvez ignorem palavras de comando – aqueles que, por exemplo, "preferem não" ter uma voz na política,[421] e, adiciono ainda, se isso implica o comando de ser diferente – ser algo outro do que são. Falar "na presença de" sugere um discurso que não insiste em como as coisas são e, em vez disso, é capaz de ser afetado pelo que não é, sem tampouco se tornar isto. Além disso, falar na presença daquilo que insistentemente "prefere não" (seguir o comando) incita uma prática diferente de pensamento: uma que não insiste em explicar porque o comando não é seguido, mas, em vez disso, concentra-se na

---

421 I. Stengers, "A Cosmopolitical Proposal", 2005a, p. 996.

insistência de não segui-lo. Em outras palavras, o que produz pensamento, ou que se torna importante para ele, não é somente a recusa do comando (o que, na verdade, implicaria principalmente existir por meio dele para poder rejeitá-lo), mas também a positividade de ser aquele que ignora o comando (mesmo sem explicação) ou, talvez, segue-o sem se transformar no que ele comanda – e, em ambos os casos, apresenta uma diferença que não se limita ao âmbito do comando, pois também o excede.

As práticas *runakuna* em-*ayllu* ignoraram o comando que exigia uma divisão natureza/humanidade, mas também o seguiram e, às vezes, rejeitaram-no abertamente. Trata-se de algo complexo, pois nenhuma dessas ações significou o cancelamento da ação não realizada, criando, desse modo, uma condição que escapou ao comando e desacelerou o princípio que partilha o sensível em humanos e coisas. Ao incluir outros-que-humanos em suas interações com instituições modernas (o Estado, as ONGs nacionais e fundações internacionais), as práticas *runakuna* produziram no mundo dessas instituições rupturas ontoepistêmicas intrigantes, estendendo a elas uma conexão parcial com algo que difere da separação entre humanos e coisas. (Como exemplos dessa relação complexa, o leitor pode se recordar que o *pukara* de Mariano foi invocado para a cerimônia inaugural da reforma de agrária; ou da conexão de Nazario com Ausangate durante seu período de curadoria no Museu Nacional do Índio em Washington.) Essas conexões revelaram divergências entre mundos – práticas *runakuna* recusaram a conversão à divisão hegemônica, ainda que, mesmo assim, participassem dela.

As práticas *runakuna* perturbam a composição por meio da qual o mundo tal como o conhecemos constantemente se faz homogêneo: elas o apresentam com um excesso que pode desafiar a capacidade que faz da política moderna o que ela é, abrindo-a para o desentendimento ontológico. É nesse ponto, quando as práticas (com seres-terra, por exemplo) apresentam desentendimentos ontológicos com a política moderna, que a proposição que emerge de minhas conversas com Mariano e Nazario se torna etnograficamente (em vez de filosoficamente) cosmopolítica. Como na proposição de Stengers,[422] em nossas conversas, a política não era uma categoria antropológica universal – talvez diferentemente das suposições da autora, porém, a política que aparecia então não carregava apenas "nossa assinatura [ocidental]". A qualificação com "apenas" é importante aqui – pois o que venho chamando de política moderna nunca foi *apenas* isso, ao menos nos Andes.

Ainda que a política moderna seja uma prática por meio da qual a Europa moldou o mundo como o conhecemos[423] e a usou para administrar aqueles que considerava "outros", estes últimos contaminaram a política com excessos que a Europa não era capaz de reconhecer como propriamente políticos. A constituição moderna não somente torna possível a purificação do que os ditos modernos hibridizavam em sua prática científica;[424] considerada como prática política, importante destacar, a constituição moderna nunca foi pura. Nos Andes (e, talvez, no que se tornaria a América Latina), a constituição foi logo povoada tanto por práticas e palavras históricas *quanto* por práticas a-históricas que insistiam em ocupá-la, constituindo até mesmo possíveis objetos históricos, como no caso do arquivo de Mariano.[425] A política moderna foi e continua a ser um evento histórico em

---

422 I. Stengers, op. cit.
423 D. Chakrabarty, *Provincializing Europe: Postcolonial Thought and Historical Difference*, 2000.
424 B. Latour, *We Have Never Been Modern*, 1993b.
425 Não estou falando sobre a constituição moderna apenas de modo figurado. As versões mais recentes das constituições da Bolívia e do Equador são o resultado do desentendimento explícito com os termos da política moderna; discuto isso a seguir.

uma arena complexa, na qual a proposição de construir um mundo por meio da "assimilação cultural" chegou a um entendimento que não era *apenas isso*: o desentendimento, ou as práticas da parte que não tem parte (como diria Rancière),[426] continuou a coexistir com o entendimento, todavia excedendo-o. Paradoxalmente, é por meio da colonialidade da política – sua determinação assimilacionista de forçar o que considera excessivo a se adequar ao princípio da contagem (expresso como o comando de encontrar seu lugar na partilha do sensível ou deixar de existir) – que esses mesmos excessos inevitavelmente contaminam a política moderna (ou, melhor, se tornam divergentes em relação a ela). Rejeitá-los (como fez García) não cessa a contaminação nem protege aqueles que os rejeitam de ser contaminados. O "outro" sempre faz parte deles, tanto quanto fazem parte dele. Essa é a conexão parcial da qual nem a política moderna, nem a indigeneidade escapa: elas estão emaranhadas nela, excedendo uma à outra em diferença radical, ao mesmo tempo que participam da similaridade – uma similaridade que não é apenas isso.

Inspirada por Mariano e Nazario Turpo, a etnografia que compõe este livro tem a intenção de chamar atenção para o desentendimento ontológico do qual a política moderna já participa, enquanto ignora essa participação. As práticas de mundificação em-*ayllu* excedem a política moderna e podem ser indispensáveis a ela. Um exemplo da vida política cotidiana: as práticas *runakuna* de representação política (diante do Estado ou de ONGs, por exemplo) também são produzidas com práticas não representacionais. Outro exemplo com o qual o leitor está bastante familiarizado: o arquivo de Mariano, um objeto histórico, foi composto também por práticas a-históricas.

---

426 J. Rancière, *O desentendimento: política e filosofia*, 1996.

As práticas *runakuna* de produção de mundo(s) – sua cosmopolítica – operam na divergência com a política moderna; o seu possível não é limitado pela contradição, a qual (como disse acima) requer termos homogêneos – um comando que as práticas em-*ayllu* transgridem.

COSMOVIVIR: CHÃO INCOMUM COMO COMUNS

A criatividade da divergência – conexões entre heterogeneidades que permanecem heterogêneas – permite análises que complicam a separação entre o moderno e o não moderno e, ao mesmo tempo, são capazes de dar destaque a diferenças radicais: aquelas que convergem em um nó complexo de desentendimento e entendimento. Desfazer esse nó, em vez de produzir entendimento, talvez force o reconhecimento público da política ontológica.

Esse nó (composto de diferenças radicais, mas não apenas delas) se tornou público recentemente na Bolívia, no Equador e no Peru, ainda que talvez não de maneira persistente neste último. Algo sem precedentes ocorreu na história dos Estados-nação andinos: sob a pressão dos movimentos sociais indígenas e seus aliados, em 2008, a nova constituição do Equador incluiu em seu texto os "direitos da natureza ou Pachamama",[427] e a Bolívia, em 2010, decretou a "Lei da Mãe-Terra".[428] Desencadeando um conflito muito intrincado e multifacetado, esses documentos representam um desafio para a constituição moderna (e para a partilha do sensível que ela produziu) e manifestam o trabalho da política como desentendimento ontológico. De modo bastante

---

427 Equador, *Constitución Política de la República del Ecuador*, 2008.
428 J. Vidal, "Bolivia Enshrines Natural World's Rights with Equal Status for Mother Earth", *Guardian*, 10 abr. 2011.

barulhento na Bolívia, analistas e formadores de opinião se queixam da incoerência entre a declarada adesão do governo à defesa da Mãe Terra ou Pachamama e sua escolha de políticas de desenvolvimento baseadas em megaprojetos de extração.[429] No entanto, o quebra-cabeças que essas leis e sua implementação articulam vai além da incoerência do governo. Ele inclui questionamentos sobre o que *são* as práticas e as entidades com as quais elas se engajam (seja como aliadas ou adversárias) e sobre a maneira como elas podem incomodar o sensível estabelecido, ameaçando abrir uma fenda em seu tecido – por agora, ao menos estão cutucando. Não surpreende que o debate não chegue a um acordo: diferenças radicais entre natureza e Pachamama não podem ser resolvidas, e o fato de serem mais que um e menos que muitos complica o debate. A querela que ocorre na Bolívia e no Equador expressa um desentendimento ontológico que tem sido declarado publicamente nesses países. Ele não pode ser "superado" porque o princípio que partilha o sensível em natureza e humanidade (e divide o que conta como real ou não) não é comum a todas as partes. Dando um lugar à impossibilidade de comunidade, as novas leis na Bolívia e no Equador provocaram um "escândalo na política" que Rancière esperaria quando um desentendimento se torna público. O escândalo insiste em se fazer presente, e mesmo os políticos e analistas que o denunciam impacientes (com defesas aturdidas do princípio da contagem) se veem capturados no desentendimento ontológico que, ainda que de maneira não uniforme, se tornou um elemento constitutivo da atmosfera política dos Andes.

Junto aos direitos da natureza ou Pachamama, as novas leis no Equador e na Bolívia incluem a noção de *sumak kausay* (em quíchua equatoriano) e *sumaq qamaña* (em aimará) ou *buen vivir*

---

429 R. Gutiérrez, "Lithium: The Gift of Pachamama", *Guardian*, 8 ago. 2010.

(em espanhol) – o Bem Viver.[430] Resultado de redes colaborativas implícitas e explícitas de intelectuais indígenas e não indígenas, a autoria coletiva da proposição permanece amorfamente anônima. Todavia, na sequência de sua inscrição legal, seus intérpretes se proliferaram nos dois países. A interpretação mais popular de esquerda defende que o projeto do Bem Viver é uma alternativa ao desenvolvimento capitalista e socialista: em vez de impor o crescimento econômico para que as pessoas vivam melhor, ele propõe uma administração do *oikos* que cuida da natureza e distribui rendas para o bem-estar de todos.[431] No campo da ecologia política e da economia, essas interpretações são controversas – apreciadas, mas também impopulares. Há também outra leitura do Bem Viver, menos conhecida e, é provável, igualmente controversa. Trata-se da proposição do *cosmovivir* (cosmoviver, ou possuir uma cosmovida), e Simón Yampara é um de seus proponentes. Ele escreve:

> [...] queremos *conviver* com mundos diversos, inclusive com o mundo das pessoas que são diferentes de nós, inclusive com o sistema do capital. Mas também queremos que se respeite nosso próprio modelo de organização, nossa economia, nossa maneira de ser. Nesse sentido, queremos forjar respeito mútuo entre diversos.[432,433]

---

430 *Buen vivir* também foi incluído nos programas de desenvolvimento estatais tanto no Equador quanto na Bolívia; ele também é usado por ONGs com o significado de "desenvolvimento sustentável" (Schavelzon, 2014).
431 A. Acosta, "El Buen Vivir en el camino del post-desarrollo. Una lectura desde la Constitución de Montecristi", 2010; E. Gudynas, "El postdesarrollo como crítica y el Buen Vivir como alternativa", 2014.
A. R. Prada, "Buen Vivir as a Model for State and Economy", 2013; S. Schavelzon, *Plurinacionalidad y Vivir Bien/Buen Vivir: Dos Conceptos Leídos desde Ecuador y Bolivia Post-Constituyentes*, 2015.
432 Passagem traduzida do original em espanhol. (N.T.)
433 S. Yampara, "Cosmovivencia Andina: Vivir y convivir en armonía integral – *Suma Qamaña*" 2011, p. 16.

Nessa interpretação, *sumaq qamaña* não é apenas uma alternativa econômica e ecológica ao desenvolvimento; ele também compreende a proposição de abrir a vida a um cosmos de mundos intraconectados pelo respeito.

Quero especular que o respeito que Yampara quer não é aquele direcionado à "diferença cultural". Tampouco ele quer o sacrifício respeitoso da diferença em nome do bem comum. Ambas as opções representariam uma política da tolerância motivada pela vontade de evitar ou resolver conflitos – um simpático liberalismo adiado e transparecendo na mesma política de sempre. Em vez disso, seguindo com minha especulação, Yampara propõe uma política do desentendimento ontológico cruzando uma ecologia de mundos cujo interesse comum são suas formas de vida divergentes.[434] Mariano mencionou a expressão *sumaq kawsay* [uma boa vida] apenas uma vez, durante uma de nossas primeiras conversas; curiosamente, ele também trouxe a palavra *respeito* para nosso diálogo. Estávamos no meio de 2022, Alejandro Toledo, o presidente peruano de aspecto indígena, havia assumido seu posto há pouco tempo; os *runakuna* ainda estavam com muitas expectativas sobre o seu mandato. Mariano e eu conversávamos sobre as leis que os *runakuna* esperavam de Toledo, e o que se falava em Pacchanta era que "talvez houvesse uma reviravolta na lei – os *runakuna* talvez fossem respeitados". Mariano disse: "*Por que não pode haver uma boa vida?*" [Manachu sumaq kawsaylla kanman?]. Eu não sabia o que sua pergunta significava, então pedi que a explicasse. Ele respondeu:

---

434 I. Stengers, "Comparison as Matter of Concern", *Common Knowledge*, v. 17, n. 1, 2011.

Uma boa vida... viver sem ódios, trabalhar feliz; os animais teriam comida, palavras ruins não existiriam. Mesmo não sabendo ler, seríamos respeitados, a polícia nos respeitaria, nos ouviriam, respeitaríamos eles – a mesma coisa com os juízes, com o presidente, com os advogados.

Meditando sobre essas palavras, mas principalmente através da vida de Mariano e também a de Nazario, *cosmovivir* talvez seja uma proposição para comuns parcialmente conectados, concretizado sem a anulação das características incomuns entre mundos, pois essas são a condição de possibilidade daquele: comuns entre mundos cujo interesse em comum é incomum entre eles. Uma cosmovida: essa talvez seja uma proposição para uma política que, em vez de exigir a univocidade, seria sustentada pela divergência.

AGRADECIMENTOS

MUITAS PESSOAS ME DERAM AS PALAVRAS PARA este livro. Mariano e Nazario, obviamente, estão no topo da lista: eles eram as palavras que escrevi e estiveram comigo enquanto as escrevia, mesmo depois de partirem. Elizabeth Mamani Kjuro vem logo em seguida. Ela me acompanhou em Pacchanta, veio a Davis, onde lemos juntas as conversas que ela havia transcrito, e acolheu com paciência a minha teimosia em "não necessariamente traduzir, mas entender os conceitos"! Liberata, a esposa de Nazario; Víctor Hugo, seu genro; e Rufino, seu filho, me deram palavras como folhas de coca para Ausangate e também batatas recém-cozidas na terra para aquecer minhas mãos e meu estômago. José Hernán, o neto de Nazario, me deu palavras envoltas em riso, e Octavio Crispín as expressou com sua flauta andina, sua *quena*. Minha irmã, Aroma de la Cadena, e seu marido, Eloy Neira, me apresentaram a Mariano e Nazario, o acontecimento que me abriu a eles e às suas palavras. Para esse encontro, a minha gratidão nunca será suficiente. Aroma e Eloy também compartilharam comigo sua amizade com Antonio Guardamino, o *párroco* jesuíta de Ocongate, em cuja mesa de jantar passei horas aprendendo sobre seus *despachos* com Mariano, sua participação nas *rondas campesinas* como parte de seu catecismo e sobre o avanço das empresas mineradoras; Antonio gosta de palavras e as ofereceu a mim com generosidade. Em sua casa, conheci o forte e gentil Graciano Mandura, que mais tarde se tornaria prefeito de Ocongate (embora ainda não soubéssemos). Cada um à sua maneira, eles me apresentaram a Ausangate – a montanha – quando eu ainda não sabia que ela era um ser-terra (mas eles, sim). Thomas Müller me deu fotos de Mariano – gratidão não é o suficiente.

A ajuda de Cesar Itier com palavras foi tão preciosa e sutil quanto sua erudição em quíchua. Bruce Mannheim, outro erudito do quíchua, também colaborou com meu trabalho. Hugo Blanco, por sua vez, abriu palavras em quíchua para mim – um jovem lutador quando Mariano também o era – e apareceu neste livro (quando eu menos esperava) como o *magista* Uru Blanco em meus primeiros meses em Pacchanta. Margarita Huayhua, Gina Maldonado e "la Gata" (Inés Callalli) também me ajudaram a pensar por meio de muitas palavras e práticas quíchua. Anitra Grisales deu seu toque a minhas palavras em inglês com sua magia editorial. Catherine "Kitty" Allen leu uma versão inicial, e seu encorajamento me deu a confiança para prosseguir.

Outros amigos-colegas também me nutriram com palavras. Margaret Wiener se tornou minha cúmplice no pensamento com Mariano e Nazario desde meus dias na Universidade da Carolina do Norte em Chapel Hill. Judy Farquhar também, que leu o manuscrito inteiro e deu seu toque brilhante. A aprovação de Arturo Escobar do meu manuscrito, o qual ele leu e marcou do início ao fim, foi insubstituível; ele não sabe o quanto inspira minha vida. Mario Blaser leu o primeiro pedido de fomento que eu escrevi para solicitar apoio para escrever este livro; suas colocações ficaram comigo até eu terminá-lo. Arturo, Mario e eu nos tornamos copensadores há muitos anos – juntos, "preenchemos com palavras" propostas, artigos e projetos –, sempre para fazer com que o mundo que chamamos de nosso converse com outros mundos; essa é nossa maior esperança.

Na Universidade da Califórnia em Davis, Cristiana Giordano e Suzana Sawyer foram fontes de imensa inspiração intelectual, acolhimento e força; elas também me deram palavras para muitos capítulos e estiveram lá até o fim, me ajudando até com o título do livro. Joe Dumit e Alan Klima são incomparáveis e o foram enquanto me acompanharam na redação do manuscrito. Como Caren Kaplan e Eric Smoodin são meus vizinhos, precisaram me aguentar quando eu invadia sua casa em horários estranhos para consultá-los sobre toda e qualquer coisa relacionada ao livro. Produzi muitas ideias com eles e graças a eles, muitas vezes com uma mesa cheia de comidas maravilhosas. Tim Choy e Bettina N'gweno possuem ambos um jeito sutil para a etnografia que nunca deixa de me inspirar; sempre tento imitar a maneira como eles pensam.

Penny Harvey, Julia Medina, Hortensia Muñoz, Patricia Oliart e Sinclair Thomson são amigos e colegas antigos que ouviram muitas versões das histórias de Mariano e Nazario e deram belas sugestões. Eles devem estar felizes porque o livro finalmente saiu. Eduardo Restrepo sempre será o interlocutor com o qual eu mais posso brigar. Fico muito confiante quando ele cede às minhas ideias. Também tive debates inspiradores com Eduardo Gudynas, leitor incansável e conhecedor de tudo relacionado à América Latina.

E, então, há essas três mulheres: Marilyn Strathern e Donna Haraway, que leram meu manuscrito e me deram coragem e reflexões profundas, e Isabelle Stengers, que leu alguns de meus pensamentos iniciais para este livro e me motivou a continuar. O valor de suas pesquisas brilhantes, generosas, ousadas e criativas é imensurável.

Em 2011, tive a sorte e a honra de ser convidada para falar na série de Seminários Lewis Henry Morgan. Bob Foster, Tom Gibson, John Osburg e Dan Reichman me receberam com uma hospitalidade cheia de ideias; María Lugones, Paul Nadasdy, Sinclair Thomson e Janet Berlo me presentearam com o incrível privilégio de seus comentários. Em 2010, publiquei um artigo na revista *Cultural Anthropology* que, após algumas reviravoltas, se tornou a estrutura conceitual deste livro – Kim e Mike Fortun, editores na época da revista, complexificaram minhas reflexões. Sou especialmente grata pela seleção de Steven Rubenstein, hoje falecido, como um dos pareceristas; seus comentários foram tão incríveis que pedi a Kim e Mike que me revelassem sua identidade. Depois disso, minhas conversas com ele deram ao meu trabalho uma profundidade que ele não tinha até então. Queria que ele ainda estivesse conosco para ler este livro.

Apresentei este trabalho em muitos lugares: Duke University; Universidade da Califórnia em Santa Cruz; Universidade da Califórnia em Irvine; Universidade de Michigan em Ann Arbor; Universidade de Nova York (NYU); Memorial University em St. John's; Universidade da Carolina do Norte em Chapel Hill; Universidade de Manchester; Universidade de Chicago (Centro de Pequim); Universidade da Cidade do Cabo; Universidade de TI de Copenhague; Universidade de Oslo; Universidade dos Andes; e Universidade Javeriana. Apresentar trabalhos em processo é um dos melhores presentes acadêmicos enquanto se trabalha em um manuscrito; quero agradecer aos comentários, e-mails e encorajamentos que recebi de todos que participaram dos eventos. Preciso mencionar alguns nomes porque o fato de que não me esqueci deles depois de todos esses anos expressa sua importância: Juan Ricardo Aparicio, Andrew Barry, Don Brenneis, Bruce Grant, Lesley Green, Sarah Green, Anne Kakaliouras, John Law, Marianne Lien, Bruce Mannheim, Carlos

Andrés Manrique, Mary Pratt, Diana Ojeda, Rachel O'Toole, Morten Pedersen, Laura Quintana, Justin Richland, Rafael Sánchez, Salvador Schavelzon, Orin Starn, Helen Verran e Eduardo Viveiros de Castro. Uma lembrança que me é cara dessas visitas é o e-mail que Fernando Coronil, hoje falecido, me enviou depois de minha visita à NYU em 2010; a mensagem permanece na minha caixa de entrada.

Jake Culbertson, Juan Camilo Cajigas, Nick D'Avella, Duskin Drum, Jonathan Echeverri, Stefanie Graeter, Kregg Hetherington, Chris Kortright, Ingrid Lagos, Fabiana Li, Kristina Lyons, Laura Meek, Julia Morales, Rossio Motta, Diana Pardo, Rima Praspaliuskena, Camilo Sanz, Michelle Stewart e Adrian Yen eram estudantes de pós-graduação quando eu estava produzindo o manuscrito; críticos incansáveis, sempre estiveram entre os meus mais queridos colegas.

A equipe da Editora da Duke University me encorajou e apoiou. Valerie Millholland acreditou neste livro quando ele era apenas uma distante ideia; Gisela Fosado o recebeu das mãos de Valerie com alegria e energia; Lorien Olive passou preciosas horas observando imagens comigo; e a paciência criativa de Danielle Szulczewski não tinha fim. Nancy Gerth organizou um índice remissivo dos sonhos.

Steve Boucher e Manuela Boucher-de la Cadena, amores da minha vida, me deram tudo que não pode ser posto em palavras. Eles me acompanharam a Pacchanta. "Foi aqui que eu mais vi você feliz", Steve me disse quando estávamos lá. Era verão, 2003, tínhamos acabado de nos mudar para Davis, e Manuela estava ainda no ensino fundamental; ela achava as batatas que comia na casa de Nazario as melhores do mundo.

Escrever este livro levou muito tempo; não me arrependo de nenhum segundo e agradeço às instituições cujos financiamentos permitiram que eu tirasse licença da sala de aula, presenteando-me com o tempo para reunir as palavras que Mariano e Nazario Turpo me deram. Essas instituições são: o Conselho Americano de Sociedades Científicas, a Sociedade Americana de Filosofia, a Fundação Simon Guggenheim e a Fundação Wenner Gren. O manuscrito foi finalmente concluído durante um ano sabático da Universidade da Califórnia em Davis, pelo qual sou grata.

REFERÊNCIAS

ABERCROMBIE, Thomas. *Pathways of Memory and Power: Ethnography and History among an Andean People*. Madison: University of Wisconsin Press, 1998.

ACOSTA, Alberto. "El Buen Vivir en el camino del post-desarrollo. Una lectura desde la Constitución de Montecristi", in STIFTUNG, Frederich Ebert. *Policy Paper*, 9. Quito: FES-ILDIS, 2010.

ADRIANZÉN, Alberto. "La Religión del Presidents", *Diario la República*, 25 jun. 2011.

AGAMBEN, Giorgio. *Homo Sacer: Sovereign Power and Bare Life*. Traduzido por D. Heller-Roazen. Stanford: Stanford University Press, 1998.

ALBORNOZ, Cristóbal de. [1584] 1967. "La Instrucción para Descubrir Todas las Guacas de Pirú y sus Camayos y Haziendas", *Journal de la Societé des Américanistes*, vol. 56, nº 1, [1584] 1967, p. 17-39.

ALLEN, Catherine. "Patterned Time: The Mythic History of a Peruvian Community", *Journal of Latin American Lore*, vol. 10, nº 2, 1984, p. 151-73.

ALLEN, Catherine. *The Hold Life Has: Coca and Cultural Identity in an Andean Community*. Washington: Smithsonian Institution Press, 2002.

"¡Apúrate! Decían los apus", *Caretas*, 2 ago. 2001.

ARGUEDAS, José María. *Todas las sangres*. Buenos Aires: Editorial Losada, 1964.

ASAD, Talal. "The Concept of Cultural Translation in British Social Anthropology", in CLIFFORD, James e MARCUS, George E (org.). *Writing Culture: The Poetics and Politics of Ethnography Berkeley:* University of California Press, 1986, p. 141-64.

ASAD, Talal. "Are There Histories of Peoples without Europe?", *Society for Comparative Study of Society and History*, vol. 29, nº 3, 1987, p. 594-607.

ASTE, Juan. 2011. *¿Por qué Desplazar la Minería como eje de Desarrollo Sostenible?* (Manuscrito inédito).

BABB, Florence E. *The Tourism Encounter: Fashioning Latin American Nations and Histories.* Stanford: Stanford University Press, 2011.

BARAD, Karen. *Meeting the Universe Halfway: Quantum Physics and the Entanglement of Matter and Meaning.* Durham: Duke University Press, 2007.

BASSO, Keith. *Wisdom Sits in Places: Landscape and Language among the Western Apache.* Albuquerque: University of New Mexico Press, 1996.

BASTIEN, Joseph. *Mountain of the Condor: Metaphor and Ritual in the Andean Ayllu.* Nova York: West, 1978.

BEBBINGTON, Anthony e BEBBINGTON, Denise Humphreys. "An Andean Avatar: Post-neoliberal and Neoliberal Strategies for Promoting Extractive Industries", *Working paper*, vol. 11710, abril, 1. Manchester: Brooks World Poverty Institute, 2010.

BENJAMIN, Walter. *Illuminations.* Traduzido por Harry Zohn. Nova York: Brace and World, 1968.

BENJAMIN, Walter. *Reflections.* Traduzido por Edmund Jephcott. Nova York: Schocken, 1978.

BENJAMIN, Walter. *Walter Benjamin: Selected Writings, Volume 3: 1935-1938.* Cambridge: Harvard University Press, 2002.

BLACKBURN, R. Zacciah. 2010. "Hatun Karpay." *The Center of Light.* Disponível em <www.thecenteroflight.net/KarpayPeru2005.html>. Acesso em ago. de 2010.

BLANCO, Hugo. *Land or Death: The Peasant Struggle in Peru*. Nova York: Pathfinder, 1972.

BLASER, Mario. "Bolivia: los desafíos interpretativos de la coincidencia de una doble crisis hegemónica", in *Reinventando la nación en Bolivia: Movimientos sociales, estado, y poscolonialidad*, ed. K. Monasterios, P. Stefanoni, e H.D. Alto. La Paz: Clacso/Plural, 2007.

BLASER, Mario. "Political Ontology", *Cultural Studies*, vol. 23, nº 5, 2009a, p. 873-96.

BLASER, Mario "The Threat of Yrmo: The Political Ontology of a Sustainable Hunting Program", *American Anthropologist*, vol. 111, nº 1, 2009b, p. 10-20.

BLASER, Mario. *Storytelling Globalization from the Chaco and Beyond*. Durham: Duke University Press, 2010.

BOLIN, Inge. *Rituals of Respect: The Secret of Survival in the High Peruvian Andes*. Austin: University of Texas Press, 1998.

BOURDIEU, Pierre. *Meditações pascalianas*. Traduzido por Sergio Miceli. Rio de Janeiro: Bertrand Brasil, 2007.

BRECHT, Bertolt. "The Street Scene: A Basic Model for an Epic Theatre", in WILLETT, John (org.). *Brecht on Theatre: The Development of an Aesthetic*. Editado e traduzido por John Willett. Nova York: Hill and Wang, 1964.

CADENA, Marisol de la. "Las mujeres son más indias: Etnicidad y género en uma comunidad del Cusco", *Revista Andina*, vol. 9, nº 1, 1991, p. 7-29.

CADENA, Marisol de la. *Indigenous Mestizos: The Politics of Race and Culture in Cuzco, Peru, 1919–1991*. Durham: Duke University Press, 2000.

CADENA, Marisol de la. "Murió Nazario Turpo, indígena y cosmopolita", *Lucha Indígena*, vol. 2, nº 14, 2007, p. 11.

CADENA, Marisol de la. "Indigenous Cosmopolitics in the Andes: Conceptual Reflections beyond 'Politics'", *Cultural Anthropology*, vol. 25, nº 2, 2010, p. 334-70.

CALLON, Michel. "Some Elements of a Sociology of Translation: Domestication of the Scallops and the Fishermen of St. Brieuc Bay", in BIAGIOLI, Mario (org.). *The Science Studies Reader*. Nova York: Routledge, 1999, p. 67-83.

CASTRO, Eduardo Viveiros de. "Exchanging Perspectives: The Transformation of Objects into Subjects in Amerindian Ontologies", *Common Knowledge*, vol. 10, nº 3, 2000, p. 463-84.

CASTRO, Eduardo Viveiros de. A antropologia perspectivista e o método da equivocação controlada. Traduzido por Marcelo Giacomazzi Camargo e Rodrigo Amaro. *Aceno – Revista de Antropologia do Centro-Oeste*, vol. 5, nº 10, ago.-dez., 2018, p. 247-264.

CHAKRABARTY, Dipesh. *Provincializing Europe: Postcolonial Thought and Historical Difference*. Princeton: Princeton University Press, 2000.

CLASTRES, Pierre. *A sociedade contra o Estado: pesquisas de antropologia política*. Traduzido por Theo Santiago. São Paulo: Cosac & Naify, [1974] 2003.

CLASTRES, Pierre. *Arqueologia da violência: pesquisas de antropologia política*. Traduzido por Theo Santiago. São Paulo: Cosac Naify, 2014.

COMANDANTA ESTER. "Words of Comandanta Ester at the Congress of the Union", in HAYDEN, Thomas (org.). *The Zapatista Reader*. Nova York: Nation Books, 2002, p. 185-204.

COMAROFF, John L. e COMAROFF, Jean. *Ethnicity, Inc.* Chicago: University of Chicago Press, 2009.

CONSTITUCIÓN Politica de la República del Ecuador 2008. Disponível em <http://pdba.georgetown.edu/Parties/Ecuador/Leyes/constitucion.pdf>. Acesso em 10 jun. 2024.

CORDERO, Carlos Castillo. "The World Observed the Powerful Majesty of Machu Picchu." *El Peruano*, 30 jul. 2001.

CRUIKSHANK, Julie. *Do Glaciers Listen? Local Knowledge, Colonial Encounter, and Social Imagination*. Vancouver: University of British Columbia Press, 2005.

CUSIHUAMÁN, Antonio. *Gramática quechua: cuzco-collao*. Lima: Ministerio de Educación, [1976] 2001.

DAS, Veena e POOLE, Deborah (org.). *Anthropology in the Margins of the State*. Santa Fe: School of American Research Press, 2004.

DASTON, Lorraine. "Marvelous Facts and Miraculous Evidence in Early Modern Europe", *Critical Inquiry*, vol. 18, nº 1, 1991, p. 93-124.

DEAN, Carolyn. *A Culture of Stone: Inka Perspectives on Rock*. Durham: Duke University Press, 2010.

DEEMS, Florence W. "Hatun Karpay Initiation in Peru", 2010. Acesso em ago. 2010. Disponível em <http://tonebytone.com/hatunkarpay/01.shtml>.

DEGREGORI, Carlos Iván et al. *Las rondas campesinas y la derrota de Sendero Luminoso*. Lima: IEP Ediciones, 1996.

DELEUZE, Gilles e GUATTARI, Felix. *Mil Platôs: capitalismo e esquizofrenia 2*. São Paulo: Editora 34, 2011.

DERRIDA, Jacques. *Mal de arquivo: uma impressão freudiana*. Rio de Janeiro: Relume Dumará, 2001, p. 16.

DESCOLA, Philippe. *In the Society of Nature: A Native Ecology of Amazonia*. Traduzido por Nora Scott. Cambridge: Cambridge University Press, 1994.

DESCOLA, Philippe. "No Politics Please", in LATOUR, Bruno e WEIBEL, Peter (org.). *Making Things Public: Atmospheres of Democracy*. Cambridge: MIT Press, 2005, p. 54-57.

DE SOTO, Hernando. s.d. "Articles." ild. Acesso em nov. 2014. Disponível em <http://ild.org.pe/index.php/en/articles>.

EARLS, John. "The Organization of Power in Quechua Mythology." *Journal of the Steward Anthropological Society*, vol. 1, nº 1, 1969, p. 63-82.

ELIADE, Mircea. *O xamanismo e as técnicas arcaicas do êxtase*. Traduzido por Beatriz Perrone-Moisé e Ivone Castilho Benedetti. São Paulo: Martins Fontes, 2002.

ESCOBAR, Arturo. *Territories of Difference: Place, Movements, Life, Redes*. Durham: Duke University Press, 2008.

EZE, Emmanuel Chukwudi (org.). *Race and the Enlightenment: A Reader*. Cambridge: Blackwell, 1997.

FABIAN, Johannes. *Time and the Other: How Anthropology Makes Its Object*. Nova York: Columbia University Press, 1983.

FAJARDO, Raquel Yrigoyen. "Hacia un reconocimiento pleno de las rondas campesinas y el pluralismo legal", *Revista Allpanchis*, 2002, p. 31-81.

FELD, Steven e BASSO, Keith. *Senses of Place*. Santa Fe: School of American Research Press, 1996.

FOUCAULT, Michel. "Questions of Method", in BURCHELL, Graham et al. (org.). *The Foucault Effect: Studies in Governmentality*. Chicago: University of Chicago Press, 1991, p. 73-86.

FOUCAULT, Michel. *As palavras e as coisas: uma arqueologia das ciências humanas*. Traduzido por Satma Tannus Muchail. 8. ed. São Paulo: Martins Fontes, 1999.

FOUCAULT, Michel. *"Society Must be Defended": Lectures at the Collège de France 1975–1976*. Traduzido por David Macey. Nova York: Picador, 2003.

GALINDO, Alberto Flores. *Movimientos campesinos en el Perú: Balance y esquema, Cuadernos del Taller de Investigación Rural*. Lima: Universidad Católica del Perú, 1976.

GALINIER, Jacques e MOLINIÉ, Antoinette. *Les néo-Indiens: Une religion du IIIe millénaire*. Paris: Odile Jacob, 2006.

GALL, Norman. n.d. "Norman Gall: Biography." Acesso em out. 2014. Disponível em <www.normangall.com/biografia.htm>.

SAYÁN, Diego García. *Toma de Tierras en el Perú*. Lima: Centro de Estudios y Promoción del Desarrollo, 1982.

GLEICK, James. *Chaos*. Nova York: Penguin, 1987.

GONZÁLEZ, Olga M. *Unveiling Secrets of War in the Peruvian Andes*. Chicago: University of Chicago Press, 2011.

GOSE, Peter. *Deathly Waters and Hungry Mountains: Agrarian Ritual and Class Formation in an Andean Town*. Toronto: University of Toronto Press, 1994.

GOSE, Peter. *Invaders as Ancestors: On the Intercultural Making and Unmaking of Spanish Colonialism in the Andes.* Toronto: University of Toronto Press, 2008.

GOW, David. *The Gods and Social Change in the High Andes.* Tese de doutorado, University of Wisconsin, Madison, 1976.

GOW, Rosalind. Yawar Mayu: Revolution in the Southern Andes, 1860-1980. Tese de doutorado, University of Wisconsin, Madison, 1981.

GOW, Rosalind e CONDORI, Bernabé (org.). *Kay Pacha.* Cuzco: Cera Las Casas, 1981.

GRAHAM, Laura. "How Should an Indian Speak? Brazilian Indians and the Symbolic Politics of Language Choice in the International Public Sphere", in WARREN, Kay e JACKSON, Jean (org.). *Indigenous Movements, Self-Representation and the State in Latin America.* Austin: University of Texas Press, 2002.

GREEN, Lesley (org.). *Contested Ecologies: Dialogues in the South on Nature and Knowledge.* Cape Town: HSRC, 2012.

GREEN, Sarah. *Notes from the Balkans: Locating Marginality and Ambiguity on the Greek-Albanian Border.* Princeton: Princeton University Press, 2005.

GUDYNAS, Eduardo. "El postdesarrollo como crítica y el Buen Vivir como alternativa", in RAMOS, Gian Carlo Delgado (org.). *Buena Vida, Buen Vivir: Imaginarios alternativos para el bien común de la humanidad.* Mexico City: UNAM, 2014.

GUHA, Ranajit. "The Prose of Counter-Insurgency", in GUHA, Ranajit e SPIVAK, Gayatri Chakravorty (org.). *Selected Subaltern Studies.* Nova York: Oxford University Press, 1988, p. 45-86.

GUHA, Ranajit. *Elementary Aspects of Peasant Insurgency in Colonial India.* Oxford: Oxford University Press, 1992.

GUHA, Ranajit. *History at the Limit of World History.* Nova York: Columbia University Press, 2002.

GUHA, Ranajit e SPIVAK, Gayatri Chakravorty (org.). *Selected Subaltern Studies.* Nova York: Oxford University Press, 1988.

Guimaray Molina, Joan. *Toledo vuelve: Agenda pendiente de un político tenaz*. Lima: Editorial Planeta Perú, 2010.

Lithium: The Gift of Pachamama. Disponível em <www.theguardian.com/commentisfree/2010/aug/08/bolivia-lithium-evo-morales>. Acesso em 10 jun. 2024.

Gutiérrez, Raquel. *Rhythms of Pachakuti: Indigenous Uprising and State Power in Bolivia*. Durham, NC: Duke University Press, 2014.

Hacking, Ian. *Historical Ontology*. Princeton: Princeton University Press, 2002.

Hage, Ghassan. *Alter-Politics: Critical Thought and the Globalisation of the Colonial-Settler Condition*. Melbourne, Australia: Melbourne University Press. 2015.

Hale, Charles R. "Rethinking Indigenous Politics in the Era of the 'Indio Permitido'", Nacla, vol. 38, nº 2, 2004, p. 16-21.

Hall, Stuart. "The Problem of Ideology: Marxism without Guarantees", in Morley, David e Kuan-Hsing, Chen (org.). *Stuart Hall: Critical Dialogues in Cultural Studies*. Londres: Routledge, 1996.

Hamilton, Carolyn (org.). *Refiguring the Archive*. Nova York: Springer, 2002.

Haraway, Donna J. *Simians, Cyborgs, and Women: The Reinvention of Nature*. Nova York: Routledge, 1991.

Haraway, Donna J. *When Species Meet*. Minneapolis: University of Minnesota Press, 2008.

Harris, Olivia. "'Knowing the Past': Plural Identities and the Antinomies of Loss in Highland Bolivia", in Fardon, Richard (org.). *Counterworks: Managing the Diversity of Knowledge*. Londres: Routledge, 1995, p. 105-122.

Harris, Olivia. *To Make the Earth Bear Fruit: Ethnographic Essays on Fertility, Work, and Gender in Highland Bolivia*. Londres: Institute of Latin American Studies, 2000.

HARVEY, Penelope. "Civilizing Modern Practices: Response to Isabelle Stengers." Apresentação realizada no encontro da American Anthropological Association, Washington, 2007.

HARVEY, Penelope; Hannah Knox. *Roads: A Material Anthropology of Political Life in Peru*. Ithaca: Cornell University Press, 2015.

HECKMAN, Andrea e FETTIG, Tad. *Ausangate*. Watertown: Documentary Educational Resources, 2006.

HEGEL, Georg Wilhelm Friedrich. "Lectures on the Philosophy of World History", in EZE, Emmanuel Chukidi (org.). *Race and the Enlightenment: A Reader*. Cambridge: Blackwell, [1822] 1997, p. 109-53.

HEIDEGGER, Martin. *Poetry, Language, Thought*. Traduzido e com uma introdução por Albert Hofstadter. Nova York: Perennial Classics, 2001.

HERZFELD, Michael. *Cultural Intimacy: Social Poetics in the Nation-State*. Nova York: Routledge, 2005.

HETHERINGTON, Kevin. "The Unsightly: Touching the Parthenon Frieze." *Theory, Culture & Society*, vol. 19, nº 5-6, 2002, p. 187-205.

HETHERINGTON, Kevin e MUNRO, Rolland (eds.). *Ideas of Difference: Social Spaces and the Labour of Division*. Oxford: Blackwell, 1997.

HORTON, Scott. "The Life of a Paqo." *Harper's Blog*, 11 de agosto 2007. Acesso em out. 2014. Disponível em <www.harpers.org/archive/2007/08/hbc-90000853>.

HOWARD-MALVERDE, Rosaleen (org.). *Creating Context in Andean Cultures*. Oxford: Oxford University Press, 1997.

HUILCA, Flor. "El Altomisayoq que tocó el cielo", LaRepublica.pe, 26 de julho 2007. Acesso em out. 2014.Disponível em <www.larepublica.pe/26-07-2007/el-altomisayoq-toco-el-cielo>.

HUILLCA, Saturnino e Hugo Neira Samanez. *Huillca, habla un campesino peruano*. Biblioteca peruana. Lima: Ediciones PEISA, 1974.

INGOLD, Tim. *The Perception of the Environment*. Nova York: Routledge, 2000.

ITIER, Cesar. No prelo. "Quechua Spanish Dictionary."

JACKNIS, Ira. "A New Thing? The National Museum of the American Indian in Historical and Institutional Context", in LONETREE, Amy e COBB, Amanda J. (org.). *The National Museum of the American Indian: Critical Conversations*. Lincoln: University of Nebraska Press, 2008, p. 3-41.

JACKSON, Michael. *The Politics of Storytelling:* Violence, Transgression and Intersubjectivity. Copenhague: Museum Tusculanum, 2002.

KAKALIOURAS, Ann M. "An Anthropology of Repatriation: Contemporary Indigenous and Biological Anthropological Ontologies of Practice." *Current Anthropology*, 53 (S5), 2012, p. S210-21.

KAPSOLI, Wilfredo. *Los movimientos campesinos en el Perú: 1879-1965*. Lima: Ediciones Delva, 1977.

KARP, Ivan et al. (org.). *Museum Frictions: Public Cultures/Global Transformations*. Durham: Duke University Press, 2006.

WHERE I've Been: Peru. Disponível em <http://invisionllc.com/whereivebeen.html>. Acesso em 10 jun. 2024.

KREBS, Edgardo. "The Invisible Man", *Washington Post*, 10 ago. 2003.

KREBS, Edgardo. "Nazario Turpo, a Towering Spirit", *Washington Post*, 11 ago. 2007.

LABATE, Beatriz Caiuby e CAVNAR, Clancy. *Ayahuasca Shamanism in the Amazon and Beyond*. Oxford: Oxford University Press, 2014.

LATOUR, Bruno. *The Pasteurization of France*. Cambridge: Harvard University Press, 1993a.

LATOUR, Bruno. *We Have Never Been Modern*. Cambridge: Harvard University Press, 1993b.

LATOUR, Bruno. Pandora's Hope: Essays on the Reality of Science Studies. Harvard University Press. Cambridge: 1999. [Ed bras.: *A esperança de Pandora: ensaios sobre a realidade dos estudos científicos*. Traduzido por Gilson César Cardoso de Sousa. Bauru: EDUSC, 2001.]

LATOUR, Bruno e WEIBEL, Peter (org.). *Making Things Public: Atmospheres of Democracy*. Cambridge: MIT Press, 2005.

LAW, John. *After Method: Mess in Social Science Research.* Nova York: Routledge, 2004.

LAW, John e BENSCHOP, Ruth. "Resisting Pictures: Representation, Distribution and Ontological Politics", in HETHERINGTON, Kevin e MUNRO, Rolland (org.). *Ideas of Difference: Social Spaces and the Labour of Division.* Oxford: Blackwell, 1997, p. 158-82.

LÉVI-STRAUSS, Claude. *Introduction to Marcel Mauss.* Londres: Routledge, 1987.

LÉVI-STRAUSS, Claude. *Tristes trópicos.* Traduzido por Rosa Freire d'Aguiar. São Paulo: Companhia das Letras, 1996.

LI, Fabiana. *When Pollution Comes to Matter: Science and Politics in Transnational Mining.* Dissertação de doutorado., University of California, Davis, 2009.

LIU, Lydia He. "Introduction to Tokens of Exchange", in LIU, Lydia He (org.). *The Problem of Translation in Global Circulations.* Durham, NC: Duke University Press, 1999, p. 1-12.

LONETREE, Amy e COBB, Amanda J. (org.). *The National Museum of the American Indian: Critical Conversations.* Lincoln: University of Nebraska Press, 2008.

MACCORMACK, Sabine. *Religion in the Andes: Vision and Imagination in Early Colonial Peru.* Princeton: Princeton University Press, 1991.

MANNHEIM, Bruce. "Time, Not the Syllables, Must Be Counted: Quechua Parallelism, Word Meaning and Cultural Analysis", *Michigan Discussions in Anthropology*, vol. 13, nº 1, 1998, p. 238-87.

MARX, Karl. *O 18 de brumário de Luís Bonaparte.* Traduzido e notas por Nélio Schneider. São Paulo: Boitempo, 2011.

MAYER, Enrique. "Peru in Deep Trouble: Mario Vargas Llosa's 'Inquest in the Andes' Reexamined", *Cultural Anthropology*, vol. 6, nº 4, 1991, p. 466-504.

MAYER, Enrique. *Ugly Stories of the Peruvian Agrarian Reform.* Durham: Duke University Press, 2009.

Mbembe, Achille. "The Power of the Archive and Its Limits", in Hamilton, Carolyn (org.). *Refiguring the Archive*. Nova York: Springer, 2002, p. 19-26.

Mol, Annemarie. *The Body Multiple: Ontology in Medical Practice*. Durham: Duke University Press, 2002.

Mouffe, Chantal. *On the Political*. Nova York: Routledge, 2000.

Nash, June. *We Eat the Mines and the Mines Eat Us: Dependency and Exploitation in Bolivian Tin Mines*. Nova York: Columbia University Press, [1972] 1992.

Our Universes: Traditional Knowledge Shapes Our World. Disponível em <https://americanindian.si.edu/explore/exhibitions/item?id=530>. Acesso em 10 jun. 2024.

Our Peoples: Giving Voice to Our Histories. Disponível em <https://americanindian.si.edu/explore/exhibitions/item?id=828>. Acesso em 10 jun. 2024.

National Museum of the American Indian. "News", *Office of Public Affairs*, set. 2004.

Our Universes: Traditional Knowledge Shapes Our World. Disponível em <https://americanindian.si.edu/explore/exhibitions/item?id=530>. Acesso em 10 jun. 2024.

Prado, Juan Victor Nuñez de e Murillo, Lidia. "El sacerdocio andino actual", in Ziólkowski, Mariusz S. (org.). *El Culto Estatal del Imperio Inca*. Warsaw: Cesla, 1991, p. 127-137.

Ochoa, Jorge Flores (org.). *Pastores de Puna: Uywamichiq punarunakuna*. Lima: Instituto de Estudios Peruanos, 1977.

Ochoa, Jorge Flores. *Q'ero, el ultimo ayllu inka*. Cuzco: Centro de Estudios Andinos, 1984.

Oxa, Justo. "Vigencia de la cultura andina en la escuela", in Pinilla, Carmen M. (org.). *Arguedas y el Perú de hoy*. Lima: Sur, 2004, p. 235-242.

Patch, Richard W. *The Indian Emergence in Cuzco: A Letter from Richard W. Patch*. Nova York: American Universities Field Staff, 1958.

PLATT, Tristan. "The Sound of Light: Emergent Communication through Quechua Shamanic Dialogues", in HOWARD-MALVERDE, Rosaleen (org.). *Creating Context in Andean Cultures*. Oxford: Oxford University Press, 1997, p. 196-226.

POLIDORO, Márcio. "A Road and the Lives It Links", 2009. Acesso em abr. 2015.Disponível em <www.odebrechtonline.com.br/materias/01801-01900/1803/>.

POOLE, Deborah. "Entre el milagro y la mercancía: Qoyllur Rit'i, 1987", *Márgenes*, vol. 2, nº 4 , 1988, p. 101-50.

POOLE, Deborah. "Between Threat and Guarantee: Justice and Community in the Margins of the Peruvian State", in POOLE, Deborah e DAS, Veena (org.). *Anthropology in the Margins of the State*. Santa Fe: School of American Research Press, 2004, p. 35-66.

POOVEY, Mary. *A History of the Modern Fact: Problems of Knowledge in the Sciences of Wealth and Society.* Chicago: University of Chicago Press, 1998.

POVINELLI, Elizabeth. "Do Rocks Listen? The Cultural Politics of Apprehending Australian Aboriginal Labor", *American Anthropology*, vol. 97, nº 3, 195, p. 505-18.

POVINELLI, Elizabeth. "Radical Worlds: The Anthropology of Incommensurability and Inconceivability", *Annual Review of Anthropology*, vol. 30, 2001, p. 319-34.

POVINELLI, Elizabeth. "The Woman on the Other Side of the Wall: Archiving the Otherwise in Postcolonial Digital Archives", *Difference*, vol. 22, nº 1, 2011, p. 146-71.

PRADA, Alcoreza Raúl. 2013. "Buen Vivir as a Model for State and Economy", in LANG, Miriam e MOKRANI, Dunia (org.). *Beyond Development: Alternative Visions from Latin America*. Amsterdam: Transnational Institute; the Permanent Working Group on Alternatives to Development, 2013, p. 148-54.

PRICE, Richard. *First-Time: The Historical Vision of an African American People*. Chicago: University of Chicago Press, 1983.

QUIJANO, Aníbal. *Problema agrario y movimientos campesinos*. Lima: Mosca Azul Editores, 1979.

QUIJANO, Aníbal. "Coloniality of Power, Eurocentrism, and Latin America", *Nepantla*, vol. 1, nº 3, 2000, p. 533–77.

RAFAEL, Vicente. *Contracting Colonialism: Translation and Christian Conversion in Tagalog Society under Early Spanish Rule*. Durham: Duke University Press, 1993.

RAMA, Angel. *The Lettered City*. Traduzido por John Chasteen. Durham: Duke University Press, 1996.

RANCIÈRE, Jacques. *O desentendimento: política e filosofia*. Traduzido por Ângela Leite Lopes. São Paulo: Editora 34, 1996.

RÉATEGUI, Wilson. *Explotación agropecuaria y las movilizaciones campesinas em Lauramarca Cusco*. Lima: Universidad Nacional Mayor de San Marcos, 1977.

RICARD, Xavier Lanata. *Ladrones de Sombra*. Cuzco: Cera Las Casas, 2007.

RICARD, Xavier Lanata et al. 2007. "Exclusión étnica y ciudadanías diferenciadas: Desafíos de la democratización y decentralización políticas desde las dinámicas y conflictos en los espacios rurales del sur andino." (Manuscrito inédito).

ROCHABRÚN, Guillermo, ed. 2000. Mesa-redonda sobre "Todas las Sangres" 23 de junho de 1965. Lima: IEP.

ROJAS, Telmo. *Rondas, Poder Campesino, y el Terror*. Cajamarca, Peru: Universidad Nacional de Cajamarca, 1990.

RORTY, Richard. *Objectivity, Relativism, and Truth: Philosophical Papers*. Nova York: Cambridge University Press, 1991.

ROSALDO, Renato. *Ilongot Headhunting, 1883–1974: A Study in Society and History*. Stanford, CA: Stanford University Press, 1980.

RUBENSTEIN, Steven L. *Alejandro Tsakimp: A Shuar Healer in the Margins of History*. Lincoln: University of Nebraska Press, 2002.

SAHLINS, Marshall. *Islands of History*. Chicago: University of Chicago Press, 1985.

SALLNOW, Michael. *Pilgrims of the Andes: Regional Cults in Cusco.* Washington: Smithsonian Institution Press, 1987.

SALOMON, Frank. "Shamanism and Politics in Late-Colonial Ecuador", *American Ethnologist*, vol. 10, nº 3, 1983, p. 413-28.

SALOMON, Frank e NIÑO-MURCIA, Mercedes. *The Lettered Mountain: A Peruvian Village's Way with Writing.* Durham: Duke University Press, 2011.

0540: Nazario Turpo, Peruvian Paqo (Shaman), Prayer Vigil Photo History 1993-2011. Disponível em <http://oneprayer4.zenfolio.com/p16546111/h31474EA1#h31474ea1>. Acesso em 10 jun. 2024.

SCHAVELZON, Salvador. *Plurinacionalidad y Vivir Bien/Buen Vivir: Dos Conceptos Leídos desde Ecuador y Bolivia Post-Constituyentes.* Quito: Abya Yala/Clacso, 2015.

SCHMITT, Carl. *The Concept of the Political.* Chicago: University of Chicago Press, 1996.

SHAPIN, Steven; Simon Schaffer. *Leviathan and the Air Pump: Hobbes, Boyle, and the Experimental Life.* Princeton: Princeton University Press, 1985.

SMITH, Paul Chaat. "The Terrible Nearness of Distant Places: Making History at the National Museum of the American Indian", in CADENA, Marisol de la e STARN, Orin (org.). *Indigenous Experience Today.* Nova York: Berg, 2007, p. 379-95.

STAR, Susan Leigh; James Griesemer. "Institutional Ecology, 'Translations,' and Boundary Objects: Amateurs and Professionals in Berkeley's Museum of Vertebrate Zoology, 1907-39", *Social Studies of Science*, vol. 19, nº 4, 1989, p. 387-420.

STARN, Orin. "Missing the Revolution: Anthropologists and the War in Peru", *Cultural Anthropology*, vol. 6, nº 1, 1991, p. 63-91.

STARN, Orin. *Nightwatch: The Making of a Movement in the Peruvian Andes.* Durham: Duke University Press, 1999.

STEFANONI, Pablo. 2010a. "Adónde nos lleva el Pachamamismo?" *Rebelión*, 28 de abril. Acesso em out. 2014. Disponível em <www.rebelion.org/noticia.php?id=104803>.

STEFANONI, Pablo. 2010b. "Indianismo y pachamamismo." *Rebelión*, 5 de abril. Acesso em out. 2014.Disponível em <www.rebelion.org/noticia.php?id=105233>.

STEFANONI, Pablo. 2010c. "Pachamamismo ventrílocuo." *Rebelión*, 29 de maio. Acesso em out. 2014.Disponível em <www.rebelion.org/noticia.php?id=106771>.

STENGERS, Isabelle. *The Invention of Modern Science*. Translated by Daniel W. Smith. Minneapolis: University of Minnesota Press, 2000.

STENGERS, Isabelle. "A Cosmopolitical Proposal", in LATOUR, Bruno e WEIBEL, Peter (org.). *Making Things Public: Atmospheres of Democracy*. Cambridge: MIT Press, 2005a, p. 994-1003.

STENGERS, Isabelle. "Introductory Notes on an Ecology of Practices", *Cultural Studies Review*, vol. 11, nº 1, 2005b, p. 183-96.

STENGERS, Isabelle. "Comparison as Matter of Concern", *Common Knowledge*, vol. 17, nº 1, 2011, p. 48-63.

STENGERS, Isabelle. "A Cosmopolitical Proposal", *Making Things Public: Atmospheres of Democracy*, 994-1003. Cambridge: MIT Press. [Ed. bras.: A proposição cosmopolítica, *Revista do Instituto de Estudos Brasileiros*, nº 69, 2018, p. 442-464. Traduzido por Raquel Camargo e Stelio Marras.]

STEPHENSON, Marcia. "Forging an Indigenous Counterpublic Sphere: The Taller de Historia Andina in Bolivia", *Latin American Research Review*, vol. 37, nº 2, 2002, p. 99-118.

STOLER, Ann. *Along the Archival Grain: Epistemic Anxieties and Colonial Common Sense*. Princeton: Princeton University Press, 2009.

STRATHERN, Marilyn. "No Nature, No Culture: the Hagen Case", in MACCORMACK, Carol e STRATHERN, Marilyn (org.). *Nature, Culture and Gender*, Cambridge: Cambridge University Press, 1980, p. 174-222.

STRATHERN, Marilyn. *The Gender of the Gift: Problems with Women and Problems with Society in Melanesia*. Berkeley: University of California Press, 1990a.

STRATHERN, Marilyn. "Negative Strategies in Melanesia", in FARDON, Richard (org.). *Localizing Strategies: Regional Traditions of Ethnographic*. Edinburgh: Scottish Academia, 1990b, p. 204-216.

STRATHERN, Marilyn. "The Decomposition of an Event", *Cultural Anthropology*, vol. 7, nº 2, 1992, p. 244-54.

STRATHERN, Marilyn. *Property, Substance, and Effect:* Anthropological Essays on Persons and Things. Londres: Atholone, 1999.

STRATHERN, Marilyn. *Partial Connections*. Nova York: Altamira, 2004.

STRATHERN, Marilyn. *Kinship, Law and the Unexpected*. Cambridge: Cambridge University Press, 2005.

STRATHERN, Marilyn. "Social Invention", in BIAGIOLI, Mario e JASZI, Peter e WOODMANSEE, Martha (org.). *Making and Unmaking Intellectual Property: Creative Production in Legal and Cultural Perspective*. Chicago: University of Chicago Press, 2011, p. 99-114.

STRATHERN, Marilyn e GODELIER, Maurice (org.). *Big Men and Great Men: Personifications of Power in Melanesia*. Cambridge: Cambridge University Press, 1991.

TAUSSIG, Michael. *The Devil and Commodity Fetishism in South America*. Chapel Hill: University of North Carolina Press, 1980.

TAUSSIG, Michael. *Shamanism, Colonialism, and the Wild Man: A Study of Terror and Healing*. Chicago: University of Chicago Press, 1987.

TOLEDO, Eliane Karp de. *Hacia una nueva Nación, Kay Pachamanta*. Lima: Oficina de la Primera Dama de la Nación, 2002.

TROUILLOT, Michel-Rolph. *Silencing the Past: Power and the Production of History*. Boston: Beacon, 1995.

TSING, Anna Lowenhaupt. *Friction: An Ethnography of Global Connection*. Princeton: Princeton University Press, 2005.

TSING, Anna Lowenhaupt. "Alien vs. Predator", STS *Encounters*, vol. 1, nº 1, 2010, p. 1-22.

TUCKER, Robert C. (org.). *The Marx-Engels Reader*. 2. ed. Nova York: Norton, 1978.

VALDERRAMA, Ricardo e ESCALANTE, Carmen. *Del Tata Mallku a la Pachamama: riego, sociedad, y rito en los Andes Peruanos*. Cusco: CERA Bartolomé de las Casas, 1988.

VERDERY, Katherine e HUMPHREY, Caroline (org.). *Property in Question: Value Transformation in the Global Economy*. Oxford: Berg, 2004.

VERRAN, Helen. "Re-Imagining Land Ownership in Australia." *Postcolonial Studies*, vol. 1, nº (2), 1998, p. 237-54.

VERRAN, Helen. "Engagements between Disparate Knowledge Traditions: Toward Doing Difference Generatively and in Good Faith", in GREEN, Lesley. *Contested Ecologies: Dialogues in the South on Nature and Knowledge*. Cape Town: HSRC, 2012, p. 141-60.

VICTOR, Stephen. "Hatun Karpay Lloq'e with Juan Nunez del Prado, Valerie Niestrath", 2010. Acesso em ago. 2010.Disponível em: <www.stephenvictor.com/resources/hatun-karpay-lloqe-with-juan-nunez-del-prado-valerie-niestrath.html>.

VIDAL, Juan. "Bolivia Enshrines Natural World's Rights with Equal Status for Mother Earth", *Guardian*, 10 abr. 2011.

WAGNER, Roy. *The Invention of Culture*. Chicago: University of Chicago Press, 1981.

WAGNER, Roy. "The Fractal Person", in STRATHERN, Marilyn e GODELIER, Maurice (org.). *Big Men and Great Men: Personifications of Power in Melanesia*. Cambridge: Cambridge University Press, 1991, p. 159-73.

WHITEHEAD, Neil L. *Dark Shamans: Kanaimá and the Poetics of Violent Death*. Durham: Duke University Press, 2002.

WHITEHEAD, Neil L. e WRIGHT, Robin. *In Darkness and Secrecy: The Anthropology of Assault Sorcery and Witchcraft in Amazonia*. Durham: Duke University Press, 2004.

WIENER, Margaret. "The Magic Life of Things", in KEURS, Peter (org.). *Colonial Collections Revisited*. Leiden: CNWS Publications, 2007, p. 45-75.

WILLIAMS, Raymond. *Marxism and Literature*. Oxford: Oxford University Press, 1977.

WOLF, Eric R. *A Europa e os povos sem história*. Traduzido por Carlos Eugênio Marcondes de Moura. São Paulo: Editora da Universidade de São Paulo, 2005.

WORLD People's Conference on Climate Change and the Rights of Mother Earth. 2011. "Proposed Universal Declaration of the Rights of Mother Earth." Acesso em nov. 2014. Disponível em <http://pwccc.wordpress.com/programa/>.

YAMPARA, Simón. "Cosmovivencia Andina: Vivir y convivir en armonía integral-*Qamaña Suma*", *Bolivian Studies Journal/Revista de Estudios Bolivianos*, vol. 18, 2011, p. 2-22.

ZIBECHI, Raúl. *Dispersing Power: Social Movements as Anti-State Forces*. Oakland: AK Press, 2010.

@ Duke University Press, 2015
@ desta edição, Bazar do Tempo, 2024

Título Original: *Earth Beings: Ecologies of Practice Across Andean Worlds*

Todos os direitos reservados e protegidos pela Lei n. 9610, de 12.2.1998. Proibida a reprodução total ou parcial sem a expressa anuência da editora.

Este livro foi revisado segundo o Acordo Ortográfico da Língua Portuguesa de 1990, em vigor no Brasil desde 2009.

EDIÇÃO: Ana Cecilia Impellizieri Martins
COORDENAÇÃO EDITORIAL: Joice Nunes
TRADUÇÃO: Caroline Nogueira e Fernando Silva e Silva
REVISÃO TÉCNICA: Anelise De Carli
COPIDESQUE: Luiza Cordiviola
REVISÃO: Fernanda Guerriero Antunes
PROJETO GRÁFICO E CAPA: Elsa von Randow/Alles Blau
DIAGRAMAÇÃO: Manoela Dourado
ACOMPANHAMENTO GRÁFICO: Marina Ambrasas

CATALOGAÇÃO NA PUBLICAÇÃO
ELABORADA POR BIBLIOTECÁRIA JANAINA RAMOS – CRB-8/9166

C122s
 Cadena, Marisol de la
  Seres-terra: cosmopolíticas em mundos andinos / Marisol de la Cadena. Tradução de Caroline Nogueira, Fernando Silva e Silva. 1ª ed. Rio de Janeiro: Bazar do Tempo, 2024.

 (Desnaturadas)

 Título original: Earth Beings: Ecologies of Practice Across Andean Worlds

 528 p., fotos.; 13,5 X 20 cm

 ISBN 978-65-85984-06-5

 1. Grupos étnicos - Peru. 2. Povos andinos. 3. Xamãs-Peru. 4. Antropologia-Peru. I. Cadena, Marisol de la. II. Nogueira, Caroline (Tradução). III. Silva, Fernando Silva e (Tradução). IV. Título.

 CDD 305.8

Índice para catálogo sistemático
I. Grupos étnicos - Peru

BAZAR DO TEMPO
PRODUÇÕES E EMPREENDIMENTOS CULTURAIS LTDA.

Rua General Dionísio, 53 - Humaitá
22271-050 Rio de Janeiro - RJ
contato@bazardotempo.com.br
www.bazardotempo.com.br

APOIO

serrapilheira

COLEÇÃO
DESNATURADAS

A coleção Desnaturadas reúne trabalhos desenvolvidos por mulheres que ousam "desnaturalizar" saberes, relações, corpos e paisagens, fazendo emergir mundos complexos e novas perspectivas. Oriundas de diferentes campos das ciências e das humanidades, essas autoras, já renomadas ou jovens pesquisadoras, abordam alguns dos temas mais urgentes do debate contemporâneo, como a crise ecológica, o lugar das ciências nas sociedades atuais, a coexistência entre verdades e saberes modernos e não modernos e a convivência com seres outros-que-humanos. Desnaturadas constitui uma bibliografia essencial para conhecer o papel das mulheres na construção do conhecimento e nas lutas políticas de reinvenção das relações com e na Terra.

COORDENAÇÃO
Alyne Costa
Fernando Silva e Silva

Este livro foi editado pela Bazar do Tempo em julho de 2024,
na cidade de São Sebastião do Rio de Janeiro, e impresso
no papel pólen bold 70 g/m² pela gráfica Leograf.
Foram usadas as tipografias Favorit Pro e Bely.